湖南航天泰山工业有限公司

HUNAN AEROSPACE TAISHA INDUSTRY CO.,LTD

湖南航天泰山工业有限公司位于长沙高新技术开发区麓谷工业园，是 2005 年由湖南泰山机械厂（原 7803 厂）改制后组建的仍隶属于中国航天科工集团公司的国有控股公司。

公司主要生产工业金刚石、铰链式六面顶液压机及金刚石工具，已有二十余年的生产历史，年产工业金刚石达 800 万克拉。公司拥有先进的工业金刚石制造设备及领先的产品质量检测手段，技术力量雄厚，管理精细严格，并具有较强的机械产品和金刚石工具研制开发和综合加工能力。公司以“质量第一，顾客至上，追求卓越”为目标，全力打造优质产品品牌，满足用户需要，促进公司、用户共同发展。

人造金刚石：工业金刚石单晶有 HTD2000 和 HTD3000 两大系列、100 余个品种，可用于制造磨削、锯切、钻探及修正等工具。品种齐全，质量可靠。

U0896038

HTD2000 系列

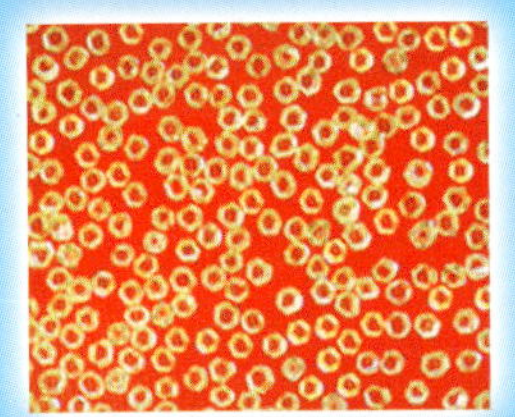

HTD3000 系列

PDC 系列钻头：

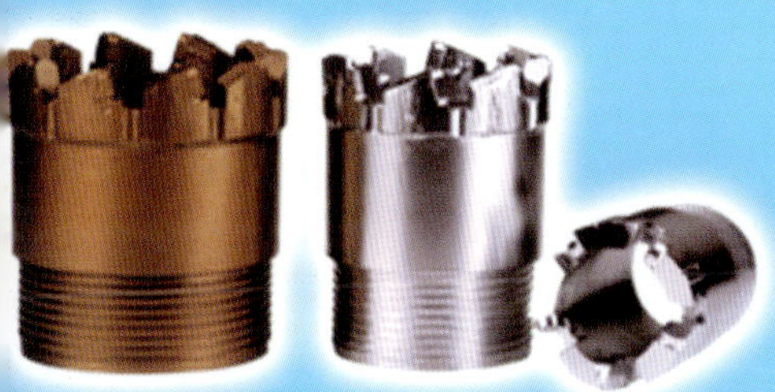

◆ 适用条件：PDC 钻头系列产品适应中软、中硬地层

◆ 钻进规程参数：

钻头直径/mm	钻压 /kN	转速 /rpm	泵量 /(L/Min)
75	4.8~12	200~300	150~200
94	6.4~16	150~250	200~250
110	8.8~22	120~200	200~300
132	15~30	100~200	500~850
190	18~44	100~150	600~1200

人造金刚石六面顶液压机品种：

ϕ500 缸径 6 × 21MN、 ϕ550 缸径 6 × 25MN 等

系列铰链式六面顶液压机特点：

◆ 主机设计合理，铰链兜底式结构，选材精良，工艺精细，整机刚性强。

◆ 液压系统稳定，保压性能好，双泵变频补压，同步自动平衡，精度高，节能效果明显。

◆ 全铜编织线，结构新颖，发热损耗小，使用寿命长。

◆ 触摸屏、电脑显示动态跟踪式等多种电控系统，用户可自愿选择。

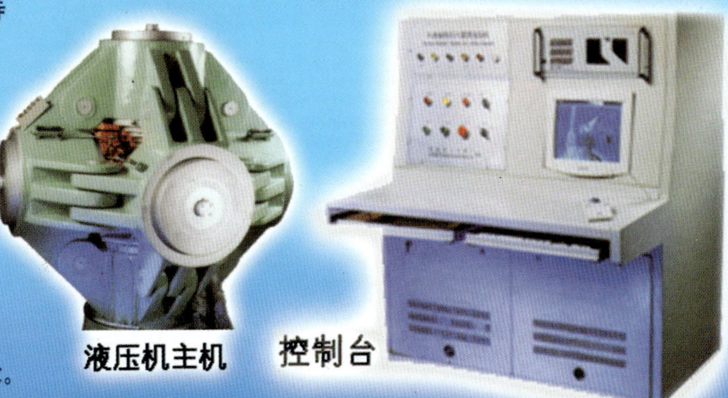

液压机主机　控制台

通信地址：湖南省长沙市河西望城坡航天大院（长沙市 585 信箱 7 分箱）　邮编：410205

联系电话：0731－8815385 8146353 8149373　传真：0731－8815385 8146353

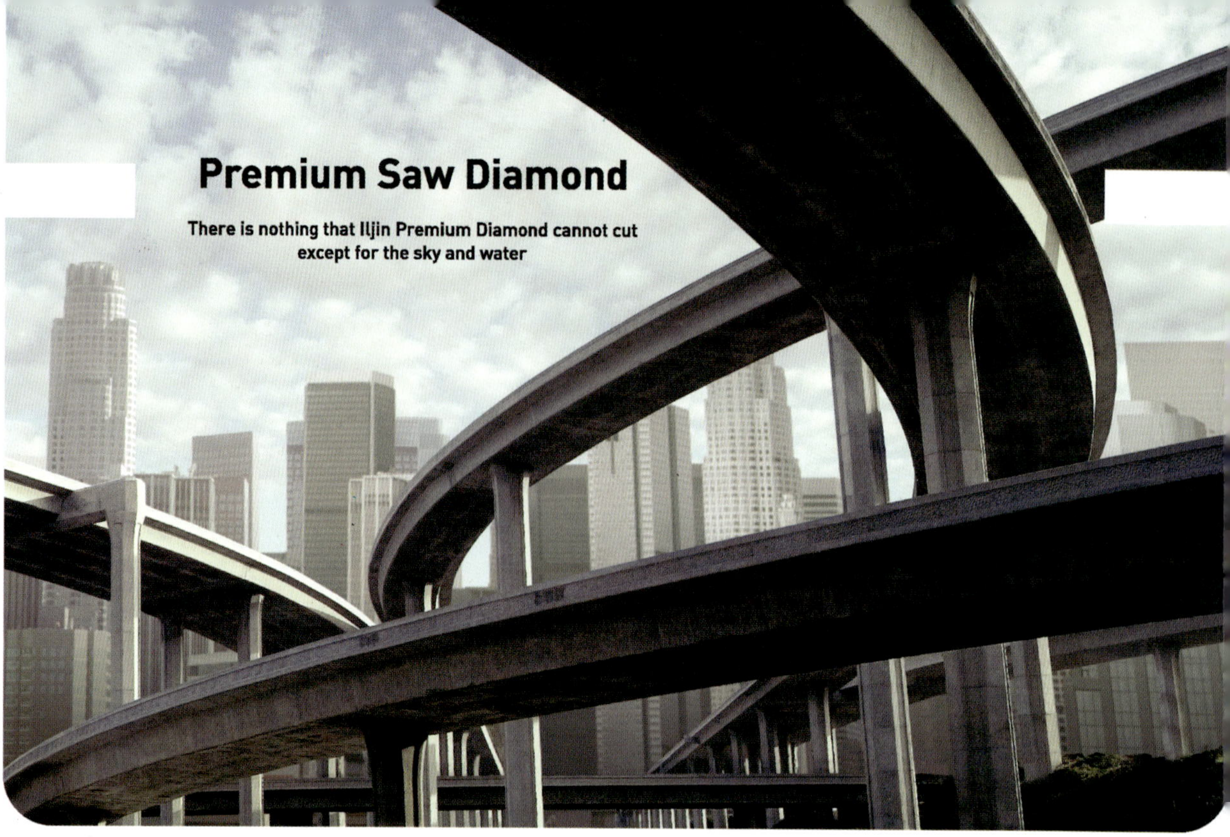

Premium Saw Diamond
There is nothing that Iljin Premium Diamond cannot cut
except for the sky and water

创造新的价值－IPD 系列 金刚石

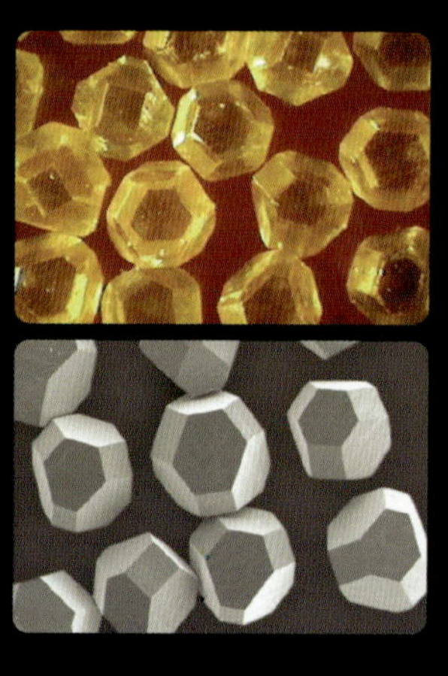

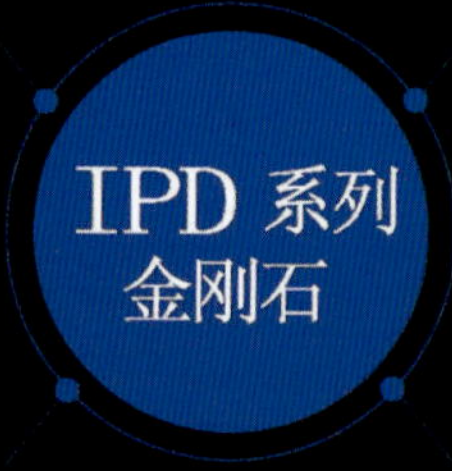

- Highest Grade Products for Severe working conditions & Applications
- Available Mesh Size : 30/40, 40/50

超级抗冲击性

优秀的形状和刃线

IPD 系列
金刚石

微小破碎

具有高热稳定性

ILJIN
Diamond

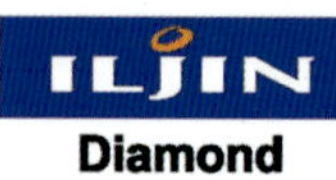

ILJIN BD 14F, Dohwa-Dong 50-1, Mapo-Gu, Seoul, 121-716, KOREA Website.http://www.iljindiamond.com
E-mail : changhyun.hong@iljin.co.kr Tel. +82-2-707-9283 Fax. +82-2-707-9378
中国区总代理：香港日丰联营有限公司　联系人：蔡先生　电话：+86-13602308080 / +86-13906096611

湖南省冶金材料研究所

星源粉末冶金公司

星源粉末冶金公司专业从事金属粉末的研发、生产和经营，拥有近40年的发展历史，先后参与10多项国家重大科研计划项目的研究，荣获国家进步奖1项，省部级科技奖励8项，是国内最早开展热喷涂粉末研制单位之一，是国内航空钎料研制和定点生产单位之一，是军品粉末定点生产单位之一，也是湖南省重点资助的粉末科研生产单位之一。目前公司拥有70MPa高压水雾化制粉等各种制粉设备和国内领先的制粉技术，年产各种粉末约1500t。星源对质量的精益求精、严格管理使星源2002年通过了ISO9001：2000质量管理体系认证，2005年通过军工保密资格认证。

现代化的生产设备、不断的开拓和产品多样化原则，使星源活跃在多个粉末产品领域：

- 金刚石工具胎体粉末
- 金刚石触媒粉末
- 钎焊粉末
- 热喷涂粉末
- 硬质合金与粉冶制品粉末
- 熔结合金粉末
- 不锈钢粉末、高温合金粉末
- 其它(磁性材料、电池材料、催化剂材料等)

作为粉末研发与专业生产基地，星源与国内外许多公司建立了伙伴关系，今天,星源可以提供品种齐全的金刚石胎体粉末：

- 纯金属粉末系列(镍粉、钴粉、铁粉、铜粉、钨粉、钼粉、锡粉、锌粉、铬粉、钛粉、锰粉等)
- FJT预合金粉末系列(基础合金粉系、添加剂系、中大锯片系、大径锯片系、陶瓷加工工具系等)
- 碳化物粉末系列(碳化钨粉、碳化钛粉等
- 预混合粉系列（钴－碳化钨系）
- 铜稀土合金粉末系列（铜铈系、铜稀土系等）
- 其它胎体合金粉末系列（青铜粉、黄铜粉、白铜粉、铝硅粉、铁磷粉、铁铝粉、铁钛粉、锰铁粉、铬铁粉等）

确保产品质量、向客户提供个性化的专业服务，加强人员联系，建立和保持与客户的良好关系，这是星源长期坚持的经营理念。

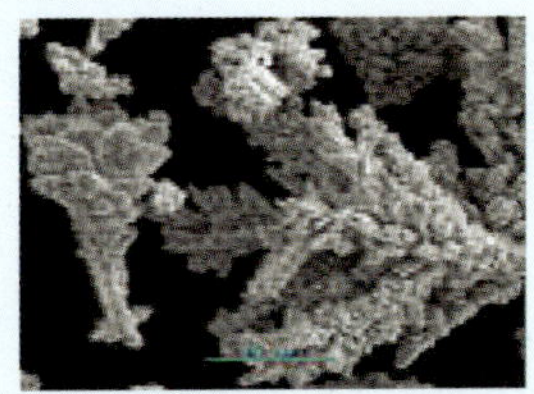
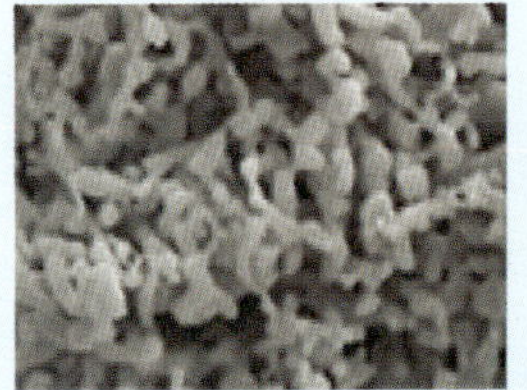

联系人：黄圣坤　地址：长沙市香樟路589号
电　话：0731-5573724　13973113245
传　真：0731-5573724　邮编：410014
网　址：www.hnxyfm.net　www.hnyjcl.com
邮　箱：huangsheng-kun@163.com

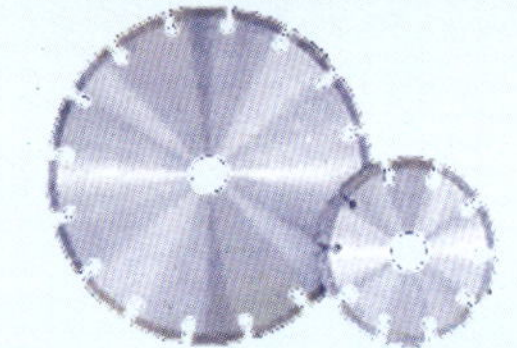

新材料、新工艺、新起点

湖北长江精工材料技术有限公司（鄂州新型材料研究所），创立于 1996 年，属湖北省高新技术企业。现有员工180余人，是一个知识型的年轻团队。主要从事机电一体化及金刚石工具设备的研究、生产与开发。

SM100-E型自控智能烧结机

该机由主机、液压、电控、测温、冷却等系统组成。采用主-从结构的两套计算机系统控制，可根据用户自编的工艺曲线自动控温、控压、调功。自动完成整个烧结过程。使用方便，控制精度高。

技术参数

- 最大压力 300kN
- 测量温度 400~1200℃
- 控温精度 ±2℃
- 加热功率 80kVA
- 二次电压 5V、6V
- 额定电流 ≤250A
- 储存工艺 80组
- 活塞行程 150mm

金刚石锯片感应自动焊接装置

专业用于**金刚石圆锯片**的感应自动焊接，适用范围：Φ180~2000mm。由机电气一体化系统组成。人性化设计，生产效率高，操作方便。

技术参数

- 焊接功率 ≤20kVA
- 气源压力 0.6MPa
- 水源压力 0.2MPa
- 总质量 300kg

ZPM-100E型中频感应烧结设备

该设备主要用于**金刚石热压钻头**的生产，由中频电源、液压系统、控制系统（计算机程控系统）、冷却系统等组成。采用主-从结构的两套计算机系统控制，可根据自编的工艺曲线，自动控温、控压、调功。自动完成烧结压制过程，人机界面操作，使用方便、性能稳定、控制精度高。

技术参数

- 额定功率 100KVA(可调)
- 工作压力 250~400kN
- 工作频率 0.8~2.5kHz
- 测量温度 400~1200℃
- 储存工艺 80组
- 活塞行程 150mm

附属设备：砂带抛光机、锯片开刃机，三维混料机、液压机等，详细资料请查询**WWW.HF1018.COM**

湖北长江精工材料技术有限公司
HUBEI CHANGJIANG JINGGONG MATERIAL TECHNOLOGY CO.,LTD

地址 鄂州金刚石工业园
电话 +86-711-2711988/2711989
传真 +86-711-2718099
E-mail HengFeng1018@163.com
邮编 436056

WWW.HF1018.COM

河南四方达超硬材料股份有限公司

河南四方达超硬材料股份有限公司（原河南四方超硬材料有限公司）始创于 1997 年，是专业生产聚晶金刚石（简称 PCD）及其相关制品的高新技术企业。公司以提供优质的 PCD 材料，充分满足客户个性化的要求为经营宗旨，依托强大的研发实力，以产品品质卓越、性能稳定、性价比优异和完善的服务享誉海内外。

主要产品

1 石油／天然气、煤田及矿山用复合片

由金刚石和硬质合金在高温高压下一次烧结而成，具有良好的耐磨性、自锐性及抗冲击性，专门为石油／天然气钻头和煤田及矿山钻头设计制造，也可用作其他岩石切削工具。

2 复合片钻头

金刚石复合片钻头（简称 PDC 钻头），可广泛应用于地质勘探、绳索取芯、煤田开采、水利水电等行业的岩石钻进。钻头的主要特点：寿命长、效率高、可低压、低转速钻进、保径效果好、使用范围广、钻进成本低。

3 金刚石砂轮

金刚石砂轮可用于加工硬质合金、陶瓷、PCD 和 PCBN、铸铁等材料。

4 CD/TSD 聚晶金刚石拉丝模坯

适合于替代进口产品制造高精度拉丝模，用于不锈钢、铜、铝及多种合金线材料的高速拉拔以及钨、钼线的高温拉拔。

5 切削刀具用 PCD/PCBN 刀片

PCD 刀片适用于木材、强化地板、陶瓷、橡胶等非金属材料及铜、铝等有色金属材料的加工；PCBN 刀片适用于 HRC45-65 黑色金属材料的加工。

地址：郑州经济技术开发区第七大街 151 号

电话：0371-66728022，66785803　　传真：0371-66728041

邮编：450016　　网址：www.sf-diamond.com　　邮箱：info@sf-diamond.com

作者简介

张绍和 男，教授，1967年出生于湖北鄂州，汉族。1990年毕业于中南工业大学（现中南大学）并获学士学位，1992年获工学硕士学位，1999年获工学博士学位。2000～2001年在中国地质大学（武汉）地质资源与地质工程博士后流动站从事研究工作，2003～2005年在中南大学粉末冶金国家重点实验室从事第二站博士后研究工作。现在中南大学地学与环境工程学院从事教学和科研工作。近年来，为本科生、研究生讲授课程10余门。已培养硕士研究生10余名，联合培养博士研究生多名。主要研究领域为超硬材料与制品、钻探工程、基础工程等。先后主持和参加国家级、省部级和横向合作科研项目近20项。公开发表学术论文50多篇，其中有30余篇次被EI、SCI、ISTP、CSCD等收录，申请和获得授权专利10余项，已出版专著1部，主编教材1部。

胡郁乐 男，副教授，1970年出生，湖北鄂州人，汉族。1993年毕业于中南工业大学，后在中国地质大学（武汉）获得硕士和博士学位，2002～2004年在华中科技大学博士后流动站工作，现在中国地质大学（武汉）工程学院从事教学和科研工作，先后讲授钻探专业多门主干课程。研究方向为：机械与机具、测试技术、非开挖技术等。出版教材和专著6部，申请和获得授权专利4项，发表论文30余篇。2005～2007年在湖北鄂州市鄂城区担任科技副区长，获得2007年湖北省政府颁发的“湖北省政府政策咨询三等奖”，被评为2007年度科技部先进科技工作者。

傅晓明 男，1963年出生，江西高安人。1986年毕业于中南工业大学，并获学士学位，1993年获工学硕士学位，2006年开始在职攻读博士学位。是高级工程师，宝石鉴定师，钻石分级师、国家珠宝玉石质量注册检验师，现任香港鑫钻珠宝国际集团有限公司董事总经理，加拿大温哥华佛伦矿业公司首席执行官兼总裁。

杨　仙 女，在读博士，1982年出生，湖北天门人，汉族。2005年毕业于中国地质大学（武汉），并获学士学位，2008年获中南大学工学硕士学位。已发表论文10余篇，有多篇次被EI、CSCD等收录。

金刚石与金刚石工具知识问答1000例

张绍和　胡郁乐
傅晓明　杨　仙　编著

中南大学出版社
www.csupress.com.cn

内容提要

本书以问答的形式，详细阐述了金刚石及金刚石工具从工作原理、生产设备及工艺、检测检验到应用情况等各方面的内容。全书分6章，主要内容分别为：金刚石与金刚石合成、电镀金刚石工具、金刚石磨具、金刚石钻头、金刚石锯片、粉末冶金基础知识。本书内容丰富，重点突出，理论与实践相结合，并且反映了国内外在金刚石工具领域的最新科研成果。本书可供相关企业的技术人员、管理人员、生产人员学习和培训使用，同时也可作为研究院所相关人员及高等院校研究生、大中专生研究和学习的参考书。

图书在版编目（CIP）数据

金刚石与金刚石工具知识问答1000例/张绍和等编著.—长沙：
中南大学出版社，2008.10
ISBN 978-7-81105-809-3

Ⅰ.金… Ⅱ.张… Ⅲ.①金刚石-问答②金刚石-工具-问答
Ⅳ.P578.1-44 TG7-44

中国版本图书馆CIP数据核字（2008）第122132号

金刚石与金刚石工具知识问答1000例

张绍和 胡郁乐 傅晓明 杨 仙 编著

□责任编辑 胡业民
□责任印制 文桂武
□出版发行 中南大学出版社
社址：长沙市麓山南路 邮编：410083
发行科电话：0731-8876770 传真：0731-8710482
□印 装 中南大学湘雅印刷厂
□开 本 787×1092 1/16 □印张 23 □ 字数 584千字 插页：8
□版 次 2008年10月第1版 □2008年10月第1次印刷
□书 号 ISBN 978-7-81105-809-3
□定 价 48.00元 广告许可证号：430100s063

图书出现印装问题，请与出版社调换.

序

在我国，金刚石及其工具的发展很快，许多相关的著作和论文纷纷发表，这些标志着这个行业的技术与生产水平已经达到了一个相当高的水平。但是，对于面对基层的技术人员与管理人员，全面反映金刚石及其工具行业的发展，全面反映金刚石工具的制造方法和制造技术方面的技术性的书籍却不多。当你读完这本书后，你一定会感受到《金刚石与金刚石工具知识问答1000例》(以下简称《知识问答》)是一本很有启发和具有实用价值的书。

《知识问答》面对的读者十分广泛，从事人造金刚石合成、金刚石钻头研制、金刚石锯片研制以及金刚石磨具研制的技术人员和管理人员，都会对这本书产生浓厚的兴趣，都会从中获得不同的收益。

《知识问答》反映了金刚石及其工具的发展历程，反映了当前金刚石工具的最新成果，反映了金刚石工具的发展前景以及热门话题。对于开拓新的市场、提高市场的竞争能力将产生积极的影响。

《知识问答》涉及的知识面广，具有一定的深度，技术性较强；对于每个方面的内容具有完整性，有具体的叙述也有理论的分析，图文并茂，适合不同层次人员阅读。技术人员将从中获得启迪，管理人员将从中领悟到新的理念。

《知识问答》介绍了金刚石工具的制造方法与原理，阐述得比较清楚、比较深入。例如电镀方法，对于还没有采用电镀方法而打算采用电镀方法制造金刚石工具的同行们提供了一次了解电镀方法的机会，了解电镀方法的优势，完全有可能增加一种制造金刚石工具的新方法，增加了一种市场竞争的手段和能力。

《知识问答》虽然是以问答的方式编写，但每个问题都涉及一个方面的知识点，具有知识性和实用性。例如，铁基配方金刚石锯片，分析了采用纯铁粉和采用球墨铸铁粉的利弊，分析了胎体成分中镍、碳化钨、铜、锡及锌等元素的作用及其含量，论述了制造工艺的优选方法，为读者研制金刚石锯片提供了研究方法与思路。

《知识问答》对金刚石钻头与金刚石磨具提出了较多的问答，这说明金刚石钻头与磨具具有广阔的市场前景。有了制造金刚石锯片的基础，有了热压与电镀方法的基础，准备投产金刚石钻头与磨具就不是难事。因此，有理由认为该书是金刚石工具厂商的好参谋、好助手。

《知识问答》值得一读还在于它介绍了众多金刚石工具企业(特别中小型企业)关注不够的许多方面，例如，超细预合金粉的应用、金刚石工具胎体设计、胎体性能评价、金刚石的优化配比、金刚石的预处理、花岗岩等加工对象的力学性质检测与评价等一系列必须关注的问题。而这些关注不够或被忽略的问题，恰恰是影响金刚石工具的质量或影响其适应性的重要问题。我想，这些问题如果得到重视和得到很好的解决，金刚石工具的质量会有一个新的提高，金刚石工具会有一个新的发展。

总之，《知识问答》值得一读，它是金刚石工具研发人员的良师益友，我读完《知识问答》后深有此感。

中国地质大学教授、博士生导师
杨凯华
2008年5月

前　言

金刚石及金刚石工具行业在我国被称之为“朝阳行业”。随着我国人造金刚石生产和基础设施建设的迅速扩大，大批从业人员加入到金刚石及金刚石工具行业中来。

金刚石及金刚石工具行业目前急需编写一本通俗易懂、由浅入深、涉及到金刚石及其工具各个方面并集实用性、可操作性于一体的科普读本，供相关企业的技术人员、管理人员、生产人员学习和培训使用，同时也可作为研究院所相关技术人员和高等院校研究生、大中专生研究和学习的参考书。本书旨在通过提问与解答的方式来普及天然金刚石、人造金刚石、金刚石工具的生产技术基础知识，通过生产实践中常见问题的分析及处理方法，全面、系统地解答相关技术间的因果关系。通过一问一答，图表并茂的形式，使广大从事金刚石及金刚石工具的技术人员、管理人员、操作工人更便于理解、记忆和操作，并从中受到不同的启发，达到充实和增长专业理论知识，提高整体技术素质和操作技能的目的。

全书共分六章：第一章，金刚石与金刚石合成，主要介绍关于天然金刚石和人造金刚石的形成、产地、性质及其检测、合成原理与方法，合成设备与工艺等方面的知识；第二章，电镀金刚石工具，主要介绍电镀金刚石工具的制造原理、电镀液配方与工艺、影响电镀工具质量原因与控制、镀前镀后处理、电镀钻头、电镀扩孔器、电镀锯片等的制造工艺流程等；第三章，金刚石磨具，主要介绍金刚石金属磨具、树脂磨具、陶瓷磨具等的生产配方、工艺方法和性能检测与控制等；第四章，金刚石钻头，主要介绍各种金刚石钻头的制造方法、配方与工艺设计、性能检测与质量分析、使用方法注意事项与要求等；第五章，金刚石锯片，主要介绍各类金刚石锯片的制造方法、工作原理、性能检测与分析、质量检验与控制方法；第六章，粉末冶金基础知识，主要介绍金属粉末的性能、制粉方法、压制与烧结、预合金粉末的特点等。

本书介绍了许多最近最新的研究成果，如“脉冲电镀法制造金刚石工具”“极坚硬打滑地层热压金刚石钻头的制造”“中国大陆科学钻探工程一井金刚石钻头的使用情况”“有序排列金刚石锯片的制造”“复合片钻头焊接强度检测方法”“预合金粉末制造与使用技术”等，这些内容创新性强，有利于启迪读者的思维，对提高金刚石工具的制造水平，具有一定的帮助作用。

本书在编写和出版过程中，得到了很多企业和单位的支持与帮助，如湖南永州河海钻探工具厂、广东珠海赛锋金刚石制品科技有限公司、武汉万邦激光金刚石工具有限公司、湖南航天 7803 厂、湖南常德七一机械厂、金瑞新材料科技股份有限公司金刚石制品项目部、湖南飞洋钻探工具有限公司、河南四方超硬材料有限公司、广东佛山锐力臣金刚石工具有限公司、湖南冶金材料研究所新源公司、福建晋江百胜金刚石制品有限公司等；在组稿和整理过程中得到刘志环、文堂辉、丁星妤、肖尊群、陈章文、陈平、马欢、刘卡伟、谢晓红、王佳亮等的协助；特别值得一提的是，中国地质大学(武汉)杨凯华教授在百忙中为本书作序，让本书作者非常感动；对上述单位和个人，作者在此一并表示衷心感谢。

由于作者水平有限，书中错误与疏漏之处难免，恳请广大读者批评指正。

编　者

2008 年 5 月

目　录

第四章 金刚石钻头 / 121

第一章　金刚石与金刚石合成

1. 天然金刚石是怎样形成的?

金刚石是在高温、高压下，碳元素的分子结构经过一系列的反应(例如在火山中，碳元素在地底经过高压、高温方可形成)，而形成了一种更稳定的分子结构。它的硬度极高，形态结构极稳定。

天然金刚石的形成和发现极为不易，它是碳在地球深部高温高压的特殊条件下(地下100～300 km，压力5～7 GPa，1 200～1 800℃)历经亿万年的“苦修”转化而成的。由于地壳的运动，它们从地球的深处来到地表，原生于金伯利岩中，除金刚石外，金伯利岩中还可含镁铝榴石和贵橄榄石。金伯利岩属于岩浆型矿床，金刚石晶体不均匀地散布在金伯利岩的基质中，以小晶体为主，平均重量为百分之几克拉到十分之几克拉，实际选矿回收的是大小在0.5 mm以上的金刚石颗粒。最大的含金刚石的金伯利岩矿床位于赤道非洲和南部非洲。金伯利岩，又称蓝地，是一种深色的、重的、常常经过蚀变和角砾化的(破碎的)侵入岩，是已知的唯一在母岩中找到原生金刚石的岩石。

2. 天然金刚石的成因是什么?

各国金刚石地质学家对金刚石的成因已进行了广泛深入的研究。目前认为金刚石是在大陆岩石圈的某些块段特定的地质构造环境中才能形成。虽然含有金刚石的寄主岩石有多种，例如在一些橄榄岩体和榴辉岩体中含有金刚石。在西伯利亚的碱性－超基性杂岩、西澳的超基性和碱性煌斑岩、叙利亚的碧玄岩爆发岩体、摩洛哥的石榴石辉石岩、哈萨克斯坦的片麻岩、中国西藏的方辉橄榄岩等岩石中都发现过金刚石，但具有经济价值的含金刚石的寄主母岩只有金伯利岩和钾镁煌斑岩。因此，金刚石的原生矿床也只有金伯利岩型和钾镁煌斑岩型两种，且以金伯利岩型为主。大陆岩石圈上有一些刚性的地块，在地质构造上具有双层结构，即由基底岩系和盖层岩系组成地壳。

基底岩系通常是太古宙或元古宙形成的极其古老的褶皱变质岩系，盖层是显生宙各个地质时代形成的相对年轻的产状平缓的沉积岩系，这种地块在大地构造单元中称为“地台”。具有经济价值的含金刚石的金伯利岩体都是在古老的稳定的地台上发现的，如南非地台、安哥拉－开赛地台、印度地台、西伯利亚地台、西澳大利亚地台、北美地台、南美地台、中国的华北地台等，这些古老地台的基底岩系都是太古宙或早元古代(17亿年以前)形成的。其中南非、安哥拉－开赛、西伯利亚和西澳大利亚4个地台区是目前世界上最主要的金刚石产区，共发现近1 200个金伯利岩体，其中具有经济意义的含金刚石的金伯利岩体约80个。

科学家们认为，金刚石是在地质构造上处于长期稳定状态的地台区岩石圈底部形成的。这种地区岩石圈加厚而且相对较冷，具备金刚石结晶所需要的特定的温度、压力条件。同时岩石圈底部的上地幔深部的正常热结构必须有一个“小的扰乱”(即偏离正常地温程度不大的温度升高)，才能使地幔橄榄岩层发生低程度的局部熔融产生金伯利岩岩浆。这种“小的扰乱”不会破坏较冷岩石圈的热结构，不会将结晶出的金刚石相转变成石墨，可使金刚石在金伯利岩浆中保存下来并被岩浆带到地壳上部或近地表形成金伯利岩型金刚石矿床。

科学家们推测，金刚石形成可能有3种途径：①太古宙的粗大钻石是长期地质作用的产物；②太古宙下沉的大洋地壳转变成榴辉岩在伴随的升温中形成与硫化物矿物共生的粗粒金刚石；③金伯利岩岩浆喷发前在岩石圈底部上升的C、H、O等流体的作用下形成微粒金刚石。多数具有经济价值的金刚石都是在上地幔形成的，所以这些金刚石是寄主金伯利岩岩浆上升过程中的捕虏晶。

3. 最坚硬的矿物是金刚石吗？

在古代，人们就深知金刚石的硬度。“金刚石”一词的含义本身就说明了这一点，它是来自阿拉伯字“a1—mas”，意思是最硬的；或希腊文“αδμδσ”意思是“不可克制的”“不可战胜的”和“不可摧毁的”。金刚石和钻石是同一种物质，是自然界中硬度最高的矿物，只是名称有所不同罢了。金刚石的名称强调它“硬如金刚”的性质，而钻石是比较带有装饰意味的称呼。

4. 金刚石就是钻石吗？

在我国，金刚石俗称钻石，又称金刚钻。由于金刚石色彩艳丽、光彩夺目、晶莹透明，因此，重量有0.25克拉以上的优质金刚石，被人们视为宝石。为与一般的金刚石相区别，人们就把能作宝石用的金刚石，称为宝石金刚石。但是，金刚石是矿物学名称，而钻石是宝石学名称。因此，严格地说，钻石应当是经过琢磨做成了首饰的金刚石宝石，而没有经过加工具宝石价值的金刚石原石则称为宝石金刚石。但是，由于一般人已经习惯把金刚石称作钻石，因此人们也就把金刚石与钻石混为一谈了。

5. 为什么钻石高贵而美丽？

钻石的矿物名称叫金刚石，人们一般称经过琢磨的金刚石为钻石。必须指出，钻石和宝石不同。自然界中的宝石以氧化铝(Al_2O_3)为主要成分，同时也含有微量的金属氧化物，金属氧化物可以使宝石具有各种颜色；金刚石的化学成分是纯碳，硬度为10，是自然界中最坚硬的物质，相对密度3.47～3.55 g/cm^3，折光率2.42，为八面体或十二面体的结晶，性脆、透明，不怕强酸强碱的侵蚀。经过琢磨的金刚石可以产生耀眼的光芒，是珠宝中的贵族，它通明剔透，散发着清冷高贵的光辉，颇有“出淤泥而不染”的气质。

在天然物质中，金刚石不仅硬度最大，且美丽而透明，光彩夺目，从远古时代起就引起人们的注意。在伦敦大不列颠博物馆中陈列着一座公元前5世纪由希腊人制作的青铜雕像，雕像的眼睛是用两颗金刚石做成的。由此可见，人们使用金刚石的历史有多么悠久。罗马时代著名的自然科学家普里尼在《自然的历史》一书中对金刚石作了高度的评价：“不仅在各种各样的宝石中，甚至把人类所拥有的物质财富都计算在内的话，金刚石也称得上世界上最贵重的东西。在很长的一段时间里，只有少数国王才拥有这种至为珍贵的宝石之王。”

评价钻石的标准称为四C标准：即重量、颜色、洁净和琢磨(这四个词的英文第一个字母都是C)。其他条件相同，越重则越珍贵；钻石因各种原因，常有颜色方面的不同，各国的分级标准也不统一，最常见的为白色、淡黄色，有些蓝色、粉红色、绿色、紫色等，被视为特殊色，由于稀有，成为钻石中的珍品；多数钻石中都有程度不同的瑕疵，如外面的擦痕、蹦渣、刻痕等，内部的裂痕、白花、黑点等，瑕疵自然是越少越好，瑕疵越靠近中间越不好；金刚石的加工很有讲究，标准的钻石冠部角度应是34°30′，顶部角度应是40°45′，这样才能充分利用钻石的折光率，显示出耀眼的光辉。

6. 已经问世的最大天然金刚石在哪里?

一般认为，1 克拉以上的为大金刚石，100 克拉以上的为特大金刚石。特大块的金刚石极为罕见，目前世界上仅 30 余颗，其中最大的“库利南”重 3 106 克拉约合 621 g，是 1905 年在南非发现的，它是世界上最大的金刚石，产地为南非德兰士瓦的普雷米尔矿山，发现此矿山的人姓库利南，金刚石由此得名，此钻石被当地政府购买后作为礼物赠给当时的英王爱德华七世，后由著名的阿姆斯特丹公司切割成 9 块大钻石和 96 粒小钻石，这些钻石全部无瑕。其中最大的一颗取名非洲之星(也叫库利南一号)，重 530. 2 克拉，被加工成梨形镶在英国国王的令牌上；第二大的叫库利南二号，重 317 克拉，镶在英王王冠上。世界著名的几颗特大钻石列于表 1。

表 1　世界著名的几颗特大钻石

名称	毛重/car	成形重量/car	产地	发现时间	备注
库利南	3106		南非	1905	非洲之星
瓦加斯	726		巴西	1938	
“纪念”	650. 8		南非	1895	
奥洛夫	近 400	194. 8	印度	17 世纪	
皮特	422	136. 6	印度	1701	“摄政王”
“南方之星”		125. 5	巴西	1853	
科依努尔	186. 1	106. 1	印度	约 1304	
常林钻石	158. 8		中国	1977	

注：car—克拉，用于宝石的度量单位 1 car ＝0. 2 g

7. 金刚石矿床的成因类型有哪些?

金刚石矿床按成因可分为原生矿床与次生矿床(砂矿床)两大类。原生矿床又可分为金伯利岩型与钾镁煌斑岩型，砂矿床又可分为河流冲积砂矿、海滨砂矿、残积砂矿、坡积砂矿等，其中最主要的是河流冲击砂矿和海滨砂矿。

8. 金刚石原生矿的组成矿物有哪些?

金刚石原生矿主要产于金伯利岩和钾镁煌斑岩中。金伯利岩是一种角砾云母橄榄岩，因 1870 年首先发现于南非的金伯利地区而得名。金伯利岩属超基性岩，主要化学组成为：SiO_2

含量35%左右，MgO含量30%左右，其他化学成分比较稳定。在金伯利岩中，金刚石与镁铝榴石为标型矿物，它们是在高温高压下形成的。金刚石的生成压力大于镁铝榴石，因此含镁铝榴石的金伯利岩不一定含金刚石，但含金刚石的金伯利岩总含有镁铝榴石。组成金伯利岩的原生矿物有：橄榄石、镁铝榴石、金云母、铬铁矿、铬透辉石、钛铁矿、钙钛矿、磷灰石、碳硅石等。次生交代矿物有：磁铁矿、蛇纹石、绿泥石、方解石等。金伯利岩的构造主要为块状或碎屑状。岩石的密度一般为2.40～2.75 g/cm^3。岩石的硬度一般为2～7(莫氏硬度)。岩石中重矿物(密度大于3.5 g/cm^3)含量约占1%，即金伯利岩石中约99%的矿物的密度小于金刚石。

金伯利岩的含矿性差别很大。有的较富，有的较贫，有的不含金刚石，一般有工业价值的金伯利岩体只占10%～20%。

钾镁煌斑岩是1975年在澳大利亚西部首次发现的一种含金刚石的新型岩石。钾镁煌斑岩属超基性(MgO含量20%～30%)到基性(MgO含量5%或更少)岩，K_2O含量很高，达4%～12%(金伯利岩中K_2O含量仅为0.3%～1%)，K_2O/Al_2O_3的比值大，平均为1.2(金伯利岩中为0.2)；K_2O/Na_2O的比值大，通常大于10(金伯利岩中为2.5)，SiO_2饱和至过饱和。主要矿物有橄榄石、透辉石、金云母、斜方辉石、铬尖晶石、白榴石、富钾镁闪石以及钙钛矿、磷灰石、硅锆钙钾石、重晶石、红柱石、钛铁矿等，偶见镁铝榴石。岩石具斑状结构。

9. 金刚石砂矿的组成矿物有哪些？

金刚石砂矿的类型很多。按成因可分为河流冲积砂矿、海滨砂矿、残积砂矿等。其中河流冲积砂矿又可细分为阶地砂矿、河床砂矿、河漫滩砂矿、细谷砂矿等。我国湖南常德金刚石矿属细谷砂矿，山东郯城金刚石矿属残积砂矿。

河流冲击砂矿：这类砂矿工业意义最大，分布最广。它沿古代或现代河流产出，富矿出现于河流拐弯处和下游地区。矿床经常位于冲积层底部，其中常伴随有橄榄石、钛铁矿、镁铝榴石等重矿物。我国金刚石砂矿多属此类型。主要分布于湖南沅江流域、山东沂沭河流域以及辽宁复州河流域。湖南常德金刚石砂矿矿石中矿物组成如下：主要重矿物有金刚石、黄金、钛铁矿、赤铁矿、磁铁矿、锆英石、金红石、石榴石(镁铝榴石)、水铝石等。主要轻矿物有石英、长石、云母、蛋白石等。

海滨砂矿：这类砂矿是河流带来的金刚石受海浪、潮汐以及岸流作用重新分选富集而形成的。往往在河流入海处沿海岸线呈带状分布，金刚石特别富集在海滨砂丘附近。含矿层厚度由数厘米至数米。品位不等，有些矿床品位可达50～100 car/m^3。颗粒一般不大，但质量好，有些矿床宝石级金刚石高达90%。加纳和纳米比亚都是这类砂矿的著名产地。

残积砂矿：在以风化作用为主的条件下，含金刚石岩石露头处逐渐形成残积层。覆盖层中轻的和可溶的组分被地表水或地下水带走，岩石露头地带就形成残积砂矿。这类砂矿一般规模小，品位低。我国山东郯城金刚石矿就属此类型。

总之，金刚石砂矿矿石的矿物组成因矿床不同而不尽相同。金刚石砂矿中，金刚石的含量变化很大。国外富砂矿每立方米矿石中含金刚石可达几十甚至几百克拉。但目前开采的最低工业品位通常为0.2 car/m^3，开采条件特别好的可降低至0.1 car/m^3。我国目前开采的金刚石砂矿中，金刚石含量很低，仅为4 mg/m^3左右。

10. 世界上金刚石矿的矿产分布情况如何？

据不完全统计，全世界目前保有金刚石储量约21亿克拉，推测储量约30亿克拉，它们只集中在20多个国家。

金刚石储量最大的国家是扎伊尔，为10亿克拉，但扎伊尔金刚石质量较差，宝石级仅为2%～5%；储量占第二位的是澳大利亚，为6.8亿克拉，它是一个新兴的金刚石资源大国，但它的金刚石质量也较差，宝石级仅占5%～10%；储量居第三位的为博茨瓦纳，其储量大于5亿克拉，且金刚石质量较好，有的矿山宝石级金刚石占80%；原苏联金刚石储量约为2.5亿克拉，占世界第四位；南非、坦桑尼亚、加纳、安哥拉等国储量约为1亿克拉。世界金刚石的推测储量（不包括我国）如表2所示。

表2　世界金刚石的推测储量

国　名	推测储量/万 car	国　名	推测储量/万 car
扎伊尔	100 000	纳米比亚	2 500
澳大利亚	68 000	印度尼西亚	300
博茨瓦纳	>50 000	巴　西	1 500
原苏联	25 000	中　非	1 000～1 500
南　非	>10 000	利比里亚	1 000
坦桑尼亚	14 000	委内瑞拉	1 000
加　纳	5 000～10 000	印　度	1 000
安哥拉	5 000～10 000	圭亚那	500～1 000
塞拉利昂	5 000	象牙海岸	300～500

我国是一个有金刚石资源但储量不大的国家。到目前为止，全国具有一定工作程度的金刚石矿区有17个，保有储量约2 000万克拉。主要集中在辽宁、山东、湖南三省。既有原生矿，也有砂矿，但以原生矿为主，原生矿储量占总储量的98%。

11. 金刚石为人类作了哪些贡献？

金刚石不仅可以加工成价值连城的珠宝，在工业中也大有可为。它硬度高、耐磨性好，可广泛用于切削、磨削、钻探。例如被用来切割玻璃，在玻璃上雕刻花纹；被用来制作地质钻探中的钻头，钻探最硬的岩石；被用来制作车刀，切削硬质合金和钢材；制成砂轮，研磨硬质材料。钻有细孔的金刚石板叫做拉模或抽丝金刚石，用在电器工业中抽出直径只有0.001～0.2 cm的铜丝和钨丝。由于热导率高、电绝缘性好，可作为半导体装置的散热板；金刚石薄膜的出现使金刚石的应用突破了只能作为切削工具的局限，使其优异的热、电、声、光性能得以充分发挥。它有优良的透光性和耐腐蚀性，目前，金刚石薄膜已应用在半导体电子装置、光学声学装置、压力加工和切削加工工具等方面，其发展速度惊人，在高科技领域更加诱人。另外，它的耐磨性也是数一数二的。我们知道，唱片的唱针在微小的接触面上要经受极大的压力，同时要求有极长的耐磨寿命，只要在针尖上沉积上一层金刚石薄膜，它就可以轻松上阵了；如在塑料、玻璃的外面用金刚石薄膜做耐磨涂层，可以大大扩展其用途，开发性能优越又经济的产品。金刚石工具及其主要应用领域如表3所示。

表3 金刚石工具及其主要应用领域

产品名称	应用领域	备注
锯片	石材、建材、地板砖、建筑、装修、玻璃、陶瓷、耐火材料、公路、桥梁、码头、机场、雕刻等	目前使用量最大的产品
砂轮	机械、汽车、摩托、机床工具、木材、石材、复合片、电子、家电、航空航天、军工等	使用最早的产品
刀具	机械、汽车、摩托、机床工具、轴承、航空航天、电子和微电子、军工、空间技术等	
烧结体	拉丝、机械、石油、地质、煤炭、木材、水泥制品、电子等	
薄壁锯	边材、建筑、装修、公路、桥梁、码头、机场、石材、耐火材料、玻璃、陶瓷等	
电镀制品	石材、机械、宝石加工、半导体加工、钻探、电子、航空航天、军工、陶瓷、玻璃等	
珩磨条、精磨片、油石	机械、电子、玻璃、陶瓷、军工、油嘴、空间技术等	
磨盘、磨辊、磨轮	石材、地板砖、玻璃、耐火材料、陶瓷等	
滚轮	普通砂轮、超硬砂轮和军工等	
钻头	石油、地质、煤炭、核工业、水电工程、建材、建筑、公路、铁路、隧道、桥梁、码头基桩、空间技术等	促使超硬材料发展的产品

12. 人造金刚石是如何诞生的?

科学家之所以想去制造人工合成的金刚石，理由非常简单，那就是天然金刚石的来源非常有限，而且开采十分困难。天然金刚石矿藏的金刚石含量甚微，即使是蕴藏丰富的所谓“富矿”，其含量也仅仅是百万分之一到千万分之一。换句话说，要开采处理数吨重的矿石，才能获得1克拉金刚石。

无论作为一种珍贵的宝石或者工业用品，它的需求量远远超过开采量。因此，化学家和物理学家开始探索人造金刚石的制备方法。

首先化学家们都想知道它是由什么元素构成的。1797年，英国化学家钱南把金刚石放在密封的用金子做的箱子里，使箱子里充满氧气。在金刚石燃烧后，测定箱子里气体的成分是二氧化碳。上述装置中，金是不会跟氧气反应的，那么，金刚石的成分只能是碳。钱南的实验结果使人们大吃一惊，构成这种晶莹透明宝石的化学元素竟然跟最普通的黑色煤中的元素一样。

人们发现身价高贵的金刚石竟然是碳的一种同素异形体，从此，制备人造金刚石就成为了许多科学家的光荣与梦想。穆瓦桑就是在这样的情况下开始研究人造金刚石的。虽然瑞典化学大师柏济力阿斯在1830年就对这一研究课题做出过评价：“这是具有和炼金学家一样的热情，但是可能是一种幻想的研究。”但穆瓦桑并没有因此而丧失信心。一开始，穆瓦桑想利用氟代烃的分解反应来制取金刚石，结果得到的都是无定形碳。穆瓦桑想起多布里在1890年时，对含金刚石的陨石以及地壳形成过程的研究，多布里指出金刚石必须在高温和高压下才能形成。1892年，在法国地质学家弗里德尔向法国科学院提出的报告中，也提到他在美国亚利桑那州发现的陨石中找到过许多微细的金刚石。穆瓦桑也研究了弗里德尔所提到的陨石和陨铁，发现其中除含金刚石外，还含有石墨和无定形碳。他还研究巴西和南非的含有金刚石的岩石，也发现其中含有石墨和铁。这些研究，使穆瓦桑形成这样的想法：石墨和无定形碳可以作为人造金刚石的原料；金刚石是在含铁的环境下形成的，因此它能够从含碳的铁中结晶出来。穆瓦桑设计了制备人造金刚石的方法：在电炉中加热石墨坩埚中的金属铁，使铁熔融，并被碳饱和。把石墨坩埚中的熔融铁倒入冷水中，含碳的铁在固化时就会像水变成冰时一样，发生膨胀。而且在这样迅速冷却的过程中，总是外层的金属首先固化。等内部的金属开始变成固体时，就会在金属内部产生很高的压力。在这种条件下，一部分碳结晶而生成黑色的金刚石。用不同的酸处理固化的金属块，其他物质都溶解了，最后只留下黑色的金刚石。

1893年2月6日，法国科学院召开讨论这个发现的会议，报纸上也登载这条消息，这样贵重的宝石居然能用比较简单的方法制备出来，这简直不可思议，穆瓦桑的名字开始家喻户晓了。然而，从1894到1905年，无论是穆瓦桑本人所做的重复性实验，还是1894～1901年克鲁克斯等人的验证实验，得到的金刚石产量都很低，他们提出的唯一能够证明这种黑色物质是金刚石的证据，是它在氧气中燃烧时产生二氧化碳。另外，人造金刚石比天然金刚石要小得多，穆瓦桑制的最大的金刚石的直径只有0.7 mm。尽管穆瓦桑一直到他逝世前都在研究人造金刚石，但在穆瓦桑时代始终没有造出过有宝石特性的便宜的金刚石。因此严格地说，穆瓦桑没有完成人造金刚石的研制任务。从此以后，化学家、物理学家和工程师们更加系统地研究人造金刚石的制备条件。

不少化学家曾经在没有空气的条件下，加热金刚石到2 000℃，它就会变成石墨。（金刚石⟶石墨）如果从反应可逆性的角度来考虑，似乎也有石墨转变成金刚石（石墨⟶金刚石）的可能性，问题是怎样促进这种转变。

从金刚石和石墨的晶体结构来看，金刚石中每个碳原子跟另外四个碳原子以共价键相连，碳原子之间的距离是1.54 Å（$1\ \text{Å}=10^{-10}$ m）；石墨是层状结构，在每一层中，碳原子之间的距离是1.42 Å，但层和层之间的距离比较远，是3.37 Å。如果施加足够的压力，使石墨结构中层和层之间的距离缩短，使层和层之间的碳原子也以共价键的方式连接起来，石墨就变成金刚石了。要实现上述转变，必须弄清楚转变的条件是什么。石墨的密度是2.22 g/cm^3，金刚石的密度是3.51 g/cm^3，可见从石墨转变成金刚石的反应是个体积减小的反应。根据勒沙特列原理，增加压力可以使反应向体积减小的方向进行。所以从化学平衡的角度考虑，要实现从石墨向金刚石的转变，人造金刚石的重要反应条件是高压。

1954年，美国通用电气公司的工程师本迪和霍尔等人认为只靠短时间的高温和高压，还不能使石墨转变成金刚石，必须长时间地维持高温高压才能促成这种转变，也许这是他们不同于穆瓦桑的主要观点。

另外，从陨石中的金刚石是镶嵌在硫化铁中这一事实出发，本迪等人认为人造金刚石反应应该用硫化铁作熔剂。于是本迪、霍尔等人设计一种叫做贝尔特的耐高温高压的装置。在石墨管中，把金刚石晶种放在硫化铁熔剂中，内装石墨，并用石墨盖盖好，再用金属钽作为装置的外壳。在9625 MPa 和1 650℃下，经过长时间的反应，终于使石墨转变成金刚石。

1955年，美国通用电气公司宣布研制成功人造金刚石的消息，并用以下事实证明他们得到的是金刚石：①用X射线衍射实验分别测定天然金刚石和人造金刚石的结构，两者的衍射图完全一样；②人造金刚石和天然金刚石的硬度完全一样；③请其他科学家用该公司设计的贝尔特装置重复做100多次试验，每次的结果都跟本迪、霍尔等人的一样。这三个一样真是铁证如山，无可争辩地说明本迪、霍尔等人合成的确实是金刚石，这种极难得到的人造材料终于被科学家造出来了。不久，杜邦公司发明了爆炸法，利用瞬时爆炸产生的高压和急剧升温，也获得了几毫米大小的人造金刚石。

13．我国的人造金刚石是何时诞生的？

我国从1961年开始设计制造超高压高温装置，1963年12月6日合成出第一颗人造金刚石，1965年投入工业生产，现已经在我国形成了具有相当规模的人造金刚石行业。

目前世界上能生产人造金刚石的国家有：瑞典、美国、英国、俄罗斯、中国、日本、德国、芬兰、比利时、意大利、罗马尼亚、捷克、波兰、朝鲜等。全世界人造金刚石的产量1976年为7 500万克拉，并以高的速度增长，人造金刚石的品种也发展很快。

14．何为碳的同素异构体和多晶现象？

在当今发现的100多种元素中，碳是人类利用最早的元素之一，碳有着种类多和数量大的化合物，金刚石、石墨和无定形碳就是由碳元素组成的，但其价态本质有差异，所以称为同素异构体。

金刚石、石墨和白碳都是由碳原子组成的晶体，并且金刚石有立方晶体和六方晶体，石墨有六方晶体和菱方晶体。白碳有α－晶体和β－晶体，这种现象就是碳的多晶体现象。碳的三种同素异构体比较见表4。

表4 碳的三种同素异构体比较

物质名称	晶态特征	晶胞格子结构	键类型
金刚石	三维定向有序排列	正面体格子结构的晶体	sp^3 型
石 墨	三维定向有序排列	正六面体网面层状格子结构的晶体	sp^2 型
无定形碳	乱层非晶体结构	杂乱的或仅二维有序的乱层排列之非晶体	sp^1 型

15．什么是晶体，晶体具有哪些特点？

具有格子结构的固体叫晶体。晶体内部结构最明显的特点是分布很有规律，不是杂乱无章；质点分布的规律又表现在相同的质点做有规律的重复。晶体中相同的质点在空间的各个方向上按一定周期重复出现。

晶体一般具有下列特点：

(1)晶体能自发地形成多晶体形态，非晶体是无定形的；

(2)晶体具有自限性、均匀性和异向性；

(3)晶体具有对称性；

(4)晶体具有一定的熔点，非晶体没有一定的熔点。

16. 为什么碳原子能组成两种几何构型和性质不相同的晶体?

这与碳原子的外层电子结构和碳原子之间在什么情况下互相作用有关。从碳原子的外层电子出发，经过一定的理论分析，可以看出一个碳原子与周围的碳原子相互作用形成共价键时，可有两种不同的成键形式：一种形成金刚石结构，另一种形成石墨结构。

17. 金刚石结构是怎样形成的?

碳原子的电子层结构是：$1s^2 2s^2 2p^2$。如果把一个 2s 电子激发到 $2p_z$ 轨道，使结构变成 $1s^2 2s^1 2p_x^1 p_y^1 p_z^1$，就有四个未成对的价电子，与外界联系可以形成四个共价键。当 C 原子与外界形成四个共价键时，它外层的四个轨道(2s、$2p_x$、$2p_y$、$2p_z$)要互相混合重新组成四个等同的新轨道，称之为 sp^3 杂化轨道；这四个杂化轨道的方向是指向正四面体的四个角。由此可见，当很多碳原子按 sp^3 杂化轨道来相互成键时，每个碳原子要与四个相邻的碳原子形成四个共价键，因而很自然形成了金刚石结构。这说明了碳原子之所以能形成金刚石结构，与碳原子的外层电子结构和它们相互作用成键状况有关。

18. 石墨的结构是怎样形成的?

理论和实践证明，碳原子的一个 2s 轨道与两个 2p 轨道($2p_x$、$2p_y$)还可以相互混合重新组成三个等同的杂化轨道，用 sp^2 表示。这三个轨道形成三个分支，分别指向正三角形的三个角。这样的杂化轨道也可叫作正三角形杂化轨道，另外还有一个未参加杂化的 $2p_z$ 轨道则与此三角形的平面垂直。

当许多碳原子在同一平面上相互接近相互作用时，它们就可以采用 sp^2 杂化轨道。彼此间以共价键结合成六角形的平面网状结构，形成一个无限的平面分子，其中每个碳原子都以 sp^2 杂化轨道与相邻三个碳原子相结合，形成三个共价键。此外，每个碳原子还多一个 $2p_z$ 电子，这些 $2p_z$ 轨道都与平面垂直。因此，是相互平行的。

19. 为什么金刚石中的 C—C 键比石墨的要长?

石墨中 C—C 键长为 0.142 nm，而金刚石的 C—C 键长为 0.154 nm，金刚石中的 C—C 键是共价键，键长为 0.154 nm，而石墨每层中的 C—C 键是共价键叠加金属键，键更强一些，因而更短一些，是 0.142 nm，这就是说石墨每层中的各个碳原子结合得比金刚石中的还强些。

20. 石墨晶体为什么具有润滑性和导电性?

由于上下两个正六方形网面上与之对应的碳原子在垂直方向，以微弱的分子键(范德华力)连结，原子间距(即上下两层网面间距)为 0.337 nm。因网面层间距大，连结力弱，层与层之间可以滑动，使石墨具有润滑性。因每层中 C—C 键叠加金属键，其中存在价电子，这个价电子又可以在各层之间自由流动，有金属键特性，致使石墨具有导电性。

21. 为什么金刚石和石墨的差异如此大?

金刚石和石墨是由碳元素组成的一对亲兄弟，可是这两兄弟的个性却完全不同。石墨外表黝黑，质地软得一折即断。相反地，金刚石外表光泽灿烂夺目，且是世界上最硬的物质。

原因就在于它们自身的结构不一样。在石墨和金刚石中，碳原子的结合方式及排列方式各不相同。在化学世界里，一种元素若拥有几种不同的晶体结构，这种现象就称为“同素异构”，正因晶体结构不同，其物理性质或化学性质也会有所不同，比如会具有不同的颜色、密度、硬度、溶解度，以及在化学反应上表现不同的本领等等。碳的“同素异构”体有两种，即石墨和金刚石。

石墨的结构呈层状排列，像千层糕一样，一层层迭加起来，它的每一层又以正六边形连结成平面的网。在平面网上，六边形的每边之长(即每个碳原子间的距离)为1.42 Å。碳原子和碳原子间的结合力，是靠相互贡献来的电子(共用电子)对所形成的。共用电子对把两个碳原子结合得很牢固，我们把这共用电子对所形成的束缚力称为“共价键”。而各个平行层与层之间的距离为3.35 Å，几乎两倍于每平面层中两个碳原子间的距离，正因如此，层与层之间的结合力较弱。而层与层之间的结合力，是由各碳原子提供一个电子在每一平面层上自由移动所形成的，这些运动的电子并没有把碳原子连结得很牢固，容易散开来，故这种结合力又称为“金属键力”。也由于电子可以在层与层之间自由移动，所以石墨可以导电。因此，石墨本身结构的最大特点，就是由牢固的“共价键”(即σ键)和不牢固的“金属键”(即π键)之双重键型所组成的。如此一来，使得石墨的层与层之间容易滑动，甚至断开，而使石墨的质地变得很柔软。但是，由于同一平面层上的碳原子间结合力很强(共价键之故)，极难破坏，所以石墨的熔点较高，且化学性质也较稳定。石墨的晶体结构也决定着它的物理特性。对于一个单晶体而言，石墨可看作是一个二维的金属。也就是说，石墨晶体中由于有两种不同的结合力，使得其晶体层的平行方向和垂直方向的导电性及导热性产生了差异，这种现象称之为“各向异性”。根据研究指出，其两个方向性能的数值比为3:1~4:1。但由于一般石墨的晶体分布甚为杂乱，因而整体来看，就显不出很大的方向性。

金刚石就不一样了。每个金刚石的晶胞(构成金刚石的最小单位，犹如生物组织的细胞)中有四个碳原子，各个碳原子分布在正四面体的四个顶角上，且碳原子和碳原子之间是以牢固的共价键相连接。许许多多这样大小、形状相同的晶胞，有规则地紧密连接在一起。且在金刚石晶体中，每个碳原子与它邻近的四个共价碳原子是等距离的，长度为1.54 Å，这和有机化合物中的碳原子间的单键距离相同。这样排列的碳原子具有很高的结合能，因为各碳原子间的距离相等，使得金刚石晶体具有无隙可乘的结构，拥有最高的力学强度，因而形成金刚石晶体坚硬的特性。此外，石墨的密度是2.22 g/cm^3，而金刚石的密度则为3.15~3.52 g/cm^3，可见碳原子在金刚石里要比在石墨中密实许多。从上述介绍中，我们可以清楚地了解到，物质的硬度取决于他们原子之间的键结方向和键能强度。

22. 如何改建石墨的结构使其成为金刚石?

问题很清楚，只要把石墨的结构改建成金刚石的结构，人造金刚石的问题就算解决了。从它们结构上的差别来看，必须把石墨里层与层间不牢固的结合力(即金属键力)拉断或变动，将六角平面上各碳原子间的结合力(即共价键力)和结合方式来个“大搬家”，使它们按照金刚石的形式和要求，有规则地结合在一起，便成为金刚石晶体了。目前所知，人工合成金刚石的方法多达十余种。按晶体生长的特性，基本上可归纳为直接法、熔剂-触媒法和外延法三种。所谓“直接法”，顾名思义就是使碳质原料直接从固态转变成金刚石，方法上可分为：瞬间超高温高压法及动态冲击法；所谓“熔剂－触媒法”就是利用某些金属及其合金制成催化剂，利用比“直接法”更低的压力，将石墨碳质原料转化为金刚石；而“外延法”就是先热解石墨，使碳质原料中含有四价的碳原子或基团先分离出来，作为生成金刚石的碳源。

热力学的基本原理告诉我们：在改变一定的压力和温度条件下，许多物质的结构将发生变化；特别是在超高压和超高温的条件下，物质将发生重大变化。例如，在极高压下，能把气态的氢压缩成固态的氢，甚至成为金属氢(成为固体，且具有导电、传热的功能)；高压也可把非导电的绝缘体变成可导电的导体。另一方面，从动力学出发：石墨碳质原料能否成功地转变成金刚石，还必须取决于“石墨→金刚石”的相变速率。当金刚石的生核率和长大速率，同时处于最大值时，则石墨转变为金刚石的相变速率最大，也就是所谓的活化能最小，反应速率最大。

一般大多采用高温高压法，将石墨转变成金刚石。高温的目的，是提供必要的热能，使得石墨晶格里的碳原子，做大幅度热振动，进而摆脱束缚，拆散碳原子群。同时利用高压方式，借着压缩，将这些分散开的碳原子，重新紧密地挤在一起，原子间的距离缩短，彼此间的联系也就会愈坚固，这是软的石墨变成硬的金刚石的必要条件。

原则上，把石墨改造成金刚石所需的压力和温度范围比较广，所以用于合成金刚石的高温装置和方法也很多。目前工业用的生产方式以“高压静态法”最为普遍，所谓静态技术装置，就是所产生的高压是缓慢上升的，升到一定压力值以后，再稳定保持一段时间。它与“高压爆炸法”又有不同，后者是从升压到降压整个过程，时间非常短促，高压瞬间产生也瞬间消失。还有一个不同之处是：“高压静态法”是在金属催化剂的帮助下，将石墨转化为金刚石，因此温度和压力可以降低许多(即前面所提的熔剂－触媒法)。“金属催化剂”是扮演什么样的角色呢？它好比是个“建筑工程师”，能帮助把石墨结构修改、重建成金刚石结构。因为金属催化剂在高温高压下是碳的熔剂，也就是能把碳原子间的结合力扯断，把石墨熔解，为碳原子重新结合成金刚石创造有利的条件。因此触媒本身的晶体结构，也是非常的重要，它是影响碳原子能否重新结合成金刚石的重要因素之一。而且，金属催化剂还可使高压静态法的压力，降低到5～6万大气压($5\times10^3\sim6\times10^3$ MPa)，温度降低到1 500～2 000℃，节省许多成本。

23. 金刚石的力学性能有哪些？

金刚石是世界上已知最硬的物质，并具有高导热性、高绝缘性、高化学稳定性等优良性能，可用于铝、铜等有色金属及其合金的高效精密加工，特别适用于加工硬脆非金属材料。

(1)硬度大，耐磨性高：金刚石是目前所知矿物中硬度值最大的一种。金刚石的莫氏硬度为10级，它的研磨硬度是刚玉的150倍、石英的1 000倍、硬质合金的6倍；

(2)金刚石的摩擦系数低，在空气中与金属的摩擦系数为0.1，所以，它具有极高的抗摩擦性。它的抗摩擦能力是刚玉的90倍、硬质合金的100倍、钢铁的9 000倍；

(3)强度高：金刚石的晶体结构、杂质成分及含量决定金刚石的强度。天然金刚石的抗压强度约为8 000 kg/cm^2，其强度约为刚玉的3.5倍、硬质合金的1.5倍、钢的9倍；

(4)金刚石虽然硬度大、强度高，但具有脆性，所以金刚石受到一定的冲击力后易产生裂纹，以至碎裂成许多规则的小块，这是金刚石的最大弱点；

(5)热导率高、热稳定性差：温度的变化对金刚石强度影响较大，随着温度升高，强度下降。

24．立方晶体和六方晶体金刚石有何差异？

晶体格子中，一个原子与相邻四个原子具有正四面体结构的情况，存在立方晶系和六方晶系两种可能，天然金刚石和人造金刚石一般都是立方晶系金刚石，但也存在一种六方晶系金刚石。我们把具有这两种晶体结构的金刚石分别称为立方金刚石和六方金刚石。

立方金刚石的晶体结构：这种晶体结构可以分割成许多相同的立方晶胞，晶胞表面上的原子分布正好形成一个面心立方结构，晶胞内有四个原子，它们各自与一个顶角的原子和三个相邻面心的原子等距，并以共价键相连结，形成具有正四面体的结构。

六方金刚石的晶体结构：这种晶体结构可以分割成许多相同的六方晶胞，每个原子与相邻的四个原子以共价键连结，具有正四面体结构。在这两种晶体结构情况下，每个原子都与四个相邻的原子以共价键相连结，形成四面体结构，但晶胞不一样，一个是立方体晶胞，一个是六方体晶胞，属于两种不同的晶系。

25．金刚石具有哪些主要通性？

通过近百年的研究，人们认识到，金刚石具有一系列极其优异的物理特性，其中一些则是已知材料中之最，如：

硬度最高：金刚石的显微硬度为90 GPa。

杨氏模量最大：金刚石的杨氏模量约为1 100 GPa。

导热率最高：Ⅱa型天然金刚石的热导率为20 W/(cm·K)（在298 K时）：人造宝石级金刚石的热导率可达到甚至超过Ⅱa型天然金刚石的热导率值；同位素纯（^{12}C为99.9%）的人造大颗粒单晶金刚石的热导率可达33W/(cm·K)（在300K时）。

摩尔密度最大：金刚石的摩尔密度为0.293克原子/cm^3。

声速最快：金刚石的声速约为18.2 km/s。

透波波段最宽：Ⅱa型天然金刚石的透波波段从200 nm的紫外光、可见光、红外光(2.5～7.8 μm除外)、远红外光直至微波。宝石级人造金刚石与天然金刚石类似。

禁带宽度大：金刚石的禁带宽度为5.5 eV。

其主要通性见表5。

26．金刚石有哪些重要的物理特性？

金刚石是碳的结晶体，其基本特点是具有规则的几何形状。根据金刚石的晶体型态(图2)可以分为单晶体、连生体和聚晶体，并且还可以进一步细分为六面体、八面体、十二面体等。原则上，人造金刚石比天然金刚石具有较明晰的晶体及棱角，晶面也较为平整。

由于晶体内所含杂质不同，使得金刚石具有各式各样的颜色：如淡黄、黄绿、暗灰，甚至黑色等。通常晶形完整，透明度高的金刚石品质较好，密度一般是介于3.15～3.52 g/cm^3之间。完全无杂质且结晶完整的晶体，其密度最大(3.52 g/cm^3)。一般来说，天然金刚石的密度随着自身的杂质含量而有所不同，也就是随着金刚石颜色不同而异。无色及绿色的金刚石密度较低，青蓝色、玫瑰色其次，橙黄色金刚石的密度最高。而人造金刚石的色泽和密度，还会因制作过程的压力、温度的改变，以及保温时间长短的不同而不相同。

表5　金刚石的通性

1	晶体结构	立方体	14	散光性	0.063
2	晶格常数/μm	0.357	15	横向断裂强度/GPa	1.38～4.14
3	原子间最小距离/μm	0.154	16	最大拉伸强度/GPa	2.6
4	单位晶格内的原子数	18	17	压缩强度/GPa	8.68
5	直接属于单位晶格内的原子数	8	18	努普硬度/GPa	55.9～102
6	在1 cm^3 内的原子数量	1.76×10^{23}	19	介电常数(15℃)	16～16.5
7	折光率	2.40～2.48	20	压入硬度/GPa	8～120
8	耐热性/℃	850	21	弹性模量/GPa	964
9	音速/(m/s)	17530	22	刚性模量/GPa	401
10	相对抗磨系数	86～245	23	体积模量/GPa	542
11	波桑比/u	0.2	24	比电阻/Ω·cm	3.1013～310.11
12	热阻/(cm·deg/W)	0.69	25	禁带宽度/eV·	～6
13	研磨性能	1.0	26	熔点可分解点/K	3 970～4 273

有的金刚石在紫外线、X射线等的照射下，晶莹夺目。例如在紫外线照射下，金刚石可发出浅蓝色、橙黄、粉红等各种美丽的光彩。经研究证明，金刚石的发光特性与它的外形无关，而与它的内部构造和晶体结构缺陷有关。因此，可以根据金刚石不同的发光特性，来研究和分析金刚石的内部结构、杂质及晶体缺陷。一般而言，天然金刚石的主要杂质元素为氮(最高含量为0.2%)和铝。

金刚石质地较脆且硬，在目前已发现的物质中，金刚石的硬度可说是“冠军”。它在莫氏硬度表中，排在最硬的一级，亦即第10级。金刚石的硬度是石墨的1 000倍。也正因为如此，使得金刚石在工业上扮演着相当重要的角色。举例来说，因为金刚石的硬度最高，所以它可以刻画其他任何物质。因此，若把金刚石用在钻头上，可使钻速大大地提高。此外，工业上用的各种刀具、光学玻璃与砂轮等，甚至人造假牙，都要借助金刚石来切割、研磨和加工。金刚石可以说是现代科技工业的生力军。

理想的金刚石是不导电的绝缘体。根据理论计算，理想的金刚石具有1 070 Ω·cm的电阻率。可是近年来发现了具有半导体性能的金刚石，此种金刚石含有其他成分的杂质，因而大大降低了它的电阻率，降至1 014～1 015 Ω·cm，所以成了半导体。

金刚石的另一项优点，就是耐热性高，在空气中加热850～1 000℃才会燃烧碳化；即使金刚石在纯氧中，也须加热至720～800℃才可以燃烧。半导体广泛使用的锗二极管只耐热300℃，硅二极管可耐热400℃。因此，若用半导体金刚石来制作晶体三极管和二极管，可见，它的性能绝对比锗、硅晶体好，使用寿命也将大幅提高。化学的强酸和强碱对金刚石也起不了作用。虽是如此，金刚石仍可溶于熔融的硝酸钠、硝酸钾和碳酸钠中。

金刚石还有一个引人注意的特点，那就是它具有很高的热导率。热导率是衡量物质散热性能的一种参考量。热导率越高代表导热越快，散热的性能越好。例如，在室温下，铜的热导率为4W/cm·s，而金刚石的热导率为20~24 W/cm·s，是铜的5~6倍。随着温度的升高，在40℃以后，铜的导热性能远远落后于天然钻石和人造钻石。尤其是人造钻石，它的导热性能往往比天然钻石还要优良。这暗示着，金刚石在电子工业中又可大显身手，因为某些零件本身就需要散热强的材料来做。工业上，常用金刚石作为固体微波器材和半导体雷射器材的散热片。此外，人们也用金刚石制作航空工业的温度探测零件。

当快速粒子(如光子或放射性粒子)撞击金刚石时，就会在金刚石的外接电路上，出现脉冲电流，这说明了金刚石具有光导电性。用光照射而使半导体的电导率(电导率=1/电阻率)增加，这种现象就称做“光导电性”。利用金刚石的这种性质，可应用在导电性晶体计数器上。又因金刚石在放射粒子的照射下，具有发光的特性，所以还可把它应用在闪烁计数器上。可以预期，将这种器件用在原子能的研究上，会比其他晶体性能要好。因此，科学家将某些金刚石制造成很小的计数器，作为检测放射线能量的探射器，用以检验α、β粒子和γ射线，并广泛用于医学、地球物理和原子能研究工作上。

27. 金刚石有哪些基本特性?

(1) 力学性质

硬度：金刚石是目前已知自然界中最硬的物质，其相对硬度(莫氏硬度)为10，显微硬度为98588 MPa。金刚石绝对硬度是石英的1 000倍，是刚玉的150倍。金刚石的产地、矿床、颜色不同，其硬度不同。同一金刚石不同晶面上硬度也不同。

脆性：金刚石虽然很硬，但性脆，在一定的冲击力下会沿晶形解理面裂开。金刚石的脆性与晶体的内应力、裂缝及其他缺陷有关。晶体的内应力较大时，或具有裂缝和其他缺点的晶体，在较低的冲击下就能被劈开。

密度：金刚石的密度一般为3.47~3.56 g/cm^3，质纯、结晶完好的金刚石密度为3.52 g/cm^3。金刚石的颜色不同，晶体中包裹体的种类和数量不同，密度也不同。

解理：金刚石具有平行(111)面的中等解理和平行(110)面的不完全解理。

断口：金刚石的断口具有很复杂的结构，但常以贝壳状或参差状为特征。

(2) 光学性质

颜色：纯净的金刚石无色，但比较少见。多呈不同颜色，如黄色、绿色、棕色、玫瑰色、蓝色、灰色、黑色等。金刚石的颜色与所含杂质及结构缺陷有关。

光泽：金刚石常具有金刚光泽，但少数为油脂光泽、玻璃光泽，甚至无光泽。这是由于长期的化学腐蚀、射线影响、外来物质侵入以及表面为其他物质覆盖等所致。

透明度：纯净的金刚石晶体是透明的，但有些金刚石为半透明，甚至不透明。

折光率：纯净者达2.40~2.48，在透明矿物中折光率最高。折光率愈高，对光的反射力愈强。经过特殊设计和加工的金刚石，可以把射入各个面和射入内部的光线几乎全部反射出去。

色散性：金刚石具有高度的色散性，其色散系数达0.063，也是透明矿物中的最大者。色散系数愈大，分光效果愈好。当一束白光射入琢磨好的金刚石中时，因色散效应，可分成不同颜色的光，使得金刚石光彩夺目。

异常干涉色：等轴晶系矿物在正交偏光镜下的干涉色应为黑色，但很多金刚石呈异常干涉色，如灰色、黄色、粉红色、褐色等。

发光性：金刚石在阴极射线下发鲜明的绿色、天蓝色、蓝色荧光；在X射线下发中等亮度或较微弱的天蓝色荧光；在紫外线下发鲜明或中等亮度的天蓝色、紫色、黄绿色荧光；日光曝晒后在暗室里发淡青蓝色磷光。

(3) 热学性质

热导率：金刚石是较好的热良导体，其热导率不等，一般为138.16 W/(m·K)。Ⅱa型金刚石热导性特别好，在液氮温度下为铜的25倍，室温下为铜的5倍，具有超导热性。

热膨胀性：金刚石在低温时线膨胀系数极小，随温度升高线膨胀系数迅速增大。

耐热性：金刚石在纯氧中燃点为720~800℃，在空气中燃点为850~1 000℃，在纯氧中2 000~3 000℃转化为石墨。金刚石燃烧时火焰呈蓝色。

(4) 磁电性能

磁性：纯净的金刚石为非磁性，当含有磁性包裹体时具有一定磁性。由于人造金刚石含有“触媒”合金掺杂物，如Ni、Co、Fe等，因而具有磁性。杂质包裹体越多，磁性越大。

电导率：一般情况下，金刚石是电的不良导体，电导率小，为$2.11\times10^{-15}\sim3.09\times10^{-16}$ S/m。随着温度的升高，电导率有所增大。Ⅱb型金刚石具有良好的半导体性能。

光电导性：当用波长为$2.1\times10^{-4}\sim3.0\times10^{-4}$ mm的紫外线照射金刚石时，发现金刚石中有光电流。当用红外线和紫外线同时照射时，其光电流增大近2倍。在同样情况下Ⅱ型金刚石的光电流比Ⅰ型金刚石大若干数量级。

介电常数：金刚石的相对介电常数在15℃时为16~16.5 F/m，其数据随测定时的电场强度、频率和室温而异。

摩擦电性：金刚石与玻璃、硬橡胶、有机玻璃表面摩擦时均产生摩擦电荷。摩擦电荷的符号为正，大小随摩擦时间而异。当摩擦时间60 s时，摩擦电荷约为$+3\times10^{-9}\sim1\times10^{-8}$C。

(5) 表面性质

金刚石表面具有较强的亲油性，其新鲜表面润湿接触角为80°~120°。自然界中的金刚石表面往往被污染，因而润湿接触角变小。

(6) 化学性质

金刚石具有很好的化学稳定性，耐酸、耐碱，高温下也不与浓的HF、HCl、HNO_3反应。只有在Na_2CO_3、KNO_3的熔融体中，或与$K_2CrM_2O_7$和H_2SO_4的混合物一起煮沸时，表面才稍微有氧化。具体的金刚石基本性能列于表6。

28. 金刚石的性质与应用之间有何对应关系？

金刚石是一种超硬材料、导热材料、声学材料、光学材料、敏感材料和半导体材料等，不仅可作工程材料，而且也可作功能材料。

金刚石的性质与应用关系见图1。

表6 金刚石基本特性

类别	性质	性质描述
矿物成分	化学组成	C，是碳在高温高压下的结晶体
	杂质成分	Si，Mg，Al，Ca，Ti，Fe等，总含量0.1%～4.8%
矿物晶体	晶体构造	等轴晶系。单位晶胞中，C原子具有高度的对称性。C原子位于四面体的角顶及中心。C—C原子间为共价键，配位数为4，键间夹角为109°28′，C原子间距为1.54×10^{-10}m，晶胞参数为3.56×10^{-10}m
	常见晶形	八面体和菱形十二面体以及其聚形为主
力学性质	硬度	莫氏硬度为10，显微硬度为98 654.9 MPa(10 060 kg/mm^2)
	脆性	较脆，在不大的冲击力下会沿晶形解理面裂开
	密度	质纯、结晶完好的为3 520 kg/m^3，一般为3 470～3 560 kg/m^3
	解理	具有平行八面体的中等或完全解理，平行十二面体的不完全解理
	断口	贝壳状或参差状
光学性质	颜色	纯净者为无色透明，但较少见。多数呈不同颜色，如黄、绿、棕、黑色等
	光泽	金刚光泽，少数呈油脂光泽、金属光泽
	折光率	2.40～2.48。其中对黄光2.417，对红光2.402，对绿色2.427，对紫光2.465
	透明度	纯净者透明，一般为透明、半透明、不透明
	异常干涉色	等轴晶系矿物在正交偏光镜下的干涉色应为黑色，但很多金刚石呈异常干涉色，如灰色、黄色、粉红色、褐色等
	发光性	在阴极射线下发鲜明的绿、天蓝、蓝色荧光，在X射线下发中等或微弱的天蓝色荧光，在紫外线下发鲜明或中等的天蓝、紫、黄绿色荧光，在日光曝晒后至暗室内发淡青蓝色磷光
热学性质	热导率	一般为138.16 W/(m·K)。但Ⅱa型金刚石的热导率特别高，在液氮温度下为铜的25倍，并随温度的升高而急剧下降。如：室温时为铜的5倍，200℃时为铜的3倍
	比热容	随温度的升高而增大。如：－106℃时为399.84 J/(kg·℃)，107℃时为472.27 J/(kg·℃)，247℃时为1 266.93J/(kg·℃)
	热膨胀性	低温时线膨胀系数极小，随温度的升高，线膨胀系数迅速增大。如－38.8℃时线膨胀系数近于0，0℃时为5.6×10^{-7}，30℃时为9.97×10^{-7}，50℃时为1.286×10^{-6}
	耐热性	在纯氧中燃点为720～800℃，在空气中为850～1 000℃，在纯氧下2 000～3 000℃转化为石墨
磁电性质	磁性	纯净者非磁性。某些情况下由于含有磁性包裹体而显示一定磁性
	相对介电常数	15℃时为16～16.5
	电导率	一般情况下是电的不良导体。电导率为2.11×10^{-13}～3.09×10^{-12} S/m。随温度的升高，电导率有所增大。Ⅱb型金刚石具有良好的半导体性能，属P型半导体
	摩擦电性	与玻璃、硬橡胶、有机玻璃表面摩擦时产生摩擦电荷
表面性质	亲油疏水性	新鲜表面具有较强的亲油疏水性，其润湿接触角为80°～120°
化学性质	化学稳定性	耐酸耐碱，化学性质稳定。高温下不与浓HF、HCl、HNO_3发生反应，只有在Na_2CO_3、$NaNO_3$、KNO_3的熔融体中，或与$K_2Cr_2O_7$和H_2SO_4的混合物一起煮沸时，表面才稍有氧化

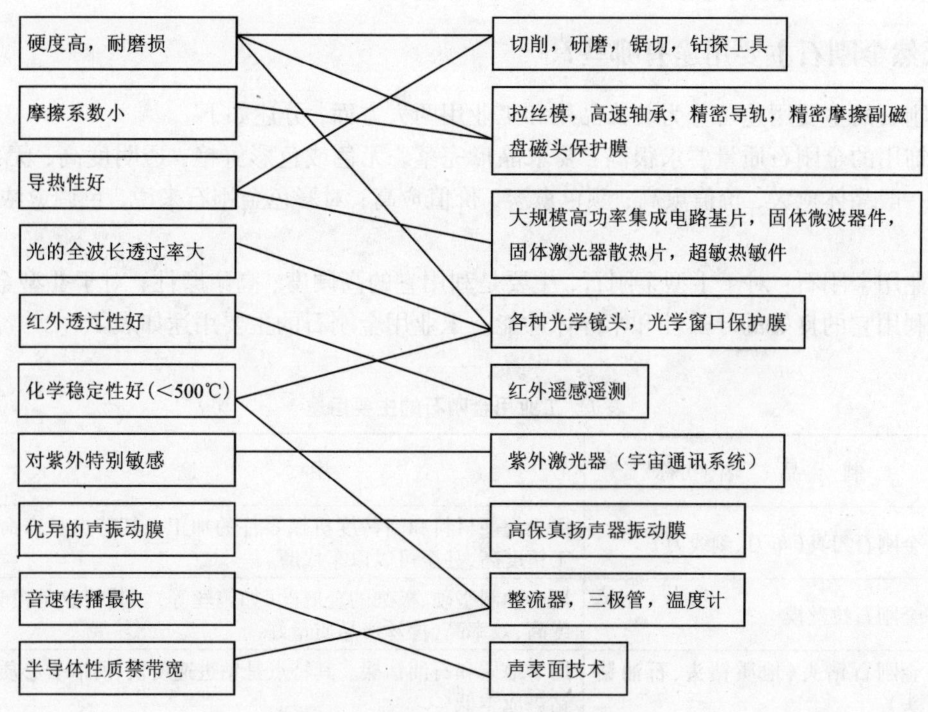

图1　金刚石的性质与应用关系

29. 金刚石有哪些分类方法?

金刚石的分类方法很多，例如:

(1)按来源可分为天然金刚石和人造金刚石;

(2)按晶体结构可分为立方结构金刚石和六方结构金刚石等;

(3)按物理性质可分为Ⅰ型金刚石和Ⅱ型金刚石;

(4)按晶质可分为工业级金刚石和宝石级金刚石。

30. 天然金刚石和人造金刚石有何差异?

天然金刚石和人造金刚石的主要区别有下列5点。

(1)溶剂的不同:天然金刚石是从硅酸盐熔体中生长的，其中碳的溶解度较低，而人造金刚石则是从金属熔体中长出来的，其中碳的溶解度比硅酸盐高得多;

(2)天然金刚石的生长温度(估计1 000~1 300℃)比人造金刚石(1 400℃以上)低;

(3)人造金刚石生长时的过饱和度高于天然金刚石，因而无论如何都可以预测人造金刚石表面是较粗糙的，然而，实际所观察到的人造金刚石都显示出有一个光滑表面;

(4)在人造金刚石晶体上观察到的生长螺线与天然金刚石上观察到的螺线不同，人造金刚石{100}面上的生长螺线是平行{111}的矩形，具有不平坦台阶，其高度通常超过几十纳米;

(5)天然金刚石与人造金刚石之间的形态差异，以及理论预见的晶体形态与实际观察之间的差异，很可能是由于生长单元的大小不同所造成的。

31. 天然金刚石主要用途有哪些?

金刚石的主要用途可分为装饰品用和工业用两大方面，分述如下。

装饰用的金刚石质量要求很高：要求晶形完整，无色或色彩鲜艳，透明度高，无裂隙和杂质。一般晶体愈大，价值愈高；颜色愈淡，价值愈高；对彩色金刚石来说，色调愈浓，价值愈高。

工业用金刚石：对于Ⅰ型金刚石，主要是利用它的高硬度、高耐磨性；对于Ⅱ型金刚石，主要是利用它的良好的导热性和半导体性能。工业用金刚石的主要用途如表7。

表7 工业用金刚石的主要用途

颗粒大小	制品名称	用途
大颗粒金刚石	金刚石刀具(车刀、刻线刀)	用于超硬材料和高精度机械零件的加工。其特点是寿命长,加工精度高,甚至可以以车代磨
	金刚石拉丝模	用于抽制坚硬、极细的金属丝(如钨丝等)。其特点是模具耐用度高,效率高,拉丝产品质量好
	金刚石钻头(地质钻头、石油钻头)	用于地质和石油钻探。其特点是钻进速度快,所取岩心质量好,钻进成本低
	金刚石修正工具(砂轮刀、金刚石笔、金刚石修正滚轮)	用于修正砂轮的工作表面,使其具有要求的工作精度和特定形状
	金刚石测头(硬度计压头、表面光洁度压头)	用于测试材料的硬度、表面光洁度等。其特点是寿命长、测量精度高
	金刚石玻璃刀	用于刻划玻璃,是切割各种玻璃的最好工具
	金刚石电子器件(金刚石散热片、整流器、三极管等)	Ⅱa型金刚石用于制造微波和激光器件的散热片。其特点是比铜散热片优越。如微波输出功率比铜高数倍 Ⅱb型金刚石用于制造金刚石整流器、金刚石三极管、金刚石温度计等。其特点是耐高温、灵敏度高
小颗粒金刚石	金刚石砂轮	用于磨削硬质合金及其他脆、硬的难加工材料。其磨削能力比碳化硅高10 000倍
	金刚石锯片	用于切割贵重、硬、脆的半导体材料、陶瓷材料、石材、混凝土等。其特点是切缝宽度小,切片光洁度高
	金刚石磨头	用于难加工材料的内圆磨削、牙医工具的磨削等
	金刚石珩磨油石	用于加工汽车、飞机的发动机汽缸等
	金刚石微粉研磨膏	用于抛光或研磨硬质合金模具、光学玻璃、宝石、轴承等

32. 天然金刚石产品质量标准有哪些?

金刚石作为装饰品是根据瑕疵杂质大小、多少、颜色等方面情况，来划分钻石的等级。作为工业用的金刚石可根据其杂质含量进行分类，亚类的划分主要依据杂质氮含量的差异。

详见表8。我国天然金刚石部颁标准（JC220—79）中规定的天然金刚石产品质量标准如表9所示。

表8　Ⅰ型和Ⅱ型金刚石标准

类　别	Ⅰ型		Ⅱ型	
	Ⅰa型	Ⅰb型	Ⅱa型	Ⅱb型
含氮量	0.1%～0.2%呈小片状存在。天然金刚石中98%属于此类	少量，以分散的顺磁性氮存在。人造金刚石属于此类	极少，呈游离态	几乎不含
导热性	较好，热导率为Ⅱa型的1/3		极好，热导率室温下为铜的3倍	较好
导电性	不良导体		不良导体	P型半导体
导光性	差		好	
双折射	能观察到		观察不到	
X射线衍射	显示出附加的斑点和条纹		正常	
红外线区吸收	在波长为3～13 μm范围内吸收		在波长为3～6 μm范围内吸收	
紫外线区吸收	在波长小于0.3 μm时吸收		在波长小于0.225 μm时吸收	
晶体特征	多为平面晶体，具有较好的几何形态		多为曲面晶体，或平面—曲面晶体，解理好	

表9　我国天然金刚石产品质量部颁标准（JC220－79）

用途	品级	晶　体　特　征	规格（car/粒）
工艺品用金刚石	一级品	晶体完整，形状为八面体、十二面体； 颜色为无色、天蓝色、浅粉红色、无色略带淡黄色； 透明； 不允许有裂纹和包裹体	>6.00 6.00～3.01 3.00～1.00
	二级品	晶体完整度不限，形状不限，最小的两个垂直径长之比不小于1∶2； 颜色为无色、天蓝色、蓝色、淡粉红色、粉红色、淡黄色； 透明或半透明； 晶体表面允许有裂纹和包裹体，但这些缺陷伸入晶体不得大于晶体最小径长的1/4； 晶体内部允许有2～3点直径不大于0.5mm的包裹体，允许有裂纹，但沿裂纹延伸方向分离晶体后所得最大部分不小于原晶体的3/4，且此部分无裂纹和包裹体	>3.00 3.00～1.01 1.00～0.51 0.50～0.1

用途	品级	晶体特征	规格（car/粒）
拉丝模用金刚石	一级品	晶体完整，形状为八面体、十二面体、过渡型晶体和外形为圆形、椭圆形之晶体； 颜色为无色、淡黄色、浅绿色； 晶体的最小径长不小于 1.4 mm； 透明； 不允许有裂纹和包裹体； 0.2 car/粒以上的晶体表面允许有色斑和深度不大于 0.5 mm 的蚀坑	0.1 ~ 0.15 0.16 ~ 0.20 0.21 ~ 0.30 0.31 ~ 0.40 0.41 ~ 0.55 0.56 ~ 0.70 0.71 ~ 0.85 0.86 ~ 1.00 1.01 ~ 1.25
	二级品	晶体形状为八面体、十二面体、过渡型晶体和外形为圆形、椭圆形之晶体； 颜色为无色、浅黄色、黄色、浅绿色、浅棕色、棕色； 晶体的最小径长不小于 1.4 mm，但浅棕色、棕色的晶体最小径长不小于 2.0 mm（即不小于 0.2 car/粒）； 晶体表面允许有包裹体，但伸入晶体不得大于晶体最小径长的 1/4； 允许有裂纹，但沿裂纹延伸方向分离晶体后所得最大部分不得小于原晶体的 3/4，且此部分无裂纹和包裹体	0.1 ~ 0.15 0.16 ~ 0.20 0.21 ~ 0.30 0.31 ~ 0.40 0.41 ~ 0.55 0.56 ~ 0.70 0.71 ~ 0.85 0.86 ~ 1.00 1.01 ~ 1.25
车刀用金刚石		晶形完整，晶体形状为十二面体、弧形八面体、过渡型晶体和外形为圆形、椭圆形之晶体； 晶体最小径长不得小于 4 mm； 颜色为无色、浅绿色、浅黄色、黄色、浅棕色； 透明； 不允许有裂纹，晶体表面允许不大于 0.5 mm 的包裹体和蚀坑	0.70 ~ 0.85 0.86 ~ 1.00 1.01 ~ 1.25 1.51 ~ 2.00 2.01 ~ 3.00
刻线刀用金刚石		晶体完整，形状为长形； 颜色为无色、浅绿色、浅黄色、黄色、浅棕色； 透明或半透明； 晶体一端不允许有裂纹和包裹体，另一端允许有不影响使用的微小裂纹和不大于 0.3 mm 的包裹体	0.1 ~ 0.20 0.21 ~ 0.30 0.31 ~ 0.40 0.41 ~ 0.55
硬度计压头用金刚石		晶体完整，形状为十二面体、弧形八面体和过渡型晶体； 颜色为无色、浅绿色、浅黄色、黄色、浅棕色、棕色； 透明和半透明； 不允许有裂纹，允许有不大于 0.5 mm 的包裹体	0.1 ~ 0.20 0.20 ~ 0.30

用途	品级	晶 体 特 征	规格 （car/粒）
地质钻头和石油钻头用金刚石	一级品	晶体完整，形状为十二面体、弧形八面体或过渡型晶体； 颜色为无色、浅黄色、浅绿色、浅棕色； 透明或半透明； 不允许有裂纹，允许晶体内部有微小包裹体	1～3 4～10 11～20 21～30 31～40 41～60 61～80 81～100
地质钻头和石油钻头用金刚石	二级品	晶体较完整，形状为八面体、十二面体或过渡型晶体； 颜色不限（绿豆色除外）； 透明度不限； 无裂纹，晶体内部允许有微小包裹体	1～3 4～10 11～20 21～30 31～40 41～60 61～80 81～100
砂轮刀用金刚石	一级品	晶体完整的八面体、十二面体或过渡型晶体； 颜色不限； 透明或半透明； 顶角处不得有裂纹和包裹体，晶体内部可有不大于0.5 mm的包裹体，但不得有裂纹	0.30～0.45 0.46～0.60 0.61～0.80 0.81～1.00 1.01～1.25 1.26～1.50 1.51～2.00 2.01～3.00
砂轮刀用金刚石	二级品	具有5个以上天然有用顶角的八面体、十二面体或过渡型晶体； 颜色不限； 透明或半透明； 有用顶角处不允许有裂纹，其他部位允许有少量的包裹体和微小的裂纹	0.30～0.45 0.46～0.60 0.61～0.80 0.81～1.00 1.01～1.25 1.26～1.50 1.51～2.00 2.01～3.00
砂轮刀用金刚石	三级品	晶体形状不限，具有3个以上天然有用顶角； 颜色不限； 透明或半透明（黑色和浅棕色例外）； 有用顶角处不允许有裂纹，其他部位允许有包裹体和微小裂纹	0.30～0.45 0.46～0.60 0.61～0.80 0.81～1.00 1.01～1.25 1.26～1.50 1.51～2.00 2.01～3.00
玻璃刀用金刚石		晶体完整，形状为十二面体、八面体和过渡型晶体； 颜色不限； 透明或半透明； 不允许有裂纹，晶体内部允许有微小包裹体	10～20 21～30 31～40 41～60 61～80 81～100

用途	品级	晶体特征	规格(car/粒)
金刚石笔用金刚石		非片状晶体,具有1个以上顶尖; 颜色不限(绿豆色除外); 透明或半透明; 有用顶尖处不得有裂纹,允许有微小包裹体	1~5 5~10 11~15
修整器用金刚石		非片状晶体; 透明或半透明	20~40 41~70
磨料用金刚石		凡不能满足以上各种用途的金刚石,均作为磨料用金刚石	

33. 天然金刚石的晶体形态有哪些?

天然金刚石的晶体形态很多，最常见的是八面体和菱形十二面体，其次是立方体。除了这些平面晶体外，还有浑圆状(过渡型)的晶体，即曲面晶体和平面—曲面晶体。如凸八面体、凸十二面体、凸立方体以及由这些单晶构成的双晶或聚晶，常见的几种天然金刚石晶体形态见图2。

(a)
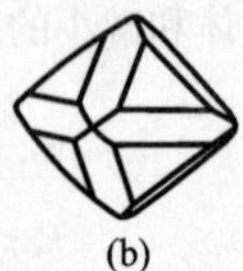
(b)
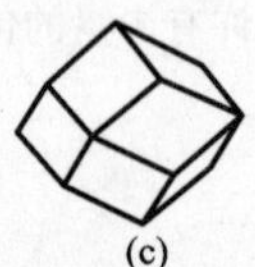
(c)
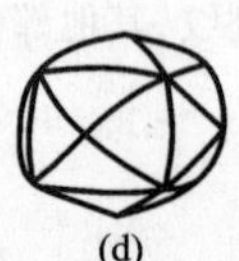
(d)
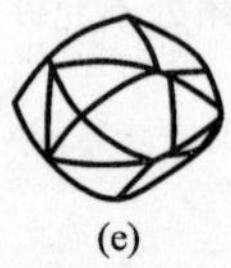
(e)
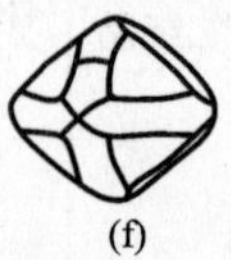
(f)

图2 常见的天然金刚石的晶体形态

(a)平面八面体;(b)八面体和菱形十二面体的聚晶;(c)菱形十二面体;
(d)曲面四六面体;(e)曲面菱形十二面体;(f)八面体和曲面菱形十二面体的聚形

34. 金刚石颜色有哪些?

金刚石的颜色多种多样，纯净的晶体一般是无色透明的。由于晶体内含有微量元素和包裹体的影响，往往使金刚石呈现不同的颜色。常见的有黄色、浅黄色、棕色、浅棕色、绿色、浅绿色、褐色等。一般以颜色淡、透明度高者质量为好。透明度是衡量金刚石质量的重要指标之一。由于金刚石晶体所含微量元素、杂质、包裹体和蚀象的不同，所以其透明度可分为透明、半透明和不透明三种。纯净的金刚石无色透明，清澈如水。晶体颜色越深，杂质、包裹体等缺陷越多，其透明度就越差。有些半透明或不透明的金刚石，经过研磨加工后，变成了透明度良好的金刚石，这主要与晶体的裂隙和表面蚀象有关。

35. 金刚石密度一般为多少？

金刚石的密度在 3.47 ~ 3.56 g/cm^3 之间，一般在 3.52 g/cm^3 左右。密度的大小与金刚石晶体中所含包裹体的种类、数量和晶体的缺陷、晶体的颜色等有关。含石墨包裹体越多则密度越小。根据元素六公司的报道，由晶格常数计算出的金刚石的理论密度为 3.51525 g/cm^3，测定结果为 3.51524 g/cm^3，两者非常接近。产品的实际密度一般在 3.48 ~ 3.54 g/cm^3之间。

36. 何谓金刚石的解理面？

晶体受力后最易分裂的面叫解理面。金刚石最好的解理面是与八面体面一致的面（见图 3）。其次较常见到的解理面是与菱形十二面体面相一致的面。

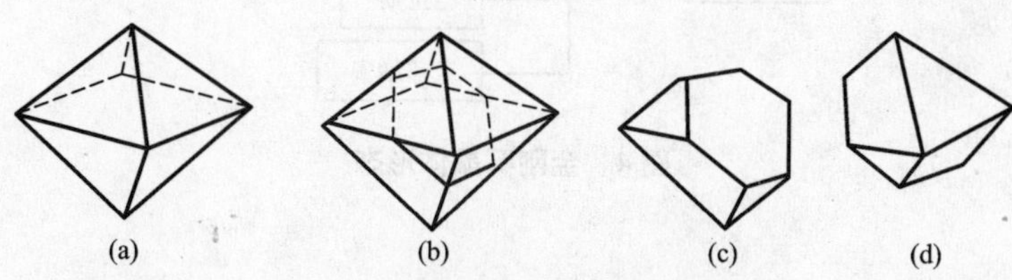

图 3　金刚石沿(111)面网分裂

(a)八面体；(b)八面体(111)面网解理面；(c)、(d)被分裂的两块金刚石

37. 金刚石晶体分类与杂质有什么关系？

氮是金刚石中最常见的杂质，研究表明，天然金刚石和人造金刚石中的氮杂质特性有很大差异。据此，可将金刚石分为Ⅰa、Ⅰb、Ⅱa、Ⅱb 型。

Ⅰa 型金刚石具有机械性能好、电绝缘性高、导热性差和透光波段窄等特点。造成这些特点的主要原因是Ⅰa 型金刚石中的氮含量高（千分之几的数量级），并以非顺磁的聚集方式存在，大多数天然金刚石属于这种类型。

Ⅰb 型金刚石的要特点是氮浓度较高，并以顺磁方式存在，其导热性比Ⅰa 型好得多，自然界中这类金刚石很少。人造金刚石几乎全属于此类。

Ⅱa 型金刚石中的氮含量极低，它具有最高的热导性，透光波段亦最宽。自然界中这类金刚石很少。现在用人工方法已制得这种低氮含量，高导热的金刚石。

Ⅱb 型金刚石中氮含量远低于Ⅰa 型。但其中含有硼。具有 P 型半导体特征。自然界中这类金刚石也很少。可用掺杂的方法人工制得半导体金刚石。

38. 金刚石晶体按形态是怎样分类的？

一定条件下，金刚石的晶体形态与生长条件密切相关，可以说不同的生长条件有不同的晶形。在天然金刚石中，最常见的金刚石晶体形态为八面体，而菱形十二面体少见，立方体更少见。此外，还有凸八面体、凸十二面体、凸六面体及其聚形，由于地壳的运动以及自然的冲击作用，曲面晶体比平面晶体多。人造金刚石根据合成条件的不同，其晶形可分为菱形十二面体、八面体、立方体或立方－八面体聚形，还有六－八面体、八－六面体之中间形晶体。金刚石的晶体形态分类列于图4。

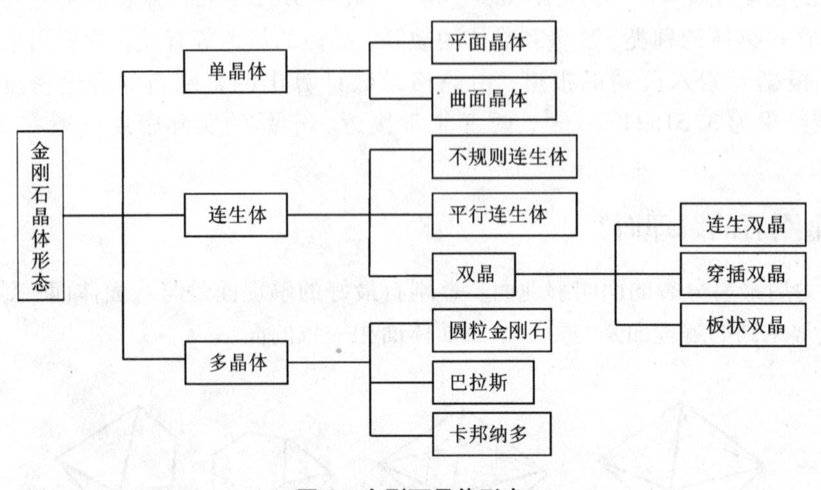

图4　金刚石晶体形态

39. 金刚石的晶形是如何定义的?

金刚石晶形可按外形分为：完整晶形、等积形、非等积形、连晶、聚晶等几种晶体形态。具体含义分述如下：

(1)凡属下列情况的属完整晶形：①晶面、晶棱清晰，晶体生长饱满；②没有两个以上孪生或共生晶体；③允许有四分之一的缺角和晶面上允许有四分之一的蚀坑。这种晶体的金刚石晶形好、强度高、耐冲击，是最理想的切磨材料。

(2)等积形：晶体长轴与短轴之比不超过1.5∶1的为等积形。此类金刚石的质量不如完整晶体金刚石，其强度较低，但形状尚好。目前，在人造金刚石中此种类型占很大比例。

(3)非等积形：晶体长轴与短轴之比超过1.5∶1者为非等积形。此类金刚石质量差，形状不好，强度很低。

(4)连晶：凡有两个以上共同晶面或晶棱的晶体及若干非完整晶体连生者为连晶。在使用时应将连晶破碎为单晶。

(5)聚晶：许多微小的晶体无规则地聚合丛生称为聚晶体。此类金刚石质量差，抗压强度很低。

40. 人造金刚石的晶体结构是怎样的?

人造金刚石是由石墨在超高温高压的条件下转变而得的，其组成元素为碳原子和少量杂质。金刚石是碳的一种结晶形态。当碳原子构成金刚石时，碳原子以4个等同的 sp^3 杂化轨道相互成键，成为一个正四面体的结构，如图5所示。由 sp^3 杂化轨道所形成的正四面体结构，既可以存在于立方晶系中，也可以存在于密排六方晶系中，所以金刚石具有立方金刚石和六方金刚石两种不同的晶体结构，常见的单晶体形态有六面体、八面体和菱形十二面体。

41. 我国人造金刚石有哪些品种，怎样分类？

我国的新标准 GB6405—86 是按用途划分和命名的。通用产品按适用结合剂种类划分，专用产品按制品种类或加工对象划分。每个金刚石品种，取其主要用途的英文第一个字母大写排在前面，用 D 代表金刚石写在后面。例如：用于树脂或陶瓷结合剂磨具的金刚石，标记为 RVD(Diamond grains for Resin binder and Vitrified bond)；金属结合剂用金刚石，标记为 MBD(Diamond grains for Metal bond)；锯用金刚石，标记为 SMD(Diamond grains for Metals bond Saw)；磨钢专用金刚石，标记为 SCD(Diamond for Carbide and Steel)；修整工具用金刚石，标记为 DMD(Diamond grains for Metal bond Dressing tool)等。图 6 为金刚石颗粒实物照片。

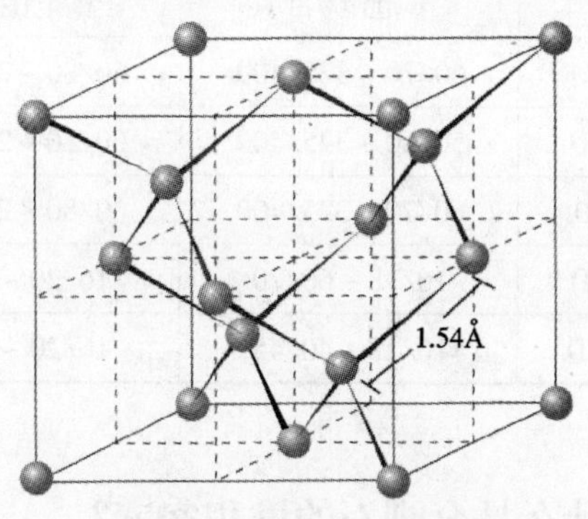

图 5　人造金刚石晶体结构

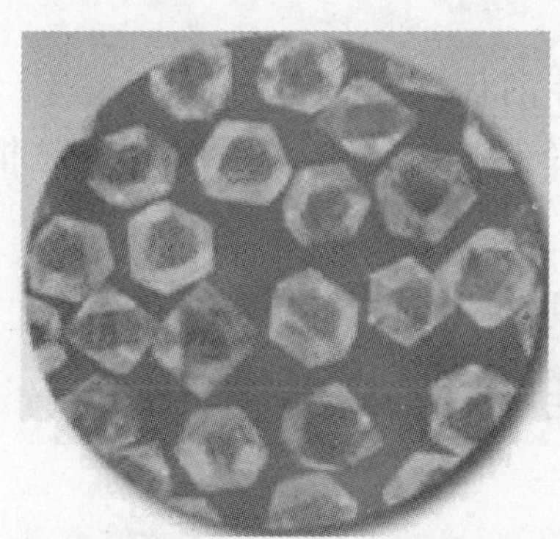

图 6　金刚石颗粒实物图

42. 我国人造金刚石粒度分多少等级？

根据 GB6405—86 规定，我国人造金刚石粒度可分为 25 个等级，从 16/18 ~ 325/400 不等。

43. 我国人造金刚石单晶的品种有哪些，适用范围怎样？

我国人造金刚石单晶的品种及适用范围见表 10。

表 10 人造金刚石单晶品种及适用范围

品种代号	粒度范围		用途
	窄范围(目)	宽范围(目)	
RVD	60/70 ~ 325/400	60/80 ~ 270/400	树脂、陶瓷结合剂磨具或研磨等
MBD	50/60 ~ 325/400	60/80 ~ 270/400	金属结合剂磨具、电镀制品、钻探工具或研磨等
SCD	60/70 ~ 325/400	60/80 ~ 270/400	钢或钢和硬质合金组合件等
SMD	16/18 ~ 60/70	16/20 ~ 60/80	锯切、钻探及修正工具等
DMD	16/18 ~ 40/45	16/20 ~ 40/50	修正工具或其他单粒工具等

44. 什么是金刚石的堆积密度?

堆积密度是指人造金刚石单晶在自然堆积的情况下，单位体积内所含金刚石单晶的重量，以 g/cm^3 表示。几种牌号的堆积密度应符合以下规定：RVD：1.35 ~ 1.70 g/cm^3；MBD：1.85 g/cm^3；SMD：不低于 1.95 g/cm^3；DMD 不低于 2.10 g/cm^3。

45. 什么是金刚石的热稳定性?

热稳定性是指金刚石被加热到某温度所发生的状态及其力学性能的变化，变化程度越低，热稳定性越好，反之越差。研究表明：同粒径金刚石，片状工艺与粉末工艺相比，前者高于后者。

46. 国内的人造金刚石质量检测标准包括哪些方面?

目前国内规定的人造金刚石质量检测标准主要包括：粒度组成；抗压强度；堆积密度；杂质含量；冲击韧性。

47. 国际上常用的人造金刚石质量检测标准包括哪些方面?

国际上常用的人造金刚石质量检测标准主要包括：冲击韧性(TI)；热冲击韧性(TTI)；偏心率(ECC)；抗压破碎强度(CFS)；晶形系数 τ 值；每克拉金刚石颗粒数(PCC)。

48. 人造金刚石是什么颜色的?

纯净人造金刚石应是无色透明的。实际上常因含有各种杂质和结晶缺陷而呈现不同的颜色。天然金刚石多呈淡黄色。人造金刚石在生长过程中由于有触媒的存在，因此含有 B、Ni、Mn、Co、Si、Al、Ca 和 Mg 等杂质，从而呈现出不同的颜色和性能。如含硼金刚石呈黑色，具有较高的强度和耐热稳定性；而含镍、锰等金属的金刚石呈现黄绿色。

49. 金刚石磁化率能否衡量金刚石质量?

金刚石的磁化率测定就是测量金刚石样品的磁化强度，金刚石是由碳原子构成的，纯净的金刚石应该是不感磁的，由于金刚石合成时使用金属作触媒，合成的金刚石内部含有不同量的金属杂质，尤其是晶体内的包裹体致使金刚石具有磁性，因此，人造金刚石的磁性(磁化率)的大小，不仅与其内部杂质和包裹体含量、成分具有直接关系，并且也与它的理化性质和质量指标(例如：韧性、强度、密度、热稳定性、色泽、透明度等)存在密切的关系。通过测定磁化率这种简便的无损检测方式，表征人造金刚石的杂质含量、韧性、强度、热稳定性等性质，具有重要的实用价值，一般金刚石的磁化率越低，则金刚石的杂质含量越少，其韧性越好，透明度越好，金刚石工具的磨损性能也就愈好，国外一些大公司已将磁化率测试作为一个内控指标来控制金刚石的质量。

50. 金刚石为什么具有疏水性?

金刚石对水不润湿，而容易粘油。这种疏水亲油的特征是金刚石的 sp^3 杂化的非极性键的本质决定的。这一特征不仅提示可以用油脂去提取金刚石，而且在制造金刚石工具时，宜选用含有亲油基团的有机物作为金刚石的润湿剂。

51. 世界各国人造金刚石生产的主要性能指标如何?

世界各国传统人造金刚石生产的主要性能指标简单情况见表 11。

表 11 各国传统人造金刚石生产的主要性能指标

生产国/公司	南非 De Beers	美国 G. E.	中 国	乌克兰 CTM	韩国 SIMMI	中国某公司
压机类型	两面顶	两面顶	六面顶	两面顶	两面顶	两面顶
压机能力/t	5 000	5 000	800	2 500	5 000	2 500
合成腔直径/mm	34	34	23	30	34	37
合成腔容积/cm^3	62	62	9.5	21	62	23
单次产量/(car/次)	130	130	9	14	130	23
单机年产量/万 car	160	160	22	45	160	50
锯片级含量/%	60	60	少量	22	50	21
可供产品粒度号	20/25 ~50/60	20/25 ~50/60	35/40 ~50/60	30/35 ~50/60	20/25 ~50/60	30/35 ~50/60
商品牌号	SDA	SDA	SMD	AC125	SMS	SMD

52. 国外人造金刚石质量检验包括哪些检测项目?

国外人造金刚石质量检验的主要检测项目列于表 12。

表12 国外主要国家的人造金刚石的检验项目

项目 \ 国别		DeBeers（英）	G·E·C（美）	东名（日）	ГОСТ－9206（俄）	备注
粒度		△	△	△	△	
强度	抗压				△	
	抗冲击	△	△	△		
堆积密度		△	△	△		
比表面积		△	△			
形状系数				△（微粉）	△（优质金刚石）	
热稳定性		△（部分）		△（部分）		
磨削试验				△		
杂质					△	包括微粉
湿度					△	包括微粉
研磨能力					△	仅适用于微粉
加工表面光洁度					△	仅适用于微粉

53. 我国常用的单晶人造金刚石强度测定方法是怎样的?

金刚石强度是指单粒金刚石在静压作用下，破碎时的负荷值，以 P 表示。它是金刚石质量的重要指标。金刚石强度测量的方法（GB6406.3—86），我国一般采用国产的单颗粒抗压强度测定仪进行测定。其测定仪如图7所示。每个试样需连续测定40个颗粒，取破碎负荷的平均值。按下式计算：

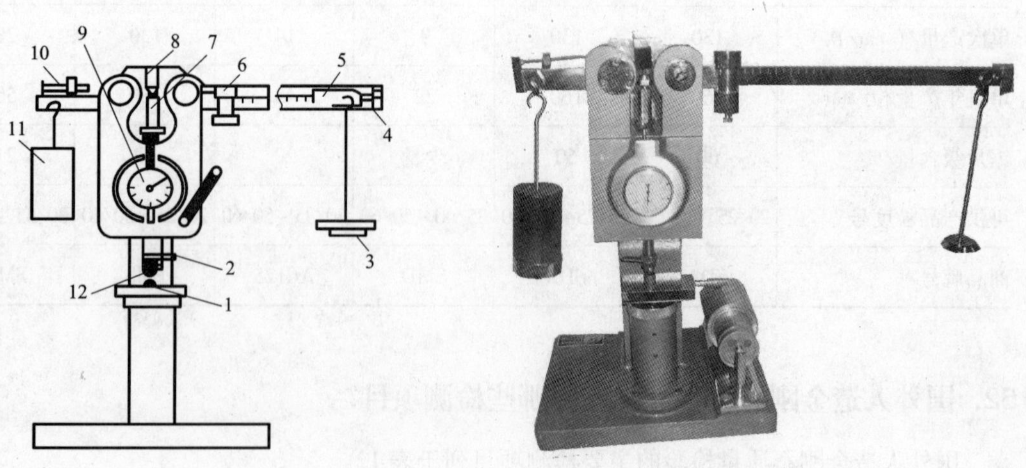

图7 金刚石强度测定仪

1—压块；2—按片；3—秤砣；4—刻度板；5—计量杆；6—游砣；7—压杆；8—活动压点；9—百分表；10—微调；11—平衡砣；12—压头

$$P = \frac{\sum_{i=1}^{40} Q_i - \sum_{i=1}^{n} Q_n}{40 - n}$$

式中：P——单颗粒抗压强度，N；

Q——每颗粒的破碎负荷，N；

n——负荷超过平均值 2 倍的颗粒数；

$\sum Q_n$——负荷超过平均值 2 倍的颗粒的破碎负荷之和；

40——要求测量颗粒数。

54．天然金刚石的抗压强度一般为多大？

单颗粒金刚石的抗压强度是衡量其质量的主要指标之一。强度取决于金刚石晶体结晶的完好程度、杂质的成分和含量。晶体愈完整，强度也愈高。十二面体、八面体的强度比无定形的好。当金刚石粒度相同时，其抗压强度与金刚石晶形的关系见图 8。金刚石的抗压强度用下式计算：

$$\sigma = \frac{p}{S}$$

式中：p——载荷；

S——晶粒横断面积，$S = \sqrt[3]{V^2}$；

V——晶粒的平均体积，$V = \frac{G}{n\gamma}$；

G——试样重量；

n——试样粒数；

γ——金刚石密度。

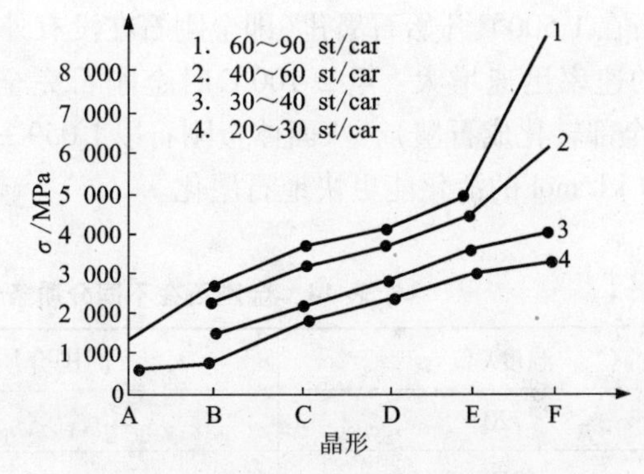

图 8　金刚石抗压强度与晶形的关系

A—六面体；B—八面体；C—曲面阶梯状菱形十二面体；D—菱形十二面体；E—八面体双晶；F—曲面台阶梯状八面体

天然金刚石的抗压强度约88 000 kg/cm^2，约为刚玉的 3.5 倍、硬质合金的 1.5 倍、钢的 9 倍。

虽然金刚石具有极大的静压强度，但具有脆性。所以受冲击后就产生裂纹，以至破碎。在实际应用中，金刚石往往承受动载，因此，国内外对于金刚石动强度的研究及测定方法引起了重视。1974 年，英国 De · Beers 公司设计出了脆性试验仪。测定时将 2 car试样放入容器内并放入钢球，然后密封装在振动器上，钢球沿容器轴线方向自由冲击金刚石，经过一定时间后用标准筛过筛并称量保持初始尺寸的重量，以它占总量的百分数表示金刚石的动强度。De · Beers 公司认为它是控制产品质量的有效仪器。郑州磨料磨具削研究所于 1985 年所研制出金刚石冲击韧性测定仪，也是基于上述原理，但采用了无级调整冲击频率和数字显示等较先进的电子技术。

55．金刚石的研磨性如何？

金刚石的研磨性比其他研磨材料高很多倍。（见表 13）

表13 金刚石研磨性比率

材 料	比率	材 料	比率
金刚石—石英	5.5:1	金刚石—碳化钨	3.4:1
金刚石—刚玉	4.5:1	金刚石—碳化硅	2.95:1

56. 金刚石的热稳定性如何?

金刚石受热损伤的程度主要取决于金刚石所处环境，即与金刚石相接触的介质，如在真空中，金刚石在1 500℃左右才开始出现石墨化，但在大气条件下，850℃开始明显氧化失重，在常压800℃以上，Ni、Co、Fe会促使金刚石转化为石墨并能熔解碳而造成金刚石的剧烈腐蚀。不同程度的损伤主要体现为：单颗抗压强度下降、表面腐蚀或石墨化、颗粒内出现裂纹或碎裂等，从而导致其切削、磨削性能下降。

金刚石被加热到某温度所发生的状态及其力学性能的变化取决于金刚石的品质及其加热时周围的介质。表14为金刚石在不同介质条件下受热升温时所产生的现象。由表14可见，金刚石在1 500℃开始石墨化(即金刚石在没有外来媒剂辅助的情况下转变成石墨)，随后石墨化的速率迅速增大，至2 100℃时金刚石完全转化为石墨(一颗0.1克拉的八面体不到3 min全部转化成石墨)。八面体金刚石以1 059±8 kJ/mol的活化能进行石墨化，而十二面体以720 kJ/mol的活化能更快地石墨化。

表14 金刚石在不同介质条件下受热升温时的状态

温度/℃	周围介质	现 象
720	氧气	开始氧化
850	空气	开始氧化
750~800	铁或铁基合金	C溶解于铁
1500~1600	真空和惰性气体	石墨化
2100	真空和惰性气体	全部转化为石墨

57. 为什么要研究金刚石不同晶面和同一晶面不同方向的硬度差别?

不同结晶形态的金刚石，其不同的晶面因面网密度不同，或同一晶面的不同方向因面网行列结点密度不同，都存在着硬度差别。如八面体{111}面的硬度大于菱形十二面体{110}面的硬度，后者又大于立方体{100}面的硬度。在同一个晶面上，不同的方向也存在着硬度差别。八面体的晶面，其平行晶棱方向的硬度大于垂直晶棱方向的硬度；菱形十二面体的晶面，其长对角线方向的硬度大于短对角线方向的硬度；立方体的晶面，其对角线方向的硬度大于晶棱方向的硬度。此外，不同产地和不同颜色的金刚石，其硬度也不一样。研究金刚石不同晶面和同一晶面不同方向的硬度差别，对于科学加工和合理使用金刚石都是十分重要的。在镶嵌、研磨金刚石时，都要注意这种定向性。

58. 如何测定金刚石冲击韧性?

金刚石冲击韧性是指在规定的冲击条件下，金刚石的抗破碎能力。测定方法：先通过筛分，取出样品的基本量，选用一定规格数量的钢球一起装入钢体试验管，在冲击装置上以一定频率冲击一定的次数，然后再筛分，以其未破碎率(冲击后筛上物重量与其原始量之比)百分数表示。以 *TI* 来表示其冲击韧性值。其中：*TI* 是常温下的测试值，*TTI* 是在 1 100℃ 的氩气气氛中将样品匀烧 10 min 后重复 *TI* 的测试过程所测的 *TI* 值。另一方法是通过进一步换算与调整，最后以未破碎率为 50% 时的冲击次数(又称半破碎次数)表征样品的冲击韧性。对于国外的厂家是必检项目之一，我国的部分厂家也开始采用冲击韧性来评价金刚石质量。

$$TI \text{ 或 } TTI = \frac{\text{未破碎金刚石重量}}{\text{起始金刚石重量}}$$

59. 金刚石合成方法有哪些?

目前，世界上用于金刚石的合成方法很多，但以静态超高压高温触媒法为主，而低压气相沉积法则是一种用于制备金刚石功能材料的、具有潜在发展前景的方法，按合成技术和晶体生长机制的特点可做如下分类：

按合成技术的特点分：

(1)静态超高压高温法(静压法)有两种，一种是静态直接生长金刚石；另一种是静压触媒法生长金刚石，前者没有金属触媒参与相变，是直接有石墨碳素材料在超高压高温条件下转变为金刚石的，要求压力约在 10 GPa，温度在 3 000 K 以上，比有金属触媒参与下的压力和温度高 1 倍左右。

(2)动态超高压高温法(动压法)，又称爆炸法，碳素是在瞬时产生与消失的超高压高温条件下发生相变成金刚石微米级颗粒，其特点是压力大，温度高，时间很短。如由冲击波产生的压力，可达 1 000 GPa，时间只有万分之一或万分之几秒。

(3)化学气相沉积法，简称 CVD 法。此法的特点是在低压(133 Pa ~ 106 kPa)和不太高的温度(500 ~ 800℃)条件下(温源之温度可达 2 000℃)生长金刚石。根据是否等离子活化之不同，又分为两种：一种是无等离子活化的化学气相沉积法，另一种是有等离子活化的气相沉积法，简称 PCVD 法，它的主要原理是由碳氢化合物经分解出活性碳原子与氢原子后沉积在某些基体上，形成微粒金刚石或金刚石薄膜。

60. 合成金刚石的设备有哪些?

合成金刚石设备是生产金刚石的重要手段，根据生长原理不同，设备也不相同，按原理不同，可分为三大类型，即静压法合成金刚石的超高压设备；动压法合成金刚石的爆炸设备；气相沉积法(以 CVD 法为主)的低压高温设备。

61. 静态超高压高温设备有哪些类型?

人工合成金刚石需要满足超高压高温这样一个特定的技术条件，产生超高压高温设备的设计与制造就成为解决这一问题的关键。

超高压高温设备在结构形式上通常可分为：活塞—缸式(Piston-Cylinder，PC 型)、顶砧—缸式(Anvil-Cylinder, AC 型)、对顶砧式(Opposite Anvil, OA 型)、多顶砧式(Multiple-Anvil, MA 型)和多顶砧滑动式(Multiple-Anvil, Sliding-System, MASS 型)等五大类型。

上述五种超高压设备类型中只有 AC、MA、OA 型对合成超硬材料有实用价值。

62. 金刚石合成专用压机的种类都有哪些?

金刚石合成专用压机的种类很多,按其液压数量分为多压源压机和单压源压机。

多压源压机具有多个独立的液压源,即多个独立的工作油缸。如具有6个工作油缸,且彼此用铰链梁连接的压机。

单压源压机只有一个液压源,通常称为两面顶压机。它可对超高压模具两面加压,如年轮式装置、凹模装置等。

两面顶压机按其结构形式(主要是主机机架结构)可分为钢丝缠绕、梁柱式和框架式。叠板式和板块式均属于框架式。但不论何种机架均可分为预应力承载机架和非预应力承载机架两种。

63. 我国金刚石合成专用压机的研制情况如何?

我国金刚石合成专用压机的研制情况见表15。

表15 我国金刚石合成专用压机的研制情况

发展年代	1965年研制成功 1966年批量生产	1984年研制 1985年装机	1986年研制 1994年批量生产	1995年研制 1996年装机	1998年研制 相继装机
压机吨位/MN	6×6	6×8	6×12	6×13.5	6×20
油缸直径/mm	280	320	360	400	500
合成腔体直径/mm	18	23~25	28	30~35	40
单产/ct	4~6	9~12	17~21	22~32	40

64. 金刚石合成专用压机的技术性能要求有哪些?

金刚石合成专用压机的技术性能不同于一般的液压机,它有以下特点:

(1)系统必须满足晶体生长的苛刻条件,具有较高的力值精度、重复精度和长时间的压力稳定性。这对于生长高强度粗颗粒的单晶金刚石尤为重要。

(2)由于压机吨位大、载荷集中,在合成过程中可能由于高压腔密封失效而造成瞬时爆炸泄压,产生巨大的响声和强烈的冲击振动。因此,要求主机系统能抗振,刚度大。

(3)超高压模具的顶砧和压缸都由价格昂贵的硬质合金制造,弹性模量高。为了降低成本,提高使用寿命,要求压机承载后上下工作台的变形小,它们之间的静态和动态平行度也要求很高。

(4)金刚石合成周期一般为10~35 min不等,机架承受循环载荷,因此要求机器疲劳寿命高。

65. 年轮式超高压高温装置具有哪些主特点?

年轮式超高压高温装置是由主机、副机、液压系统、电控加热系统组成。主机的主要部件有机架、主油缸、活动梁导向机构、回程机构、回程缸、下工作台等。

该装置的主要特点是:

(1)采用锥形顶砧;

(2)采用重大质量支承原理;

(3)采用叶蜡石作传压介质和密封垫,以及绝缘、绝电的介质;

(4)采用两向轴向压缩,减少压力梯度的影响,增加了试样的尺寸,使装置稳定达到10 GPa/2 000℃工作数小时。

66. 金刚石合成压机的高压是怎样产生的?

金刚石合成压机所获取的超高压是根据静压传递的基本原理,即帕斯卡定律来达到,如图9。在两个相互连通的密封液压缸中装有油液。在液压缸上部分别装有活塞1和2。小活塞和大活塞的面积分别为 A_1 和 A_2。在大活塞上有重物 G。如果在小活塞上加力 F_1,则在小活塞缸中的油液压力为:$p=\frac{F_1}{A_1}$。根据帕斯卡定律,这一压力将以等值传递到液体中所有各点去。因此,也要传到大活塞缸中去。这时,大活塞上所受的作用力 F_2 为:$F_2=pA_2$。根据前两式得:$F_2=F_1\frac{A_2}{A_1}$。

由此可知,(1)两活塞面积比 A_2/A_1 越大,将大活塞抬起的作用力就越大,即在小活塞上加不大的力 F_1 就可在大活塞中得到较大的作用力 F_2。(2)液压缸中的压力 p 随负载(即重物 G)而变化。当大活塞不能运动(即 $G=\infty$)时,液压缸中油液体的压力则决定于小活塞的作用力 F。

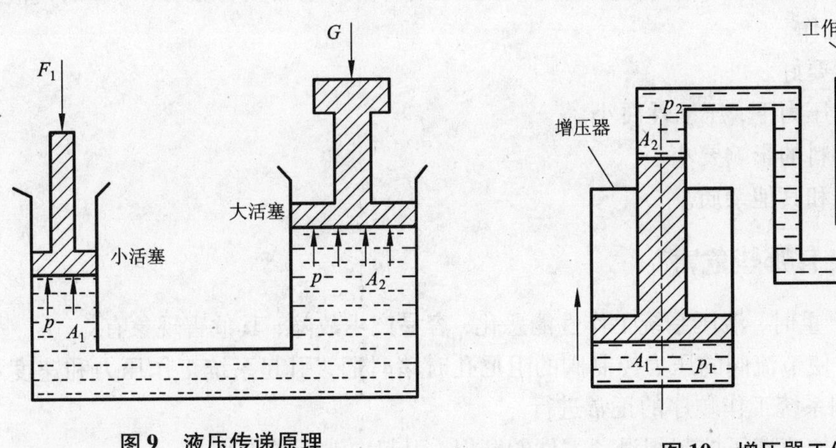

图9 液压传递原理

图10 增压器工作原理

对于金刚石压机来说,其原理也是如此。如图10,p_1 由动力源柱塞泵供给,经增压器,根据帕斯卡定律可得出 $p_2=p_1\frac{A_1}{A_2}$,其中 A_1 为增压器内活塞面积,A_2 为增压器内超高压缸柱塞之面积。此时，p_2 就是增压器增压后所得到的超高压。此压力值也就是六个超高压压力表中所反映出来的压力值。大多数压机设计的增压器 A_1/A_2 为定值 10.8∶1，所以 $p_2 = 10.8p_1$，也就是说超高压后的压力是泵压的 10.8 倍。由超高压力 p_2 及工作缸活塞面积 A_3，可得出油液作用于活塞的推力为 $F_3 = p_2A_3$。当工作缸活塞面积 A_3 较大时，活塞即得到较大的推力作用于合成腔体。

67. 合成用压机中的液压系统由哪些部分组成?

一个完整的液压系统主要由以下四部分组成。

(1)动力元件——柱塞泵。它供给液压系统压力油，是将电动机输出的机械能转换为油液的液压能的装置。

(2)执行元件——增压器内的活塞及工作缸活塞，是将油液的液压能转换为驱动工作部件的机械能的装置。

(3)控制元件——各种控制阀，如溢流阀、电磁阀、节流阀、超高压单向阀等。用以控制调节液压系统中油液的流动方向、压力和流量以满足执行元件运动的要求。

(4)辅助元件——包括油箱、滤网、压力表、管件和密封装置等。

68. 液压油有哪些基本要求?

液压系统对油的基本要求是：

(1)适宜的粘度和良好的粘温特性。油液粘度的变化，对液压泵、阀和其他元件的性能影响很大。因此，要求液压油的粘度随温度的变化尽可能地小些。

(2)在工作温度和压力下，具有良好的润滑性、剪切稳定性。

(3)对热、氧化、水解等具有较好的化学稳定性。

(4)要有良好的抗泡沫性，液压油中混有气泡是很有害的。由于气泡易被压缩，因而导致系统压力下降，能量传递不准确，不稳定，甚至不可靠，产生噪声和振动，严重时使液压阀等元件不能正常工作。

(5)防锈性能要好。

(6)在额定的压力下，压缩性要小。

(7)对密封材料的影响要小。

(8)不含水分和其他杂质。

69. 液压油污染有哪些危害?

液压油污染严重时，液压系统工作性能恶化，容易产生故障，其危害现象有：

(1)污染物常使节流阀的压力控制阀的阻尼孔时堵时通，引起系统工作压力和速度不时地变化，乃至影响系统工作顺序的正常进行。

(2)污染物会加速液压控制阀滑动零件的磨损，引起内泄漏的增加。

(3)污染物若把阀芯卡住，阀的动作失灵，造成事故。

(4)对于液压泵和液压缸来讲，污染造成的危害更直观，更显著。它会使运动副磨损加剧、破坏密封、内外泄漏严重、效率降低、功损增大、产生高热，甚至烧坏零件。

(5)混入液压油中的空气会引起噪声、振动、爬行、气蚀和冲击现象，从而恶化系统的工作性能。

(6)混入液压油中的水分会腐蚀金属。

总之，保持液压油中的高清洁度对于防止液压元件的非正常损坏和保证压机的正常运行是至关重要的。

70. 铰链式六面顶压机由哪些部分组成?

整个压机系统的组成，是由压力和加热两大系统构成，而压力系统又由动力部分(主油泵)、主机部分(主油缸和增压器)和液压控制等三部分组成，加热系统又由稳压的(稳流的)调功器或调压器和大电流变压器以及连接部件等组成。

71. 铰链式六面顶超高压压机主体是怎样构成的?

主机部分由6个工作油缸和6个铰链梁通过12根销杆串起来组成压机主体。工作缸是能承受13.7 MPa的高压油的高压缸。因此，要求34CrNi3MoVA材料制造，并经过严格探伤，没有任何微裂隙或砂眼才能使用。每一工作油缸内有一由40Cr材料制造的活塞，采用两道带有双向保护环的O型密封圈密封，回程腔采用带有支承器的V型密封圈密封。活塞通过密封圈在缸内作直线往复运动，承受超高压油不能泄漏。铰链梁支承主油缸，并组成一受力主体。要求每个铰链中销孔配合误差不大于0.1 mm，且销杆与销孔配合间隙在0.02~0.04 mm之间。主机部分的另一部分是增压器。主要起增压作用。对其油缸与活塞的要求，与工作油缸一样严格。

72. 液压传动按油路可分为几部分?

液压传动按油路来分，可分为主油路和控制油路两部分。主油路又以超高压可操纵单向阀为界，分为高压和超高压两部分。高压油路压强13.7 MPa。由轴向柱塞泵及高压液压元件组成。超高压油路压强为174.1 MPa，是由可控七通阀，可操纵单向阀及超高压单向阀控制。

73. 液压控制油路由哪些元件组成，各起什么作用?

液压控制部分是由各种油阀油管等元件组成控制油路部分。在液压传动中，主要是控制压力大小、正反方向和油量三个因素，以满足机械工作要求。因此，所采用的控制元件有压力阀、换向阀和流量阀三类。

压力阀是控制系统内的压力大小，以便起到过载安全保护的减压作用。避免管路破裂和油缸冲击事故的发生。压力阀一般又分为溢流阀、安全阀和减压阀等多种。在国内压机上多采用高压和低压溢流阀来控制压力大小。

换向阀主要是利用阀中的阀芯与阀体之相对运动原理以改变油路的流动方向。

根据六面顶压机大流量、高压力的特点，压机在不同油路中，分别采用两位四通，两位六通和三位四通电磁式换向阀。为保证压机的保压性，在每条高压油路中(共6条)采用可控单向阀(不换向)。为了控制压机系统内的油量大小，以便调节6个主轴活塞速度的同步性，保证6个顶锤同步施压，在6个工作主油缸的油路中采用6个节流阀控制油量，以保证压机的同步性。

74. 怎样识别液压控制阀图形符号?

压力控制阀用一个方框表示其阀体，方框内的箭头表示阀体内的阀芯，方框两端与箭头平行方向的两根直线段表示油液的管路，在箭头方向后面的表示进油管路。在箭头方向前面的表示出油管路，方框另外两端面上表示控制阀芯的动力源形式，其中虚线表示液压控制的控制油管路，弹簧按常用示意图的画法表示。

压力阀是通过控制油液压力与弹簧相平衡的原理工作的。当没有压力或压力较低时，油液不足以克服弹簧力，不能将阀芯推动，因而进出口油则不能接通。这就是所谓的常闭(断)式，反之，则为常开(通)式的压力阀。图11中(a)为常断开式安全溢流阀。图11(b)为常闭式。

方向控制阀图形符号的识别比其他类型的阀较为复杂。它有位数、通道数、动力源控制形式共三部分组合表示。方向阀第一方框代表一个工作位置，有几个方框则有几个工位简称几位，如图11所示(c)为三位阀，(d)为二位阀。方向阀图中，方框外的每一条直线段表示一条通路。有几条直线线段就叫几通。图11中(c)为四通阀，(d)为三通阀。方框内的有关直线线段表示处于该位置时的油流连通情况。↑表示油流连通方向，"T"表示油流被堵不通，如图11中(e)所示。

在左端工位1的位置时，P→A；B→O；在右端工位2的位置时，P→B；A→O；在中间位置时，P→O；A，B被封堵。或是P，O，A，B四个油口均被封堵，如图11中(f)所示。方向控制阀的全称，要顺序地表明其"位"、"通"及控制动力源形式，如图11中的(f)就叫三位四通电磁换向阀。

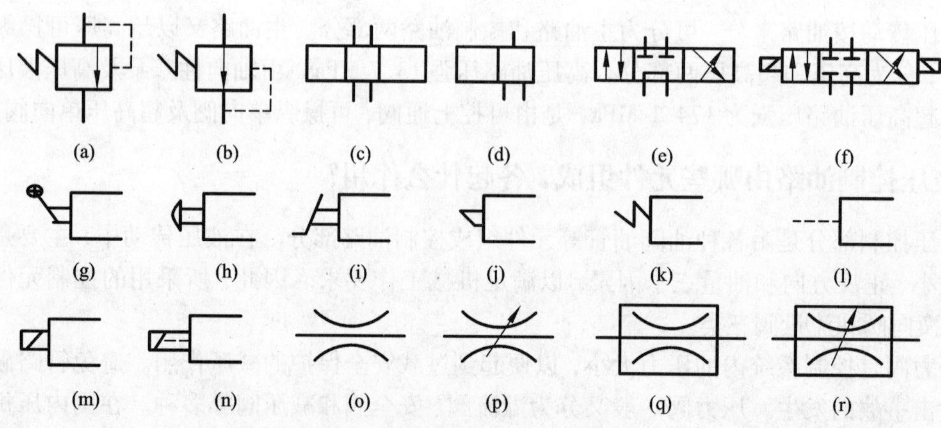

图11 液压系统图形符号示例

图形中方框两端表示控制动力源的形式，符号与其他类别的液压阀表示方法一致。图11中(g)为手动控制，(h)为按钮控制，(i)为脚踏控制，(j)为机械控制，(k)为弹簧控制，(l)为液压控制，(m)电磁铁控制，(n)为电液联合控制。

流量控制阀图形符号的识别比较简单，图形符号中的直线线段表示油路，直线线段两侧的峡口形状即表示节流，如图11中(o)所示即为固定节流。若狭口形状上加一斜箭头则表示是可调式节流，如图11中(p)。

上述图形外围没有方框包住，就表示这不是一只单独的阀，而是在有关通道、油路或连接板上钻孔加工后配以零件而成，所以，应准确地称作“固定节流器”。如图 11 中(q)为节流阀，可调式节流阀为图 11 中(r)。

75. 轴向柱塞泵流量不足使压机油缸活塞运动迟缓的原因是什么，怎样排除?

可能引起故障的原因是：

(1)吸油管和隔层滤网被堵塞或阀门阻力过大；

(2)油箱油面过低；

(3)泵体内没有充满油，有残存空气；

(4)柱塞回程不够或不能回程，引起缸体与配油盘间失去密封；

(5)柱塞与缸体、或配油盘与缸体间磨损；

(6)配油盘与缸体之间有脏物或配油盘定位销未装好，使配油盘和缸体贴合不好；

(7)吸油通道上管路接头处漏气；

(8)油的粘度太大或油温太低；

(9)变量机构的偏角太小，使流量太小；

(10)系统中其他元件的漏损太大。

故障的处理方法：

(1)排除吸油与阀门堵塞，清洗隔层滤网；

(2)确保加足油量；

(3)排除泵内空气；

(4)检查中心弹簧；

(5)更换柱塞，修配配油盘与缸体接触面，保证接触良好；

(6)拆开油泵，清洗各运动附件，重新装配；

(7)用清洁的黄油涂于吸入通道上各接头处检查是否漏气；

(8)更换低粘度的油或将油箱的油加满；

(9)加大变量机构的偏角以增大流量；

(10)更换有关元件。

76. 轴向柱塞泵的压力不足或压力脉动较大的原因是什么，怎样排除?

可能产生故障的原因是：

(1)吸油口堵塞使通道减小；

(2)油温较高，油液粘度下降泄漏增加；

(3)油缸与配油盘之间磨损失去密封，柱塞与缸体磨损泄漏增加；

(4)变量机构偏角太小，流量过小，内漏相对增加；

(5)变量机构没有调至所要求的功率特性；

(6)溢流阀建立不起压力或未调整好。

故障的排除方法：

(1)清除堵塞，以加大通油口截面；

(2)设法降低油温，或更换粘度较大的油液；

(3)修磨缸体与配油盘接触面，更换柱塞或送制造厂检修；

(4)加大变量机构的偏角，达不到要求则需要拆修；

(5)检查溢流阀阻尼孔是否堵塞，先导阀是否密封，重新调整好溢流阀；

(6)若偶尔脉动，可更换新油，经常脉动可能是配合件研伤或憋劲，应拆下研修。

77. 轴向柱塞泵噪声过大的原因是什么，怎样排除?

噪声过大的原因可能是：

(1)泵内有空气，或吸入通道上漏气或油量不够；

(2)油液不干净，吸入管道堵塞或隔层滤网堵塞，油阻过大；

(3)油液粘度过大，油温又较低；

(4)管道振动；

(5)如正常运转中噪声突然增大，则必须停止工作；

(6)电机与油泵因轴发生变化使轴增加了径向载荷。

故障的排除方法：

(1)排除泵内空气，用黄油涂于吸入管道各接头处，检查是否漏气，加油增高油量；

(2)清除吸入管道堵塞，清洗隔层滤网，并将油过滤；

(3)更换粘度较小的油液，设法提高油温；

(4)采取隔离消振措施；

(5)多数是柱塞与滑靴的铆合松动或油泵内部零件损坏需拆修；

(6)重新调整。

78. 轴向柱塞泵发热的原因是什么，怎样排除?

轴向柱塞泵发热的原因可能是：

(1)油的粘度过大；

(2)油泵或液压系统漏损过大；

(3)缸体与配油盘、滑靴与斜盘等相对运动的配合而磨损。

排除方法是：

(1)更换粘度小的油液；

(2)检修油泵，修复液压系统漏油处；

(3)检修或更换磨损件。

79. 轴向柱塞泵外部泄漏的原因是什么，怎样排除?

外部泄漏产生的原因是：

(1)转动轴上的密封损坏；

(2)各接合面及管接头的螺栓螺母松动，密封损坏；

排除方法是：

(1)更换密封圈；

(2)紧固并检查密封，必要时更换密封件。

80. 轴向柱塞泵不转动的原因是什么，怎样排除？

油泵不转动的原因可能是：

(1)柱塞与泵体卡死(油污染或油温变化)；

(2)柱塞球头折断(可能因柱塞卡死或有负载启动)；

(3)滑靴脱落(因柱塞卡死或有载荷启动)。

排除方法：

(1)更换新油，并拆修；

(2)更换或送制造厂修理。

81. 液压阀的结构共同点有哪些？

尽管各类液压阀的功能作用不同，但在结构原理上均具有下述共同点：

(1)无论哪种阀，在结构上均由阀体、阀芯和操纵机构组成；

(2)无论哪种阀，都是依靠阀的启、闭来限制、改变液体的流动或停止，从而实现对系统的控制和调节作用；

(3)无论哪种阀，只要液体经过阀孔，均会产生压力下降和温度升高等现象；

(4)通过阀孔的流量与通流截面积及阀孔前后压力差有关；

(5)控制液压阀产生动作的动力源，除手动外，多采用电动、液动或组成联动，如电液联动等。

82. 超高压二位七通阀的技术参数有哪些？

超高压二位七通阀又称六缸均压阀，通过控制油压操纵阀芯，使 7 个通道连通或切断。

超高压二位七通阀的技术规格：

超高压工作压力：	147 MPa
公称流量：	10 L/min
控制压力：	≥1.6 MPa

83. 超高压二位七通阀的主要故障有哪些，怎样排除？

超高压二位七通阀一般常出现的故障是：上下两道 O 型密封圈磨损或拉伤和装配不当而被剪切，以及液压油污染将阀芯卡死而拉伤，从而影响超高压系统压力下降和保不住压等。当出现这些故障时，一是更换上下两道 O 型密封圈；二是修磨阀体配用新的阀芯及更新液压油。

故障处理的方法是：

超压至一定的压力，保压视六工作缸超高压压力表指针，如将超高压二位七通阀开启或关闭。六超高压压力表指针都均匀下降，拆除上下两控制油管接头，两控制阀接头处上或下有油液从阀体内泻出，则可认为超高压二位七通阀上或下道 O 型密封圈磨损或拉伤，拆出阀芯予以更换。

84. 超高压可操纵单向阀的技术规格有哪些?

超高压可操纵单向阀在液压系统中，用以控制超高压油流方向。其技术规格是：

工作压力: 147 MPa

公称流量 35 L/min

控制压力 4 ~ 5 MPa

85. 超高压可操纵单向阀的常见故障有哪些，怎样排除?

常见故障有：

(1)阀芯与阀座密封破坏，导致超高压压力下降，严重时达不到超高压，更不能保压；

(2)活塞杆上的 O 型圈磨损或拉伤，或装配时被剪切，影响液压机的超压速度和单个工作缸活塞前进的速度；

(3)活塞上 O 型圈磨损或装配时被剪切，影响活塞推动阀芯的力量；

(4)阀芯弹簧失灵或断裂，影响液压机的同步和阀芯不复位产生(1)的后果；

(5)油液变脏污染；

(6)空心螺钉和活塞盖的 O 型圈损坏或装配时被剪切，液压油外泄，影响液压机同步运动。

排除方法：

(1)更换阀芯或阀座，或研配阀芯、阀座，或以锤敲击阀芯达到密封之目的；

(2)、(3)、(6)更换 O 型圈；

(4)更换弹簧；

(5)更换液压油。

86. 溢流阀产生噪声和振动的原因是什么，怎样排除?

常见故障原因是：

(1)流体噪声；

(2)滑阀与阀孔配合过紧或过松；

(3)弹簧刚度不够，产生弯曲变形，流动力引起弹簧自振，当弹簧振动频率与系统振动频率相同时，则出现共振；

(4)调压螺母松动；

(5)系统油路中有空气；

(6)阀的流量超过了允许最大值使油管路振动或背压过大；

(7)与系统中其他元件产生共振。

故障排除方法是：

(1)清洗阀体、阀芯和阀座；

(2)调整滑阀与阀孔配合；

(3)更换弹簧；

(4)压力调节后，要拧紧螺母；

(5)排除系统油路的空气；

(6)修复或更换先导阀。

87. 溢流阀产生压力波动的原因有哪些，怎样排除？

产生压力波动的原因是：
(1)油泵流量不匀；
(2)液压系统中进入空气；
(3)控制阀芯弹簧刚度不够，不能持续稳定工作压力；
(4)油污染脏化，阻尼孔堵塞，滑阀移动困难；
(5)锥阀动作不灵活，或表面被拉伤，阀孔碰伤，或被污染卡住，滑孔与孔配合过紧。
故障排除方法是：
(1)按油泵压力脉动查找排除；
(2)打开液压系统中的放气塞排系统中的空气；
(3)更换阀芯弹簧；
(4)疏通阻尼孔，更换干净油液，或过滤油液；
(5)修磨锥阀，清除污物；
(6)清洗并修磨损伤处，清除污物，或更换滑阀。

88. 溢流阀压力调整无效的原因是什么，怎样排除？

溢流阀压力调整无效的原因是：
(1)弹簧损坏(断裂)；
(2)滑阀配合过紧，或被污物卡死；
(3)锥阀磨损；
(4)阻尼孔堵塞，滑阀失去控制作用；
(5)弹簧的刚度太软、弹力不够。
故障排除方法是：
(1)更换弹簧；
(2)清除污物，研磨滑阀使滑阀在孔中移动灵活，更换油液；
(3)研磨修复，更换锥阀；
(4)疏通阻尼孔，油液过滤或更换；
(5)更换新弹簧。

89. 溢流阀泄漏的原因是什么，怎样排除？

溢流阀产生泄漏的原因是：
(1)锥阀与阀座接触不良；
(2)滑阀与阀体配合间隙过大；
(3)有关结合面密封不良。
故障排除方法是：
(1)修磨滑座、锥阀或更换锥阀；
(2)更换滑阀；

(3)更换密封。

90. 液控单向阀产生噪声的原因有哪些，怎样排除？

液控单向阀产生噪声的原因是：

(1)该阀与其他元件产生共振；

(2)该阀的承受最大流量超过它本身的额定流量。

排除方法是：

(1)限定泵上标牌规定的调整值；

(2)调整系统压力或改变弹簧的刚度。

91. 液控单向阀产生泄漏的原因有哪些，怎样排除？

液控单向阀产生泄漏的原因是：

(1)阀座锥面密封不严；

(2)阀座锥面不圆或磨损；

(3)阀芯或阀座损坏；

(4)油中有杂质，锥面磨损；

(5)配合的阀座损坏；

(6)与阀板连接螺钉松动。

故障排除方法是：

(1)拆下研配，确保接触面密封严密；

(2)拆下检查更换锥阀；

(3)重新研配；

(4)更换油液，配研锥面；

(5)更换或反复研修；

(6)拧紧螺钉。

92. 液控单向阀失灵的原因是什么，怎样排除？

液控单向阀失灵的原因是：

(1)阀芯卡住 ①阀体变形，②阀芯有毛刺，③阀芯变形，④油液污染；

(2)弹簧折断；

(3)阀芯与阀座接触不良，或严重磨损失去密封作用。

排除方法是：

(1)拆修阀芯 ①研修阀体内孔消除误差，②去毛刺并磨光，③研磨阀芯外径；

(2)更换弹簧；

(3)阀芯与阀座配研，确保密封可靠或更换。

93. 直通单向阀和液控单向阀在液压系统中的作用是什么？

直通单向阀在液压系统中，使油液以一定的开启压力在某一方向自由通过，而反向则不允许通过，所以又称止向阀或逆止阀，用它来防止油液反向流动。

液控单向阀是单向阀的又一个品种，液压油正向流动时，如同单向阀，但它可以利用控制压力油推开锥阀，使液压油能在两个方向任意流动，所以又称它为单向闭锁阀和保压阀。

94．电磁换向阀的类型与作用是什么?

电磁换向阀是利用阀芯与阀体相对位置的变化来控制液流方向。因此，对它的主要技术要求是：换向平稳无冲击，压力损失小，动作灵敏，反应快，内漏小和动作可靠等。

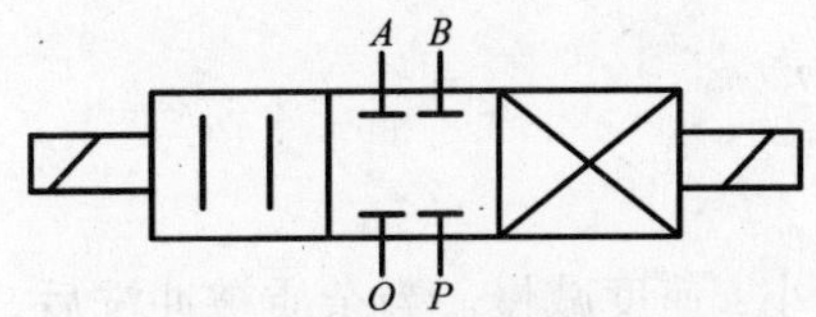

图 12　三位四通 O 型电磁换向阀图

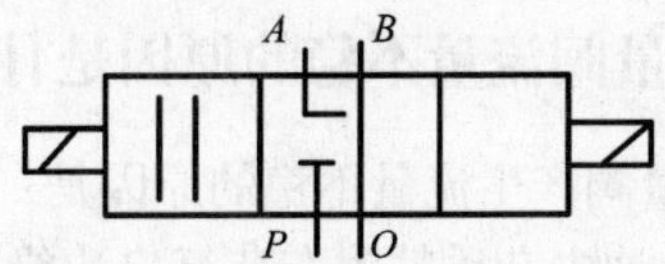

图 13　三位四通 Y 型电磁换向阀图

铰链式液压机系统中选用的电磁换向阀中有三种型号：

(1)三位四通 O 型电磁换向阀(见图 12)

一位置：阀芯在中间图示位置。

P、*A*、*B*、*O* 四个通道全闭，互相不通。

二位置：阀芯向左移，右边电磁铁工作，视右边箭头。

P 与 *B* 相通；*A* 与 *O* 相通。

三位置：阀芯向右移，左边电磁铁工作，视左边箭头。

P 与 *A* 相通，*B* 与 *O* 相通。

(2)三位四通 *Y* 型电磁换向阀(见图 13)

一位置：阀芯在中间图示位置。

P 关闭：*A*、*B*、*O* 三孔通道相通。

二位置：阀芯向左移，右边电磁铁工作，视右边箭头。

P 与 *B* 相通；*A* 与 *O* 相通。

三位置：阀芯向右移，左边电磁铁工作，视左边箭头。

P 与 *A* 相通，*B* 与 *O* 相通。

(3)二位四通电磁换向阀(见图 14)

一位置：阀芯不移动时的图示位置。

P 与 *A* 相通，*B* 与 *O* 相通。

二位置：阀芯向左移，右边电磁铁工作，视右边箭头。

P 与 *B* 相通；*A* 与 *O* 相通。

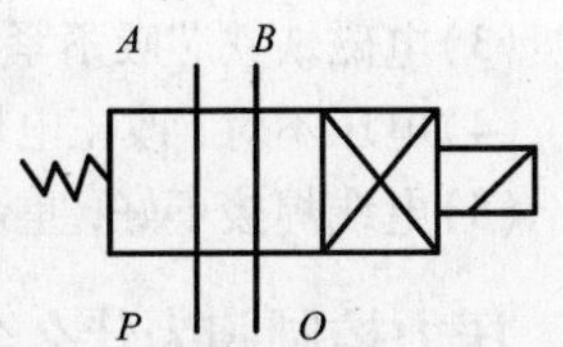

图 14　二位四通电磁换向阀

此阀滑阀机能为常开，如想改变这种阀的滑阀机能，只要将阀芯调一个头，便可变为常闭。因此系统中选用这种阀，当拆卸维修或清洗时，切莫错装，否则就完成不了液压程序给定的动作。

95．流量阀在系统中起什么作用?

流量控制阀是在一定的压力差下，通过改变节流的大小来控制油液的流量，从而控制执行机构的运动速度，实现无级调速。液压系统选用两种流量阀——节流阀和单向节流阀。

节流阀是一种最简易的流量控制阀门，它的节流是依靠改变阀的流通面积来调节油液流量，它采用轴向移动的带三角沟槽或扁方的节流装置。因此，它具有调整范围宽，且确保流量调节的均匀性能。所以，它在系统压力油路中，调节通过的流量，以达到液压机工作缸活塞运动速度快、慢调节流的目的。

它由节流阀和单向阀并联组合而成。油液正向流动时，则起到节流作用，它在系统中，通过调节流量，达到控制速度快、慢的目的。

96. 流量阀流量不稳的原因是什么，怎样排除？

流量阀产生流量不稳的原因是：

(1)油中杂质粘附在节流口边缘上，通流截面减小，速度减慢。当杂质被冲洗后，通流面积增大，速度又上升；

(2)系统温升，油液粘度下降，流量增加，速度上升；

(3)节流阀内外泄漏较大，流量损失大，不能保证执行元件运动速度所需流量；

(4)节流阀负载刚度差，负载变化时速度也突变，负载增大速度下降。

故障的排除方法是：

(1)清洗滤网，更换干净油液；

(2)设法降低系统油温；

(3)更换密封件制止泄漏；

(4)查找溢流阀的控制作用是否正常，或更换。

97. 换向阀电磁铁为什么会过热或烧坏，如何排除？

换向阀电磁铁过热或烧坏的原因及处理措施是：

(1)电磁铁线圈绝缘不良，更换电磁铁；

(2)电磁铁铁芯与滑阀轴线不同心，拆卸重新装配；

(3)电磁铁铁芯吸不紧，修整电磁铁；

(4)电压不对，改正电压；

(5)电线焊接不好，重新焊接。

98. 压力控制阀为什么会出现压力波动，怎样排除？

压力控制阀出现压力波动的原因及排除方法是：

(1)钢球或锥形阀芯与阀座密合不严，更换钢球或阀芯，进行研配；

(2)滑阀拉毛或弯曲变形，运动不灵活，修理或更换滑阀；

(3)阀体孔或滑孔有椭圆，修整阀体孔或滑阀，使椭圆度小于5μm；

(4)弹簧太软或发生变形，不能有力地推动阀芯，更换弹簧；

(5)油液混入污物，将阻尼孔堵塞，清洗液压元件，更换液压油；

(6)液压系统流入空气，排气；

(7)液压泵流量或压力脉冲过大，使阀无法平衡，检修液压泵。

99. 压力控制阀为什么会出现调整无效，怎样排除？

压力控制阀出现调整无效的原因及排除方法是：

(1)滑阀卡住，清洗修整滑阀；

(2)弹簧发生永久性变形或折断，更换弹簧；

(3)阻尼孔堵塞，清洗阻尼孔；

(4)钢球，锥形阀芯等密合不严，更换钢球或阀芯，进行研配；

(5)漏装单向阀球或先导锥阀，安装钢球或锥阀；

(6)进出油口装反，纠正进出油口位置；

(7)回油不畅，疏通回油管路。

100. 压力控制阀为什么会出现噪声和振动，怎样排除？

压力控制阀出现噪声和振动的原因及排除方法是：

(1)阀芯与阀体间隙过大，或有椭圆度，造成显著泄漏，检查精度，按要求修整；

(2)滑阀配合过紧，研磨修理，使其配合滑快；

(3)锥阀磨损，更换或修理锥阀；

(4)弹簧永久变形，更换弹簧；

(5)混入空气，系统排气；

(6)流量超过允许值，减少流量或更换大流量压力阀；

(7)回油不畅，疏通回油管路。

101. 压力控制阀为什么会漏油，怎样排除？

压力控制阀出现漏油的原因及排除方法是：

(1)锥阀或钢球与阀座接触不良，研配锥阀、钢球和阀座；

(2)滑阀与阀体配合间隙过大，更换滑阀，重配间隙；

(3)各联接螺钉未紧固牢靠，紧固各联接螺钉；

(4)溢油孔堵塞，疏通溢油孔，使之回油；

(5)密封件损坏，更换密封件；

(6)工作压力过高，降低工作压力或选定额定工作压力高的压力阀。

102. 高温高压合成金刚石机理是什么？

关于人造金刚石合成机理，国内外有多种观点，现列举一、二。一是直接转变理论，即石墨原子之间的键不发生断裂而直接转变成金刚石。另是溶剂说机理，即石墨先溶解到触媒金属里，然后C原子析出、长大成金刚石晶体，该理论为较多的研究和生产单位所接受。过程为：将合成块组装好以后，放入六面顶压机的合成空间进行加载和升温。如图15所示。电流通过组装块而发热升温。图16为合成人造金刚石六面顶压机的实物图。

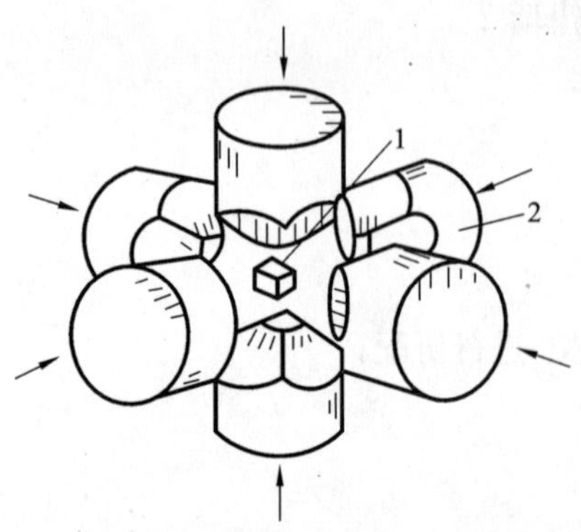

图15　六面顶压机加载方式

1—叶蜡石组装块；2—顶锤

图16　合成金刚石六面顶压机

103. 超高压合成为什么选用硬质合金材料作顶锤？

金刚石晶体生长一般需要在5.5～6.5 GPa和1 300℃以上的高温下进行。顶锤的材料必须具有很高的抗压强度。因为顶锤承受的主要是压应力，而又因结构的不同还承受不同程度的拉应力和剪应力。此外，顶锤还应能导电。

一般硬钢的弹性变形很大，当负荷超过100 kg/mm^2 时就有较大的膨胀和变形，负荷更高时就会断裂破坏。当负荷在300 kg/mm^2 时，一般就得使用钨钴合金材料了。碳化钨合金的弹性变形小，一般只有硬钢的1/3左右，同时碳化钨能耐高温，在500℃以下其硬度几乎保持不变，而淬火钢的硬度在200℃时持续下降，到700～800℃时已变得很软。

碳化钨硬质合金的抗压强度随钴含量的减小和晶粒的细化而增加。当钴含量为4.5%时，抗压强度有最大值580～640 kg/ mm^2，但随着钴含量的降低，其冲击韧性大大降低。钨钴合金硬度随钴含量增加而降低，抗弯强度则随钴含量的增加而增加。从材料性能讲，只有硬质合金最适于作顶锤和压缸。

104. 常见合成腔发生放炮的原因是什么？

在高温超高压下发生放炮，使顶锤受到强烈冲击而损坏，这是顶锤损坏极为重要的原因。在高温超高压下发生放炮，一般情况下要损坏1～6个顶锤。发生放炮的原因归纳起来有：

(1)顶锤调整不当，不对中；

(2)压机六面顶同步性差；

(3)某缸、某阀、某管接头等密封作用损坏；

(4)操作者撞块未掌握好；

(5)顶锤已裂或掉块；

(6)加热功率过高；

(7)取放块时，未把加热顶锤端面擦洗干净；

(8)未停止加热就卸压；

(9)电器失灵，造成跳步突然出现卸压，其回程时放炮；
(10)顶锤突然粉碎性破坏；
(11)压力突然下降；
(12)组装设计不合理；
(13)合成棒变形。

105. 硬质合金顶锤与压缸都有哪些技术要求?

硬质合金顶锤与压缸的技术要求有：
(1)制造顶锤与压缸的硬质合金牌号的化学成分应符合《硬质合金牌号》的规定；
(2)硬质合金制品的物理机械性能应符合表16中的规定；
(3)硬质合金制品的组织结构应符合表17中的规定；

表16　顶锤与压缸硬质合金的物理机械性能规定

类别	牌号	抗压强度(MPa)不低于	洛氏硬度(HRA)不低于	密度/(g/cm^3)
顶锤	YG8	180	89.5	14.65～14.9
顶锤	YG6	160	90.5	14.8～15.1
压缸	YG15	220	87	

表17　顶锤与压缸硬质合金的组织结构规定

类别	牌号	孔隙度(体积%)不大于	石墨夹杂(体积%)不大于	污垢度(μm)不大于
顶锤	YG8	0.1	0.2	150
顶锤	YG6	0.1	0.2	150
压缸	YG15	0.1	0.2	150

(4)制品的角度≥45°，允许偏差±1°；制品的角度≤45°，允许偏差±30′；

(5)制品工作面不允许有掉边、掉角；非工作面(指圆柱体及底面部分)掉边、掉角(横向、纵向)不得大于1 mm，深度不得大于0.5 mm(压缸横向、纵向不得大于3 mm，深度不得大于1 mm)，每个制品的掉边，掉角缺陷处不得超过两处；

(6)制品的断面组织均匀一致，不得有黑心、气孔、分层、裂纹、未压好、严重渗碳、脱碳和脏化等；

(7)制品表面不得有起皮、鼓泡、分层、裂纹、脏化和过烧、未压好、脱碳、欠烧等缺陷，并应经喷砂处理。

106. 影响顶锤寿命的因素有哪些?

影响顶锤寿命的因素很多，归纳起来有以下几点：
(1)顶锤自身质量的影响；
(2)顶锤几何参数的影响；

(3)垫块的影响；

(4)钢环的影响；

(5)冷却水的影响；

(6)导电钢圈的影响；

(7)叶蜡石烘焙温度的影响；

(8)磨加工工艺的影响；

(9)高压设备对中性、同步性的影响；

(10)操作技术水平及责任心的因素等等。

107. 硬质合金顶锤损坏的主要原因有哪些?

硬质合金顶锤损坏的原因大致有以下几点：

(1)硬质合金的质量不佳，由于材质及制造工艺所引起的种种缺陷，如含钴量选择不当、晶粒粗大和组织结构不均匀，以及过烧、欠烧、分层和裂纹等，都会造成顶锤物理机械性能下降，以致在使用时损坏；

(2)顶锤的几何形状不合理，或垫块支承不当，造成局部应力集中而使顶锤损坏；

(3)由于热应力、热疲劳或顶面温度过高，使顶锤损坏；

(4)操作因素，如压机不同步，不对中，卸载不一致或叶蜡石质量和密封不好，发生“爆炸”等，都会使顶锤早期损坏；

(5)从顶锤受力分析，在工作状态下，顶锤的46°大斜面产生最大的拉应力是导致46°大斜面上产生裂纹的主要原因。

108. 如何正确合理使用顶锤?

(1)顶锤磨加工后的时效处理

一般来讲，由于烧结产生的组织应力和磨削加工产生的加工应力超过2～10 MPa时，易引起顶锤的破裂。随磨随用的效果普遍较差。因此，使用时对顶锤必须进行时效处理，以消除和减弱其残余应力，提高顶锤在交变负荷下的抗断能力。

(2)顶锤的正确安装与精确调整

①保证所用大垫块及锥形小垫块两端平行度，偏差小于0.01 mm及表面波纹度Ra1.6～0.8μm，表面整洁无锈斑油污。

②钢环紧固螺丝可自由拧动，无较大阻力。

③安装好的大垫块应与工作缸活塞平整接触，紧固良好。

④顶锤安装时要注意放平，可用校正块检查，即将校正块置于两顶锤之间轻轻点动，以不出现晃动现象为宜，最后应使调整好的六个顶锤叶蜡石实心块与构成的正方形中心重合，且中心应仍在顶锤面中心。叶蜡石立方体三个方向的同步尺寸不大于0.2 mm。

⑤用实心块校正六个顶锤同步，对中符合要求后，还应根据合成块，合成棒对同步，对中作进一步判定，堵头圆而不椭，不偏心，保证合成棒是规则的圆柱体。端面没有喇叭口等异常现象，否则应对顶锤的对中继续调整。

(3)顶锤与钢环的配合

顶锤与钢环的配合是影响顶锤使用寿命的重要因素之一。要保证钢环材质，顶锤与钢环的配合锥角一定要精确，顶锤与钢环安装要正确。

109. 静压触媒法合成金刚石的设备有哪些?

人造金刚石合成设备通常称为人造金刚石压机。它通过液压产生高压，并通过电流产生高温，为石墨转变金刚石提供所需的压力和温度。根据产生高压方式不同，有二面顶、四面顶和六面顶压机，如图17所示。

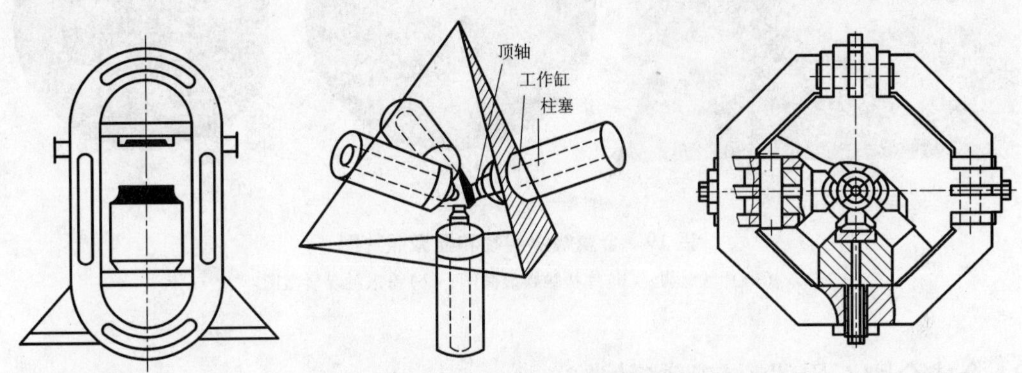

图17　二面顶、四面顶和六面顶压机原理示意图

110. 简述静压触媒法金刚石单晶生产工艺流程?

静压触媒法单晶生产工艺流程方框图见图18。

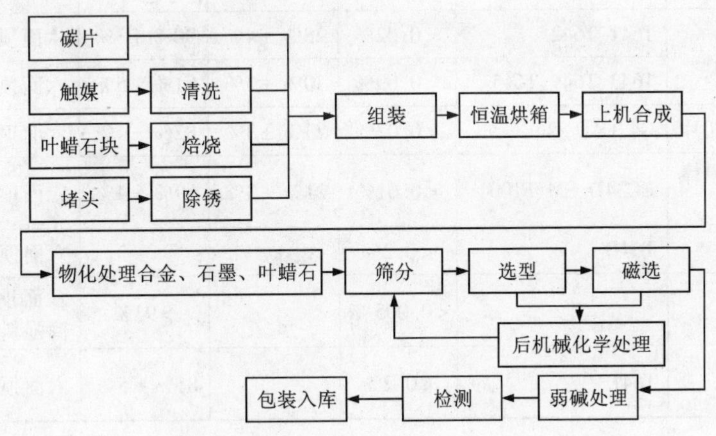

图18　静压触媒法单晶生产工艺流程

111. 简述片状触媒和粉状触媒的生产工艺流程?

片状触媒的生产工艺：选购原料→配料→预熔→高真空→精炼→浇铸→刨锭→检验→回火热轧→冷轧→清洗→精轧→冲片→抛光→选检→包装入库。

粉末触媒的生产工艺流程：选购原料→配料→高真空熔化→喷雾(气雾法和水雾法)→冷却→干燥→包装入库。

金属片状触媒实物和显微照片见图 19。

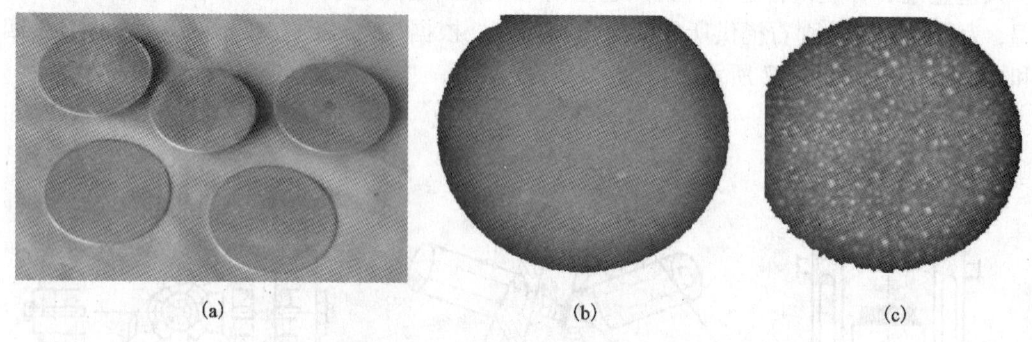

图 19　金属触媒实物和显微照片图

(a)片状触媒；(b)片状触媒显微图；(c)粉末触媒显微图

112. 合成金刚石用碳源有哪些种类?

有片状组装合成用碳源和粉状碳源。其中前者包括粉压碳片、高纯石墨棒切片、高纯高密石墨棒切片、高电阻碳片；粉状碳源包括纯化石墨粉和人造石墨粉，如表 18 所示。

表 18　人造金刚石用石墨的种类及性能参数

类别	品名	牌号	灰分	气孔率	石墨化度	适用范围
片状类	粉压片	T641、T642	<0.02%	28% ±4%	90% ±3%	六面顶、中高强料
		T643、T649、T645	<0.09%	30% ±3%	81% ±5%	六面顶、粗粒中高强料
	高纯石墨棒切片	G4、G4D	<0.07%	23% ±3%	82% ±4%	六面顶、中高强料
	高纯高密石墨棒切片	EG34D、SM、F100	<0.01%	21% ±3%	89% ±4%	二面顶、高强料
	高电阻碳片	T64D	<0.2%			六面顶、端片
粉状类	纯净石墨粉		<0.005 %		>93%	六面顶和二面顶、粗粒高强料
	细粒度磨料级用石墨粉	T64F	<0.2%		81% ±5%	六面顶、RVD 料

113. 合成人造金刚石用的纯化石墨粉和石墨片是如何制备的?

合成人造金刚石纯化石墨粉的制备：采用优质天然石墨矿，经选检，化学提纯，磨粉，在专用炉内加热到 2 200℃ 以上，分别导入氮气、氯气、二氯氧甲烷等提纯，杂质含量越低越好。

石墨片的制备：原材料(石油焦、沥青焦、石墨粉)→磨粉→配料→混合(加煤沥青)→轧辊→磨粉→压制→焙烧→石墨化→拨片→磨片→检测→包装入库。

纯化石墨粉和石墨片的实物照片见图 20。

图 20　纯化石墨粉和石墨片的实物图

114. 人工合成金刚石工艺中触媒和石墨原料的装填方式有哪些?

金刚石生长室的装填方式，由于研究对象和工作目的不同，方式很多。主要有①片状碳素材料与片状合金相更层状装填；②粒状碳素材料与粒状合金均匀混合装填；③在片状合金之间，夹有粒状碳素和粒状合金均匀混合物；④在碳素材料中插入片状、棒状、或丝状合金；⑤碳管与合金管相更装填；⑥其他。在以上各方式中，目的是获得高转化率、优质、粗颗粒金刚石。如图 21 和图 22 为典型原料装填示意图和组件实物图。

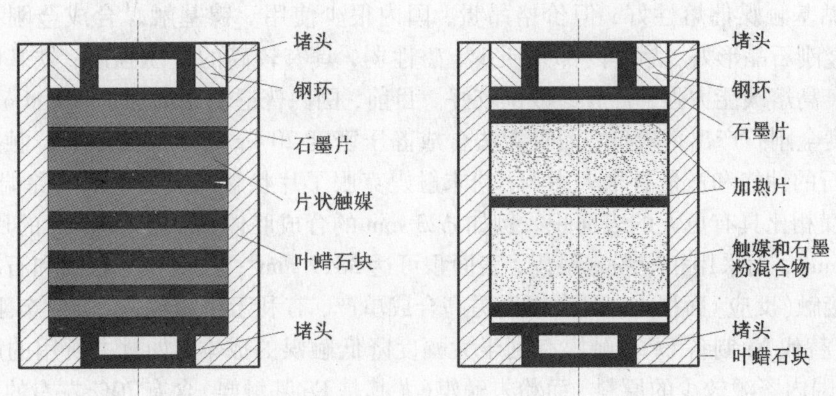

图 21　两种典型合成原料装填示意图

115. 为什么说粉末触媒会逐渐取代片状触媒?

在金刚石人工合成技术的历史进程中，人们首先是用金属粉降低了金刚石合成的温度和压力，从而发明了人造金刚石生产的新技术；而后采用片状触媒获得了较粗颗粒的工业用人造金刚石；在相当一段时间内，人们采用粉末触媒合成细颗粒人造金刚石。直到 20 世纪 80 年代末期，德国 Winter 公司成功地在两面顶超高压装置上开发出粉末触媒合成粗颗粒高强度

图22 装填组件和粉末触媒柱组件

金刚石的工艺，实现了粉末触媒工业化生产高品级金刚石的突破。由于粉末触媒合成金刚石具有单产高、质量好、原辅材料消耗小等优点。20世纪90年代以来，DeBeers公司与G. E. 公司均采用粉末触媒进行高品级金刚石的生产，并垄断了高档金刚石的国际市场。由于金刚石的巨大商业价值，有关的技术一直未公开。

近年来我国金刚石行业正在进行粉末触媒及其金刚石合成工艺的研究开发，粉末触媒和石墨合成金刚石在质量、产量和硬质合金消耗等诸多方面均具有明显优势，将成为我国金刚石行业走出低谷，跨上新台阶的重要途径。合成金刚石常用的触媒材料主要有镍基、铁基和钴基合金。钴基触媒催熔性好，但价格昂贵，国内很少使用。镍基触媒合成金刚石产量稍低，但所得金刚石晶形好，晶体内部杂质少、磁性弱，具有较高的抗压强度；铁基触媒活性大，合成单产高熔碳能力强，合成参数也较好。目前，国内普遍使用的片状NiMnCo触媒，粗颗粒、高强度金刚石产出率极低，而且无法合成静压密度20 kg以上的金刚石。触媒的形态对合成金刚石的性能和产量有很大影响，粉末触媒克服了片状触媒成材率低的弊端，粉末触媒与片状触媒相比具有更大的表面积。例如ϕ23 mm的合成腔体，采用0.3 mm的片状触媒，表面积831 mm^2，而采用相应粉末触媒，表面积可达3819 mm^2；其次粉末触媒和石墨粉料可充分混合，接触(反应)面积大，可大幅度提高合成单产，有利于粗颗粒、高强度金刚石生成，而且采用Fe替代Ni制备Fe基触媒有利于大幅度降低触媒的成本，如过去所用的触媒金属含Ni、Co等国内资源较少的原料，而粉末触媒(尤其是Fe基触媒)含有70%左右的Fe，这既解决了资源缺乏的问题，也大大地降低了生产成本。

116. FeNi合金粉末触媒形貌特征和物理特性如何?

气体雾化方法制备的FeNi合金粉末微观形貌为球形或类球形，如图23所示。其金相组织呈细小的胞状晶，冷却速度越快，合金粉末颗粒越细。粉末触媒和片状触媒的外貌和显微组织结构存在明显不同，片状触媒呈圆片状，合金为铸造轧制态，组织呈择优取向带状。FeNi粉末触媒的物理特性：松装比4.43 g/cm^3；真密度8.17 g/cm^3；比表面积(-200目)0.042 m^2/g。图23和图24为FeNi粉末触媒的SEM形貌和不同形态触媒的SEM金相显微组织照片。

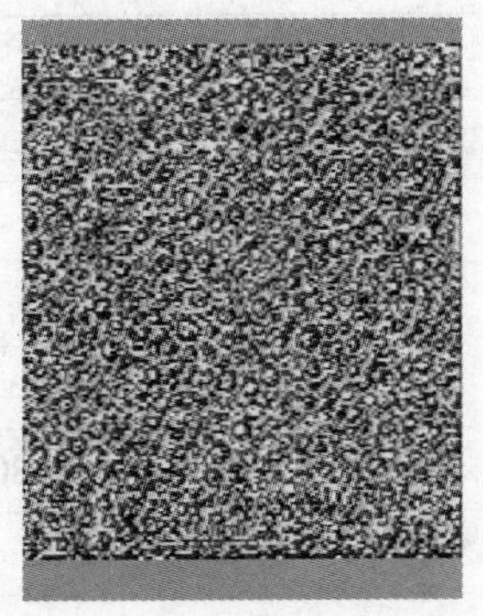

图 23　FeNi 粉末触媒的 SEM 形貌

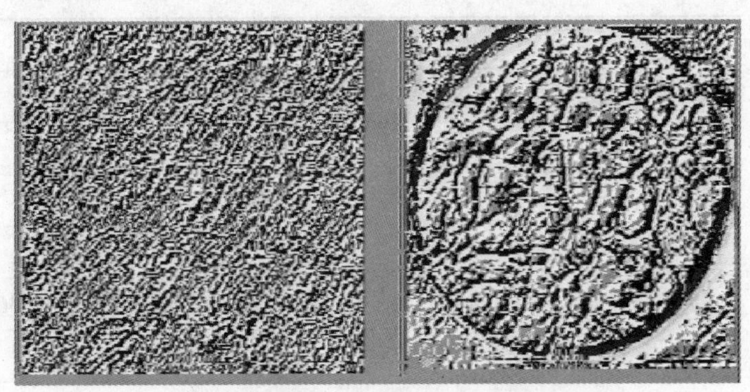

图 24　不同形态触媒的 SEM 金相显微组织

(a) NiMnCo 片状；(b) FeNi 粉状

117. 为什么说 FeNi 粉末触媒合成的金刚石具有良好的热冲击性能?

金刚石的热冲击强度的降低主要是由于晶体内部存在金属包裹体所致，由于金属的热膨胀系数远远大于金刚石的热膨胀系数，晶体在合成中生成的金属包裹体在高温时受热膨胀，将在晶体内部产生很大的应力，导致大量新缺陷的产生；在高温条件下，缺陷自身也会发生移动、长大的现象，最终导致金刚石破碎。而 FeNi 粉末触媒合成的金刚石晶体内较为纯净，包裹体总量不多，分布较为细小弥散，无气泡出现，因此具有良好的热冲击性能。

118. FeNi 粉末触媒与片状触媒经济性如何?

国内绝大多数厂家目前还采用 NiMnCo 片状触媒，相对单一的触媒材料体系也造成了合成金刚石的单一局面。FeNi 粉末触媒的开发应用为触媒材料开辟了一条新途径，其采用金属 Fe 替代 Ni，且不含稀贵金属 Co 和低熔点元素 Mn，一方面可以大大降低粉末触媒的成本，另一方面提高了金刚石的热稳定性。表 19 和表 20 以合成腔体 $\phi 32$ mm 为例，说明两种触媒的经济性问题。目前，应用粉末触媒合成棒合成金刚石的单棒产量已达到 50 ~ 60 ct。

表 19　我国片状与粉状触媒合成效果对比

压机吨位/MN	工艺	6 × 8	6 × 12	6 × 13	6 × 20
合成腔体直径/mm	片状工艺	25 ~ 27	33	33	40
	粉状工艺	23 ~ 25	27 ~ 28	33	38 ~ 40
单　产/ct	片状工艺	14 ~ 16	21	32	40
	粉状工艺	18 ~ 20	25 ~ 30	35 ~ 40	60 ~ 70
锯用料产出率/% > SMD(40/80)	片状工艺	40 ~ 45	40 ~ 45	45 ~ 50	50 ~ 60
	粉状工艺	50 ~ 60	60	60 ~ 70	60 ~ 70

表20 粉末触媒与片状触媒综合比较

	NiMnCo片状触媒	FeNi粉末触媒
14 kg级以上	20%(20 kg以上无)	25%(20 kg以上10%)
60目以上比例	60%	70%
晶形	完整率较低	完整率较高
顶锤消耗(每万ct)	5 kg	3 kg以下
日产量	19 ct/块×60块/班·机×3班=3420 ct	36 ct/块×60块/班·机×3班=6480 ct
年产量	1231200 ct(按月30日计算)	2332800 ct(按月30日计算)
平均售价	0.6元/ct	0.7元/ct
年产值	73.87万元	163.3万元

因此粉末触媒是合成优质、多品级金刚石的较佳方法，且Fe基触媒具有较低的生产成本，是触媒材料的发展方向；由于粉末触媒的组装、合成工艺较复杂，对技术和设备的控制精度均要求较高，因此，不可能在短期内完全取代片状触媒，两类触媒材料，会以互为补充的形式同时存在。

119. 为什么采用粉末触媒合成金刚石时金刚石品级和晶型完整率提高了?

这是因为①采用粉末触媒合成的金刚石温度场、压力场均匀，有利于金刚石的形核生长；②粉末触媒与石墨混合合成金刚石，能保证金刚石生长过程中有足够的碳源，且碳的供给是从三维方向提供，所以金刚石在空间三维生长，提高了金刚石的对称性和晶形完整性，有利于获得粗颗粒、高强度金刚石。

120. 粉末触媒棒制造金刚石的工艺流程是怎样的?

首先对Fe70Ni30粉末触媒进行制棒工作。粉末触媒—石墨—合成棒的制备流程如下：

石墨粉末
粉末触媒 } →配料→混料→造粒→压制→合成棒

制棒完毕后，采用图25所示的组装工艺进行组装，然后在六面顶压机上进行高温高压合成。

合成工艺采用二次升压工艺，其中合成表压为85 MPa，加热合成表压为48 MPa，暂停压力为75 MPa，升压暂停时间为315 s，加热时间为1 260 s，合成时间为1 516 s，加热电压为4.48 V，升压速度为0.81 MPa/s。

合成金刚石样品性能测试结果可以看出：ϕ38 mm腔体合成金刚石的单产为63ct，其中40~45目占23.5%，45~50目占16.6%，50~60目占59.9%，峰值粒度在50~60目。

121. 粉末触媒合成工艺特点是什么?

最具特色的工艺特点是：

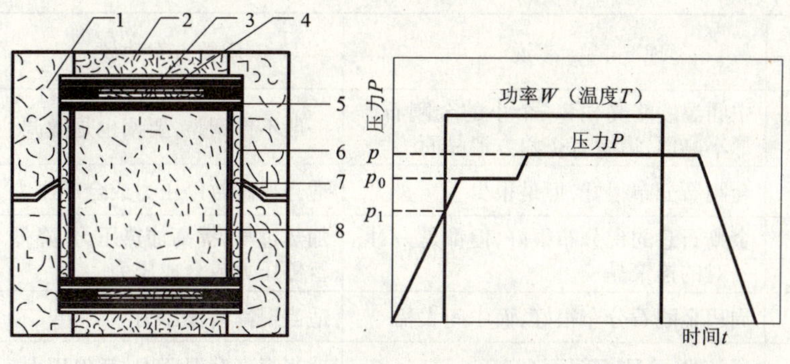

图 25　合成棒结构图及其合成的金刚石

1－叶蜡石块；2－导电钢圈；3－厚导电片；4－加热片；5－薄导电片；
6－白云石管(保温与传压)；7－屏蔽钢带；8－粉末一体化棒

(1)暂停时间长。一般片状触媒的暂停时间为 23 ~ 35 s，用较长时间的也仅用到 50 ~ 60 s，在大腔体上也仅用到 60 ~ 80 s。而在粉末触媒合成工艺中，一般都要用到 180 s 左右，而且暂停时间一旦变短，合成效果马上就变差。

(2)两次(或多次)合成压力。粉末触媒合成工艺使用合成压力一般都取两次(或多次)。即初始合成压力和终止合成压力。

(3)升温压力的提高。一般片状触媒的升温压力为合成压力的 50% 左右。而粉末触媒的升温压力必须达到 70% 左右，否则将会产出极少的金刚石甚至不长金刚石。

(4)适当地延长合成时间。目前粉末触媒生长金刚石，基本上是以 180 N 以上的金刚石为主体。根据理论和实践的结果，任何晶体生长，都有一特定的时间，如金刚石要达到 180 N 以上，则必须由 13 min 延长到 18 ~ 23 min。

(5)必须采用相对低温低压。温度和压力是合成金刚石的首要条件，但为了获得优质金刚石，则要慢速，慢速就不能给足够高的温度和压力。所以相对低温低压是必然的。

122. 如何对粉末触媒合成效果进行分析调整?

对粉末触媒合成效果进行分析调整的具体情况见表 21。

表 21　粉末触媒合成金刚石效果的分析调整

温度、压力状况(含升温压力、暂停压力)	现象说明	调整方案建议
合成压力高	棒中间部分金刚石分布很好，但周边密而多	适当降低暂停压力或合成压力
合成压力高	金刚石分布很好，连聚晶很多	适当降低暂停压力，或合成压力
压力温度均偏高	金刚石生长较快。金刚石晶面不平整	降低温度压力，采用相对低温低压技术
压力温度适中	中间看六边形金刚石，周边看有较多“方晶”	不作调整

温度、压力状况(含升温压力、暂停压力)	现　象　说　明	调整方案建议
压力温度略合适	中间温度略高,有一个小的金刚石方形小晶面,边缘有正六方形晶面	一般不作调整,要调也是微调
压力低	金刚石分布很好,但是很少	适当提高暂停压力或合成压力
升温压力低	金刚石总的说分布很好,但都是一对、一对的连聚晶	加热过早,提高加热压力,降低暂停压力或合成压力
暂停压力低	周边金刚石分布很好,而中间太稀	适当提高暂停压力
升温压力和暂停压力低	成核少,金刚石粗而少	适当提高升温压力、暂停压力
升温压力或暂停压力或原始粉末棒压力高	金刚石细而多	适当提高升温压力、暂停压力或降低原棒压力
一端温度压力合适,另一端或高或低	两端中,一端金刚石长的良好,另一端或长得很多或长得很少	检查组装原因或加热系统原因。改善之
温度低	亮星聚集中间,而周边没有	逐步提高温度
温度低	金刚石颜色不好,有时还有裂纹	逐步提高温度
温度、压力都不够	均没有进入金刚石生长区间,所以都不长金刚石	重新调整压力、温度和材料
温度够而压力不够		
压力够而温度不够		
触媒、碳片不当		
原始压制压力不合要求		

123. 叶蜡石的基本性质有哪些?

叶蜡石是一种粘土矿物，在金刚石合成中，具有良好的传压、密封、绝缘和保温等综合性能。

(1)叶蜡石原始成分：其标准成分为 Al_2O_3，28.35%；SiO_2，66.65%；H_2O，5%。实际原生料随 Al_2O_3 及 SiO_2 和 Fe_2O_3 含量不同而颜色不同，其性质略有差异。天然和成品如图26所示。

图26　天然叶蜡石和成品图

(2)晶系晶形：晶体结构属于单斜晶系，其晶形在电子显微镜下才可观察到，一般很少有大晶体，多为叶片状或块状集合体。所以粉压成型后成为近似等压性能的块。

(3)叶蜡石粉压块的物理性质：见表22。

表 22 叶蜡石粉压块的物理性质

密度 /(g/cm³)	内摩擦系数（粉压块）	极限抗压强度 /MPa	热导率 /(W/m·K)	电阻率 /(Ω·cm)	热膨胀率 /%	耐热性
2.5～2.6	0.25	>50	0.83	常温下 10^6～10^7	1.7～1.9	常温下耐火度 >1 700℃

(4)叶蜡块的几何尺寸：目前大多为 32.5 mm ×32.5 mm×32.5 mm 至 37 mm×37 mm×37 mm，合成腔直径大多为 16～18 mm，并扩大到 20～23 mm，甚至更大。扩大腔体对提高金刚石质量、单次产量、粗粒度比都有明显的作用。

(5)叶蜡石块的焙烧：叶蜡石用作高压传压介质必须经过焙烧，由于它吸附水的能力很强，尤其是在南方，不焙烧几乎无法使用。焙烧后的叶蜡石块，其传压的稳定性得到了明显的改善。焙烧时，常用 300～350℃。如图 27 所示。有时用 400～500℃，采用逐步升温方式，以免升温过快而碎裂，达到预定温度后有 2～3 h 或 4～6 h 的逐步降温。烘干温度一般低于 150℃，约 3 h。

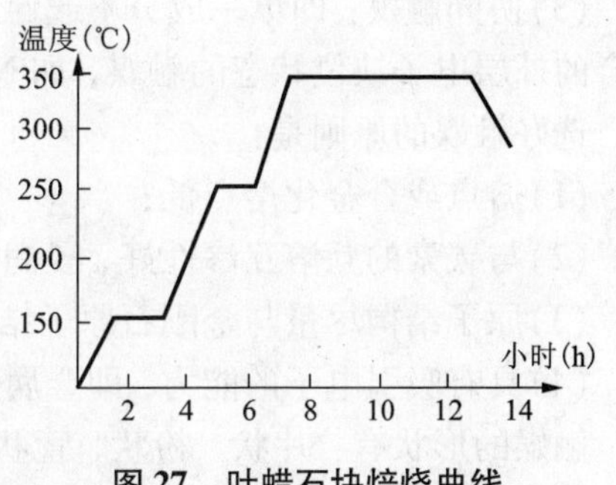

图 27 叶蜡石块焙烧曲线

124. 为什么必须对叶蜡石块进行焙烧?

含水量高的叶蜡石主要有以下几个缺点：①叶蜡石块内部摩擦系数小，易滑移，合成块密封边大，阻碍压力传递；②合成中由于有水分存在，造成叶蜡石向蓝晶石或柯石英的转变，使合成腔体中压力降增大，压力传递不稳定；③由于结晶水的渗入，使金刚石结晶习性改变，对腔体内金刚石的生长不利，造成晶体生长不完整，出现气泡夹杂等缺陷；④容易引起顶锤的爆裂。焙烧的目的就是排除叶蜡石中的吸附水。

125. 金刚石生产厂应知道碳片的哪些基本信息?

碳片厂提供基本参数后，有利用于金刚石厂家提高产品质量和单产。石墨片一般要放在 120℃烘箱中烘烤待用。基本参数如下：

①石墨片灰分含量(即纯度)；②石墨化程度；③石墨片压制方法(模压、挤压)；④石墨密度(即气孔率)；⑤石墨的晶粒尺寸；⑥是否含微量掺杂物。

某碳厂提供的石墨片主要参数如下：

①焦粉灰分：不大于 0.5%；②密度：2.04 g/cm³；③熔化沥青用量为 38%；④压粉粒度：-325 目不小于 65%；⑤成型压力：150 MPa；⑥焙烧温度：1 250℃；⑦石墨化温度：2 400℃以上；⑧半成品检测：灰分：<0.05%；气孔率：20% 左右；假密度：1.5 g/cm³，成品密度为 2.23～2.25 g/cm³；石墨化程度：80%～85%；⑨成品几何尺寸：公称尺寸及公差；⑩模压。

126. 合成金刚石的触媒成分元素有哪些?

触媒是金刚石合成中降低温度和压力，在合成金刚石中起催化剂作用，使合成金刚石的压力由13万个大气压降至5～6万个大气压，温度由3 000℃下降至1 300～1 400℃，与金刚石晶格常数0.3568 μm接近的过渡元素金属可作触媒。改善结晶环境、提高产品质量的重要材料。它可分为三大类：

(1)单元素触媒：如元素周期表Ⅷ族及其相邻的元素，如Fe，Co，Ni，Cr，Mn，Pt等。

(2)二元或多元触煤：如Ni—Fe，Ni—Mn，Ni—Cr—Fe，Ni—Mn—Fe，Ni—Mn—Co，Ni—Mn—Cu，Ni—Mn—Co—Nb—Cu等。

(3)协同触媒：即单一成分不起触媒作用，而两个或两个以上元素组合起来同样造成了复合的外层电子缺位状态的触媒，如Nb—Cu，NbC—Cu，Mo—Ag，Ti—Cu，Ti—Au等。

选好触媒的原则是：

(1)熔点或合金化熔点低；

(2)与碳素的互溶互渗性好、浸润性好；

(3)原子结构尽量与金刚石原子结构接近；

(4)具有吸引电子的能力，即金属元素次外层的电子末充满。

触媒的形状有：片状、粉状、管状等。片状触媒的厚度最早是1～1.2 mm目前最薄的0.25～0.3 mm，大多数稳定在0.5 mm。触媒片用酒精或丙酮清洗烘干后放入烘箱备用。

127. 分段升压合成金刚石工艺是怎样的?

当反应区的温度、压力均高时，碳原子大量成核，使金刚石晶粒长不粗。因此，国内相当多的单位采用分级升压的合成工艺。即在低压阶段恒压一段时间，使C的浓度较小，以减少核数量，并使C原子充分扩散，增加碳源以求得增大晶粒时晶体饱满、强度提高。图28为分段升压合成金刚石工艺参考图。

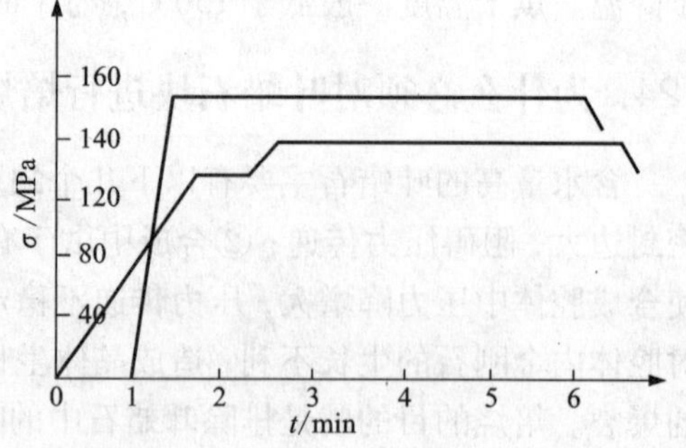

图28 分段升压合成工艺的表压

目前，国内静压触媒法的合成工艺参数一般为：合成反应腔的压力为5 500～6 000 MPa，温度为1 300～1 400℃，保温时间视合成产品的需要相差甚大，如超细颗粒在1 min左右，而高强度晶粒工艺由原来5～6 min延长到8～10 min，甚至有更长者。根据经验，优质40～50目金刚石在9～10 min为宜。由于合成时间延长，腔体温度有向上漂移现象，应适当控制以免过烧。

128. 人造金刚石单晶合成工艺有哪些?

金刚石单晶合成工艺可分为：

(1)磨料级(RVD)单晶金刚石合成工艺；

(2)粗颗粒中等强度(MBD－SMD)单晶金刚石合成工艺；

(3)粗颗粒高－特高强度(SMD－DMD)单晶金刚石合成工艺等。

另外，还有细－超细颗粒单晶金刚石合成工艺、大颗粒(国内一般指粒径≥1 mm)单晶金刚石合成工艺，及其他异形金刚石合成工艺等。

129. 磨料级和粗颗粒中等强度单晶金刚石是怎样合成的?

原料:粉体材料规格为 ϕ37 mm×13.75 mm×2 mm。

设备:缸 径为 ϕ420 mm;锤面为 41 mm×41 mm;腔 体为 ϕ34.5 mm。

匹配材料规格:叶蜡石 ϕ43×ϕ52.5;堵头 ϕ37 mm×9 mm×1.5 mm;发热片 ϕ43 mm×33 mm×3 mm;白云石管 ϕ43 mm×34.6 mm;厚薄片 ϕ43 mm×0.75 mm、ϕ43 mm×0.1 mm;钢带 535 mm×27 mm×0.08 mm。

磨料级 RVD 生产记录:加热压力 560 MPa;加热时间 8 min;暂停压力 940 MPa;暂停时间 3 min;合成压力 1136 MPa;电流 70.2A。

粗颗粒中等强度 MBD-SMD 生产记录:加热压力 520 MPa;加热时间 18 min;暂停压力 828 MPa;暂停时间 4.3 min;合成压力 1105 MPa;电流 69A。

RVD 金刚石产品:单产 73.75ct;40~60 目比例 83%;颜色深黄;透度和晶形一般;有黑晶。

MBD-SMD 产品:单产 44.75ct;40~60 目比例 85.2%;颜色深黄;透度一般;晶形完整;内部杂质少。

130. 金刚石是如何提纯的?

金刚石提纯就是将合成块中的剩余触媒合金、石墨和叶蜡石碎块清除以获得纯净的金刚石,其工艺流程见图 29。

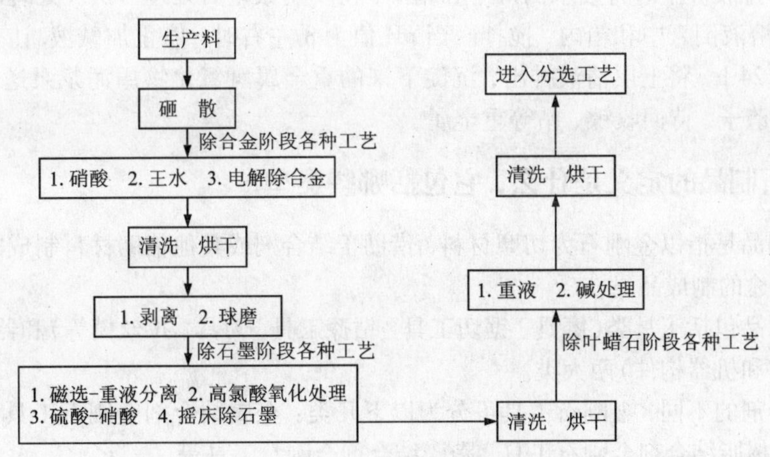

图 29 人造金刚石的提纯工艺流程

(1)用王水处理触媒合金

金属易与酸起反应,也易被电解,王水是一种强混合酸,它由盐酸(工业纯)硝酸(工业纯)按 3:1 的比例(体积比)混合而成。如王水和 Ni 的反应式为:

$$3Ni + 2HNO_3 + 6HCl \longrightarrow 3NiCl_2 + 2NO + 4H_2O$$

(2)用硫酸和硝酸的混合酸处理石墨

国内曾广泛用过 $HClO_4$ 处理石墨,它是强氧化剂,加热后能使石墨全部氧化。采用硫酸和硝酸的混合酸处理，一般硫酸多于硝酸，其中主要依靠硝酸的氧化作用，加硫酸可提高反应的温度，使反应更加快。其主要反应式为：

$$4HNO_3 + 3C \xlongequal{} 3CO_2 + 2H_2O + 4NO$$

(3)用 NaOH 处理叶蜡石

叶蜡石($Al_2O_3 \cdot 4SiO_2 \cdot H_2O$)为层状硅酸盐，加热后与 NaOH 反应生成硅酸钠和偏铝酸钠易溶于水的物质，其反应式为：

$$Al_2O_3 \cdot 4SiO_2 \cdot H_2O + 10NaOH \longrightarrow 2NaAlO_2 + 4NaSiO_3 + 6H_2O$$

化学纯 NaOH 与金刚石料的重量比约为 1∶3～1∶4。

在目前的提纯工艺中，还有用电解法除金属的；用无毒重液法除去石墨和叶蜡石的，金刚石与它们的比重差达 0.8～1。采用电解法和重液法污染少，也经济。

131. 金刚石提纯过程中有关的环保问题有哪些？

在金刚石提纯中会造成一定的环境污染，虽是一种低、弱污染的生产产品，但必须注意这一个问题。通过治理不仅可以减少危害，同时也可以回收重金属，变废为宝。

(1)废气处理

用王水处理金刚石会产生有害气体 NO 和 Cl_2，用硝酸－硫酸处理石墨会产生有害气体 NO、SO_2 废气，可用中和反应液处理。

(2)废水处理

在提纯处理过程中，除剩余的酸液外，可产生酸洗废水和重金属废水。其经过中和处理后才可以向外排放。平时将废水倒入中和箱中，待一定数量后处理一次。处理时，先将 10%～15% NaOH 溶液倒入中和箱内，搅拌。当 pH 值为 8 左右时，停止加碱液. 让其排入沉淀槽内，沉淀 12～24 h，将上层清液排出，沉淀下来的重金属氢氧化物用泥浆泵送入过滤器，压去清水，取出渣子，待回收镍、钴等重金属。

132. 金刚石制品的定义是什么，它包括哪些类型？

金刚石制品是指以金刚石为切磨材料，借助于结合剂或其他辅助材料制成的具有一定形状、性能和用途的制成品。

金刚石制品包括工具类(磨具、锯切工具、钻探工具、刀具、拉丝模等)和器件类(特殊用途的仪器元件和机器构件)两大类。

按照结合剂的不同，金刚石工具可分为以下几类：金属结合剂金刚石工具、电镀结合剂金刚石工具、树脂结合剂金刚石工具、陶瓷结合剂金刚石工具等。

133. 金属结合剂金刚石工具的定义是什么？

金属结合剂金刚石工具是以金刚石为切磨材料，以金属粉末为结合剂，利用粉末冶金的方法，经过压制成型、烧结以及必要的加工而成的一类制品。金属结合剂金刚石工具是所有各类金刚石制品中出现最早的一类，也是目前品种最多、用量最大、用途最广的一类。

134. 电镀金属结合剂金刚石工具的定义是什么？

电镀金属结合剂金刚石工具是通过电镀的方法，经过金属电沉积过程，将一层至数层金刚石牢固地镶在金属基体上的一种制品。该类制品具有效率高、寿命长、磨削精度高的特点，主要产品有电镀金刚石什锦锉、电镀锯片、电镀薄壁钻头、电镀牙科钻头等。

135. 树脂结合剂金刚石工具的定义是什么?

树脂结合剂金刚石工具是以树脂粉为粘结材料，并加入填充材料，经过热压、硬化及机加工等工艺制成的、具有一定形状的金刚石磨削加工工具。树脂结合剂金刚石磨具具有弹性好、耐冲击、自锐性好、磨削效率高等特点，这类金刚石工具在机械加工行业得到了广泛应用。

136. 陶瓷结合剂金刚石工具的定义是什么?

陶瓷结合剂金刚石工具是利用磨料(金刚石、碳化硅等)、玻料(硼酸、氧化锌、石英、云母等)、非玻料(粘土、Al_2O_3 等)、着色剂(红色加 Fe_2O_3、绿色加 Cr_2O_3 等)、临时粘结剂(糊精、水玻璃、液体树脂等)混合物，经过成型、烧结、修整、修锐等制造工艺形成的一种金刚石磨削加工工具。其特点是化学稳定性好，弹性变形小，脆性大，硬度允许变化范围宽。

137. 什么是金刚石表面金属化?

金刚石表面金属化是指金刚石表面均匀地包覆一层金属、金属化合物或合金薄膜。按金属和金刚石连结方式划分两类:

(1)金属和金刚石无界面反应发生的金刚石表面金属化，如机械包覆、物理沉积、化学沉积等。

(2)金属和金刚石有界面反应发生的金刚石表面金属化，如低温化学沉积后适当加热、真空蒸镀、松装烧结、低温化学沉积后直接热压烧结等。

138. 为什么表面金属化金刚石能改进工具的质量?

表面金属化金刚石代替普通金刚石做工具，使工具的质量有一定幅度的提高，成本增加又不大，容易被工具生产厂家所接受，表面金属化金刚石改进工具质量的原因主要有:

(1)表面金属化使初始金刚石的缺陷得到充填和修补，使金刚石静压强度有所提高;

(2)表面金属化金刚石可以有效地改善粘结金属和金刚石之间的粘结状况。

139. 金刚石表面金属化对金刚石工具性能有何影响?

在以 Fe, Cu, Co, Ni 等为主的结合剂制成的金刚石工具中，由于以共价键结合的金刚石晶体与上述结合剂无化学亲和力，界面不浸润等原因，金刚石颗粒只能被机械地镶嵌在结合剂基体中。在磨削力的作用下，当金刚石磨粒被磨露到最大截面之前，胎体金属就失去了对金刚石颗粒的卡固而自行脱落，使金刚石工具的使用寿命和加工效率降低，金刚石的磨削作用得不到充分发挥。因此，金刚石表面具有金属化特征，则可以有效地提高金刚石工具的使用寿命和加工效率。其实质是将成键元素如 Ti 或其合金直接镀覆在金刚石表面，通过升温加热处理，使金刚石表面形成均匀的化学键结合层。通过镀覆处理的金刚石磨粒，在金刚石工具制造热压固相烧结或冷压液相烧结过程中，镀层与金刚石反应形成化学结合使金刚石表面金属化。另一方面，金属化的金刚石表层又能顺利地与金属胎体结合剂实现金属间的冶金结合。因此，镀钛及合金的金刚石对冷压液相烧结及热压固相烧结具有广泛的适用性。这样胎体合金对金刚石磨粒的固结力提高了，减少了金刚石工具在使用过程中磨粒的脱落，从而提高了金刚石工具的使用寿命和效率。目前用于改变金刚石表面性质的方法主要有化学镀、真空蒸镀和离子镀等。

140. 金刚石表面金属化常用的方法有哪些？

金刚石表面金属化常用的方法有：化学镀加电镀、真空蒸镀、等离子溅射、磁控溅射、化学气相沉积、物理气相沉积、机械包覆或包覆后立即烧结、接触烧结。其中用得较多的是化学镀加电镀、真空蒸镀、机械包覆、接触烧结。

141. 有固相接触反应的金刚石表面金属化采用的技术途径主要有哪几种？

有固相接触反应的金刚石表面金属化，采用较多的技术途径主要有：真空接触反应、非真空接触反应、低温化学沉积加热反应。

142. 国内金刚石表面金属化研究情况如何？

20 世纪 80 年代，北京粉末冶金研究所率先进行了有碳化物形成反应的金刚石表面金属化研究，并成功地将此项技术应用到钛粘结剂中，收到了令人满意的效果。1987 年冶金部长沙矿冶研究院与冶金部第一地质勘查局共同承担了冶金部下达的金刚石 - 金属键合研究项目，成功地完成了低温沉积金刚石 - 金属键合研究和固相接触金刚石 - 金属键合研究，并于 1993 年通过了国家鉴定。1987 年冶金部第一地质勘查局开始对固相接触法金刚石 - 金属化学键合研究，并取得了突破性的进展。燕山大学完成真空蒸镀法金刚石表面金属化研究。真空蒸镀法生产表面金属化金刚石，直接成本低，专用设备简单，适宜大批量生产。

143. 金刚石表面金属化后其形貌是什么样的？

图 30、图 31、图 32 是低温沉积金属后真空键合金刚石形貌。图 33、图 34、图 35 是键合后镀镍的金刚石形貌。

图 30 沉积金属后的金刚石形貌(200 ×)

图 31 沉积金属后的金刚石形貌(400 ×)

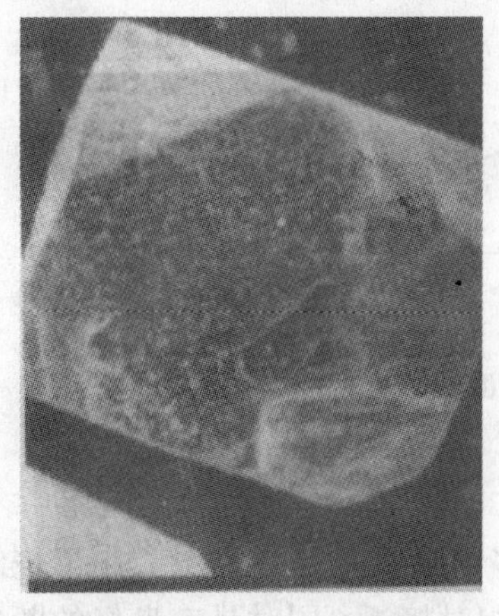

图 32　沉积金属后的金刚石形貌(250×)

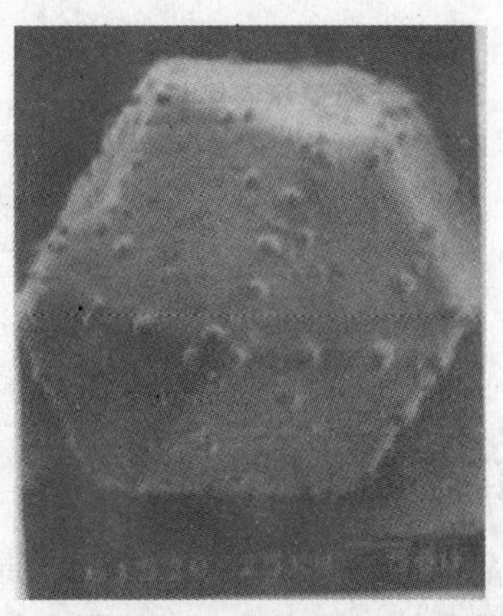

图 33　键合镀镍 60/70 目金刚石形貌(200×)

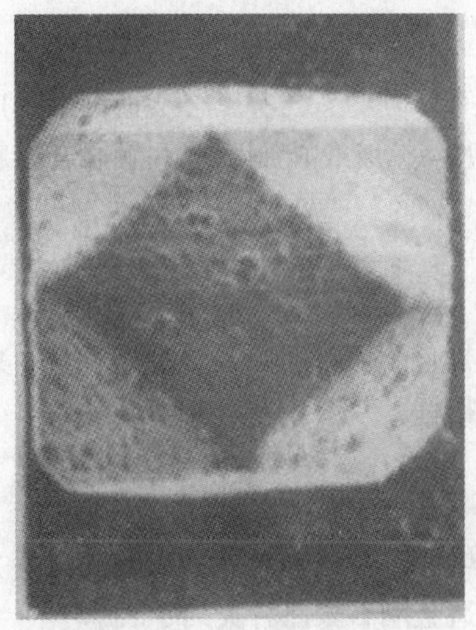

图 34　键合镀镍 50～60 目金刚石形貌(200×)

图 35　键合镀镍 40～45 目金刚石形貌(200×)

144. 金刚石制品技术面临的三大问题是什么?

(1) 研制高强度、高耐热性、大颗粒度的人造金刚石;

(2) 研制新型的胎体材料及其制造工艺, 并实现标准化;

(3) 研究金刚石材料的新型焊接工艺和方法, 改善金刚石的使用效果和范围。

145. 不同烧结温度对金刚石强度有何影响?

把强度为 12kg(117.6N)粒度 50～60 目的金刚石投入氢气炉中, 温度 820℃的条件下煅烧 5 分钟(min)后, 测得的强度为 11.5 kg(112.7 N), 强度下降了 4.2%; 在 900℃时, 测得的强度为 11.27 kg(110.4 N), 强度下降了 6.1%; 在 990℃时, 测得的强度为 10.6 kg(103.8 N), 强度下降了 11.52%; 在 1080℃时, 强度为 7.8 kg(76.4 N), 强度下降了 34.8%。由图 36 看出, 900℃以前, 对金刚石强度的影响不大, 990℃以后, 金刚石强度急剧下降。因此在烧结金刚石制品时, 烧结温度最好不超过 1 000℃。

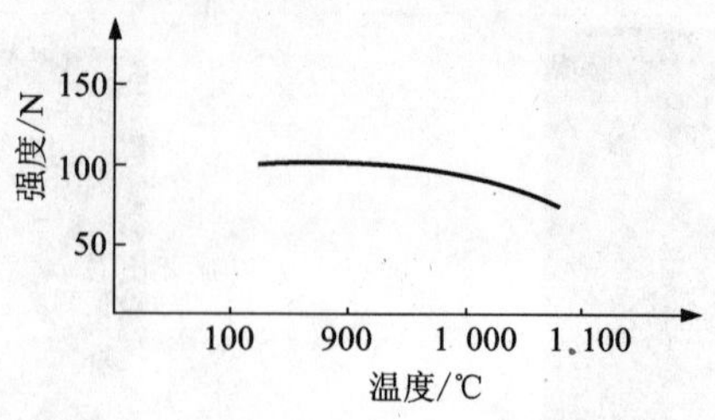

图36　烧结温度对金刚石强度的影响

146. 什么是金刚石聚晶?

聚晶(Polycrystalline Diamond，简称 PCD)是由许多细颗粒单晶在高温高压下烧结而成。聚晶中的晶粒呈无序排列，其硬度、耐磨性在各方向相对接近，同时具有良好的断裂韧性。常见形状有三角形、立方体、圆柱体等。

147. 金刚石聚晶的合成方法有哪几种?

金刚石聚晶合成方法有直接聚合法和二次聚合法等。其中，二次聚合法被国内外广泛采用，是利用金刚石微粉合成聚晶。直接聚合法首先是按一定比例配制石墨和触媒合金粉末混合物，然后用超高压设备合成聚晶。

148. 金刚石聚晶的物理性能包括哪些方面?

聚晶的物理机械性能包括密度、抗压强度、断裂韧性、耐磨性以及热稳定性等，其中耐磨性用磨耗比来表征，它是衡量聚晶质量的一个重要指标。

149. 常用人造金刚石聚晶种类有哪些?

人造金刚石聚晶具有耐磨性高、抗冲击韧性强、热稳定性好和结构致密均匀等特点，广泛应用于制造石油、地质钻头和机加工工具。常用人造金刚石聚晶种类列于表23。

表23　常用人造金刚石聚晶种类

Cylinder Series		D/mm	H/mm	
圆柱形聚晶	H, D	1~7	2~5	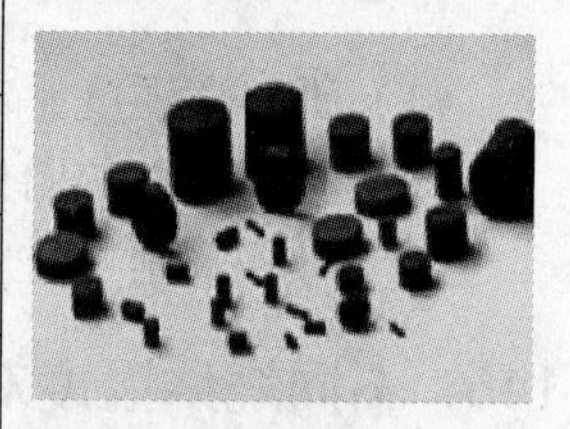
		5~10	2~10	
		8~15	8~15	

	Cone Series		D/mm	H/mm	A/(°)
	锥形聚晶	A, H, D	2~4	4~5	90°~120°
			4~6	4~6	90°~120°
			6~10	6~10	60°~120°
			8~10	8~15	60°~120°

Cube Series	W/mm	B/mm	T/mm
方形聚晶	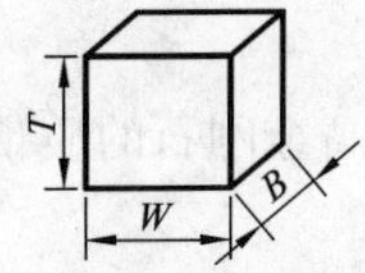 1～5	1～5	1～5 
	1.5～3	1.5～3	2～7
	3～5	3～5	3～8
	5～10	5～10	3～10

Triangle Series	B/mm	W/mm	T/mm
 三角形聚晶	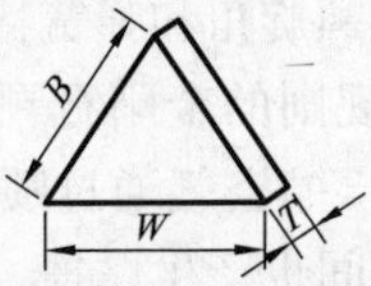 4～5	4～7	1～5
	4～10	4～8	3～8

Special Series	W/mm	H/mm	L/mm	r/mm
异形聚晶	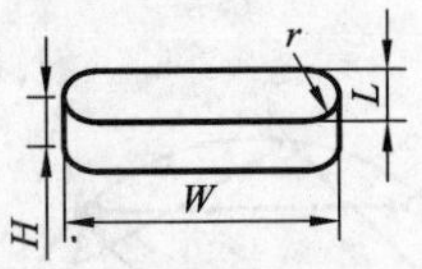 5～10	3	3～3.2	1.5～1.6 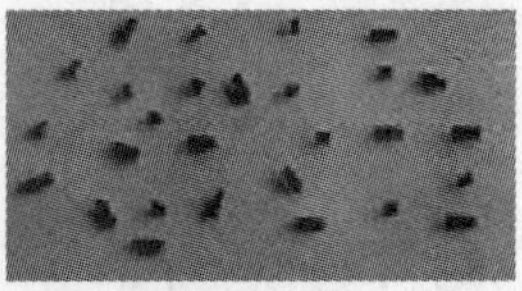

150. 什么是金刚石复合片？

金刚石复合片（Polycrystalline Diamond Composite or Compacts，简称 PDC）是由金刚石聚晶层和硬质合金基底（衬底）复合而成的，具有金刚石耐磨性高和硬质合金韧性好的优点。最早是由美国的通用电器（G. E.）公司于 1972 年研制出并推向市场。它主要是由表层厚度为 0.5～2.5 mm 的聚晶金刚石层和底层厚度为 0.5～20 mm 的碳化钨硬质合金层复合构成的圆柱体。由于制造该产品的液压机尺寸的限制，复合片直径一般不超过 100 mm，通常为 8～50 mm；高度为 3～20 mm。它是将单晶金刚石粉料与硬质合金圆柱体通过一定的组装方式一起放入超高压装置中，施加 5～7 GPa 的高压和 1 400～1 600℃高温，烧结一段时间得到的。图 37为复合片的外形图。

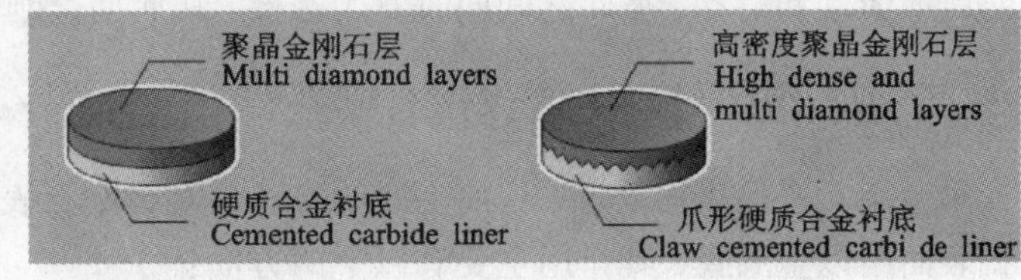

图 37　常用复合片外形图

151. 金刚石预处理的目的是什么？

金刚石预处理就是把有缺陷的金刚石通过机械或物理化学的方法进行处理，使之达到较理想的形状和表面状态、减少金刚石的内应力、活化金刚石表面，以提高它的强度和粘结性或满足其他特殊要求。

152. 金刚石预处理机械处理方法有哪些?

机械方法处理主要用于天然金刚石。通过该方法处理后，可以提高金刚石的质量等级和发挥其处理后的特性。

(1)整粒：它是通过机械的方法把金刚石边角薄弱部分和裂纹较明显的部分剥落下来，整粒机的结构见图38。把一定量的金刚石放入金属缸内，通过螺杆旋转，对金刚石产生压力和冲击力。压力和冲击力的调节是通过改变螺旋角和弹簧特性确定的。

(2)浑圆化处理：浑圆化处理就是将不规则的金刚石颗粒毛尖磨钝，达到近似的圆粒或椭圆粒。图39为金刚石浑圆化的示意图。压缩空气通过喷嘴吹入圆筒内，使金刚石以近似等边多边形轨迹与筒壁碰撞，同时金刚石之间也产生摩擦，使之浑圆化。浑圆化时间一般为3~8小时(h)。

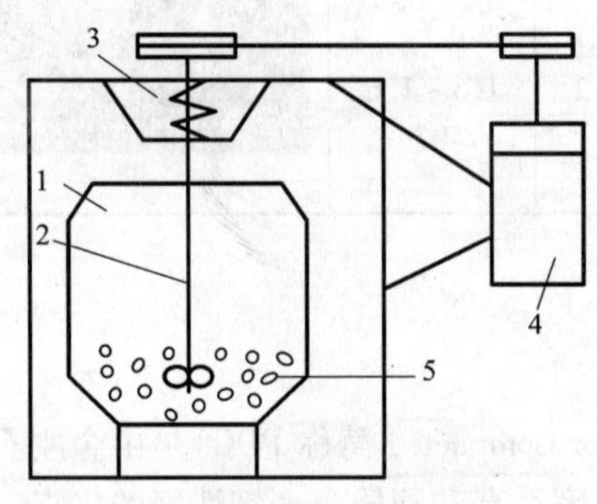

图38 整粒机示意图

1—金属缸；2—螺旋杆；3—弹簧；4—电动机；5—金刚石

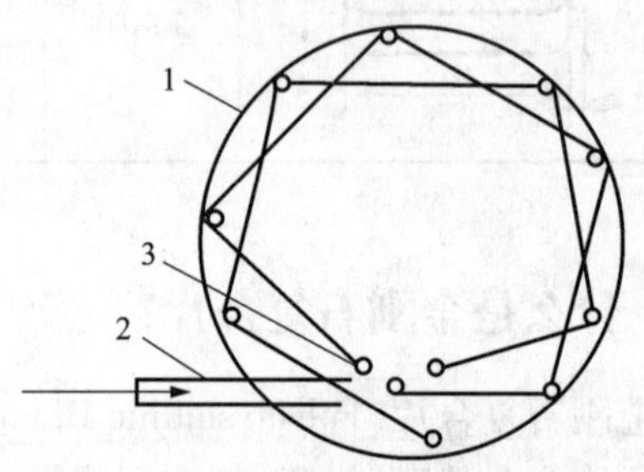

图39 浑圆化示意图

1—容器内壁；2—气流喷枪；3—金刚石

(3)抛光处理：经过整粒和浑圆化处理的金刚石表面粗糙，失去原有的光泽。这种表面粗糙的金刚石易于产生表面碳化，同时增加了它的工作面的摩擦力，因此需要进行抛光处理。国内常用机械法抛光处理，其装置见图40，在圆筒内放入金刚石、水和金刚石微粉，由于翼轮旋转，推动筒内的水高速转动，金刚石和金刚石微粉在离心力作用下，沿着贴有羊毛毡的筒壁滚动和滑动，彼此之间同时发生摩擦，从而使金刚石抛光。

153. 金刚石覆膜处理主要作用有哪些?

对金刚石进行表面处理，目前主要的方法是对金刚石表面覆以金属膜(简称覆膜)。对金刚石表面覆以金属膜，其作用主要有以下两方面：

(1)提高胎体对金刚石的镶嵌能力。由于热胀冷缩，在金刚石与胎体的接触区产生相当大的热应力，该热应力会使金刚石与胎体接触带产生微型纹，从而降低了胎体包镶金刚石的能力。对金刚石表面覆膜可以改善金刚石与胎体界面的物理化学性质，通过能谱分析，证实薄膜中的金属碳化物成分从里到外是逐步过渡为金属元素的，称之为 MeC - Me 薄膜，金刚石表面与薄膜的结合是靠化学键，只有这种结合才能提高金刚石的粘结能力，或者提高胎体对金刚石的包镶能力。经测定，金刚石表面覆膜后，胎体对它的包镶能力可提高48%。

(2)提高金刚石强度。由于金刚石晶体往往存在内部缺陷，如微裂纹、微小空洞等，在覆膜过程中，晶体中的这些内部缺陷通过充填 MeC - Me 膜得到弥补。

154. 材料的硬度是如何定义的?

硬度是指材料抵抗其他物质刻划或压入其表面的能力。在实际应用中，由于测量方法不同，测得的硬度所代表的材料性能也不同。例如，晶体材料使用划痕硬度反映材料抵抗断裂破坏的能力，而金属材料采用的静载压入硬度表征材料抵抗塑性形变的能力，静载压入硬度是在静压下将一硬的物体压入被测材料的表面，以表面压入凹面单位面积上的荷载表示被测物体的硬度。因此，硬度没有统一的定义，各种硬度单位也不同，彼此间没有固定的换算关系。根据试验方法不同，常用的有邵氏(Shore)硬度、布氏(Brinell)硬度、巴氏(Barcol)硬度、洛氏(Rockwell)硬度(硬度计外形如图 41 所示)和维氏(Vichers)硬度、显微硬度、莫氏(Mohs)硬度等。

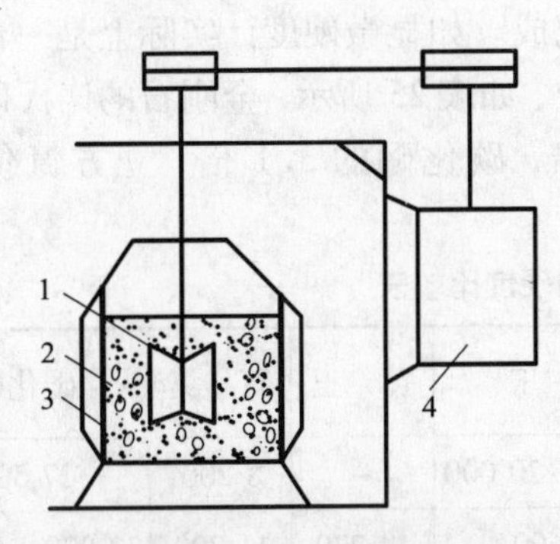

图 40　抛光示意图

1—翼轮；2—金刚石；3—羊毛毡；4—电动机

图 41　洛氏硬度计

材料的硬度取决于其化学组成和物质结构，离子半径越小，离子电价越高，配位数越小，则结合能越大，抵抗外力刻划和压入的能力就越强，所以硬度就越大。

硬度的尺度有两类，一类是绝对硬度，另一类是相对硬度，如莫氏硬度就是一种相对硬度，它不表示软硬的程度，只表示硬度由小到大的顺序，顺序在后面的材料能划破前面材料的表面。矿物学中通常所称的硬度多是指莫氏硬度，莫氏硬度是表示矿物硬度的一种标准，该方法由德国矿物学教授 Mohs'Friedrich1824 年创立而命名。确定这一标准的方法是，用棱锥型金刚石钻针刻划矿物的表面而产生划痕，用测得的划痕的深度来表示硬度。通常，以常见的十种矿物来作为标准用相互刮擦以区分孰硬孰软，习惯上矿物学或宝石学上都是用莫氏硬度。莫氏硬度计以十种不同硬度的矿物为依据，相应地将硬度由低到高分为十个等级(见表 24)：1 滑石，2 石膏，3 方解石，4 萤石，5 磷灰石，6 正长石，7 石 英，8 黄玉，9 刚玉，10 金刚石。各等级之间的差别并非均等。排在后面的矿物能刻划其前任一种矿物。

表24 莫氏硬度表

矿 物	硬度	相当	矿 物	硬度	相当
滑石 $Mg_3(OH)_2[Si_2O_5]_2$	1	无	正长石 $KAl[Si_3O_8]$	6	玻璃
石膏 $CaSO_4 \cdot 2H_2O$	2	指甲	石英 SiO_2	7	锉刀
方解石 $CaCO_3$	3	铜币	托帕石(黄玉) $Al_2(F,OH)2SiO_4$	8	砂纸
萤石 CaF_2	4	铁钉	刚玉 Al_2O_3	9	无
磷灰石 $Ca_5F(PO_4)_3$	5	小刀	金刚石 C	10	无

使用时，用标准矿物与未知硬度的被测量矿物相互刻划。如该矿物能被磷灰石刻划，而不能被萤石刻划，则该矿物的硬度为4~5。没有标准硬度矿物时，也可以用日常用品来测定。如指甲硬度为2.5、硬币为3.5、刀刃为5.5、玻璃为6。大于6以上几乎都应属于宝石之类的矿物。作为宝石，通常都有较高的硬度。如蛋白石的硬度为5.5~6.5，水晶为6.5~7，锌尖晶石为7.5~8。金绿宝石为8.5，蓝宝石和红宝石的硬度为9，仅次于金刚石。

精确的测定矿物硬度还需用显微硬度计或测硬仪完成。如显微硬度计实际上是一台设有加负荷装置的显微镜。金刚石为目前地球上最硬的物质，如表25所示，金刚石的诺氏硬度大约是石英的8.5倍，刚玉的4.4倍，碳化钨的3.7倍，碳化硼的3.1倍，立方氮化硼的1.56倍。

表25 金刚石与某些硬质材料的硬度比较表

名称 硬度	金刚石	立方氮化硼	碳化钨	刚 玉	黄 玉	石 英	碳化硼
诺氏硬度/MPa	70 000	45 000	18 800	16 000~20 000	–	8 200	27 500
显微硬度/MPa	100 000	75 000~90 000	17 300	20 600	14 270	11 200	37 000~43 000
莫氏硬度	10	–	–	9	8	7	–

155. 常规金属粉末的酸碱溶解性和氧化性能怎样?

从金刚石工具废品中回收金刚石，是通过溶解结合剂实现的，因此，金属粉末的酸碱溶解性是人们较为关心的化学性质。而对于在空气中易氧化的金属粉末，如：铜、钴、铅等，使用前往往需要进行还原处理。

常规金属粉末的酸碱溶解性和氧化性能见表26。

表26 常规金属粉末的酸碱溶解性和氧化性能

	铜	镍	钴	银	锌	锡	铅
硝酸	溶	溶	溶	溶	溶	溶	溶
盐酸	/	溶	溶	沉淀	溶	溶	/
硫酸	溶	溶	溶	溶	溶	/	/
氢氧化钠	/	/	/	/	溶	溶	溶
空气中的氧	氧化		氧化				氧化

第二章 电镀金刚石工具

156. 金属电镀的基本原理是什么?

在电镀槽中，将浸在镀液中的被镀件与直流电源负极相连接(组成阴极)，将要镀覆的金属与直流电源的正极相连接(组成阳极)，镀槽里的镀液中含有镀层金属的离子，接通电源，镀液中的金属离子便在阴极上沉积形成镀层。

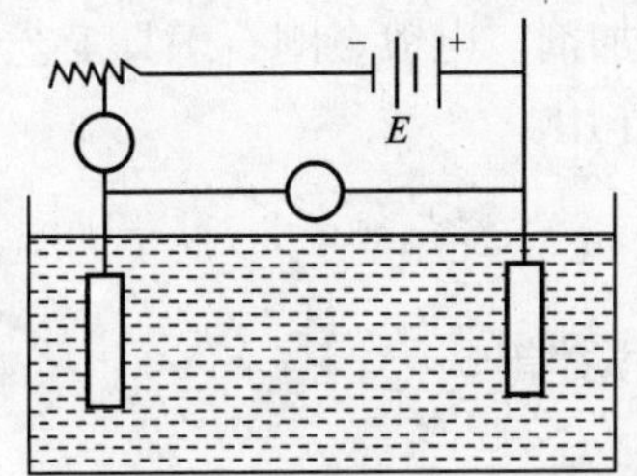

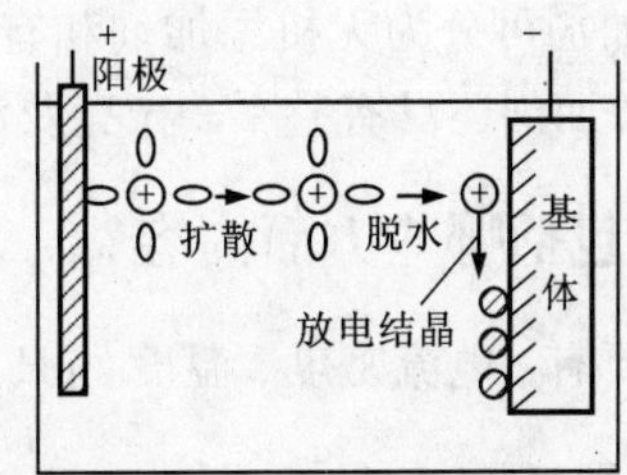

图 42 电沉积示意图

157. 金属电沉积的过程是怎样的?

金属在阴极上电沉积可以分为三个过程，电沉积示意图见图 42。首先，阳极金属表面的离子与水分子结合成水化离子，水化离子向阴极扩散，由镀液内部移到阴极表面上；其次，金属水化离子脱水并与阴极电子反应生成金属原子，即：$Me^{2+} + nH_2O + 2e \longrightarrow Me + nH_2O$；最后，金属原子在阴极上排列生成一定形状的金属晶体，并与基体相结合。

金属离子是由于阳极金属板失去电子进入镀液而获得的，即：$Me - 2e \longrightarrow Me^{2+}$。

158. 电镀金刚石制品为什么采用合金镀层?

合金镀层具有单金属层所不能达到的性能，如硬度、致密性、耐磨性、耐高温性等都比单金属镀层好。所以电镀金刚石制品一般都是采用合金镀层，如镍钴、镍锰、镍铁等镀层。

159. 要得到两种成分合金镀层的条件是什么?

两种金属能否同时在阴极上沉积出来取决于两种金属的标准电极电位、溶液中金属离子的活度和阴极极化三个因素。其基本条件是两种金属的析出电位要相近。

160. 金属电沉积的速度与哪些因素有关?

根据法拉第定律，电流通过电解质溶液时，在电极上析出或溶解的物质的量与通过的电量成正比。这样，金属沉积速度仅与通过的电流有关。因此，在电镀过程中，沉积速度取决于阴极电流密度的大小。但是，阴极电流密度不能超过规定的范围，电流密度过高得到的沉积物将是粉末。

161. 影响镀层质量的因素有哪些?

除极化作用对镀层的影响外，影响镀层质量的因素还有电镀液的组成、电镀规范等。

162. 电镀液由什么物质组成?

电镀液的组成是指主盐种类和浓度，有机或无机添加剂等。

电镀生产中所采用的电镀液，可以分为两类，即主要金属以简单离子形式存在的镀液和主要金属离子以络合离子形式存在的镀液。电镀金刚石制品所采用的电镀液一般都是硫酸、盐酸的简单盐类，如硫酸镍、硫酸钴等。

添加剂是指少量的某种物质，它在镀液中不会明显地改变镀液的电性能，但会明显改善镀层的性质。添加剂可分为无机添加剂和有机添加剂。电镀金刚石工具工艺中广泛采用了有机添加剂，有机添加剂还具有整平、光亮及润湿作用。

163. 电镀规范包括哪些方面内容?

电镀参数主要有：电流密度、温度、pH 值、搅拌等。

164. 析氢对镀层质量有什么影响?

在任何电镀中，不论 pH 值如何，由于水分子的离解，永远存在一定量的氢离子。因此，在条件适当的情况下，在阴极上与金属析出的同时，往往有氢气析出。造成氢气析出的条件是：金属离子的沉积电极较负；氢的过电位低。氢气析出不一定要具备上述两个条件，但具备了上述两个条件，氢更容易析出。析出的氢气会使镀层质量变坏，出现氢脆、起泡、针孔等现象。

165. 电镀超硬材料制品的主要应用范围有哪些?

金刚石电镀工具已广泛用于曲轴、主轴承、连杆轴承、活塞杆、活塞环沟槽、阀头和阀杆、齿条、齿轮、螺纹和轴颈等零件的加工。用电镀立方氮化硼砂轮片加工液压泵的转子槽，具有加工精度高、电镀砂轮片寿命长的优点；电镀金刚石铰刀已是轻工业和液压零件铰孔的好工具；用电镀金刚石掏圆钻头掏取单晶硅片，效率高、尺寸又规矩，是半导体工业中难得的好工具。此外，电镀金刚石工具中还有供人们修磨指甲用的指甲锉；磨刀用的电镀磨刀石；牙科医生使用电镀金刚石牙钻等。

166. 采用电镀法制备金刚石工具的优点是什么?

采用电镀法制备金刚石工具可以得到各种复杂形状、精度很高的工具；制造温度低，避免了对金刚石的热损伤；工艺简便，设备投资少，制造周期短，成型方便，可以修复等。

167. 制造电镀金刚石工具时应注意哪些问题?

(1)用包砂法上砂时电镀液要循环，以稳定阴极区的 pH 值；

(2)包砂法上砂时，包砂要紧，严格控制上砂时间，以保证上砂均匀致密；

(3)落砂法上砂时，电镀液中要含足够量金刚石，充分搅拌电镀液，使落砂均匀、致密，严格控制上砂时间，以防磨料堆积，保证良好的等高性；

(4)磨轮电镀完要进行修整，修去镍瘤及浮砂，以保证磨轮的形状精度。

168. 镀层应具备的特殊的性能要求是什么?

在电镀金刚石工具中，镀层对金刚石起支撑和结合作用，被称为胎体或基质金属。它决定着金刚石颗粒能否充分发挥切削作用，因此，必须具备特殊的性能要求。首先，具有高的硬度和耐磨性的保证，否则胎体会因磨损过渡而失去对金刚石的把持。其次，还应具有较高的韧性，适应使用时的较大压力和不时发生的冲击作用。

169. 电镀金刚石工具采用什么金属结合剂?

电镀金属结合剂金刚石工具在国内外一般都采用镀镍或镀镍钴合金作为结合剂，电镀工具中的金刚石是靠镀层金属机械地把持在基体上，与镀层间并无化学结合力。

170. 超硬材料电镀制品的制造特性有哪些?

(1)制造温度低，克服了热压法、冷压法因高温损伤金刚石的弊病。从而使金刚石能较好地发挥作用，如电镀孕镶金刚石地质钻头、地质扩孔器等。

(2)可以制造特薄、异形的制品。

(3)可以制造高精度、复杂型面的制品，如在飞机工业中加工透平叶片根的金刚石滚轮。

(4)可以制造高浓度的制品。电镀制品中超硬材料的浓度可以高达200%或更多一点。

(5)需要设备少，制造成本低。

(6)电镀制品使用后，或电镀中出现次品、废品，其基体和超硬磨料容易回收。

(7)对不同用途的制品可以灵活地采用单层磨粒电镀、多层磨粒电镀、外镀法电镀、内镀法电镀等，使之达到使用的要求。

171. 电镀前如何对金刚石进行处理?

金刚石必须选用经过磁选处理，并经超声波清洗，硫酸重铬酸钾饱和溶液浸泡2 h以上，经蒸馏水冲洗干净，用电解液浸泡调匀。

172. 超硬材料电镀制品与孕镶烧结制品在使用效果上有何区别?

(1)电镀单层磨粒制品，其磨料粒径的20%~50%是裸露在镀层之外的，它在切削工件时，碎屑易于排除；切削时有更多的冷却液流通；切削效率高等优点。

(2)电镀制品中起切削作用的超硬磨粒数目要比孕镶制品中起切削作用的超硬磨粒数目多得多。

173. 多层超硬材料电镀配方设计的原则是什么?

(1)镀层应有相应的硬度，以适应加工材料的要求；既能保证电镀制品在工作时有高的工作效率，又能保证制品有足够的寿命。

(2)镀层只允许有很小的内应力。更确切地说，外镀法制品应稍有压应力，内镀法制品应稍有张应力。这样保证镀层与基体有较强的结合力。

(3)电镀溶液应有较好的均镀能力，以适应各种形状复杂制品镀层的需要。

(4)有较快的沉积速度，以提高电镀制品的生产效率。

174. 镀件镀前的表面准备工艺包括哪些方面?

镀件镀前的表面准备工艺包括下列几个方面：

(1)机械处理：将粗糙表面整平。

(2)除油：包括有机溶剂除油、化学除油及电化学除油。

(3)浸蚀：包括强浸蚀、电化学浸蚀和弱浸蚀。

175. 什么是镀件的镀前机械处理?

镀前机械处理包括磨光、抛光和喷砂处理等。电镀制品的基体经机械加工后，局部可能会存在毛刺，要进行清除。毛坯存放时间过长，表面锈污较多，可用零号砂布处理。被镀件表面不宜太光滑。

176. 镀件表面粘附的油污主要有哪几类?

镀件表面粘附油污几乎是不可避免的，因为，加工过程中会接触到油，用手接触镀件也会使镀件沾有油污。这些油污不外乎三种：即矿物油、植物油和动物油。按油脂的化学性质可把它们分成两大类：即可皂化油和不可皂化油。无论是何种油污，都必须在镀前把它们清除掉。

177. 镀件的表面除油有哪几种措施?

镀件的表面除油措施主要有：

(1)有机溶剂除油。有机溶剂除油是使可皂化油和不可皂化油在有机溶剂中溶解的过程。这种除油方法的优点是除油速度快，对金属镀件无腐蚀。其缺点是油污不能彻底除去，因为当附着在金属镀件表面上的溶解油脂的有机溶剂挥发后，油污不能挥发掉，就会留下一薄层油污，所以，用有机溶剂除油后，往往还要进行化学或电化学补充除油。因此，有机溶剂除油多用于油污严重的镀件的预先除油。另一点是价格贵，易燃和有毒。常用的有机溶剂有煤油、汽油、丙酮等。

(2)化学除油。生产上大量使用的除油是在碱性溶液中化学除油。采用这种除油工艺的优点是无毒，不会燃烧，设备简单，价格便宜。除油时间比有机溶剂除油长些。这种方法除油的实质是靠皂化和乳化作用，前者可除去动植物油，后者可除去矿物油。

(3)电化学除油。把除油的镀件置于除油液中，将镀件作为阳极或阴极，且通以直流电的除油方法，称为电化学除油或电解除油。电化学除油溶液组成和化学除油溶液大致相同。通常用镍板或镀镍板作为第二电极，它只起导电作用。电化学除油的速度比化学除油的高几倍，而且油污清除较干净。镀件的电化学除油既可采用阴极除油，又可采用阳极除油，还可以采用阴－阳联合除油。阴极除油比阳极快，这是因为当电流密度相同时阴极析出氢气的数量比阳极析出氧气的数量多一倍，因而气泡数目多而细小，所以它的乳化能力大。现在多采用两个过程结合的组合形式。可在阴极除油后转为短时间的阳极除油。先阴极除油后阳极除油，对于要求结合牢固的镀层要好一些，因为这样有利于减少氢脆。

178. 电镀中除油用的原材料主要有哪些？

电镀中除油用的原材料主要有：氢氧化钠（NaOH）、碳酸钠、磷酸钠、硅酸钠等。

179. 电镀中碱性除油溶液怎样配制？

在配制碱性除油溶液时，应该穿戴好劳保用品，严格按操作规程认真作业。

（1）按需要配制的体积，计算出各种材料的需要量；

（2）在容器中加入需配体积2/3的蒸馏水；

（3）在计量准确的氢氧化钠加入蒸馏水中，并不断搅拌使其溶解。溶解时会使溶液温度上升，并析出难闻气体，所以最好在抽风条件下进行；

（4）待氢氧化钠溶解完毕后，加入碳酸。

180. 电镀的除锈方法有哪些？

常用的除锈方法有机械法、化学法和电化学法。机械除锈有喷砂、刷光、抛光、磨光、滚光等；化学除锈常使用的酸有硫酸、盐酸或者两者按一定比例混合的酸液；电化学除锈是在酸或碱溶液中，把镀件当作阳极或者阴极，通以直流电，借助电极反应，将镀件表面的氧化皮除去的过程。

181. 什么是镀件的浸蚀或酸洗？

将镀件浸入酸、酸性盐（或碱）溶液中，以除去金属表面的氧化膜、氧化皮及锈蚀产物的过程称为浸蚀或酸洗。

182. 镀件的浸蚀有哪几类？

根据清除氧化物的方法，可将浸蚀分为化学浸蚀和电化学浸蚀。

化学浸蚀：钢铁材料的氧化皮主要是铁的氧化物，最外层是 Fe_2O_3，中间层是 Fe_3O_4，靠近金属的是 FeO。可用盐酸去除他们，盐酸的浓度一般不超过30%。

电化学浸蚀（即阳极活化）：电化学浸蚀可在阳极上进行。常用的电解液是10%～15%的硫酸溶液，有时也用含有硫酸1%～2%，硫酸亚铁20%～30%，氯化钠3%～5%的混合溶液，电流密度采用5～10 A/dm^2，时间30 s左右。

183. 电镀中的浸蚀溶液如何配制？

配制各种浸蚀溶液时，要穿戴好劳保用品，严格按照操作规程认真作业。

（1）配制硫酸浸蚀液时，先计算好需要配制的体积，再把需要的水量倒进容器中，然后将计算量的硫酸在搅拌下缓慢加入水中。一定要先加水再加硫酸，否则会引起硫酸飞溅伤人。

（2）配制混合酸浸蚀液时，应先加水，再加密度小的酸，最后加密度大的酸，整个配制过程应在不断搅拌下进行。

184. 什么是镀件的弱浸蚀？

弱浸蚀(又叫活化处理)是镀件进行电镀前的最后一道处理工艺。其目的是除去镀件表面极薄的一层氧化膜，并使表面呈现出金属的结晶组织。弱浸蚀对镀层和基体金属的结合起着重要的作用。镀件经弱浸蚀后，应该立即清洗并转入电镀槽中进行电镀。

185. 弱浸蚀的特点是什么？

弱浸蚀的特点是浸蚀溶液的浓度低，浸蚀时间也很短，并且可在室温下进行。采用化学法时，多用3% ~5%的盐酸或硫酸溶液，浸蚀0.5~1.0 min即可。当采用电化学浸蚀时，一般多用阳极处理，所用的酸更稀，如用1% ~3%的硫酸溶液，阳极电流密度为5 ~10 A/dm^2。

186. 电镀工具电镀液用的主要原材料有哪些？

电镀工具的电镀液用的主要原材料有：

(1)镍盐。镍盐是电镀镍中供给镍离子的主盐，这种盐主要有硫酸镍和氯化镍。

(2)镍阳极。在镀镍过程中除了能起组织电镀回路的作用外，还可以补充电镀溶液中镍离子的消耗，控制电流在阴极表面上的分布。

(3)阳极活化剂。作为镍阳极活化剂的物质很多，有氯化钠、氯化镍，但比较起来，氯化钠价格便宜，货源充足。

(4)缓冲剂。硼酸是电镀中应用最广泛的一种缓冲剂，它使电镀液的pH值在生产中比较稳定。

(5)防针孔剂。十二烷基硫酸钠在镀镍溶液中是一种很好的防针孔剂，白色粉末易于溶于水，普通镀镍和光亮性镀镍都可使用。

(6)钴盐。钴盐是电镀镍钴合金时供给钴离子的主盐，钴盐有硫酸钴、硫酸铵钴，应用最多的是硫酸钴。

187. 电镀规范对镀层质量有何影响？

电流密度对镀层结晶粗细影响较大。当电流密度低于允许电流的下限时，镀层的结晶比较粗大。当电流密度高于允许电流的上限时，容易出现结瘤或枝状结晶。

温度对于镀层的影响比较复杂，升温会形成粗晶粒的镀层。但是如果在适当提高温度的同时改变其他条件，不但不会影响镀层质量，还能减少镀层的脆性和提高沉积速度，温度一般不超过40℃。

搅拌也能影响镀层质量。搅拌能提高允许的电流密度上限，在搅拌时，必须定期或不断地过滤电镀液，以除去阳极脱落下来的残渣或其他悬浮物，避免它们落在阴极上而影响镀层质量。

电镀的pH值对镍的沉积过程以及镀层性质有很大影响，一般控制在3.5~5.0范围内。不同的电镀液都应有一个规定的pH范围，其允许变化的幅度不能大，一般在±0.5以下。

188. 利用电镀法制造金刚石钻头有什么特点?

电镀法制造金刚石钻头的优点是:电镀工艺过程中,温度低,不损伤金刚石,设备投资少,工艺简便,消耗模具少。缺点是生产周期长,使用范围受到一定限制。

189. 电镀金刚石钻头一般用什么胎体金属?

为适应地质钻探工作的需要,电镀钻头的胎体金属应该有较高的强度、硬度和良好的耐磨性、韧性。而单一的金属镀层难以满足这个要求,所以电镀钻头的胎体金属一般都采用二元合金系,常用的有镍钴胎体、镍锰胎体等。

190. 电镀金刚石钻头的电镀装置是怎样的?

电镀金刚石钻头的电镀装置如图 43 所示。电镀槽用塑料支撑。电镀电源设备可采用各种合适的电镀电源,直流输出电压一般在 0 ~ 24V 可调。直流输出电流的大小可根据镀件大小和批量进行选择。

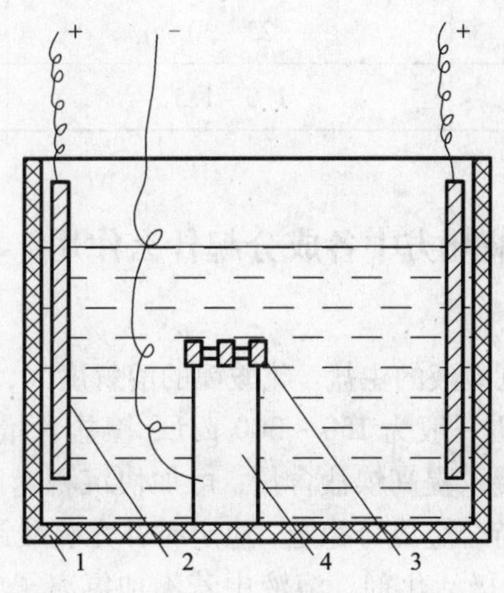

图 43 电镀装置

1—镀槽;2—阳极镍板;3—水口塞;4—钻头钢体

191. 电镀金刚石钻头的工艺流程是怎样的?

电镀钻头的工艺流程为:钻头钢体加工→尺寸检查→机械处理→汽油洗→除油(碱处理)→酸洗→绝缘处理→除锈→除油→冷、热水洗→阳极腐蚀→冷、热水洗→带电入槽→冲击电流镀→空镀→上砂→加厚镀层→出槽清洗→除氢→检验→成品钻头。

192. 电镀金刚石钻头的镀液配方和工艺条件是什么?

电镀金刚石钻头的典型镀液组成和工艺条件列于表 27。

表27 电镀钻头几种常见的镀液组成及工艺条件

镀液组成及工艺条件	配方1(普通镀镍钴合金)	配方2(快速镀镍)
硫酸镍/(g/L)	220~250	400
硫酸钴/(g/L)	10~15	
硫酸锰/(g/L)		
氯化镍/(g/L)		45
硼酸/(g/L)	30~35	30
氯化钠/(g/L)	10~20	
糖精/(g/L)	0.8~1	0.8
十二烷基硫酸钠/(g/L)	0.08~0.1	0.06~0.1
pH值	4~4.5	3~4
温度/℃	25~30	40~60
阴极电流密度/(A/dm^2)	1.0~1.5	4

193. 电镀金刚石钻头镀液配方中各成分起什么作用?

电镀液各成分的作用如下:

(1)硫酸镍和硫酸钴是电镀液的主盐。硫酸镍的溶解度大,纯度高,价格低廉,因而被广泛使用。镍盐的含量变化范围一般为150~300 g/L,镍盐含量低时,电镀液的分散能力好,镀层结晶细致,但沉积速度慢。提高镍盐含量,可加快沉积速度。电镀过程中,钴盐的含量随时间的延长而减少,为保持合金成分稳定,应定时补充硫酸钴。

(2)氯化钠。氯离子为阳极活化剂。溶液中若不加氯离子或氯离子不足时,容易产生阳极钝化。阳极钝化对电镀生产是极为不利的。在阳极钝化时,镍阳极的颜色由浅色变成棕色或深色,同时,镍的溶解电位增高。棕色的氧化镍膜使镍阳极不再溶解。

(3)硼酸。它的作用是稳定镀液的pH值,是一种缓冲剂。硼酸的含量达到30 g/L以上时,其缓冲剂作用才比较明显,通常保持在30~40 g/L范围。

(4)糖精。它能使镀层产生压应力(舒张应力)抵消镀层本身存在的拉应力(收缩应力);提高镀层的致密性与光亮度。其用量控制在使镀层有少许压应力,一般情况下,用量为0.8 g/L为宜。糖精可以提高镀层的硬度。

(5)十二烷基硫酸钠。是一种润湿剂或针孔防止剂。它能改变阴极表面润湿性,使氢气不易吸附在电极表面上,从而减少或消除针孔的发生,提高镀层硬度,也增加了镀层的脆性,用量一般为0.05~0.15 g/L。

(6)氯化氨。其作用是改变镀层的晶相结构,使沉积金属镍发生晶格扭曲,从而提高镀层硬度,也增加镀层的脆性,用量一般不超过10 g/L。硬度可达HRC45。

194. 电镀金刚石钻头时如何进行钢体的镀前处理?

镀前处理是非常重要的环节，它直接关系到镀层与钢体的结合强度。首先，要用砂布磨去棱边处的毛刺，然后按工艺流程的顺序进行认真处理。绝缘方法：在钢体内部表面涂上硝基磁漆 2～3 遍，或用薄橡胶板卷成圆筒塞入内径，橡胶板的外表面紧紧贴住钢体表面，达到绝缘的目的。钢体外表面不镀部分用绝缘带包扎，但导线可包扎进去，水口处用水口塞堵住。

195. 电镀金刚石钻头电镀规范和操作是怎样的?

(1)pH 值：pH 值一般控制在 4.0～4.6 之间，pH 值很低时，镍不能沉淀，在阴极上只析出氢气。

(2)温度：普通镀镍钴合金层，温度在 20～30℃的范围。快速镀镍的温度较高，在 40～60℃之间。

(3)电流密度：在电镀过程中所采用的电流密度与电镀液组成、温度和搅拌强度有关。可根据工艺要求而定，普通镀镍合金层，一般为 0.5～1.5 A/dm^2。

(4)电镀操作。将经过处理的钻头钢体带电入槽，用大于正常值 2～3 倍的电流进行冲击镀，时间 2～3 min，然后用正常电流进行空镀 30 min 至 1 h。空镀之后，开始上砂。上砂的方法有一次上砂法和侧面多次上砂法。

196. 什么是电镀金刚石钻头时的一次上砂法?

一次上砂法是将安装在内、外径模具的钻头直立，用金刚石覆盖整个要镀的部位，经过一定时间电镀之后，去掉多余的金刚石，要镀部位便可均匀粘住一层金刚石，经过十几小时的加厚镀层以后，再进行一次，直至达到设计要求的厚度为止。一次上砂法的示意图见图 44。

197. 什么是电镀金刚石钻头时的侧面上砂法?

侧面上砂法是将钻头钢体斜放在支架上，倾斜角度大小以上砂后金刚石不滚落为宜。将经过润湿的金刚石用滴管均匀地撒在朝上的一个外侧面和一个内侧面上，埋砂电镀一定时间后，转动钻头，使多余的金刚石落下，并继续对另外的一对侧面上砂，内外径上砂完毕之后，直立钻头，在唇面上砂(见图 45)。上砂后空镀 12 h 左右，再上第二次，如此反复，直到内、外径达到规定尺寸时，安装内、外径模具，继续镀钻头唇面，使之达到要求的尺寸。

198. 电镀金刚石钻头出槽要怎样处理?

电镀钻头出槽后，用水冲洗干净，去除绝缘包扎及水口塞。将钻头放入烘箱内加热，温度控制在 200～250℃，时间 2～3 h，目的是从镀层中去除氢，避免氢脆现象产生。

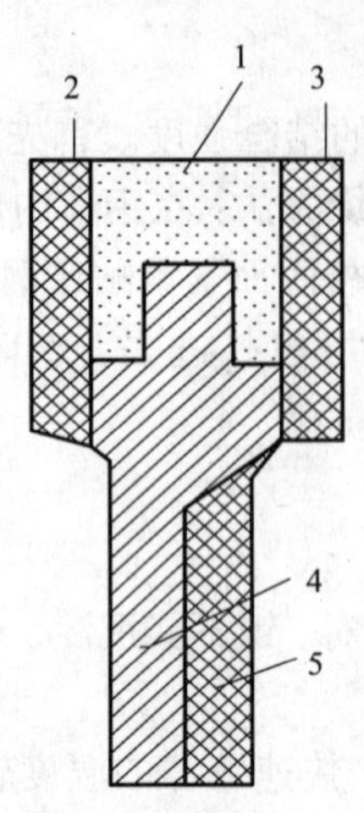

图44 一次上砂示意图

1—金刚石；2—外径模具；3—内径模具；
4—钻头体；5—内表面绝缘橡胶板

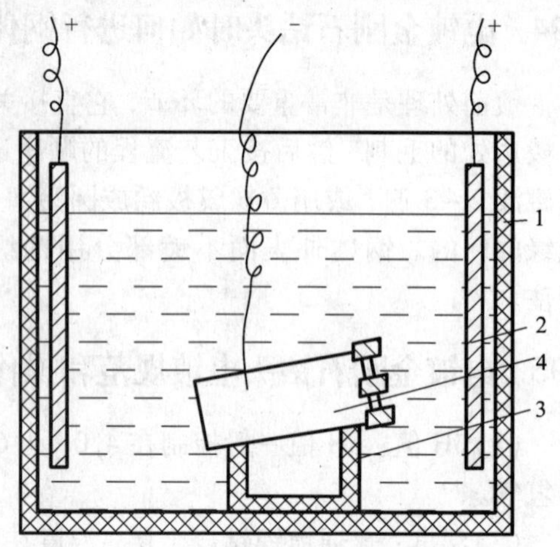

图45 钻头侧面上砂示意图

1—镀槽；2—阳极镍板；
3—支架；4—钻头钢体

199. 电镀金刚石钻头时如何配制电镀液?

电镀液的配制：

(1)将计算的硫酸镍、硫酸钴、氯化钠等用热蒸馏水溶解后倒入槽内。

(2)在另一容器内，将计算量的硼酸用较热的水溶解后倒入槽内，搅拌均匀。若镀液中不溶性杂质较多，则应过滤镀液。

(3)十二烷基硫酸钠，一般先用少量水将其调成糊状，再加100倍以上的沸水溶解，并最好煮沸一段时间，澄清后趁热在搅拌下加入镀液中，加水至规定体积。

(4)分析并调整镀液成分

在电镀过程中，硫酸钴的含量会随时间的增加而减少，十二烷基硫酸钠也会消耗，因此，要定期补充。

200. 电镀金刚石扩孔器和电镀金刚石钻头的制造工艺有何异同?

电镀金刚石扩孔器的制造工艺和电镀钻头基本相同。电镀溶液的配方可采用电镀钻头的配方，但采用的金刚石粒度比钻头用的金刚石要细，常用100/120目的金刚石。

201. 电镀金刚石扩孔器时如何上砂?

电镀扩孔器的上砂方法：把扩孔器放在镀槽的支架上，使其1~2个镀面朝上，如图46所示。上砂时，将清洁的金刚石用镀液润湿后，用滴管将金刚石均匀地撒布在镀层上，电镀约20 min后，旋转扩孔器钢体使其另两个镀面朝上，上砂，直至所有镀面撒一遍金刚石。之后，把扩孔器竖立在镀槽中空镀，每隔1~1.5 h转动90°，使镀层加厚后，再上第二遍金刚石，一般上砂3~4次，总时间24~30 h左右。

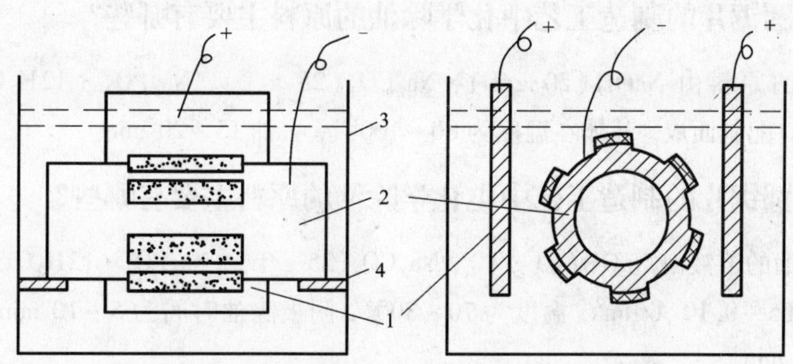

图 46 扩孔器上砂示意图

1—阳极镍板；2—扩孔器钢体；3—镀槽；4—支架

202. 电镀金刚石外圆切割锯片的电镀工艺是怎样的?

其工艺过程分为两大部分，即锯片基体的镀前处理和锯片的电镀，其工艺流程如下：基体检验→去污粉刷洗→化学除油→热水清洗→化学浸蚀→流水清洗→蒸馏水洗→装夹具→电化学除油→温水洗→弱浸蚀→带电入槽镀→打镍底→上砂→加厚→卸夹具→清洗→烘干→检验。

203. 电镀外圆锯片的制造工艺中采用什么除油方式?

要保证电镀质量，镀前的处理比电镀本身更为重要。基体的镀前处理要严格做到无油、无锈、无污染，以提高镀层的结合力。电镀外圆锯片的制造工艺采用了三级除油，即去污粉刷洗、化学除油和装夹后的电化学除油，因为前两道除油是解决基体在制造过程中的油污染，而装夹具后的除油是解决人手对基体的污染，这是必不可少的一道除油工序。

204. 电镀外圆锯片的制造工艺中为什么要采用弱浸蚀工序?

电镀外圆锯片的制造工艺采用在无油污的情况下，在电镀间的特殊环境里是极易氧化的，所以在装夹后入镀槽之前采用了弱浸蚀这一道工序，对于电镀层的牢固结合是十分有益的。

205. 电镀外圆锯片的制造工艺中增加电化学抛光工序的作用是什么?

对于不锈钢基体，在装夹具后，必须增加电化学抛光工序，以除去其表面的钝化膜。抛光的溶液组成及工艺条件如表 28 所示，电化学抛光的另一目的是为了减薄基体外缘刃口。

表 28 电化学抛光溶液组成及工艺

浓硫酸(98%)	27 L	阳极电流密度	0.1 ~0.2 A/dm²
蒸馏水	73 L	时 间	1 ~2 min
温 度	室 温		

206. 电镀外圆锯片的制造工艺中化学除油的原料主要有哪些?

化学除油的原料由 NaOH(20 g/L)、Na_2CO_3(25 g/L)、$Na_3PO_4 \cdot 12H_2O$(10 g/L)和 $NaSiO_3$(10 g/L)配制而成，基体在温度为 80～100℃，去油 15～20 min。

207. 电镀外圆锯片的制造工艺中电化学除油的原料主要有哪些?

电化学除油的溶液由 NaOH(10 g/L)、Na_2CO_3(25 g/L)、$Na_3PO_4 \cdot 12H_2O$(25 g/L)配制，电流密度为 0.05～0.10 A/dm^2，温度为 70～80℃，阴极除油时间为 5～10 min，阳极除油时间为 0.2～0.5 min。

208. 电镀外圆锯片的制造工艺中浸蚀化学除油溶液如何配制?

浸蚀化学除油的溶液由体积相同的浓盐酸(37%)和蒸馏水配制，在室温下浸蚀 1～3 min。

209. 电镀外圆锯片的制造工艺中为什么要打镍底?

进行锯片电镀时，首先是打镍底，主要是让电沉积过程首先在洁净的基体表面进行，以利于随后上砂工艺的实现，对于普通钢基体上镀镍底是在通电的电镀槽液中进行的，但对于不锈钢基体上镀镍底必须在表 29 所示的电镀液及工艺规范下进行。

表 29 电镀工艺规范

材 料	硫酸镍	硫酸钴	硼 酸	氯化钠	pH	电流密度/(A/dm^2)
浓度/(g/L)	180～250	15～25	25～40	15～20	5.4～5.8	0.02～0.05

经镀镍处理后，即可进行上砂处理。上砂所用的金刚石必须选用经过磁选处理，并经超声波清洗，硫酸重铬酸钾饱和溶液浸泡 2 h 以上，经蒸馏水冲洗干净，用电解液浸泡调匀。

210. 电镀外圆锯片怎样进行上砂?

电镀外圆锯片的上砂工艺根据多片夹具和单片夹具而有所不同，单片夹具基体是水平放置的，因此上砂是先朝上的一个面的外缘，用牛角勺将金刚石均匀地撒在待镀处，必须使金刚石完全覆盖到所有暴露的基体上，通电一定时间后(视金刚石粒度而异)将夹具翻转过来，再上另一个面的金刚石。然后进行加厚，加厚的目的是使镀上的金刚石埋牢固，而又不能将金刚石完全埋没于镀层之下，通常只能使金刚石埋入粒径的 60%～70%。如果使锯片的镀层镀得很厚，则必须继续上第二、第三次砂和加厚过程。当然由于电镀的尖端效应，镀得愈厚，镀层表面丘状突出愈来愈多，而且不断发育，最后使镀层中产生“架桥”现象，形成空洞或疏松。对于多片夹具，基体垂直放置的，用牛角勺将金刚石均匀地撒在朝上的一段弧面上，一般第一次顶多能覆盖住约 1/6 圆周长的弧面，也就是说要使整个外圆都镀上金刚石，至少得进行六次上砂。但每次上砂所用时间可比单片夹具短些。第一段弧面上砂完成后，要将夹具转动 180°，这样可使镀层在外圆上的厚度达到基本一致。六次上砂完成后，将表面未镀上的浮砂抖掉，就可进一步加厚，直到牢固地将金刚石把持住。

211. 电镀外圆锯片上砂时间、加厚时间是多少?

电镀工作的关键是电流密度的选择及电解液的成分，工艺规范，不同粒度金刚石的上砂、加厚时间等。电镀金刚石外圆锯片常用的金刚石粒度列于表30中，同时列出了不同粒度金刚石所用的上砂时间、加厚时间。

表30　埋砂法上砂及加厚时间(以一个粒度层为例)

粒度/目	上砂电流/10 A/cm²	上砂时间/min	加厚时间/min
70	0.8~1.0	60~80	6~9
80	0.8~1.0	50~60	7~8
100	0.7~0.8	40~50	5~6
120	0.6~0.7	30~40	4~5
150	0.5~0.6	25~30	3.5~4
180	0.4~0.5	20~25	2.5~3
240	0.4~0.5	15~20	2~2.5
280	0.3~0.4	15~18	1.5~2

212. 电镀超薄外圆金刚石切割片的厚度可达到多少，其用途是什么?

电镀法制造的锯片可以做得很薄，如超薄外圆金刚石切割片的厚度仅有25~50 μm，这种切割片在计算机控制的专用切割机上使用。切割制造大规模集成电路所用的硅片，其切割精度高、寿命长。

213. 电镀金刚石超薄外圆切割片的制造方法是怎样的?

电镀金刚石超薄外圆切割片的制造方法是：在金属基片上，用电镀的方法获得一层极薄的含金刚石的沉积层，从基片上剥离沉积层，再经过冲压成型。基体可采用0.1 mm的不锈钢片，除油后经酸处理及钝化处理后可进行电镀工序。

214. 电镀金刚石超薄外圆切割片的电镀液配方是什么?

电镀金刚石超薄外圆切割片的电镀液配方及工艺见表31。

表31　金刚石超薄外圆切割片电镀液配方及工艺

成分	硫酸镍	硫酸钴	硼酸	氯化钠	丁炔二醇	糖精	十二烷基硫酸钠	金刚石	pH值
含量/(g/L)	220~240	15~30	25~35	10~20	0.6~0.8	0.8~1	0.08~0.7	5~10 g	4.1~4.5

215. 电镀金刚石超薄外圆切割片的电镀工艺参数是怎样的?

电镀金刚石超薄外圆的电镀工艺参数：在配制好的1 L电镀液中加5～7 μm的金刚石微粉5～10 g，搅拌均匀后在电镀槽内放入由有机玻璃夹具安装好的基片，沉降2～3 min后，以0.5～0.7 A/dm^{2}的电流密度镀5分钟。然后用2 A/dm^{2}的电流密度镀35～40 min后取出夹具，清洗基体表面上的金刚石粉。将夹具放进另一个不含金刚石的镀槽，以0.5～0.7 A/dm^{2}的电流密度镀5 min后取出清洗，拆出夹具、烘干后将沉积层从基体上剥离，冲压成型即得到成品。

216. 电镀内圆锯片的电镀流程是什么?

内圆锯片的电镀工艺流程为：镀前处理→装箱→电解抛光→镀底镍→上砂→加厚→拆洗→烘干→抛光→检验。

217. 电镀内圆锯片的工艺要点是什么?

其工艺要点如下：

(1)镀前预处理。它应包括若干工艺过程，这与电镀外圆锯片的过程相同。略有不同的是因为基体很薄，所以在化学除油时，为使每一片都得到充分的除油，必须用填圈将每一基体架隔开来，放在化学除油液中煮沸2～3 h，取出后，用热水将污物冲洗干净，放在蒸馏水中待用。

(2)装模。先将模具结构组装成图47所示，旋紧圈和紧固板面必须在同一平面，(可用一平板玻璃放在上面，转动旋紧圈至玻璃板微动即可达要求)，夹具需用螺钉(图中点划线)拧紧，以免电解液从接缝中渗入。然后放上一张基体，再放一块垫片，再放一张基体，放一张垫片……垫片是有机玻璃制的，较薄，因此拆装时必须轻拿轻放，而且不允许置于温度过高的地方。基体与基体间的导电有两种通道：第一，在垫片上装有弹性导电翘片；第二，在夹具内圆处，立有三片导电不锈钢(0.1 mm厚)以作补充导电之用。当所用的基体和垫片装夹完毕后，将上部旋紧圈和紧固板装上，拧上夹具体和紧固螺钉，拧紧上部旋紧圈，至此装模工作基本完成。

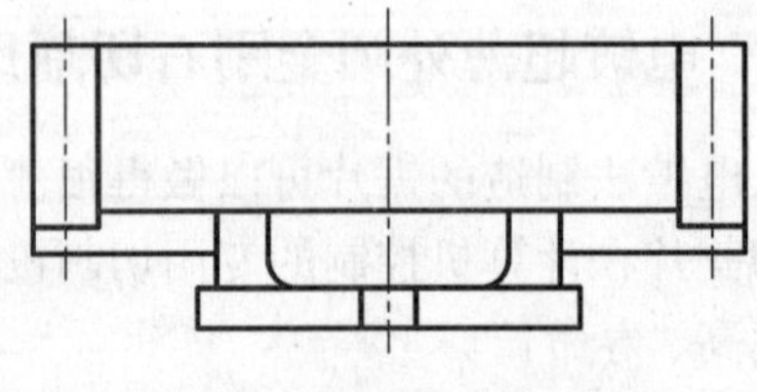

图47 模具结构组装图

(3)电抛光。也叫阳极腐蚀，由于不锈钢基体表面有一层坚实致密的钝化膜，需除去以提高镀层和基体的结合力，同时使内圆刃口基体减薄，形成带尖角的断面形状，以改善刃口的切割性能。电抛光溶液由体积比为1:1的浓硫酸和水组成。电抛光时，将组装好的模具置于塑料盒内，将电抛光液倒入模腔内，将铅阴极置于模腔中心，通电(锯片基体为阳极)处理10～15 min，电流密度为0.1～0.2 A/dm^2。处理完毕后倒出电抛光液，用清水冲洗干净。

(4)镀底镍。因不锈钢基体表面极易产生钝化膜，所以在电镀前还要进行相应的处理。处理的方法是在模腔内装入氯化镍电解液，其镀液组成为：氯化镍300 g/L，盐酸125 ml/L。将镍棒置于模腔中心位置，通电，镍棒接负极，基体接正极，按每片0.2 A/dm^{2}的电流处理2～3 min，接成阳极的目的是使刃口进一步阳极溶解，活化表面。扳动转换开关，使基体成负极，镍棒成正极，使基体迅速镀上一薄层镍。不锈钢基体在氯化镍的沉积便是在同种金属晶格上的沉积，因此结合力好。

(5)上砂及加厚。镀完底镍后，迅速用蒸馏水将模腔清洗干净，并将模具内换上 Ni - Co 合金电解液(指单片夹具，多片夹具只需将夹具移入 Ni - Co 电解液槽中)，投入处理好的金刚石，装上镍阳极，盖好上盖，摇动模具，使金刚石悬浮在溶液中，然后将模具平放，悬浮的金刚石因重力作用而下沉，落在待镀的基体表面上，镀 3 ~ 5 min，翻转模具 180°，镀 3 ~ 5 min，重复上述过程一次，然后将模具立放(此时锯片刃口向上)，按六个角度翻转，每个角度电镀时间为 3 min，共转四圈，每次的开始角度应不同。立镀完毕后，摇动模具后平放，以补充缺镀金刚石的部位。此时电流适当减小，正反两面各加厚 15 min，整个上砂加厚过程即告结束。

将模具从电解液中取出，卸下顶盖，将模腔中的电解液和金刚石倒入溶液中，用蒸馏水冲洗模腔，卸开模具，用热水冲洗(刷洗)锯片，烘干、抛光即为成品。

218. 金刚石内圆锯片电镀用电镀液组成及电镀工艺规范是怎样的?

金刚石内圆锯片电镀用电镀液组成及电镀工艺规范列于表 32。

表 32　内圆锯片电镀液组成及电镀工艺

原材料	硫酸镍	硫酸钴	硼酸	氯化钠	温度/℃	pH	电流密度/(A/dm^2)
含量/(g/L)	220	15	30	15	40	4.0 ~ 4.5	0.01 ~ 0.015

219. 电镀金刚石什锦锉采用的金刚石粒度和浓度一般是多少?

电镀金刚石什锦锉采用的金刚石粒度为 100 ~ 280 目，浓度为 200%。

220. 电镀金刚石什锦锉的电镀工艺流程怎样?

电镀人造金刚石什锦锉一般采用镍钴合金镀层，电镀液的配方和工艺条件与电镀钻头相似。工艺流程为：毛坯→去锈→除油→水洗→阳极处理→水洗→带电入槽→冲击电流镀→空镀→加厚镀层→出槽清洗→除油→全部镀亮镍。

毛坯经过镀前处理后，带电入槽，用大于正常电流 2 ~ 3 倍的大电流进行冲击镀，时间 1 ~ 3 min，用正常电流密度镀 30 min 左右，开始上砂，上砂方法采用埋砂法，将锉刀工作面埋入金刚石中，用 $D_K = 1.0$ A/dm^2 的电流密度镀 6 ~ 10 h 后，去除多余的金刚石，锉刀工作面上可以均匀沾上一层金刚石，再加厚镀层。加厚镀层的目的是使金刚石颗粒牢固地固定在镀层中，镀层的厚度应与金刚石的粒径相当。

221. 电镀金刚石什锦锉的上砂方法是怎样的?

上砂方法的示意图见图 48，用有机玻璃做一个开口槽，有机玻璃槽上钻有小孔，槽的底面垫一层尼龙纱布，金刚石放在上面，锉刀工作面埋入金刚石之中即可。在上砂结束后，镀层加厚电镀的过程中，为防止尖端效应，保证镀层各处厚度一致，可加一个绝缘罩，罩住锉刀的尖头部分，如图49。

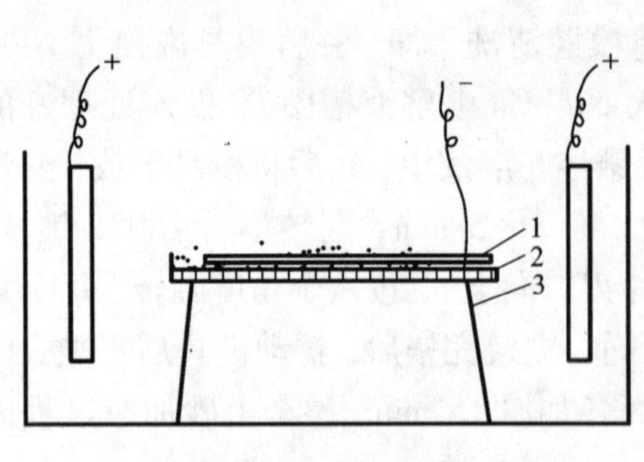

图48 什锦锉埋砂示意图

1—锉刀体；2—钻孔的有机玻璃；3—支架

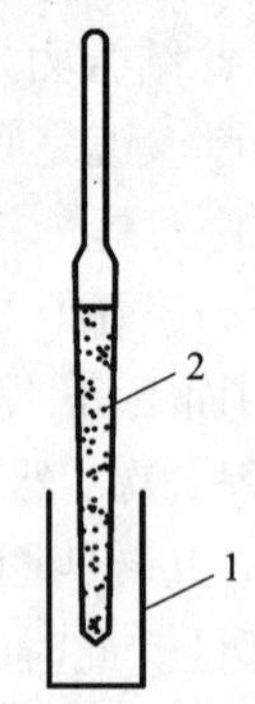

图49 防止尖端效应示意图

1—绝缘罩；2—什锦锉体

222. 电镀金刚石砂轮有哪些特色？

电镀金刚石砂轮是在金属基体上用电镀工艺使金刚石颗粒固结在基体表面而制成的。根据用途不同，可制成各种形状结构，如碗形、碟形、平面形等为了磨削特殊形状的工作表面，也可以制成相应的形状。金刚石砂轮的工作面金刚石有多层的，也有单层的。单层金刚石的工作面，在电镀过程中可以控制金刚石颗粒的出刃，因此砂轮的磨削作用锋利，不需要修整，直至使用到全部磨粒磨钝为止。

电镀金刚石砂轮可安装在磨床上使用，也可安装在普通砂轮上取代碳化硅砂轮。电镀金刚石砂轮磨削硬质合金刀具具有效率高、粉尘小、温升低的优点。与用树脂或青铜结合剂制成的金刚石砂轮相比，具有价格低，制造简单的特点。在砂轮片基体上用开槽或钻孔的方法，可以制成有间断工作的砂轮。这种结构的砂轮在磨削过程中散热性能好，温升低，不用冷却液，可进行干磨。另外，由于开槽或钻孔，减少了工作面积，节省了金刚石的用量，降低成本。

223. 电镀金刚石砂轮片的制造工艺流程怎样？

电镀金刚石砂轮片的制造工艺流程为：磨具基体(一般为45#钢)→去油(用丙酮或汽油)→化学去油→水洗→涂绝缘胶→电解去油→水洗→盐酸浸蚀→阳极处理→水洗→镀底镍→上砂→加厚镀层→去除绝缘胶→电解去油→水洗→磨具全部镀亮镍→水洗→成品检验。

224. 电镀金刚石磨头工艺流程是什么？

电镀金刚石磨头工艺流程为：芯杆检查→打磨毛刷→化学除油→绝缘→装夹具→化学或电化学除油→化学或电化学浸蚀→预镀→上砂→镀厚→检查→装饰性电镀→检验。

225. 金刚石复合镀层的组合形式有哪些？

金刚石复合镀层的组合形式有：金刚石/ Ni、金刚石/ Ni_2Co、金刚石/Ni_2Co_2Mn 等。

226. 金刚石复合镀层组成如何?

金刚石复合镀层组成为：空镀层→上砂镀层→增厚镀层→亮镍镀层(称单层电镀金刚石复合层)，或空镀层→上砂镀层→增厚镀层→上砂镀层→增厚镀层→亮镍镀层(称双层电镀金刚石复合层)。一般粒度粗的金刚石进行单层电镀，粒度细的金刚石进行双层电镀，主要根据用户要求而定。

227. 金刚石表面传统镀镍和复合镀钛镍的工艺有什么异同?

传统镀镍：金刚石→酸洗/碱洗→敏化→活化→还原→化学镀→电镀。

复合镀新工艺：金刚石→真空微蒸发镀钛→直接电镀镍。

228. 采用金刚石表面复合镀替代传统镀镍工艺的优点有哪些?

(1)成本低：由于真空微蒸发镀每天镀覆能力10 000 car，可供3 ~9 台滚镀机，每克拉镀覆成本低于0.01 元，因此复合镀每克拉成本低于0.05 元；而传统镀镍各个工艺步骤使用大量药品，许多是一次性使用，镀覆成本很高，每克拉成本大于0.10 元。

(2)周期短，操作简单：复合镀替代传统镀镍工艺免去了酸洗/碱洗→敏化→活化→还原→化学镀一系列繁杂的步骤及大量的溶液操作及漂洗过程。

(3)质量好，无漏镀：传统镀镍工艺首先获得化学镀镍层，以实现随后滚镀加厚对金刚石导电性的要求，但是，滚镀过程中部分金刚石在镀液中的漂浮，会形成双电极效应，使化学镀镍层溶落，导致金刚石漏镀。对于细粒度金刚石这种现象更加明显。采用镀钛金刚石进行滚镀加厚，即使形成双电极效应，镀钛层也不会溶落，没有漏镀现象发生。因此，复合镀钛镍金刚石镀覆质量好，镀覆的粒度极限更细。

229. 电镀工具制造中常见故障有哪些，如何纠正?

电镀工具制造中常见故障及纠正方法见表33。

230. 电镀金刚石采用的镀槽有哪几种类型?

用于金刚石电镀的镀槽有三种类型，即搅拌式、转动式和超声波式电镀槽，如图50所示。

搅拌式电镀槽槽底有一固定的金属板作阴极(或几个导电触点)，阳极排在四周，欲镀金刚石放在金属板上，电镀5 ~10 min，用搅拌器搅拌，使金刚石翻动，以防沉积在阴极上，这种方法的缺点是镀层厚薄不均匀，效率低，目前已被转动式电镀槽逐渐代替。

转动式电镀槽一般做成六角形，槽底也有一个固定的金属板作阴极。镀槽转动轴与垂直方向成45°倾角，转速为5 ~15 r/min。利用镀槽转动使金刚石在槽中翻动，从而达到均匀滚镀的目的，可获得厚度一致的均匀镀层。

超声波式电镀金刚石是利用强烈的超声波，使金刚石不停地振动而进行电镀。其优点是电镀速度快，生产效率高，镀层较为均匀等。

表33　电镀工具制造中常见故障及纠正方法

故障现象	可能原因	纠正方法
镀层起泡、脱壳	①镀前处理不良 ②有机分解物过多 ③中间断电时间过长 ④镀液 pH 值不当 ⑤金属杂质过多 ⑥温度过低或电流过大	①加强镀前处理 ②用双氧水和活性炭处理,或用高锰酸钾处理 ③检查电路 ④测量 pH 值后调整溶液 ⑤按各种金属杂质处理方法处理 ⑥提高温度或降低电流
镀层粗糙	①金属杂质过多 ②补充材料未充分溶解 ③阳极泥渣多 ④电流密度过大 ⑤镀前处理不良	①按各种金属杂质处理方法处理 ②加热搅拌,必要时过滤 ③过滤镀液,检查阳极 ④降低电流密度 ⑤加强镀前处理
镀层有桔皮状现象	①十二烷基硫酸钠过多 ②pH 值过高	①用活性炭吸附 ②降低 pH 值
镀层针孔	①十二烷基硫酸钠过多 ②金属杂质过多 ③镀前处理不良 ④有机分解产物过多 ⑤pH 值过高 ⑥电流密度过大	①补充十二烷基硫酸钠 ②按工艺规定处理 ③加强镀前处理 ④用活性炭或高锰酸钾处理 ⑤降低 pH 值 ⑥降低电流密度
镀镍层发花	①pH 值太高 ②十二烷基硫酸钠太少或溶解不当	①降低 pH 值 ②补充十二烷基硫酸钠或者进行电解
零件深凹处光亮度差	①金属杂质过多 ②有机分解产物过多 ③电流密度太低 ④温度太高 ⑤pH 值过低 ⑥光亮剂含量过高或过低	①按工艺规定处理 ②用活性炭或高锰酸钾处理 ③调整电流密度 ④降低温度 ⑤调整 pH 值 ⑥电解或补充光亮剂
低电流密度区镀层呈黑色	镀液中有少量锌或铜杂质	用电解法或化学法进行处理
阴极效率低镀层呈灰色	镀层中有硝酸根	电解处理
镀层不亮	①光亮剂太少 ②pH 值不当 ③温度太高或太低 ④镀前处理不良,镀件表面有碱膜	①补充光亮剂 ②调整 pH 值 ③调整温度 ④改善镀前处理

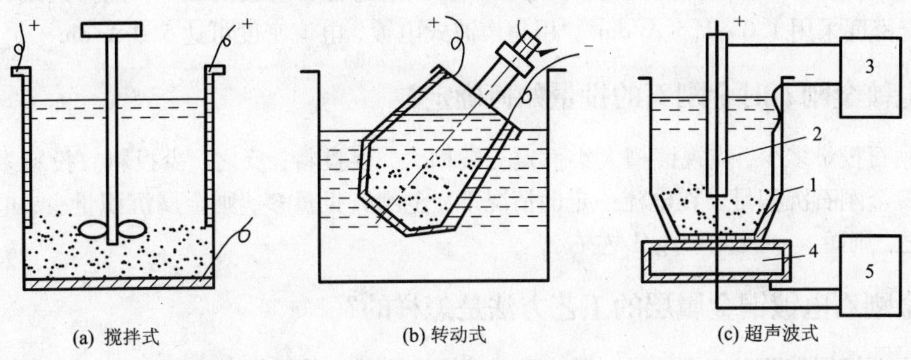

图 50　三种形式镀槽

1—镀槽；2—阳极；3—整流器；4—石英变流器；5—发生器

231. 电镀金刚石的电镀镍钴合金镀层电镀液成分配方是怎样的？

电镀液成分配方为：硫酸镍 250 g/L，硫酸钴 15 g/L，氯化钠 15 g/L，硼酸 30 g/L，镀液中没有加有机添加剂，因而分解杂质少，对镀层质量影响不大。

232. 电镀金刚石时电镀时间与金刚石增重有什么关系？

电镀时间根据增重需要而定。在一定的电流密度下，增重越大，所需时间越长。图51 为镍沉积量与电镀时间的关系。从图中可以看出，超声波电镀速度远高于搅拌电镀。在增重相同情况下，用超声波电镀可缩短时间 80%。

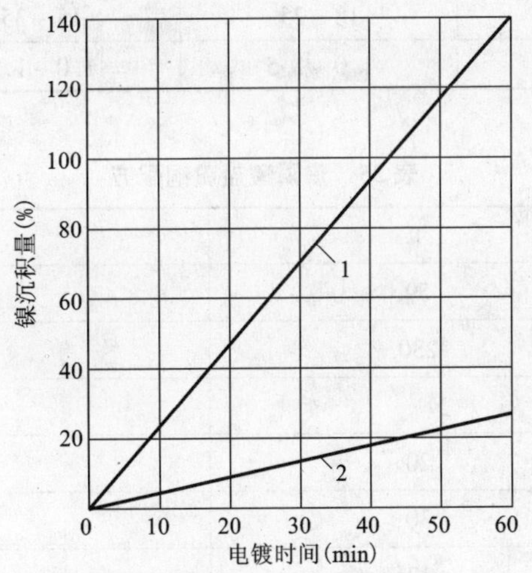

图 51　镍沉积量与时间的关系

1—超声波电镀；2—搅拌电镀

233. 电镀金刚石时如何选用电流密度？

采用的电流密度与金刚石投量有密切关系：金刚石投量多，阴极面积大，电流密度就小，若加大电流，则可能造成阳极钝化，使电镀不能顺利进行。一般情况下，搅拌式或转动式电镀，电流密度采用1.0～1.5 A/dm^2。用超声波式电镀，电流密度可达5.0 A/dm^2。

234. 电镀金刚石时金刚石的投量如何确定？

金刚石投量多少，应视镀槽大小而定。镀槽大，多投料；反之，少投料。投料多少直接影响镀覆金刚石沉积量。在电流一定的情况下，金刚石投量多，则金属沉积量少，电镀时间长；反之，则短。一般为25 g/L左右。

235. 金刚石电镀铜金属层的工艺方法是怎样的？

金刚石镀铜有两种工艺方法，即硫酸盐镀铜和焦磷酸盐镀铜。硫酸盐镀铜的镀液为单金属盐，其阴极极化作用不大，镀液分散能力差，镀层结晶粗糙，只适用粗颗粒金刚石的电镀。焦磷酸盐镀铜采用一种络盐金属电镀液，阴极极化作用大，镀液分散力强，对于表面积大的细粒金刚石电镀比较适合。两种镀铜的镀液组成及工艺规范见表34和表35。

表34 硫酸盐镀铜镀液成分和工艺规范

配方编号	1	2	3
硫酸铜/(g/L)	175～250	180～250	175～250
硫酸/(g/L)	45～70	35～50	40～70
葡萄糖/(g/L)	20～30		
明胶/(g/L)		0.1～0.2	
酚磺酸/(g/L)			1.0～1.5
温度/℃	18～25	15～35	20～30
阴极电流密度/(A/dm^2)	1.0～1.5	1.0～1.5	1.0～2.0

表35 焦磷酸盐镀铜配方

配方编号	1	2
焦磷酸铜/(g/L)	59	
焦磷酸钾/(g/L)	230	175～185
硫酸铜/(g/L)		37～43
柠檬酸钠/(g/L)	20	
磷酸氢二钠/(g/L)	30	20～30
硝酸铵/(g/L)	12	10～14

236. 电镀金刚石磨轮的工艺流程是怎样的？

金刚石磨轮多采用多层施镀方法。工艺流程为：基体检查→电镀参数计算→机械或手工磨光→化学除油→绝缘装夹具→电化学浸蚀→预镀底层(镍钴合金)→上砂→加厚镀层→去绝缘拆卸夹具→镀镍钴合金→洗涤烘干、包装入库。

预镀底层：将经过镀前处理（磨光、除油、绝缘、装夹具、电化学浸蚀）的磨轮进行预镀镍钴合金层（底层），带电入槽，用冲击电流施镀2～3 min后，调整到正常电流，施镀10 min，镀底层的目的就是使金刚石磨料能粘附在磨粒上。

上砂和加厚镀层：上砂时间根据磨料的粒度而定，粒度大，时间长；粒度小，时间短。磨轮制品一般采用100/120 目粒度的金刚石，埋砂时间为1 h左右。然后阴极电流密度为1 A/dm^2以上，电镀时间3～4 h，接着再上砂，再电镀，这样反复2～3次才能使磨轮上的金刚石颗粒得到覆盖完好的镍钴镀层，磨粒的体积占工作层体积的50%以上。

237. 什么是脉冲电镀？

脉冲电镀是一种借助脉冲电源与镀槽建立起来的电镀工艺。它是在含有某种或某几种金属离子的电解质溶液中，将被镀工件作为阴极，阳极是主盐的金属或不溶性阳极，通以一定波形的低压脉冲电流，使金属离子在阴极上脉冲式地沉积，形成金属层的加工过程。脉冲电镀所用的电流的波形有方波、正弦波、锯齿波和间隔锯齿波等多种形式，其中以方波脉冲电流的波形最为常用。

238. 能否利用脉冲电镀法来制造电镀金刚石工具？

脉冲电镀技术是20世纪50年代出现，70年代发展起来的一种新型电镀工艺。进入80年代，脉冲电镀的研究、应用更是得到了突飞猛进的发展。脉冲电镀是电镀理论上摆脱了局限于直流电镀的习俗观念，开辟了一个从改进电镀电源入手研究电镀工艺的新领域。脉冲电镀技术是电镀中的一种，它完全满足制造电镀金刚石工具的需要，且得到的产品综合性能优于直流电镀金刚石工具。

239. 脉冲电镀的主要特点是什么？

脉冲电镀与间隙电镀相似，其主要特点是脉冲波的幅度大，频率高，脉冲宽度与脉冲间隙的比值一般小于1。因此，脉冲电镀所允许的峰值电流密度比起直流电镀、周期换向电镀或间隙电镀都要大许多倍。又因脉冲持续时间和脉冲间隙时间一般以毫秒计算，所以脉冲电镀可以克服周期换向电镀方法中反向时间太长的缺点。

240. 脉冲电镀与直流电镀相比有什么优点？

脉冲电镀与直流电镀相比，其优点很多：可以改变镀层结构，使镀层平滑、细致；能够改善分散能力；可以降低镀层的孔隙率，提高镀层韧性；提高镀层的硬度和耐磨性；降低镀层的杂质含量；有利于获得成分稳定的合金镀层；提高镀层与基体的结合强度。

241. 脉冲电镀的电化学过程包括哪些？

脉冲电镀是一个电化学过程，它包括阳极过程、液相中的传质过程（电迁移、对流和扩散过程）以及阴极过程。一般来说，阴极上金属电沉积的过程是由传质步骤、表面转化步骤、电化学步骤和新相生成步骤串联组成的。把金属离子放电后进入沉积层的晶格而成为“定居”原子的过程称为电结晶过程。它包括了在运动变化着的电极表面上沉积与结晶两个方面，因此脉冲电镀也是一个电结晶的过程。它除了有新的固相金属沉积并有序地排列成稳定的结构以外，还常伴有其他的电化学反应，如气体的生成或其他可溶粒子的共沉积等。

242. 影响脉冲电镀电结晶过程历程的主要因素有哪些?

影响脉冲电镀电结晶过程的历程和动力学特征的主要因素有:

(1)双电层的结构和沉积离子在双电层内的浓度，直接影响电结晶的速率。

(2)沉积离子的溶剂化程度直接影响离子迁移出他们的溶剂环境而进入生长着的晶格所需能量的大小。

(3)溶液与金属离子间的电位差，尤其是过电位的大小直接与结晶的形成与生长过程的机理密切相关。而这一过电位的大小又决定着电流密度的大小。电位与电流密度之间的关系一般用极化曲线表示，它反应了电镀过程动力学的基本特征。

(4)电极表面上结晶生长的速率和特征，不仅和离子导电与电子导电两种电场间电子转移的速率有关，而且和金属电沉积过程中反应粒子的液相传质、阴极上的转化和还原析出以及形成电结晶体的速率有关。

243. 脉冲电镀的理论基础主要包括哪些?

脉冲电镀的理论基础主要包括双电层的形成、双电层模型理论的演变，双电层内金属离子的浓度，扩散层的厚度对金属电流沉积过程的影响，脉冲电流对双电层的影响，以及电结晶的形态和过电位。

244. 脉冲电镀有哪些电参数?

直流电镀只有电流一个电参数，而脉冲电镀则有脉冲宽度、脉冲间隔和脉冲电流幅度(峰值电流)三个主要的电参数。因为当脉冲宽度和脉冲间隔确定之后，脉冲重复周期(或脉冲频率)和工作比就随之而定，所以为了获得最好的镀层质量，选择最佳的脉冲宽度和脉冲间隔十分重要。

245. 什么是电镀镀层的结合力?

所谓电镀镀层的结合力，是指镀覆层同基体近似表面的连结强度。通常认为结合力与内聚力、吸附力、化学反应力和形成结晶的力是相同的。结合力的大小随着它所作用的距离的减小而增强。距离越短，力的增长速率越快，最后当力的作用距离与原子间的距离相等时，结合力将达到很大的值。

246. 要获得结合力良好的镀层必须满足哪些条件?

要获得结合力良好的镀层，必须满足以下条件:

(1)基体表面上没有污物和氧化膜。外来的、未清洗干净的污垢物质，包括酸腐蚀造成的挂灰、未冲洗干净的去污粉或氧化镁粉残渣和镀槽内可能落上的污物，都会影响镀层的结合力。

(2)基体金属本身不应有微薄的表面层(氧化膜或钝化膜)。由于各种原因，也可能在无缺陷的基体金属表面形成这种极薄的表面层，如酸洗后的镀件，在下镀槽之前于空气中暴露时间过长就会出现这种现象。为了保证镀层的良好结合力，必须在工艺过程中考虑清除这种极薄的表面层，如镀件酸洗后在下槽前增加一道弱腐蚀。

(3)镀层不应有弱的起始层。在电沉积的初始阶段，如果工艺条件控制不当，镀层形成一种有缺陷的、结构和强度不正常的起始层，就会导致镀层结合强度降低。

247. 脉冲镀层的机械性能指哪些方面?

镀层的机械性能是指其能承受变形或抵抗导致变形的能力，它包括硬度、强度、塑性、弹性模数、内应力或残余应力等指标。对于金刚石制品而言，最关心的机械性能之一是镀层的硬度。

248. 脉冲电镀镀层的硬度如何?

在瓦特型镀镍溶液中，当脉冲电流的平均电流密度为1.0 A/dm^2 时，固定频率为1000 Hz，改变脉冲宽度(工作比相应发生改变)，得到镍镀层的硬度结果见表36。表中还列出了直流镀镍层的测试结果，直流时的电流密度与脉冲电镀的平均电流密度相等。由表36可以看出，在相同的电流密度下，脉冲镀镍层的硬度大于直流镀镍层的硬度。

表36 脉冲镀镍层硬度随脉冲宽度的变化及其与直流镀镍层的比较

	脉冲频率/Hz	脉冲宽度/μs	工作比/%	厚度/μm	硬度 HV/(kg · mm^{-2})
脉冲镀镍层	1000	50	5	10	141.0
	1000	100	10	10	143.0
	1000	200	20	10	141.0
	1000	400	40	10	131.5
直流镀镍层				10	127.5

249. 什么是脉冲电镀的均镀能力?

均镀能力是指电镀溶液所具有的使镀层均匀分布在电镀制品表面上的能力。镀层在电镀制品上均匀分布的能力越高，其均镀能力就越强。

250. 电镀的均镀能力是如何测定的?

均镀能力的测定可用远近阴极法来测定，其原理如图52所示。远近阴极法测定电镀溶液均镀能力方法为：将两块面积相同的阴极板放置在实验槽两端，另外放置一块与阴极板面积相同的网状阳极，使两块阴极有不同的距离。通电一定时间后，测量远、近阴极上沉积金属的增重，运用下式计算均镀能力：

$$T = \frac{K - \dfrac{\Delta M_1}{\Delta M_2}}{K - 1} \times 100\%$$

式中：T——均镀能力；

K——远、近阴极与阳极的距离比；

ΔM_1——远阴极上电镀后的增重；

ΔM_2——近阴极上电镀后的增重。

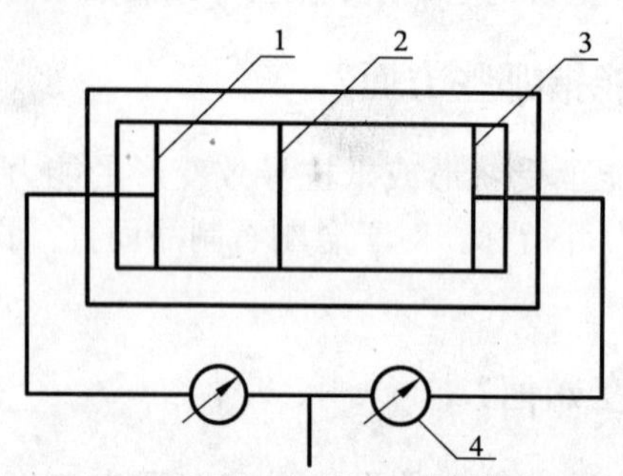

图52　远近阴极法测定镀液均镀能力示意图

1—近阴极；2—阳极；3—远阴极；4—电流表

第三章　金刚石磨具

251. 磨具可分哪几类?

根据磨具形状和使用方式的不同，可以将磨具分为6大类，即砂轮、油石、砂瓦、磨头、涂附磨具(砂带)和研磨膏等。

按所用磨料的不同可以分为普通磨料磨具和超硬磨料磨具，普通磨料指棕刚玉、白刚玉、单晶刚玉、微晶刚玉、铬刚玉、锆刚玉、黑刚玉、黑碳化硅、绿碳化硅、立方碳化硅、碳化硼等硬度、强度较低的磨料，超硬磨料指金刚石和立方氮化硼。

252. 什么是金刚石磨具?

磨具是指用于磨削、研磨、抛光等工作的磨料制品的总称，金刚石磨具指使用金刚石为磨料，用各种不同结合剂将其粘结成具有一定几何形状或膏状的磨料制品的总称，如金刚石砂轮、金刚石磨头、金刚石油石、金刚石研磨膏等。

253. 金刚石磨具如何分类?

按结合剂的不同分为金属结合剂金刚石磨具、树脂结合剂金刚石磨具、陶瓷结合剂金刚石磨具和电镀结合剂金刚石磨具；按制造方法分为烧结金属结合剂磨具(习惯上称为金属结合剂金刚石磨具)和电镀金属结合剂金刚石磨具。

254. 金刚石磨具的历史发展进程如何?

金刚石磨具在20世纪30年代就已经出现，在60年代由于人造金刚石的出现，和陶瓷、金属陶瓷和硬质合金等新型材料的加工要求，金刚石磨具得到了快速发展，青铜结合剂磨具曾经占有统治地位，用于加工硬质合金，后来逐渐让位于树脂结合剂金刚石磨具而退居第二位。目前，青铜金刚石砂轮主要用于非金属硬脆材料的加工，也可用于硬质合金的粗磨、半精磨、深磨、成型磨等。

255. 金刚石磨具与普通磨具相比具有哪些优点?

由于金刚石磨料具有硬度高、强度大以及优异的耐磨性等力学特性，使得金刚石磨具与普通磨具相比，具有明显的优越性，它不但磨削效率高，磨削力小，而且磨削温度较低，可避免工件表面的烧伤和开裂；不但磨削质量好，加工精度高，而且磨具消耗少、寿命长，可降低加工成本；不但改善设备、工具和工件的加工工况，减少能源消耗，而且改善了工人的劳动条件；不但能胜任其他类型磨具无法解决的难加工材料的加工问题，而且为开发新材料、新机具提供了有利条件。

256. 用于金刚石制品的金属结合剂如何分类?

按其基本成分的金属合金种类，大致可以分为：铜基合金结合剂(主要为青铜结合剂)、钴镍合金结合剂、铁基结合剂、硬质合金为基的结合剂等，铜基结合剂主要用于制造金刚石磨具和玻璃切割锯片，其他几类结合剂主要用于制造地质钻头和石材锯片等类型的工具。

257. 什么叫青铜基磨轮?

青铜基磨轮指使用青铜作为粘结剂镶固金刚石进行磨削的金刚石工具，在磨轮中使用的青铜通常都加入了改性成分，如 Ni、Mn、Co、Fe、Ti、Cr、W 等元素粉末可提高合金化程度。

258. 青铜是什么?

狭义的青铜是指铜锡合金(通常含有用于改性的其他成分)，即 Sn 青铜，广义的青铜还包括铝青铜、铍青铜、硅青铜、锰青铜、铬青铜等。663 青铜的主要成分为铜 85%、锡 6%、锌 6%、铅 3%。

259. 应用于金刚石磨具制造工业中的锡青铜有哪些优点?

金刚石磨具制造工业中应用的结合剂基本上是锡青铜，锡青铜特点如下：锡青铜能满足磨具对性能的要求，如强度高、硬度高、脆性适中，锡青铜收缩率小，易生成分散性缩孔，适用于制造形状复杂且有一定气孔率的烧结制品，而铜的导热性也较高，有利于降低磨削温度和防止烧伤。

260. 青铜砂轮与树脂砂轮相比有哪些特点?

青铜砂轮的特征是比树脂砂轮的结合力强，耐磨，工作面几何形状保持性好，寿命长，可承受大负荷，但自锐性差、效率低，在磨削硬质合金要求高效率时，由于在中等进给条件下就易堵塞，使用青铜砂轮是不经济的，但青铜电解磨轮在磨削大面积硬质合金时效率和加工光洁度显著提高。

261. 青铜基磨轮有哪几种生产方式?

青铜基磨轮的生产方式有三种：冷压成型法、半热压法和热压成型法。冷压成型法是先将含金刚石工作层和不含金刚石过渡层在磨轮基体上压制成形并与基体通过齿、槽等方式进行初步连接，然后在烧结炉内进行烧结成型。半热压法是在冷压烧结法的基础上进行改进而得到的，在烧结时配合适当的模具进行加压烧结，压力比热压法小得多，所以称为半热压法。热压成型法是先将刀头热压烧结成型，然后通过高频焊接、激光焊接或机械镶嵌等方法将刀头连接、固定到基体上，这样得到金刚石磨轮。

异形磨轮均带基体成型，一般平行磨轮也带基体成型，采用前两种方法；大规格平行磨轮可不带基体成型，采用热压法。

262. 冷压法制造青铜基砂轮有哪些优点?

(1)成型不需要加热设备，操作方便；

(2)成型不需要耐热，模具寿命较长；

(3)成型生产效率高，可成批烧结；

(4)成型坯体密度较热压法小，孔隙度较高，有利于磨削时的冷却；

(5)成型废品可及时收回。

263. 冷压法制造青铜基砂轮有哪些缺点?

(1)压坯烧结后尺寸形状变化大，特别是形状复杂的砂轮，会出现喇叭口；

(2)压坯与基体结合强度低，结合部位常出问题，如掉块、开裂、碰坏，以致复杂形状的砂轮废品率高，如磨光学玻璃的筒形砂轮烧结后与基体粘接强度不牢等；

(3)冷压成型的压力高，金刚石易碎，影响砂轮的使用性能，降低磨削效果，限制了大径砂轮的发展，有生坯转移工序，容易碰坏；

(4)压坯中弹性内应力较大，压坯的弹性后效大，易出现废品，如尺寸超差和脱模废品；

(5)对原材料成型性能要求较高，模具需要使用高强度合金钢；

(6)对工人的压坯压制水平要求较高。

264. 热压法制造青铜基砂轮有哪些优点?

(1)压制压力较低，对压机要求低，可用石墨模或铸铁材料，代替高强度的合金钢；

(2)粘接强度高，可以成型复杂的制品并降低废品率；

(3)带模烧结，不同于自由状态的烧结，膨胀和收缩受到控制，尺寸形状保持较好，不存在压坯脱模后的弹性后效；

(4)加热时间短，生产周期短，便于小批量生产；

(5)压力小减少了金刚石被压碎的可能；

(6)坯料封在模具中，不接触在空气，加热时间短，可以不用保护气体，简化了烧结工艺；

(7)烧结工艺控制较好。

265. 热压法制造青铜基砂轮有哪些缺点?

(1)生产环节多，生产效率不高；

(2)所需石墨模具多，装模、拆模次数多；

(3)石墨模具易损坏，如烧缺、胀裂等。

266. 金刚石磨具由哪几部分组成?

金刚石磨具与金刚石钻头、金刚石锯片等类似，一般由工作层、过渡层和基体三部分组成。图 53 为金刚石砂轮结构图。

267. 金刚石磨具各部分的作用是什么?

工作层(金刚石层)：它由金刚石磨粒、结合剂和气孔三部分构成，是磨具起磨削作用的部分。金刚石是磨削行为的主体；结合剂将磨粒粘结成具有一定几何形状的磨具；气孔表征磨具的密实程度，它对磨削效率和工件质量有直接影响。气孔还起散热和容屑作用。金刚石

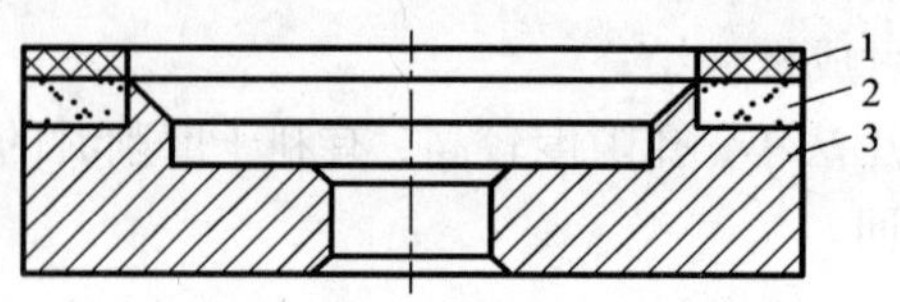

图 53 金刚石砂轮结构图

1—工作层；2—过渡层；3—基体

磨具工作层的厚度一般均较小，金刚石砂轮工作层厚度在 1.5 ~ 5.0 mm 之间。

过渡层(非金刚石层)：该层不含金刚石，由结合剂和其他材料组成。其作用是将工作层牢固地结合在基体上，并保证工作层的完全使用，为简化制造工艺，有时亦可不要过渡层，工作层直接与基体粘接。如较小的平形砂轮和电木基体的砂轮就没有过渡层。

基体：它承载工作层，并使磨具固定于砂轮机和磨床上。根据结合剂种类的不同，金刚石磨具可用钢、铝合金、电木等材料作基体。一般金属结合剂磨具用钢作基体，树脂结合剂磨具用铝合金、电木或酚醛加铝粉等材料作基体，基体在能够保证强度和刚度的前提下，愈轻愈好，所以铝基体最常见。

268. 金刚石磨具按结合剂可分为哪几类?

金刚石磨具按结合剂分类见图 54。

269. 金刚石磨具按工作方式可分为哪几类?

金刚石磨具按工作方式分类见图 55。

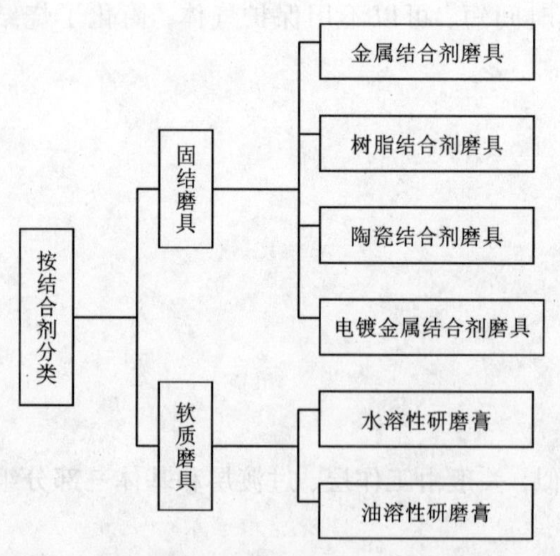

图 54 金刚石磨具按结合剂分类

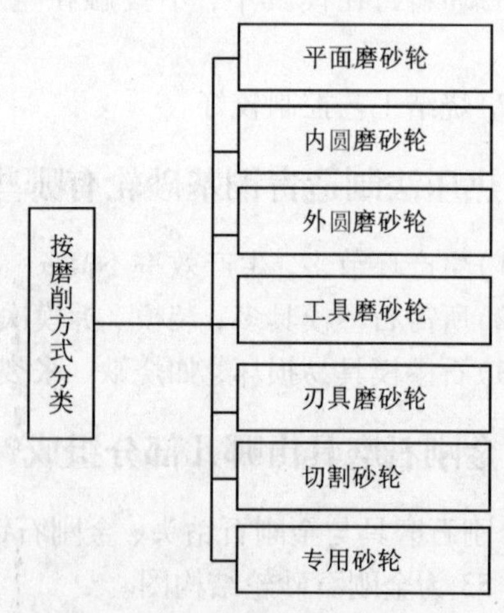

图 55 金刚石磨具按磨削方式分类

270. 金刚石磨具特征用什么方法标记?

按照 GB/T 6409—94 规定，金刚石磨具特征标志及其书写顺序为：

形状　尺寸　磨料　粒度　结合剂　浓度

其中尺寸按其书写顺序应包括：直径　总厚度　孔径　磨料层厚度　磨料层深度

图 56 给出了平形砂轮的特征标记示例。

图 56　平形砂轮的特征标记

271. 用于生产磨具的金刚石主要有哪几种?

RVD 类：该类金刚石适用于制造树脂结合剂及陶瓷结合剂磨具。主要用于硬质合金刀具的刃磨，硬质合金工具的半精磨和精磨，半导体材料的精磨、倒角等。

MBD 类：它主要用于制造金属结合剂和陶瓷结合剂磨具，以及一般的电镀工具。可用于硬质合金粗磨、成型磨和玻璃、陶瓷等非金属材料的加工。

SMD 类：这种高品级金刚石只在修整滚轮和电镀金属结合剂金刚石砂轮中才少量使用，大多用于石材切割锯片和硬岩地质勘探钻头等。

近来国内外新发展了多种金属镀金属层的金刚石。RVD 金刚石表面镀铜或镍用于加工硬质合金，取得良好效果；在 MBD 或 SMD 金刚石表面涂覆一层钛，可延长金刚石磨具的使用寿命。

272. 用于磨具的金刚石粒度如何选择?

金刚石粒度选择，首先应考虑加工要求，粗磨时，用较粗颗粒，精磨时用较细颗粒；其次应考虑结合剂的种类，一般对金刚石粘结较牢固的结合剂易采用较粗颗粒，粘结强度较差的结合剂适用于较细颗粒；此外，还应考虑磨削效率，在可以满足加工要求，结合剂强度足够的条件下，可选用较粗粒度的金刚石，以提高磨削效率。表 36 为不同磨削要求下一般使用的粒度。

表 36 金刚石磨具粒度选择参考表

粒 度 号	磨削硬质合金工件的粗糙度/μm		主要用途
	树脂结合剂	青铜结合剂	
45/50 目 ~ 70/80 目		1.6 ~ 0.8	粗磨
70/80 目 ~ 100/120 目		1.6 ~ 0.4	粗磨
100/120 目 ~ 140/170 目	0.4 ~ 0.2	0.8 ~ 0.2	粗磨、半精磨
170/200 目 ~ 230/270 目	0.2 ~ 0.1	0.4 ~ 0.2	半精磨、精磨、细磨
36 ~ 54 μm	0.1 ~ 0.05		半精磨
(4 ~ 8) μm ~ (22 ~ 36) μm	0.05 ~ 0.025		细磨、超精磨
2 ~ 4 μm	0.025 ~ 0.012		研磨、抛光
(3 ~ 1.5) μm ~ (1 ~ 0) μm	0.012 ~ 0.01		研磨、抛光、镜面磨

273. 如何选择金刚石磨具的硬度?

金刚石磨具的硬度是指结合剂粘结磨粒的牢固程度。金刚石磨具的硬度直接影响加工效率和磨具寿命(见表37),同时也会影响磨削质量。因此应根据具体情况合理选择磨具硬度。

表 37 金刚石砂轮硬度对磨削比的影响

砂轮硬度 / 磨削比 / 砂轮面宽度/mm	ZY	Z
5	61	37
10	88	42
15	126	54

(1)磨削硬材料,磨粒易磨钝,为使磨粒及时脱落和自锐,应选用较软磨具;磨削较软材料,则正好相反。但若磨削特别软而韧的材料时,为避免堵塞磨具,应选较软磨具。

(2)当磨削温度高,冷却又较差的情况下,为避免工件烧伤,应选用较软的磨具。

(3)磨粒受力大,如磨削断续表面、纵向进给量大等情况下,磨粒容易脱落,应选用硬度较大的磨具。

(4)成型磨削以及母线几何形状要求高时,为保持磨具外形轮廓,磨具硬度应适当提高。

金刚石磨具硬度等级见表38,需要指出的是,金刚石磨具硬度一般均高于普通磨料类磨具,其分级也没有普通磨料细。如树脂砂轮硬度只按表分大级,金属结合剂磨具分级更粗,甚至无严格分级。

表 38　树脂结合剂金刚石磨具硬度等级

硬度等级	超软	软	中软	中	中硬	硬	超硬
代号	CR	R	ZR	Z	ZY	Y	CY

274. 金刚石磨具结合剂的金刚石粘结力大小和耐磨性强弱如何？

目前生产金刚石磨具常用的结合剂有 4 种，即树脂结合剂、金属结合剂、陶瓷结合剂以及电镀结合剂。按照它们对金刚石粘结力大小和耐磨性强弱，可依图 57 顺序排列。

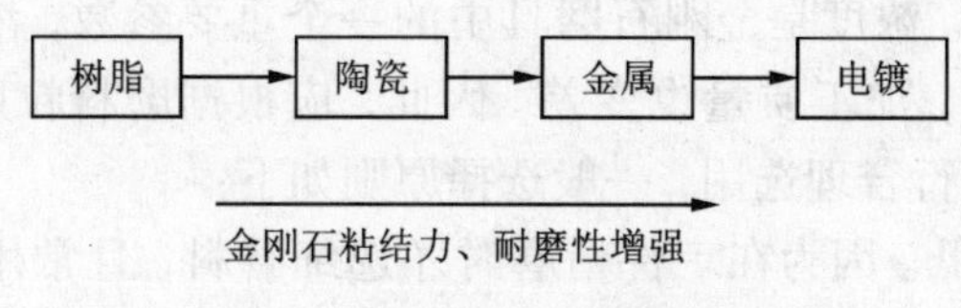

图 57　结合剂性能排列顺序图

275. 树脂结合剂有哪些特点？

树脂结合剂(代号 B)主要指酚醛树脂，它由苯酚与甲醛按一定比例在催化剂作用下聚合而成。它的主要特点是自锐性好，富有弹性和良好的抛光性能，不易堵塞和发热，磨削效率高、质量好，易于修整。广泛由于硬质合金材料的半精磨、精磨和抛光等工序。该种结合剂不足之处是耐磨性差，且不适合大负荷磨削。

276. 金属结合剂有哪些特点？

金属结合剂(代号 M)中使用最多的是青铜结合剂，该类结合剂的特点是粘结强度高，耐磨性好，可承受较大的负荷，且导热性能良好。主要用于非金属脆性材料的加工，如陶瓷、玻璃、石材、混凝土以及宝石、半导体材料等，适于粗磨、半精磨、成型磨以及切割、磨边等。这种结合剂的缺点是自锐性差，磨削效率不及树脂结合剂，使用不当会造成发热和堵塞，且较难修整。金属结合剂是一种广义的结合剂，除青铜类外，还有以碳化钨为骨架的硬质合金结合剂，以铁镍为主的铁基结合剂等，它们各具特点，分别适用于不同的加工目的。

277. 陶瓷结合剂有哪些特点？

陶瓷结合剂(代号 V)，用于制作金刚石磨具的陶瓷结合剂属低熔陶瓷，其特点是刚性强、耐热性耐腐蚀性好，不易堵塞和发热，磨削效率高，修整方便，该类磨具金刚石消耗介于金属结合剂磨具与树脂结合剂磨具之间。陶瓷结合剂的缺点是质地脆，加工质量较差，金刚石回收困难，其应用范围较小，一般限于硬质合金的粗磨和半精磨。

同时，在陶瓷和金属结合剂基础上发展起来了一种新型结合剂——金属陶瓷结合剂。这种结合剂的金刚石磨具磨削效率高，磨具消耗低于树脂结合剂，磨削质量亦有所提高，特别是磨削硬质合金和钢材组合工件，可获得平整光滑的表面。该种磨具适合于硬质合金刀具、模具及其他工件的粗磨、半精磨，以及高强耐热合金钢、碳钢等材料的磨削。

278. 电镀金属结合剂有哪些特点?

电镀金属结合剂通过镍或镍钴合金的电沉积方法得到。其特点是结合力很强，加工表面质量好，磨粒分布均匀，有很强的适应性，可制成厚度很小、形状复杂、精度高的各种磨具，如牙医磨头、异形磨头、内圆切割片、什锦锉、套料刀、修整滚轮等。其不足之处是工作厚度小，金刚石多为单层分布，磨具寿命不长。

279. 金刚石磨具浓度如何选择?

金刚石磨具浓度是指金刚石体积占磨具工作层体积的百分比。当该百分比等于25%时，将磨具浓度定义为100%。浓度是金刚石磨具中的一个重要参数，浓度过高或过低都会导致磨粒过早脱落，增加磨耗，加工质量也变差。因此，应根据磨料粒度、结合剂种类、磨具形状、加工工序及其要求进行合理选用，一般选择原则如下：

(1)磨料细，浓度应低。因为在工件精磨时才选细磨料，且常用具有良好抛光性能的树脂结合剂磨具加工，精磨工件的磨削余量少，树脂结合剂的结合力弱，均不适合高浓度。

(2)结合剂粘结强度越高，可牢固粘结金刚石的数量越多，浓度越高，如电镀金属结合剂的粘结力最强，其浓度可高达150%~200%。结合剂与浓度之间的关系见表39。

(3)外形轮廓较好的磨具，浓度要高。如成形磨具、工作面较宽的磨具、磨槽砂轮等。

(4)磨削质量要求低，磨料浓度可以高，以提高磨削效率。

表39 磨具结合剂与浓度之间的关系

结合剂种类	公称浓度/%	金刚石含量/(car/cm^3)
树脂	50~75	2.2~3.3
陶瓷	75~100	3.3~4.4
青铜	100~150	4.4~6.6
电镀	150~200	6.6~9.8

280. 金刚石磨具按形状和尺寸可分为哪些?

金刚石磨具的形状和尺寸取决于加工方式、工件形状、加工质量以及磨床类型等因素。磨具形状和尺寸规格均已标准化。为满足实际生产中的特殊需求，各制造厂家还发展了若干非标准规格的产品，可供用户选用。

281. 金属粉末在金属结合剂中的作用有哪些?

金属粉末在结合剂中的作用有两个：一是起粘结相作用，如青铜磨具中的铜锡合金；二是改善结合剂的性能，如电镀磨具中加入银粉，改善导电性。金属粉末的选择必须考虑产品性能、工艺条件和经济因素，这些因素与金属粉末的生产方法有关。

282. 金属粉末技术条件有哪些要求？

原材料技术条件是根据产品性能和工艺要求提出的，技术条件是那些对产品质量和工艺过程影响较大的性能指标。金属结合剂所用粉末技术条件列于表40。

表 40 金属粉末的技术条件

金属	铜粉	银粉	锡粉	镍粉	钴粉	青铜粉	锌粉	钨粉
制取方法	电解	电解	还原	还原	还原	雾化	还原	还原
金属含量(%)	>99.5	>99.9	>99.5	>99.5	>99.4	/	>90	99.5
粉末粒度(目)	<200	<200	<200	<200	<200	<200	<200	<200
粉末色泽	红色	银色	灰白	铁灰	青灰	淡红	浅灰	青灰

283. 金属结合剂金刚石磨具中使用的非金属材料有哪些？

石墨是生产金刚石磨具时最常用的非金属材料，其次是四氧化三铁等。石墨是一种非极性材料，它本身不能烧结，在结合剂中是以自由形态存在的。细粒度的石墨分散度很高，加入结合剂中能起到多种有益的作用。青铜结合剂中往往需要加入石墨调节其性能，可以起到润滑和降低结合剂硬度的作用。四氧化三铁不如石墨用得普遍，其主要作用与石墨类似。

284. 金属结合剂的种类有哪些？所使用的青铜结合剂有哪些？

金属结合剂大致可分为4大类，即青铜类、钴镍类、钨合金类。其中，青铜结合剂是用得最多的一类。为了适应各种不同的加工对象和加工方法，青铜结合剂又有很多种，根据金属组元的多少，分为二元合金系、三元合金系和多元合金系。

(1)二元合金系 青铜结合剂中最基本的二元合金结合剂是由铜和锡两种金属，外加一定量的石墨构成。如Cu85%，Sn15%，外加1%的石墨，是国内使用过的二元合金配方。

(2)三元合金系 它是在二元合金基础上加入第三组元金属构成的。根据结合剂性能要求，最常用的第三组元有银、锌、铅、镍等粉末。

(3)多元合金系 金属组元超过三种的称为多元合金。它的构成仍以二元合金为基础加入第三、第四组元。

285. 结合剂性能调整的目的是什么？

为保证金刚石磨具产品的使用性能和制造工艺性能，对金属结合剂主要性能提出的基本要求与对金刚石钻头和金刚石锯片粘结剂提出的要求有类似之处。为达到这些性能要求，可通过改变结合剂配方和加入其他添加剂加以调整。

286. 如何调整锡青铜的机械性能？

在二元锡青铜中，锡的加入量对青铜强度和塑性有影响，当锡含量为5%～6%时，合金塑性最好，但强度却很低；当锡含量增加到10%时，合金塑性急剧下降，机械强度明显增加；

当锡含量增加到25%～27%时，青铜机械强度最高，但塑性却变得很小，脆性很大；当锡含量超过30%时，合金机械强度迅速下降到很低值。青铜作为金刚石砂轮结合剂，希望有较高的机械强度和适当的脆性，所以，一般情况下结合剂中锡的含量都在10%～20%之间。这样的结合剂配之以合理的烧结参数，脆性是足够的，但若烧结温度过高或保温时间太长，由于α固溶体的过多形成或锡的偏析，会使结合剂的脆性降低，砂轮的使用性能变差。锡含量对青铜合金硬度的影响，随着锡含量的增加，锡青铜的硬度先增加后减小，当锡含量在12%左右时，青铜硬度最高。

287. 如何利用第三组元进行磨具结合剂性能的调整?

磨具对结合剂性能的要求是多方面的，只靠简单的二元合金配比是难以达到的，必须采用多元合金结合剂才能实现。如在铜锡二元合金中加入铅，可以提高合金的耐磨性、密实性和抗蚀性，这些性能对提高磨具耐用度有一定的好处，但是加铅结合剂的机械强度有所降低，所以加铅量必须控制适当，以确保磨具安全使用。

加入镍能够同时提高合金的耐磨性和机械强度。镍弥散在合金中，起细化合金晶粒的作用。

在锡青铜中，少量地加锌，其作用与锡相似。它能代替锡存在于铜中，这时2%的锌相当于1%的锡，这是Cu－Zn二元合金平衡状态图中α固熔体的组成。

银粉也常常加入锡青铜中，它除了能改善导电性，还可大幅度提高结合剂抗折强度。

288. 用于金刚石磨具的添加剂主要有哪些？其作用是什么?

石墨是青铜结合剂中最常用的添加剂。它还是一种很好的固体润滑剂，常被用作脱模剂。把它加入结合剂中，能降低金属粉末颗粒间的摩擦，改善合金的压制性能。石墨在高温状态下与氧作用，对金刚石和结合剂起保护作用；石墨呈弥散状态分布在结合剂中，形成微气孔，有助于冷却和磨屑的排出，且提高结合剂的脆性，防止磨具变形；小颗粒石墨还能润滑磨削面，降低磨削力，提高磨削效率。

石墨的加入形态有两种：粉末状和颗粒状。早期多采用粉末状加入，用量一般不大，约占结合剂量的1%～5%；近年来有很大提高，约占结合剂的10%～40%。国外还出现了加颗粒状碳粒的青铜结合剂。由于碳粒不能烧结，大量加入会引起强度明显下降，所以采用在碳粒外镀金属衣的方法，保证结合剂的机械强度。

四氧化三铁是一种氧化物，它的脆性大，加入结合剂中有助于提高结合剂的脆性，从而克服磨具易堵塞的缺点。四氧化三铁的加入量较小，一般为青铜量的3%～7%。

289. 金刚石磨具成型方法有哪些?

(1)冷压法：冷压法的工艺流程如图58所示。流程中带基体成型的磨具有杯、碗、碟、单面凹、双面凹和单、双面斜边等形状的砂轮，它们以非金刚石层过渡，将含金刚石的工作层压在钢基体上，不带基体成型的磨具，平行砂轮就是最好的代表。

(2)热压法：根据烧结设备不同，热压工艺有两种。一种是在马弗炉或钟罩炉中烧结，烧结前先用较小压力预压一次，然后送入烧结炉中烧结，达到保温时间后取出模具随即进行第二次压制。另一种是用中频感应加热或特殊结构(带压机或其他加压装置)的电阻炉加热，装好料的模具在炉中边烧结边加压，并在恒压下进行保温烧结。这两种热压工艺流程如图 59 所示。

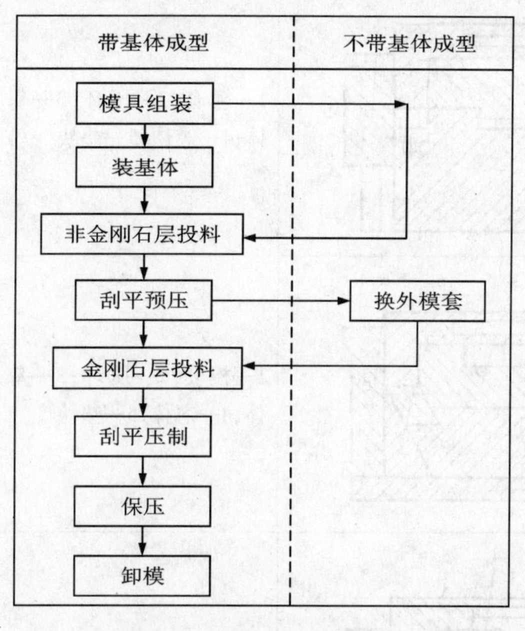

图 58　冷压成型工艺流程

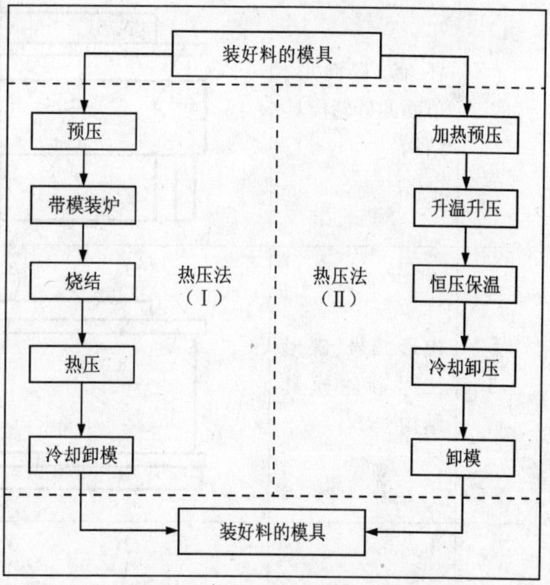

装好料的模具
预压
带模装炉
烧结
热压
冷却卸模
热压法（Ⅰ）
热压法（Ⅱ）
加热预压
升温升压
恒压保温
冷却卸压
卸模
装好料的模具

图 59　两种热压工艺流程图

290. 金刚石磨具冷压法成型和热压法成型的优缺点是什么？

比较这两种工艺可以看出，它们是各有特点的。前者炉腔大，较适合大规格磨具的制造，不足之处是操作工艺较麻烦，生产效率也低，并且成型压力大，需要较大吨位的压机。此外，保温时间长、温度较高，对金刚石强度影响较大。后者不但操作简单，成型烧结速度快，而且成型压力小，保温时间短，温度也较低。规格不大的磨具，用这种工艺方法更有优越性。

291. 金刚石砂轮的成型模具由哪些部分组成？

金刚石砂轮的成型模具，通常由模套、压环、芯棒、芯体和底板等几部分组成。它们的形状及模件数目因砂轮类型及压制方法而异。几种典型模具的结构见表 41。

表 41　几种典型模具的结构

序号	砂轮形状	模　具　结　构	模　件　名　称
1	平行砂轮模具结构（直径大于 150 mm）	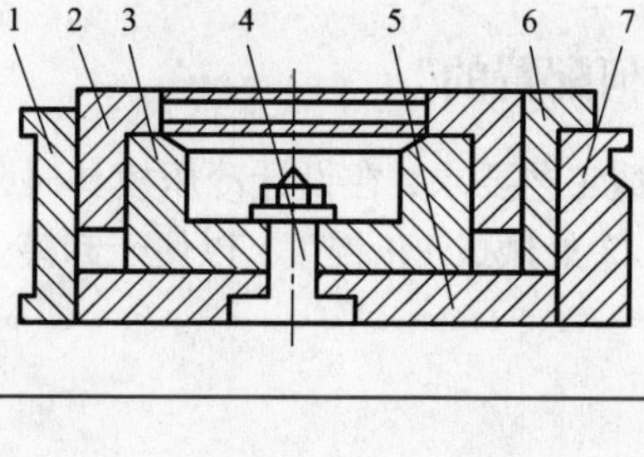 1 2 3 4 5 6 7	1—非金刚石层模套；2—非；3 - 芯体；4—芯棒；5—垫板；6—金刚石层压环；7—金刚石层模套

序号	砂轮形状	模具结构	模件名称
2	杯、碗、碟筒形、单面凹砂轮模具结构	1 2 3 4 5	1—模套；2—压环；3—基体；4—芯体；5—垫块
3	碗形二号、碟形二号砂轮模具结构	1 2 3 4 5 6	1—模套；2—压环；3—基体；4—芯体；5—垫块
4	双斜边砂轮模具结构	1 2 3 4 5	1—模套；2—压环；3—芯棒；4—芯体；5—底板
5	方形、弧形油石模具结构	1 2 3 4 5 6	1—外框；2—螺杆；3—上压块；4—下压块；5—堵头；6—边块

292. 模具各结构部分是如何配置的?

模具的结构一定要符合制造工艺要求，在设计冷压模具时，如果模套高度超过120 mm，则要将模套内圆高度的1/3～1/2处做成1%锥度，以便于卸模。

293. 磨具基体结构有哪几种?

规格较小的青铜结合剂磨具，用料少，成型压力小，可采用金属粉末压制基体的方法制造，如直径小于80 mm的平行、弧形、单、双面砂轮和油石等产品，均采用粉末基体。而直径大于150 mm的平行砂轮，均采用镶套基体，它对基体结构无特殊要求。但是大多数青铜结合剂产品是带基体成型的。在冷压成型工艺中，普通的平直钢体表面压上金刚石层，其结合强度非常有限。为保证磨具有足够的结合强度，需要对基体结合面进行合理的结构设计。

采用热压工艺时，磨具基体结合面上一般无需开槽就有足够的结合强度。在粘结强度要求特别高的某些特殊磨具中，钢基体表面可镀一层铜，再采用热压工艺制造，可以得到更理想的粘结。

294. 热压模具部件材料及加工技术要求有哪些?

热压模具除了需要满足冷压模具的一些要求，还应具有优良的耐热性能。早期曾使用耐热钢制造，具有耐热性能好，寿命长等优点，但由于这种模具材料来源缺，成本高，加工难度也大，近年已很少用。目前使用石墨和铸铁制造热压模具，效果较好，获得了广泛应用。也可采用后加工的方法制造各种异形模具。这种方法对模具要求不严格，模具结构可简化，精度也可降低，模具材料只要能保证强度即可，可降低模具成本。

295. 冷压模具部件材料及加工技术要求有哪些?

模具的不同部件，作用不同，受力情况也不一样，因此选材要求也有差别。表42列出了冷压模具部件材料及加工技术要求。

表42　冷压模具部件材料及加工技术要求

部　件	模具材料	加工技术要求
模套和芯体	①碳素工具钢：T_{10}，T_{12} ②合金工具钢：GCr_{15}，Cr_{12}，$Cr_{12}Mo$，$Cr_{12}MoV$，$Cr_{12}W$，9CrSi，CrW_5 ③高速钢：$W_{18}Cr_4V$，$W_{18}Cr_4V_4Mo$	①热处理硬度：HRC60～63 ②平磨后退磁 ③工作面粗糙度：0.63 μm ④配合等级：H_7/f_7 ⑤径向跳动、不平行度、不垂直度均为0.03:100
压　坯	①碳素工具钢：T_8，T_{10} ②合金工具钢：GCr_{15}，Cr_{12}，$Cr_{12}Mo$，9CrSi	①热处理硬度：HRC53～57 ②其他要求同模套
芯　棒	45#，T_8	①热处理硬度：HRC40～50 ②表面粗糙度：1.25 μm ③配合等级：H_7/f_7
底　板	同芯棒或模套	①热处理硬度：HRC40～50 ②平磨后退磁 ③表面粗糙度：1.25～0.63 μm

296. 粉末压制过程中坯体密度如何变化？

磨具坯体在压制过程中的变化大体可分为三个阶段，如图60所示。

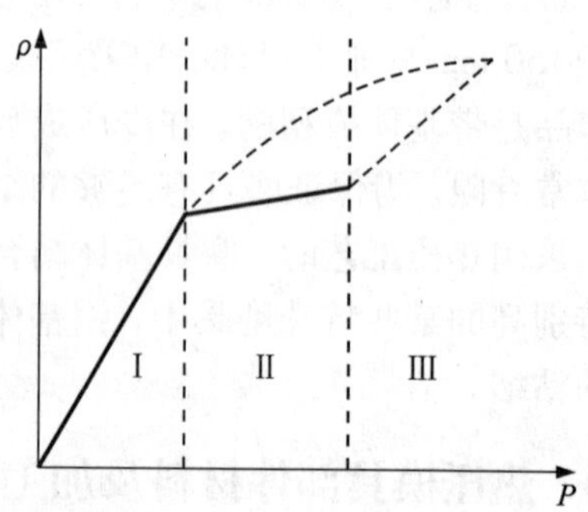

图60 坯体密度 ρ 与压力 P 的关系

第Ⅰ阶段　粉末颗粒发生位移，充填孔隙，压力递增时，密度增加很快。此阶段称为滑动阶段，其特点是粉末颗粒在压力作用下的不均匀移动。

第Ⅱ阶段　压力继续增大时，坯体密度增加很少，这是由于经第Ⅰ阶段压缩其密度已达到一定值，粉末体内产生一定的压缩阻力。该阶段特点是位移已大大减小，而粉末变形又尚未开始。

第Ⅲ阶段　成型压力超过粉末临界应力后，粉末颗粒开始发生变形，使坯体密度继续增加。该阶段特点是粉末的弹性变形、塑性变形及脆性断裂以及少量的位移同时发生作用，但随压力的不断增大，密度的增加逐渐平缓下来。

实际上，上述三个阶段是人为划分的，磨具的实际压制过程是复杂的，阶段之间并无明显界限。第Ⅰ阶段虽以粉末位移为主，但也会有少量的变形；第Ⅱ阶段对硬而脆的粉末是明显的，而对塑性大的粉末，这个阶段是不明显的；第Ⅲ阶段致密化固然是以粉末变形为主，但也存在位移现象。

297. 金刚石磨具压制过程中坯体强度如何形成？

在粉末成型压制过程中，随压力增加，孔隙减少，坯体逐渐致密化，由于粉末颗粒间粘结力的作用，坯体强度也不断提高。粉末颗粒间的粘结力大致分为两种：一种是粉末颗粒之间的机械啮合力。粉末的表面呈凹凸不平的不规则形状，在压制过程中，这些颗粒间由于位移和变形可以互相嵌入而交连，从而形成机械啮合，这是坯体具有强度的主要原因之一，并且颗粒形状越复杂，表面越粗糙，则机械啮合强度越高。另一种是粉末表面原子之间的引力。在粉末压制后期，粉末颗粒受强大外力作用，迫使其表面原子彼此接近，当进入引力范围后，粉末颗粒间便因引力作用而粘结，粉末间接触面积越大，这种粘结力越大。

298. 金刚石磨具压制性能主要受哪些因素影响？

(1) 粉末性能的影响　硬度大、塑性小、摩擦性大的粉末压制性能差，通过加润滑剂或成型剂可适当改善；粉末纯度低、含氧量高时，压制性能差，对原料粉末进行还原处理可以克服；单一的细颗粒或粗颗粒粉末，以及形状规整的粉末压制性能均不理想，采用混合粒度粉末以及颗粒形状复杂的粉末可以改善压制性能。

(2)压制过程的影响　成型模具表面越光洁、硬度越高、刚性越大，越有利于坯体密度的提高和均匀；采用双向压制的坯体密度要比单向压制的高，且更均匀；加压速度越低、保压时间越长，有利于提高坯体密度，对于大规格或形状复杂的磨具尤为重要。

299. 金刚石磨具的烧结为什么要引入保护介质？

烧结是金刚石磨具制造中最重要的一道工序，它对于产品的最终性能有着决定性影响。烧结过程是在一定温度作用下，物料之间发生扩散、熔融、熔解、流动、收缩再结晶等一系列物理化学变化的综合作用过程。为防止制品中的金刚石和金属粉末在烧结过程中发生氧化，可采用气体、固体介质或真空加以保护，这对冷压制品的烧结尤其重要。

对青铜结合剂磨具来说，使用某些保护介质，还可将原料粉末中带入的少量氧化物在一定程度上加以还原，从而取得更好的烧结效果，提高制品性能。

气体保护介质主要有氢气、煤气、氢氮混合气体等还原性气体。固体保护介质目前主要使用木炭，木炭具有很高的活性，且安全可靠、价格低廉，在青铜结合剂制品中被广泛采用。

300. 金刚石磨具的烧结可以用哪些保护介质？

(1)木炭　用木炭作保护介质，将将其破碎成5～15 mm的炭粒。装炉时将炭粒充填在磨具四周的空间(一般不直接接触磨具)，起隔离空气的作用。炭粒在受热过程中与密封在烧结炉膛内的空气发生燃烧反应，由于反应在氧气不足的条件下进行，生成物为CO。CO的还原性很好，它对氧的亲和力比大多数金属都要大，因此当它渗入到制品的气孔中时，能将金属氧化物还原成纯金属，如将氧化铜还原为铜等。而新还原的金属原子活性较大，能促进烧结的进行。充填的木炭除了要求较细的粒度，以增加表面积，改善隔离空气的效果外，它还必须是不含水分的干燥木炭，否则起不到保护作用，或者将削弱保护作用。

(2)煤气　煤气的成分随其种类的不同而有较大差异。对于发生炉煤气，起保护作用的成分主要是CO和氢气。

(3)分解氨　分解氨的成分是H_2(75%)、N_2(25%)的混合气体，N_2不参与反应，H_2是还原剂，其作用原理与煤气中的氢一样。

(4)真空气氛　真空烧结实际上是一种减压烧结，真空度愈高，愈接近中性气氛，即与烧结制品发生反应的机会愈低。真空气氛烧结可有效防止有害气体与制品的反应，如氧化、脱碳等，并可排除制品的吸附气体及其他杂质，起提纯作用，有利于烧结的顺利进行。

301. 用冷压法进行磨具烧结时为什么要使用夹具夹固？

对于冷压工艺来说，装炉方式对制品烧结效果有重要影响。磨具形状和大小不同，装炉方式也有差别。形状复杂、规格较大的磨具产品通常用夹具夹固进行烧结。

青铜磨具在烧结过程中的变化主要是收缩和膨胀。在自由状态下，制品各部分的收缩和膨胀是不均匀的，容易产生变形。磨具加上夹具后，制品的变形受到限制，从而保证产品的形状和尺寸。磨具形状不同，变形规律也不一样。较大的平形砂轮，其烧结变形部位主要是外径和内径，所以装炉时要套住内外径，再加上平面方向的压重，各向变形都受到了限制。异形砂轮均带基体成形，又有一定的外倾角度，其烧结变形表现为往外塌边，用相应的形板将其托住，即可防止变形。

302. 用冷压法进行磨具烧结时使用夹具要注意些什么？

夹固烧结能有效防止制品变形，但若处理不当，容易产生粘连废品，因此夹具与制品接触面要撒上一层石墨粉，使二者隔离。做夹具的最好材料是铸铁，它的热膨胀系数比钢小，制品烧结后的尺寸比较准确，夹具在烧结膨胀力影响下，它的尺寸会逐渐变大，所以使用时要检查尺寸，发现不合格及时更换。使用夹具时要考虑夹具强度是否能够抵抗烧结时的膨胀压力，夹具要安装好，否则会产生人为的形状偏差。

303．烧结制品在炉中的位置对制品质量有什么影响？

烧结制品在炉中的位置对制品质量有重要影响。如对于钟罩炉来说，它的热源在四周，当制品装炉往一边偏时，制品四周受热不均匀，而磨具各部位受热不均是产生烧结废品的重要原因，有可能出现一部分欠烧，而另一部分过烧。因此，钟罩炉较适合烧结大规格产品。装炉时磨具放在炉内中心位置，不能偏向一边。

304．冷压法生产金刚石磨具的烧结曲线可以划分为哪几个阶段？

烧结曲线是用于反映磨具在烧结过程中温度随时间变化的相应关系的。制定烧结曲线要以结合剂性能、磨具尺寸、以及制造工艺等因素为依据。冷压烧结和热压烧结是两种不同的工艺方法，所以它们的烧结曲线也不一样。尽管金刚石磨具种类和规格繁多，所要求的性能千差万别，但其烧结曲线的构成基本一样，都包括升温、保温和冷却三部分。

305．热压烧结曲线可以划分为哪几个阶段？

热压烧结法也可划分为升温－保温－降温三个阶段，但热压烧结温度通常比冷压低10%左右，保温时间也略为缩短。青铜结合剂磨具的热压压制点温度一般在500℃左右。在烧结温度下压制，液相量较多，容易被挤出；低于500℃压制，塑性变形较困难，需加大成型压力。这两种情况对产品性能均有不利影响，所以必须掌握好施压时机。

306．什么是树脂结合剂金刚石磨具？

树脂结合剂金刚石磨具是以树脂粉为粘结材料，并加入填充材料，经热压、硬化及机加工等工艺制成的，具有一定形状的金刚石磨加工工具。由于这种磨具具有弹性好、耐冲击、自锐性好、磨削效率高等优点，在机械加工行业得到推广应用。在目前生产的各类结合剂的金刚石磨具中，树脂结合剂磨具所占比重最大。国外，硬质合金工件的80% ~90%是用这种磨具加工的，它正在逐步取代碳化硅磨具。国内树脂金刚石磨具的品种和产量也逐年增加，质量不断提高，应用日益广泛。

307．制造树脂结合剂金刚石磨具的金刚石磨料主要有哪些？

(1)RVD 金刚石：这种金刚石表面粗糙，多呈不规则针状或片状，强度不高，但自锐性好。

(2)镀金属膜的金刚石：RVD 金刚石表面镀镍或铜。

308．制造金刚石磨具有哪些树脂结合剂，各种结合剂有哪些性质？

目前使用的树脂结合剂主要有酚醛树脂、聚酰亚胺树脂和11－10黑胶木粉以及其他新开发的品种等。

(1)酚醛树脂：一种白色或淡黄色半透明固体粉末，在空气中易吸收水分而结块，比重 1.25 g/cm³，能溶于酒精和丙酮。未加入乌洛托品前是热塑性树脂；加入乌洛托品后，加热到 170～180℃就能成为热固性树脂，约236℃开始分解，300℃以上碳化。其抗弯强度为85～105 MPa，压缩强度70～21 MPa，线胀系数 $2.5\times10^{-5}\sim6.0\times10^{-5}$。强酸、强碱对其有一定影响。

(2)聚酰亚胺树脂 常温下它是一种深黄色固体粉末，至310～340℃仍可保持良好的机械性能，密度1.4 g/cm³，不溶于有机溶剂，能耐强酸，对于强碱较敏感，抗拉强度110 MPa，是一种耐热性好的新型树脂。

(3)11－10黑胶木粉 它是一种以酚醛树脂为粘结剂，加入木粉、矿物填料以及其他添加剂，经混合、辊压、粉碎等工艺过程制成的压塑粉。

309. 树脂结合剂可采用什么硬化剂?

树脂结合剂中使用的硬化剂为乌洛托品，学名六次甲基四胺，呈白色结晶粉末状或无色有光泽的晶体状，加热不熔而升华，同时有部分分解。其密度1.27 g/cm³，易吸潮而结块，溶于水和乙醇，水溶液呈碱性。在加热情况下分解为氨和甲醛，对皮肤有刺激作用。它是热塑性酚醛树脂的硬化剂。

310. 生产树脂磨具时通常使用哪些填充料，加入填充料的作用有哪些?

常用的填充料有铜粉、铝粉等金属粉末和ZnO，Fe_2O_3，Cr_2O_3 等金属氧化物及石墨、二硫化钼等固体润滑材料。这些填料可使磨具的硬度、强度得到提高(除石墨粉外)，并能改善其导热性能。氧化物类填料还能使磨具获得一定的抛光性能，改善磨具的吸湿性等。固体润滑材料的加入还能改善磨具的磨削性能，特别在干磨时，作用尤为突出。

311. 树脂结合剂各种填料的分辨方法和使用要求如何?

各种填料可以按颜色进行分辨，其颜色和使用要求如表43所示。

表43　填料颜色和使用要求

填料名称	色泽	化学式	纯度/%	密度/(g/cm³)	粒度/目
铜粉	玫瑰红	Cu	99	8.92	<200
铝粉	银白	Al	99.5	2.70	<200
氧化锌	白色	ZnO	工业纯	5.60	<200
石墨	黑色	C	95	2.25	<200
氧化铁	土红	Fe_2O_3	99.5	5.18	<200
氧化铬	绿色	Cr_2O_3	98.5	5.21	200
二硫化钼	黑色	MoS_2	95	4.80	200

312. 树脂结合剂应具备哪些条件?

(1)粘结性好:它应能均匀分布于磨料表面,将磨粒牢固地结合于磨具中。树脂具有较好的粘结性。

(2)强度高:树脂虽然粘结性好,但流动性大,性脆,本身强度较低,因此必须加入某些填料,以提高其强度。

(3)硬度适当:结合剂的硬度必须与金刚石磨料的磨损速度相适应。树脂金刚石砂轮硬度一般在 ZY ~ Y 之间。

(4)尽可能高的耐热性:树脂耐热性差是一缺点。选用耐热性好的树脂并加入适当填料以提高结合剂的耐热性非常重要。

(5)磨削效率高,加工光洁度高。

(6)结合剂中的填料应能溶于酸或碱,以便磨具报废后,从中回收金刚石。

313. 树脂结合剂如何配制?

(1)将干燥的树脂放入球磨机内球磨,然后加入乌洛托品粉混合,过 120 目筛网 2 ~ 3 遍,装入干燥器皿内。

(2)按配方要求分别称取各种填料,装入混料机内均匀混合 1 ~ 2 h,过 180 目筛 2 遍,装入干燥器皿内。

(3)将已混合均匀的树脂粉及填料装入瓷球磨罐内进行混合,混料介质采用较轻的瓷球,球料比为 1:1,混料时间视混料量多少及粘壁情况而定,既要混合均匀,又要防止因混合时间过长而结块。然后过 80 目筛网 2 ~ 3 遍,装入干燥器皿内待用。

314. 树脂结合剂成型料由什么组成?

成型料由金刚石磨料、结合剂、润湿剂组成。润湿剂又称临时粘结剂,其作用在于润湿磨粒及结合剂,使之有良好的成型性,及防止磨料与结合剂分层。树脂金刚石磨具常用的润湿剂有甲酚、三乙醇胺、稀树脂液等。

315. 树脂结合剂成型料以甲酚、三乙醇胺为润湿剂的配混包括哪些过程?

成型料以甲酚、三乙醇胺为润湿剂的配混过程如图 61 所示。这个配混过程,需事先用机混法将结合剂配制好,适合批量生产。

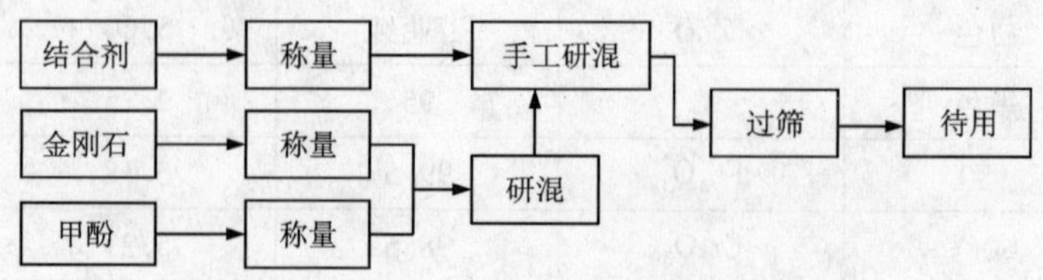

图 61 以甲酚、三乙醇胺为润湿剂的配混过程

316. 树脂结合剂成型料以稀树脂液为润湿剂的配混包括哪些过程?

成型料以稀树脂液为润湿剂的配混过程为：各种填料→称量→手混→过筛→加金刚石→手工研混→过筛→加稀树脂液→手工研混→过筛→加粘结剂→混合→过筛→80℃烘热10 min→研磨→过筛→待用。该工艺过程中填料和粘结剂无需预先混合，适合单件生产。

317. 热压法生产树脂结合剂金刚石磨具的工艺步骤有哪几步?

树脂金刚石磨具成型方法有热压法和冷压法两种。冷压法很少使用。热压法是指在压制过程中同时加热磨具，使结合剂快速熔化，并在保压时间内缩聚硬化或半硬化，其流程如下。

(1)基体的准备：铝基体在加工过程中带有油污和杂质，使用前必须用汽油或二甲苯将其清理干净，然后在基体与料接触的部位，涂上环氧树脂液或液体酚醛树脂，以保证基体与磨具的牢固结合。

(2)模具装配：将模具与成型料接触部分涂上脱模剂，如二硫化钼、硬脂酸锌、肥皂液等能起润滑作用的物质，以免砂轮被模壁粘坏。然后和基体一起装在转动台上。

(3)非金刚石层压制：在模具转动的情况下将非金刚石层料投入模具内，刮平捣实，放上压环进行冷压。

(4)金刚石层热压：取出金刚石层压环，并清理干净，将非金刚石层与金刚石层接触面打毛，涂上一层环氧树脂粘结剂，重新装配金刚石层模具，然后投料、刮平，加压环和垫铁，置于热压机上热压。

(5)卸模：热压完毕，将磨具从热压机取出急速冷却，将模套、芯棒、压环等卸除。

318. 生产树脂结合剂金刚石磨具的热压参数如何确定?

(1)热压压力　由于结合剂中的树脂粘结剂在一定温度下处于熔融态，流动性好，易于充满模腔各部位，因此热压压力不高，一般在30～60 MPa。

(2)热压温度　酚醛树脂一般为185±5℃；聚酰亚胺树脂为235±5℃；新开发的产品一般都会有温度说明。温度过高，硬化速度太快，易造成成型困难、基体与结合剂粘结差，有时甚至使磨具产生裂纹。温度太低，压制时间延长，生产效率低。

(3)热压时间　热压时间与磨具大小、形状、厚度及模具结构和加热方式等因素有关。

319. 酚醛树脂是如何硬化的?

酚醛树脂硬化过程：第一阶段是热塑性树脂与乌洛托品发生化学反应，生成新的中间产物；第二阶段是这些产物继续与树脂分子反应，生成庞大的网状结构的热固性树脂，并分解出氨和胺。硬化过程中，乌洛托品不仅与热塑性酚醛树脂作用，而且与游离酚作用生成热固性树脂。此过程不需要任何催化剂，加热到一定温度即可进行。

320. 聚酰亚胺树脂是如何硬化的?

聚酰亚胺树脂硬化过程是一个不加硬化剂的内聚过程。其聚合过程亦分两步。第一步是预聚成可熔性聚酰亚胺；第二步是将预聚物在较高温度下环化成不熔性聚酰亚胺。

321. 树脂结合剂磨具有哪几种硬化方法?

树脂结合剂磨具有两种硬化方法，即一次硬化法和二次硬化法。磨具在热压机上加热硬化30～40 min即成为成品称为一次硬化法。它适用于小的、薄的及异形砂轮。为得到硬化完全的产品，一些大规格的、厚度大的砂轮虽在热压机上进行初步硬化，但仍需要在电烘箱内进行二次补充硬化。

322. 树脂结合剂的硬化规程包括哪些指标?

树脂结合剂最重要的是以下几种指标：最高硬化温度、升温速度、保温时间。

(1)最高硬化温度：酚醛树脂结合剂磨具的最高硬化温度在180～190℃范围为佳。低于170℃硬化不完全，化学稳定性差；高于200℃将破坏磨具的机械性能，使磨具强度、硬度及耐水性降低。聚酰亚胺树脂结合剂的硬化需要在高温下脱水，生成环化聚酰亚胺，以增加分子刚度，变为不熔塑料，故其硬化温度较高，可达230℃。温度太低时，环化反应不易进行，制品硬度低。

(2)升温速度：与结合剂种类、在热压机上的硬化时间、磨具形状、粒度等因素有关。

①热塑性酚醛树脂的聚合温度为100℃，而聚酰亚胺预聚温度更高。前者在100℃、后者在180℃前可自由升温。前者在140℃后与硬化剂有固化反应，后者在180℃后预聚合，故均应慢速升温。

②在热压机上硬化时间较长的磨具，挥发物已基本排出，可以快速升温；反之，二次硬化应慢速升温。冷压磨具挥发物多，升温速度更应放慢。

③磨具形状复杂、粒度细的应采用慢速升温；反之，则可快速升温。

(3)保温时间：保温时间与最高硬化温度有关。硬化温度高，时间可短；反之则长。酚醛树脂磨具在180℃保温2～3 h即可，聚酰亚胺树脂磨具一般需在230℃保温4～5 h。

为了得到硬化均一的产品，往往制定出升温曲线。酚醛树脂金刚石磨具升温曲线按表44绘制。聚酰亚胺树脂金刚石磨具升温曲线按表45绘制。

表44 酚醛树脂金刚石磨具二次硬化曲线表

温度/℃	<100	120	140	160	180	180保温
时间/h	1.0	2.0	3.0	4.0	5.0	5.0～7.0

表45 聚酰亚胺树脂金刚石磨具硬化曲线表

温度/℃	<200	200	200～250	215	215～230	230
时间/h	自由升温	保温1.0	自由升温	保温1.0	自由升温	保温4～5

323. 各种填料对磨具性能有什么影响?

各种填料对磨具性能的影响见图62～图65。

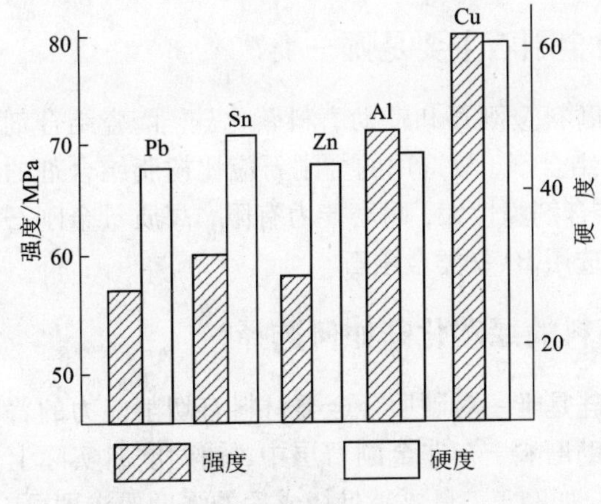

图 62 不同金属填料(均加 15%)与砂轮强度、硬度的关系

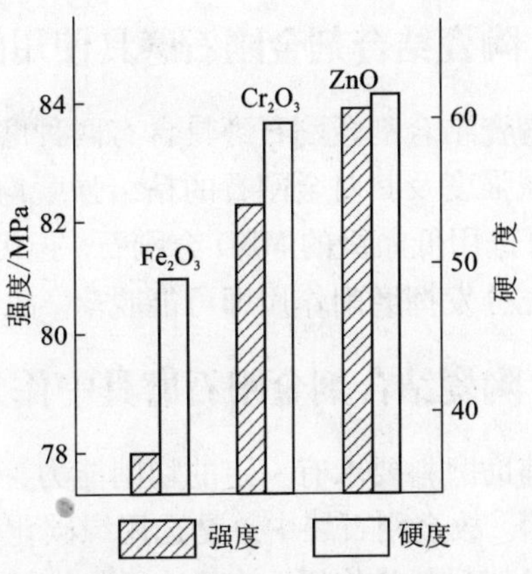

图 63 不同金属氧化物填料与砂轮强度、硬度的关系

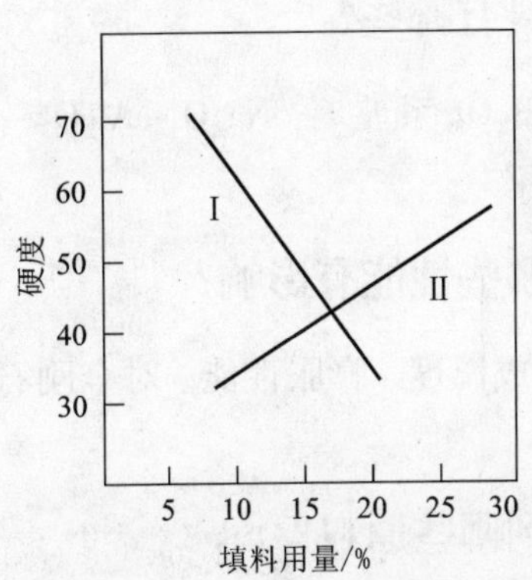

图 64 填料与砂轮硬度的关系

Ⅰ-石墨，Ⅱ-其他填料

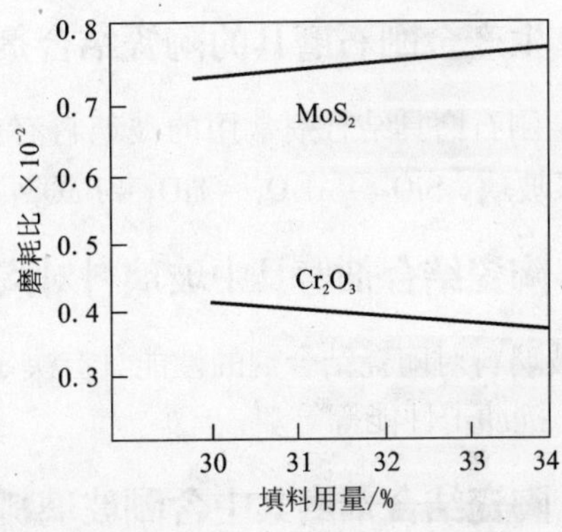

图 65 填料用量与砂轮磨耗比的关系

324. 陶瓷结合剂存在哪些问题?

无论国内国外，金刚石磨具使用陶瓷结合剂者还不多，其主要原因在于：

(1)陶瓷结合剂脆性大，抗冲击、抗疲劳性能差；

(2)适合制造金刚石磨具的低温烧成陶瓷结合剂的制造工艺要比树脂结合剂复杂得多；

(3)从陶瓷结合剂磨具废品中回收金刚石很困难；

(4)陶瓷结合剂金刚石磨具的磨削能力介于树脂和金属两种结合剂的磨具之间，因而很多情况下被这两种磨具替代。

325. 陶瓷结合剂有哪些优点?

人们正在努力开拓和发展陶瓷结合剂金刚石和 CBN 磨具。因为它不但能用于磨削超硬材料，还能加工金刚石烧结体、天然单晶、硬质陶瓷、金属等材料。在加工这类材料时，陶瓷结合剂磨具的使用寿命、磨削效率和锋利程度均优于树脂和金属结合剂磨具。

326．陶瓷结合剂金刚石磨具使用的主磨料金刚石主要是哪一类？

陶瓷结合剂金刚石磨具含有两种磨料，即主磨料金刚石和辅助磨料碳化硅。陶瓷结合剂的机械强度及其对金刚石的粘结强度均优于树脂结合剂，故选用的金刚石应比树脂结合剂的好，可选用低品级的MBD金刚石。但因为陶瓷结合剂脆性大，耐磨能力有限，高质量金刚石尚未充分发挥磨削作用即可能脱落。故有时也可选用RVD类金刚石。

327．陶瓷结合剂金刚石磨具中作为辅助磨料的绿碳化硅如何选择？

辅助磨料要求有一定的切削能力，而绿碳化硅是唯一对硬质合金类材料有切削能力的普通磨料。故金刚石层中总是选用绿碳化硅作为辅助磨料。在非金刚石层中，辅助磨料实际上只起骨架材料的作用，故可选用价格较低的磨料，如刚玉，只要满足烧成后的强度要求即可。但由于碳化硅的多种物理性能接近金刚石，且工作层中含碳化硅，故非工作层中使用绿碳化硅也是可以的。

328．生产金刚石磨具的陶瓷结合剂常用的玻璃料有哪些？

金刚石磨具结合剂常用的玻璃料有：$SiO_2-ZnO-B_2O_3$ 系玻璃，$Na_2O-Al_2O_3-B_2O_3-SiO_2$系玻璃，$SiO_2-Al_2O_3-TiO_2-BaO-B_2O_3$系玻璃等。

329．陶瓷结合剂磨具中玻璃料对陶瓷结合剂的哪些性能有影响？

玻璃料对陶瓷结合剂的性能具有决定性影响，如烧成温度、膨胀性能、对金刚石的浸润性能、抗冲击性能等等。

330．陶瓷结合剂磨具中含硼玻璃料生产需要用到哪些原料？

烧成温度低是金刚石磨具陶瓷结合剂的主要特性，含硼玻璃熔化温度低，适合于制造陶瓷金刚石磨具，如硼锌玻璃、硼钡锂玻璃等，组成玻璃体的原料主要是各自相应的纯氧化物，部分是含相应氧化物的矿物。

含硼原料主要是硼酸，其熔点极低，只有148℃，易溶于水，加热脱水而成硼酐。它以 B_2O_3 的形式和氧化锌、硅石等形成硼硅酸盐玻璃。该系玻璃的结合剂对金刚石具有良好的润湿性能，有和金刚石非常接近的膨胀系数。在生产上工业纯的硼酸就可以选入原料。

含锌原料主要是氧化锌，氧化锌本身的熔点高达1975℃，当它和硼硅形成玻璃时，就成为一种较好的助熔剂，在磨具烧成时起催熔作用。生产上选择工业纯的氧化锌为原料。

含氧化硅的原料主要是石英，自然界中最常见的是β－石英，作为原料的石英要求 SiO_2 含量大于97%。

在结合剂中需含锂成分时，要加入含有氧化物的矿物，如锂云母、β－辉锂石等，此外加入1%亚锰酸锂的结合剂，可使烧成温度降低30～70℃。

331．生产金刚石磨具的陶瓷结合剂非玻料有什么作用？

非玻料起调节结合剂耐火度的作用。假如结合剂中只有玻璃体，虽然烧成温度可降低，但其熔融温度范围窄、粘度小、易流淌，加入非玻璃质（一般为粘土）后，由于粘土中 Al_2O_3

的作用，使结合剂的软化温度范围变宽，易于控制。粘土是一种土状矿物，还具有许多重要特性，如可塑性、吸水性、收缩性和耐火性等。

332．生产金刚石磨具的陶瓷结合剂可用哪些着色剂？

着色剂是金刚石磨具中常用的一种原料。一般着色剂都加在金刚石层中，以使其有明显的标志。常用的着色剂有两种，红色的 Fe_2O_3 和绿色的 Cr_2O_3。

333．生产金刚石磨具的陶瓷结合剂可用哪些临时粘结剂？

临时粘结剂只在磨具成型阶段起提高磨具半成品强度的作用，对半成品操作有利。可作临时粘结剂的材料有糊精、水玻璃和液体树脂。

334．陶瓷结合剂金刚石磨具临时粘结剂的用量如何选择？

粘结剂的用量主要从满足成型料的成型性能和磨具坯体的机械强度两个方面来考虑，具体可通过试验确定。

335．陶瓷结合剂金刚石磨具中作为原料的粘土和石英需要进行哪些加工处理？

加工粘土和石英的目的都是为了获得粒度、水分合格的原料，一般要求原料粒度细于200目(0.074 mm)，水分含量低于1%。尽管粘土和石英的性能不同，但加工过程及所用设备相同。其加工过程都由干燥、粉碎、风选、收集等工序组成。

(1)干燥 自然干燥是最简单的干燥方法，但其缺点是周期长，较先进的干燥方法是使用回转干燥炉。物料在炉中翻动着前进，热气流逆向送入炉内，在热气流的作用下，物料中的水分得以蒸发。干燥温度一般控制在105℃左右。

(2)粉碎 在大规模生产条件下，粘土和石英的主要粉碎加工设备是摆辊式环－辊磨机(即雷蒙机)，它适用于细磨中等硬度的物料。这种磨机有固定的底盘，及旋转运动的辊子。辊子在绕机器纵向几何中心线作旋转运动时，靠离心力的作用紧压在底盘的边环上，处于底盘边环和辊子之间的物料，由于受到研磨作用而被磨成细粉。

(3)风选和收集 雷蒙机自身带风选设备。磨机内已被磨细的物料被鼓风机吹起，随气流上升，在经过机内分级叶片时，大颗粒物料被挡出，离开气流下落到磨机内重新磨细。小颗粒物料继续随气流上升，进入旋风收集器中，旋风收集器能把气流中的绝大多数物料脱离出来落入底部，由出料口排出收集。气流从旋风收集器顶部排出，重新送回雷蒙机中。调整鼓风机的风量就能控制物料所需粒度。

336．陶瓷结合剂金刚石磨具中玻璃料需要进行哪些加工？

(1)玻璃料熔炼：玻璃体的原料按比例配混均匀，在900～1 150℃高温下熔融制成玻璃。

(2)玻璃体破碎：玻璃体破碎是在球磨机中进行。这是因为玻璃体性质硬而脆，用量不大的情况下，球磨效率较高。球磨后的玻璃粉粒度应为80 μm。

337．陶瓷结合剂金刚石磨具用金刚石表面需要如何进行加工处理？

在金刚石表面包涂一层硅酸盐物质，可使其与陶瓷结合剂获得牢固的结合。包涂物为硼硅酸盐熔融体，其成分由 SiO_2，B_2O_3，Li_2O_3，Na_2O，CaO（或 MgO，BeO）和 TiO_2（或 Al_2O_3，ZnO，Cr_2O_3）组成。熔融后的玻璃对金刚石的润湿角 $\theta<90°$。红外光谱研究表明，包涂层与金刚石界面形成 Si－O－C 和 B－O－C 双电子层结构。

包涂方法是将玻璃碎至 40～100 μm，然后以一定比例与金刚石混合，加热至 600～900℃，保温 20～120 min，冷却至室温即形成坚固的玻璃－金刚石结合体。再将其破碎成所需的金刚石团，即可用常规方法制成陶瓷结合剂磨具。

338. 陶瓷结合剂应具备哪些条件？

（1）强度：结合剂的强度通常用磨具的抗拉强度表示。磨具抗拉强度与结合剂本身强度及结合剂用量有密切关系。为保证磨具使用安全，结合剂的强度必须足够高。

（2）耐火度：结合剂的耐火度决定磨具的烧成温度。金刚石磨具需在低温下烧成，则结合剂的熔融温度应低于金刚石的氧化和石墨化温度。通常把耐火度控制在 600～700℃。

（3）润湿性：磨料在磨具中的把持强度，与结合剂对磨料的润湿性能直接有关，润湿性好，把持强度高，反之则低。当润湿角 θ 小于 90°时，表明熔融体对固体有较好的润湿能力。而对同种结合剂来说，温度越高，其润湿性越好，即润湿角越小。由于金刚石耐高温性差，常在结合剂中加入由硼、锂、钡的氧化物组成的玻璃体，以获得较低温度下的较好润湿性。

（4）热膨胀性：对结合剂的热膨胀性能有两方面要求，一是要求结合剂与金刚石之间的热膨胀系数尽量接近，以使制造过程中热胀冷缩变化尽可能一致，从而保证金刚石与结合剂之间有牢固的粘结。从这个角度出发，结合剂的热胀系数略小于金刚石的热胀系数，有利于提高结合剂对金刚石的包镶力。二是要求金刚石层与非金刚石层之间的热膨胀性能尽量接近，否则，在其相互连结处易发生开裂。

339. 陶瓷结合剂成型料如何配制？

结合剂的配制工艺步骤与树脂结合剂相似，也是由配料、球磨混料、过筛和质量检查等步骤组成。

340. 陶瓷结合剂成型料的配制需要注意哪些要点？

（1）均匀性：混合料的均匀性由球磨混料工艺保证，通常应控制好混合量、料球比和混合时间三个参数。金刚石的均匀性由手工操作来保证，可采用混合过筛、反复进行来实现。

（2）湿度：成型料的湿度对成型的影响十分明显。湿度大时，容易粘模，成型困难；湿度小，则成型强度差，给后道工序带来困难。在采用定模成型时，干湿度还影响磨具的密度。

（3）成型料保存：若混好的成型料没有使用完毕，应将其盛放在带盖的塑料盒中储存，避免因水分蒸发而变干，影响磨具质量。

341. 陶瓷结合剂金刚石磨具配方包括哪些方面？

表 46 为一种典型陶瓷结合剂金刚石磨具配方。配方表中各种成分是以重量百分比的形式表示含量的。从表 46 中可以看出，配方表除包括各组分含量外，还列出了磨具部分结构参数和性能指标，如磨具粒度、硬度、成型密度等。同时，配方表还注明了该配方的适用范围，以供生产时选用。

表 46　陶瓷结合剂金刚石磨具配方表

浓度	粒度	硬度	金刚石	碳化硅	结合剂	糊精	Cr_2O_3	成型密度	适用范围
100%	80/100	Y	40	60	36	1.7	2.4	3.1	11A2、6A2、12A2 砂轮

342. 陶瓷结合剂金刚石磨具如何成型?

陶瓷结合剂金刚石磨具的成型为冷压成型法。与金属结合剂及树脂结合剂金刚石磨具冷压成型的差别仅在于，陶瓷磨具坯体强度较差。陶瓷结合剂本身几乎形成不了强度，只能靠糊精水溶液或水玻璃等临时粘结剂形成很有限的强度，因此，操作过程中必须十分小心，确保磨具坯体不受损害。此外，由于陶瓷结合剂成型料中含一定水分(一般含水量为 3% ~ 5%)，属半干成型。其单位成型压力应根据磨具硬度及含水量多少加以调整，一般在 0.8 ~ 1.5 MPa 范围内。成型压制的预压阶段，采用定压成型，最后采用定模成型保证坯体密度和尺寸。

343. 陶瓷结合剂金刚石磨具坯体如何进行干燥?

由于陶瓷结合剂属于半干成型，所以必须进行干燥，以排出磨具坯体中的水分，提高坯体强度，从而保证装炉和烧成过程的顺利进行。

目前常用的干燥方法有自然干燥法和加热干燥法两种。自然干燥法，坯体内不存在温度梯度，而只有水分梯度对干燥起作用，水分的排出不受热扩散力的影响。因此，坯体在自然干燥条件下，不会出现裂纹废品，但其缺点是干燥过程周期长、速度慢。大规格、较厚的磨具可采用这种方法干燥。这种方法的一个显著特点是不消耗能源，节省资金。

加热干燥法有对流传热干燥和红外辐射干燥两种方式。对流传热干燥是利用热气流和坯体接触将热量传给坯体，同时又将坯体蒸发出来的湿气带走。这种干燥方式需在专门设施中进行。对流传热干燥有温度梯度和水分梯度共同作用，两者必须配合适当，否则易出现干燥废品。坯体升温不能过快是这种干燥方法的关键，即必须使水分梯度的作用大于温度梯度的作用。红外辐射干燥是一门新的干燥技术。红外光的热效应比其他光线都强，而其中的远红外光的热效应又比近红外光强。用远红外光干燥物体，能使物体内外一起加热，从而使物体受热均匀，干燥效率高，质量好。

344. 陶瓷结合剂金刚石磨具的烧结有哪些要求?

陶瓷结合剂金刚石磨具在氧化性或中性气氛中、在较低温度下烧成，所以可在一般的电炉中进行，既不要求炉子密闭，也不要求通保护气体。对炉子的唯一特殊要求是较好的保温性能，以延缓冷却速度。因为陶瓷是一种脆性材料，冷却速度太快会使坯体炸裂成废品。

345. 陶瓷结合剂金刚石磨具在烧结过程中发生了哪些变化?

磨具从低温到高温的整个烧成过程中，要发生复杂的物理化学变化，在不同的温度阶段，有不同的变化。在 120 ~ 150℃温度区段，吸附水被排除。到了 250 ~ 450℃温度区段，坯体内的原料结合水从缓慢排除到激烈进行，且粘结剂开始分解，磨具强度略有降低。到 500℃

以后，一方面由于临时粘结剂继续分解，使坯体强度降低到最低点；另一方面低熔点成分开始熔融。当温度继续升高至烧成温度，熔融物数量不断增加，粘度有所降低，产生蠕变流动。在保温阶段，熔融物数量随时间延长而增多，粘度进一步降低，流动性提高，原先分散的部分块状液相逐渐联结成面。至保温结束时，液相基本包围了磨粒，并连成一体，磨具硬度、强度和气孔达到最终烧成状态。

346. 陶瓷结合剂金刚石磨具烧结分为哪几个阶段？

陶瓷结合剂金刚石磨具的烧结曲线如图66所示。

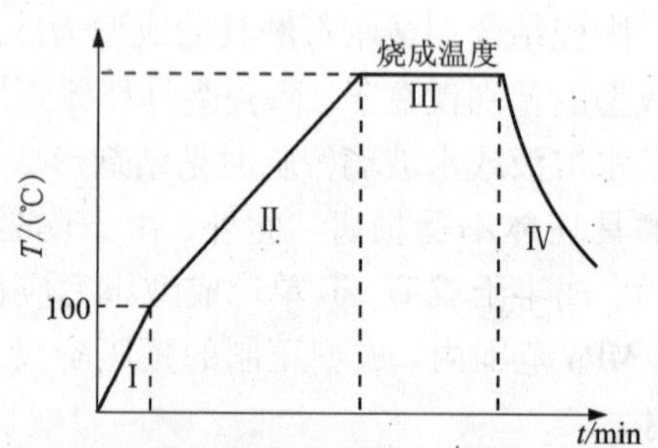

图66 陶瓷结合剂金刚石磨具烧结曲线

Ⅰ—自由升温；Ⅱ—平均升温；Ⅲ—保温；Ⅳ—自由冷却

在100℃以前是自由升温阶段。因为坯体经过干燥，自由水分排出，坯体不再有大的变化。从100℃后至烧成温度这个阶段，温升高，坯体内的理化变化大，如有机物的分解，结合水的排除，低熔点物的熔融，液相的流动等。故该阶段采用平均的升温速率。保温阶段是在烧成温度下保温，以使坯体内的变化更加充分，不同部位趋于一致。冷却阶段是磨具从烧成温度降至室温的过程，一般采取控制冷却或自由冷却。

347. 陶瓷结合剂金刚石磨具的冷却要注意哪些方面？

冷却的关键在于控制液相的结晶速度。在结晶温度之前，可采用快速冷却。达到结晶温度后，冷却速度则与结晶速度相适应。冷却过快，部分结晶率不一致，坯体产生内应力，当应力大于坯体强度时即产生裂纹。即使不产生裂纹，内应力聚集也导致磨具强度下降，磨具高速回转时易发生破裂。冷却过慢，易造成晶粒生长过大，同样降低坯体强度。陶瓷结合剂金刚石磨具由于采用装舟埋砂烧结，随炉自然冷却，冷却速度一般较理想，可以得到令人满意的产品。

348. 金刚石磨具质量检查包括哪些项目？

金刚石磨具质量检查的主要项目包括外观、几何尺寸、平衡性和磨削性能检查等。

349. 金刚石磨具如何进行外观检查？

磨具外观检查是指用肉眼借助于放大镜来观察磨具表面是否有缺陷，其主要内容包括金刚石层的组织、色泽是否一致，金刚石层表面是否有斑点、气孔、发泡、夹杂、起层、裂纹、哑声和边棱损坏等现象。

用带刻度的20倍放大镜观察金刚石磨具的工作表面时，应该有金刚石尖刃露出，而且分布均匀，工作表面的每个凹坑面积不得超过1 mm^2，并不得有原始表皮、发泡、夹杂等。青铜结合剂金刚石磨具表面应呈均匀亮黄色，不许有暗红色氧化斑点或其他斑点。

金刚石磨具敲击时不能出现哑声。判断方法常采用听音的方法，即通过敲击磨具，若发出哑声则说明磨具内部或金刚石层与过渡层间、压制层与基体间的结合处可能有隐裂隙存在。

磨具的边棱损坏情况可通过角尺配合游标尺沿周边、高度和直径方向测量。形状有严格要求的磨具不允许有边棱损坏的情况；对形状要求不严的一般磨具的每处掉边的最大长度不得超过圆周长的1/60，对磨具厚度不大于10 mm者，其掉边总长不得超过圆周长的1/15，而磨具厚度大于10 mm者，其掉边总长不得超过圆周长的1/10。对于组合磨具，其组装螺钉顶端不得高于基体表面。

350. 金属结合剂金刚石磨具烧结过程中出现哑声有哪些原因?

哑声是指用金属物敲击磨具基体(悬空状态)时磨具所发生的嘶哑声，好的磨具敲击时应发出清脆的金属声音。磨具出现哑声的原因主要有下面两种情况：

(1)磨具坯体的金属化不完全

磨具出现哑声是由于烧结转变不完全，而影响这种烧结转变的工艺因素主要有结合剂原料质量、烧结温度和烧结时间，结合剂料的粒度组成、混料的均匀程度也会影响烧结金属化，结合剂原料氧化严重，则颗粒粉末表面的氧化膜将阻碍烧结过程的进行。

(2)烧结时压制层与基体联结不好，有分离现象

一般情况下，对于膨胀率较大的结合剂容易出现这种现象，另外，基体结合面结构不合理，如开槽太浅、太窄，成型压力偏低，脱模操作不当，烧结温度偏低，烧结时间短等均有可能造成磨具结合面分离，分离严重时还会出现掉环。

351. 金属结合剂磨具变形产生的原因有哪些?

变形是指那些色泽、性能、尺寸都很正常的磨具，其表面形状出现的不规整(如凹坑、翘曲)现象，出现这种废品主要与装炉不合理有关，如装夹不当、垫板不平、用炭粒垫在磨具坯体下面或其他直接接触坯体的现象，都会使磨具烧结变形，此外，烧结温度过高，保温时间过长或局部过热，也会造成磨具变形。薄形砂轮或切割锯片，因厚度薄、挠性大，最容易产生变形废品，所以装炉时应特别注意，同时还应注意不能使烧结温度和出炉温度过高。

352. 金属结合剂磨具表面发泡的原因有哪些?

金刚石层表面出现鼓泡现象称为发泡，发泡废品有两类：一类是局部位置出现发泡，一类是整体发生发泡，其原因有：烧结温度过高或保温时间过长所引起的过烧，对局部温度过高，如装炉时一边靠近热源而一边远离热源，易产生局部过烧发泡，结合剂与烧结温度配合不当、控温系统失灵、烧结时间过长易出现整体过烧发泡。

353. 金属结合剂磨具色泽不均的原因有哪些?

色泽不均是指磨具表面各部分颜色不一致，有深有浅有花斑等现象，烧结炉密封性能不好是造成这类废品的主要原因，且大多发生在冷却阶段，随着炉温的下降，炉内压力降低，空气进入炉内使磨具表面氧化，失去青铜金属的色泽而变为红色，而没有被氧化的部分为亮黄色，烧结时保护气氛通得太晚，冷却时保护气氛停得太早或出炉温度过高(100℃以上)也会使磨具表面色泽不均。

354. 金刚石磨具如何进行几何尺寸检查?

金刚石磨具的外径、厚度、孔径、金刚石层的厚度、宽度，各种异型磨具的角度、弧度以及金刚石磨具的形位公差均要进行检查。

金刚石磨具的外径、厚度、孔径、金刚石层的厚度、宽度均用精度为 0.02 mm 的游标卡尺测量，孔径用塞规、内径量表或内径千分尺测量。磨具的外径和厚度尺寸属于非配合尺寸，尺寸精度一般取自由尺寸公差或按各生产厂家和加工图纸精度要求测量。

孔径的公差带配合精度一般按 H7 标准孔，表面粗糙度取 $Ra>1.25\sim2.50$ μm，但当磨具孔径较小(如在 20 mm 以下)，厚度较薄时，配合精度相应高些，常选用 H9、H13。

磨具角度检查多采用角度尺或样板，用角度尺能测出准确角度，但较麻烦；样板实际是一个用钢板制成的标准角度，用于检查磨具角度非常直观，但测不出角度的实际偏差，一般要求角度偏差在 ±2°内。

形位尺寸误差检查主要包括不平度、不直度和圆跳动检查。对于一些平面状磨具如薄片砂轮、切割砂轮，必须检查其不平度，检测时是将磨具放置在平板上，然后用平尺和塞尺配合测量。

对于金刚石层很厚的磨具，一般需限制直线度。直线度误差可用百分表检测，即让百分表的针杆尖端垂直地顶在磨具外圆表面上并沿轴向移动，指针读数的最大变动量即表示磨具的不直度，一般应从不同的位置重复测几次，取最大差值作为模具的直线度。

磨具的圆跳动包括径向跳动和端面跳动，径向跳动反映磨具的不圆度或外圆与孔径的不同轴度情况；端面跳动反映了磨具的不平度或端面与孔径的不垂直度情况；圆跳动的测量是在偏摆仪上进行的。

355. 金刚石磨具如何进行动平衡检查?

磨具在高速旋转时，若砂轮的重心偏移中心过大，就会产生较大的离心力，从而引起磨床的振动，使加工产品质量下降，磨具寿命降低。对一些较厚的磨具有时静平衡是合格的，但有可能出现动不平衡，因此，对于厚度较厚、直径较大以及组合式的金刚石砂轮都必须进行动平衡检查。

磨具的动平衡检查一般是在专门的动平衡机上进行的。利用动平衡机测出砂轮的不平衡部位和不平衡量之后，就可以用钻孔减重法或加重法进行校正，但钻孔最多不得超过三处。

第四章 金刚石钻头

356. 钻探用的天然金刚石有哪几类?

天然金刚石按品级分为五级，见表47。

表47 天然金刚石品级表

级别	代号	特征	用途
特级(AAA)	TT	具有天然晶体或浑圆状,光亮、质纯、无斑点及包裹体、无裂纹、颜色不一,十二面体含量达35% ~90%,八面体含量达65% ~100%(如图67)	钻进特硬地层或制造绳索取心钻头
优质级(AA)	TY	晶粒规则完整,较浑圆,十二面体达15% ~20%,八面体含量80% ~85%,每个晶拉应不少于4~6个良好尖刃,颜色不一,无裂纹、无包裹体(如图68)	钻进坚硬和硬地层或制造绳索取心钻头
标准级(A)	TB	晶粒较规则完整,八面体完整晶粒达90% ~95%,每个晶粒应不少于4个良好尖刃,由光亮透明到暗淡无光泽,可略有斑点及包裹体	钻进硬和中硬地层
低级(C)	TD	八面体完整晶粒达30% ~40%,允许有部分斑点包裹体,颜色为淡黄至暗灰色,或经过浑圆化处理的金刚石	钻进中硬地层
等外级	TX,TS	细小完整晶拉,或呈团块状的颗粒碎片、连晶砸碎使用、无晶形(如图69)	择优后制造孕镶钻头

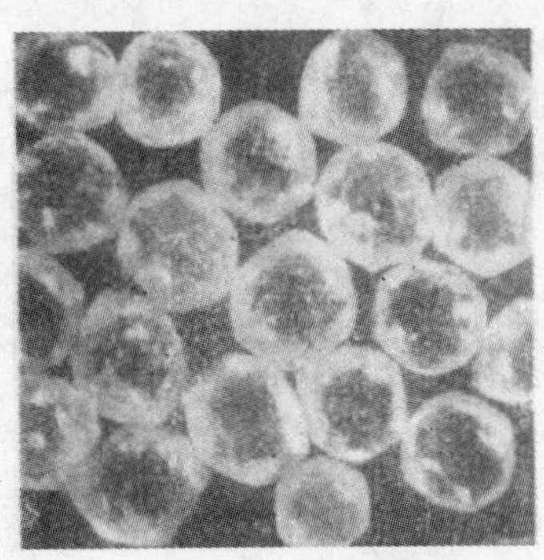

图67 特级金刚石
(晶体多为十二面体)

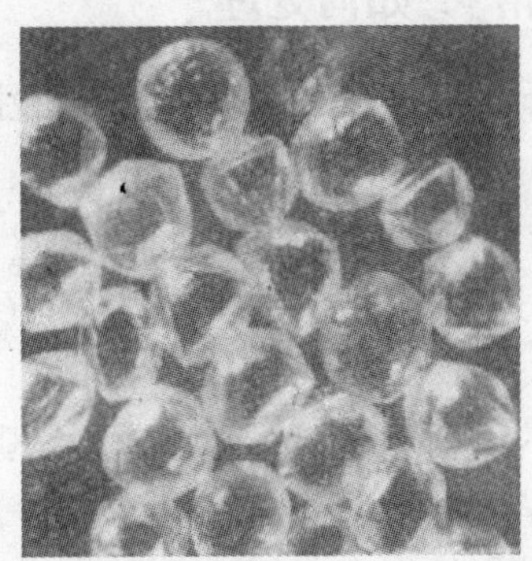

图68 优质级金刚石
(大多为八面体，少数为十二面体)

图69 等外级
(碎片、无晶形)

357. 钻探用金刚石粒度如何划分?

孕镶钻头用金刚石粒度一般按目数算，见表48。表镶钻头用金刚石粒度一般按粒数算，见表49。

表48 孕镶钻头用金刚石粒度

粒度/目					
粒度/目	人造	>46	46~60	60~80	80~100
	天然	20~30	30~40	40~60	60~80
地层		中硬-硬		硬-坚硬	

表49 表镶钻头用金刚石粒度

等　级	粗粒	中粒	细粒	特细粒
粒度/(粒/car)	15~25	25~40	40~60	60~100
地　　层	中硬	中硬-硬	硬	硬-坚硬

358. 对钻探用的天然金刚石有什么要求?

(1)硬度高、耐磨性强。

(2)冲击韧性好、脆性小。

(3)晶形完整，最好是近似球形、浑圆状八面体和十二面体。

(4)表面圆滑光亮、无蚀坑及松散表层，晶体透明或半透明，无杂质或斑点。

(5)内部无裂纹和其他缺陷，即使有少量气泡和裸体，也不分布在顶角上。

(6)金刚石颗粒尺寸最好在50~100粒/ car之间。

359. 什么是金刚石钻头“打滑”? 如何处理?

孕镶金刚石钻头，在钻进坚硬岩石时，常常出现由于胎体的硬度选用不合适，而金刚石被磨平，或不能出露的情况，此时，钻头既不进尺也不磨损，这种现象称为“打滑”或不能“自锐”。出现这种情况，可用下列方法处理:

(1)适当加大钻压强迫钻头进尺，迫使胎体磨损金刚石出露，待正常后立即恢复原来钻压;

(2)减少泵量，借孔内残存的岩粉加速胎体磨损，使金刚石出刃;

(3)必要时在冲洗液中加些岩粉等，增加钻头与孔底的摩擦，促使金刚石出刃;

(4)以上方法处理无效时，便提钻在地表用锉刀锉、砂轮打磨、喷砂机修磨钻头。如不具备喷砂机者可用酸腐蚀等方法处理，或换用其他合适的金刚石钻头。

360. 金刚石地质钻头有哪些类型?

金刚石钻头的类型分类可以按不同的方式划分。按胎体包镶金刚石的方式不同分为表镶、孕镶和混合金刚石钻头；按金刚石类型不同分为天然金刚石钻头(表镶、孕镶和复合片钻头)和人造金刚石钻头(聚晶、复合片表镶钻头和单晶孕镶钻头)；按用途不同分为地质勘探、工程勘察、民用建筑和专用钻头等；按采用的钻具不同分为普通单管、双管和绳索取芯钻头；按施工目的的不同分为取芯钻头和不取芯(全面)钻头。

361．按金刚石与胎体之间的结合形式钻头怎样分类？

分为表镶钻头和孕镶钻头，结构形式如图 70 和 71 所示。

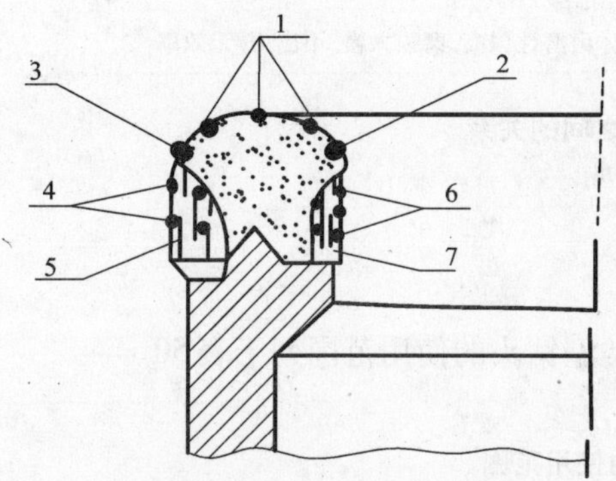

图 70　表镶钻头胎体部分名称

1—底刃金刚石；2—内边刃金刚石；3—外边刃金刚石；4—外保径金刚石；5—外棱；6—内保径金刚石；7—内棱

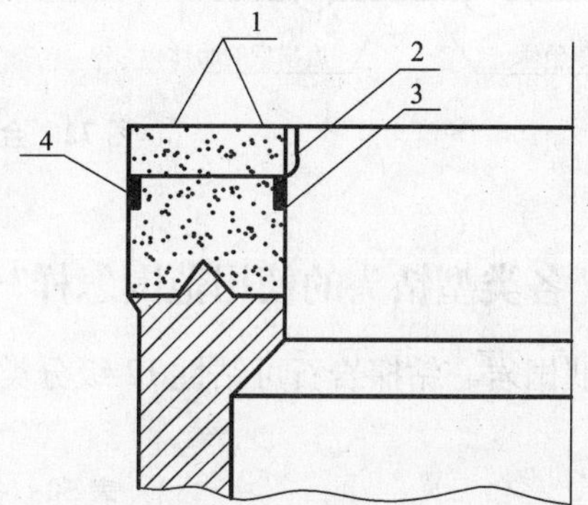

图 71　孕镶钻头胎体部分名称

1—工作层金刚石；2—金刚石层；3—内保径金刚石；4—外保径金刚石

362．地质岩心钻探用金刚石钻头有哪些几何技术参数？

金刚石钻头的几何技术参数包括 10 方面：①胎体端面的几何形状；②水路系统；③胎体的性能；④金刚石质量；⑤金刚石粒度；⑥金刚石浓度；⑦金刚石排列；⑧保径层结构；⑨金刚石在胎体表面的出露量；⑩钻头螺纹的牙型，基本尺寸及螺纹偏差。

363．金刚石钻头胎体设计时应注意什么？

钻头胎体是用于包镶金刚石并与钢体牢固连接。不同类型的钻头对胎体性能有不同的要求，主要取决于钻头的工作特性及所钻进的岩层。对胎体性能一般有如下要求：①胎体要牢固地包镶金刚石，对孕镶金刚石钻头更应严格要求；②胎体应满足钻进条件下足够的强度(但不是越高越好，否则无法与多变的岩层相适应，达不到理想的效果)，并具有一定的抗冲击性能，胎体与钢体之间的连接强度要牢固；③胎体的硬度、耐磨性要与岩石的完整程度，研磨性等相适应(特别是孕镶钻头)。对于孕镶钻头，在正常钻进过程中胎体的磨损应适当超前于金刚石。如果胎体不磨损或磨损极慢，则金刚石出刃甚微，发挥不了它的磨削能力，钻进效率低，如果胎体磨损太快，则造成金刚石的过早脱粒和崩刃，从而迅速地失去钻进能力。如图 72 所示。

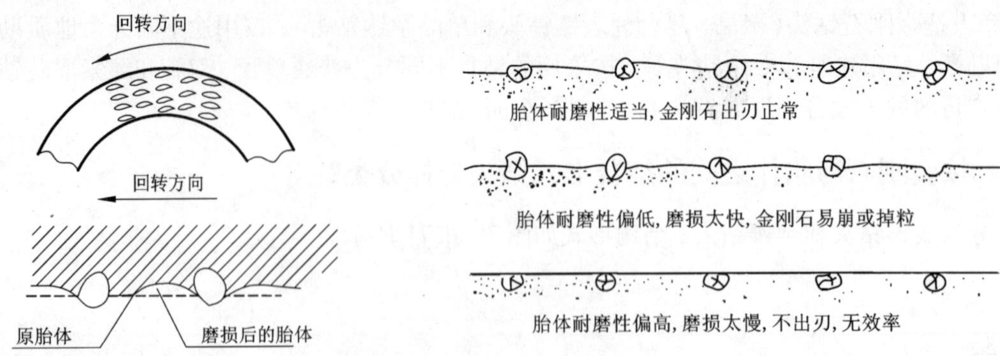

图72 金刚石与胎体之间的关系

364. 各类型钻头的使用范围怎样？

我国岩心钻探岩石可钻性12级分类法确定各类型钻头的使用范围列于表50。

表50 各类型钻头的使用范围

岩石可钻性等级	岩石类别	代表性岩石	复合片钻头	表镶天然金刚石和聚晶钻头	人造单晶孕镶钻头	绳索取心金刚石钻头
Ⅰ	松散	冲积层砂土层				
Ⅱ	较松散	粘土				
Ⅲ	软	泥灰岩				
Ⅳ	较软	页岩	√			
Ⅴ	稍硬	细颗石灰岩	√	√		
Ⅵ	中硬	千枚岩板岩	√	√		√
Ⅶ	中硬	闪长岩	√	√	√	√
Ⅷ	硬	花岗岩		√	√	√
Ⅸ	硬	硅质灰岩			√	√
Ⅹ	坚硬	流纹岩			√	√
Ⅺ	坚硬	石英岩			√	√
Ⅻ	最坚硬	碧玉			√	√

365. 孕镶金刚石钻头适用于钻进什么岩石？

孕镶金刚石钻头适用于钻进中硬至坚硬岩石，也可适用于钻进钢筋混凝土、陶瓷、耐火材料、水泥制品、纤维玻璃和其他硬脆非金属材料。孕镶金刚石钻头目前主要采用人造金刚石单晶，该类钻头具有抗冲击、抗磨损的特点，并且价格低廉，钻头在较高效率下工作，能获得较好的技术经济效果。

366. 孕镶金刚石钻头由哪几部分组成?

孕镶金刚石钻头由胎体和钻头钢体组成，如图 73 所示，胎体又分为工作层和非工作层，工作层中含硬质合金类金属粉末和金刚石，非工作层仅为硬质合金类金属粉末。

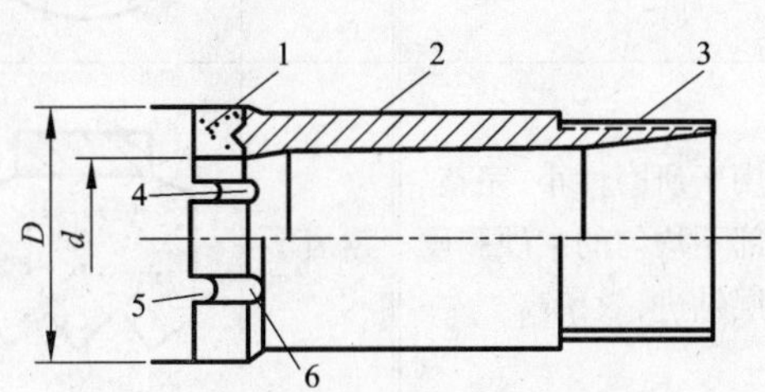

图 73　钻头组成结构图

1—胎体；2—钻头钢体；3—螺纹；4—内水槽；
5—水口；6－外水槽；*D*—钻头外径；*d*—钻头内径

367. 孕镶金刚石钻头的工作层高度为多少合适?

钻头的工作层高度 *h* 一般为 3 ~6 mm，他主要取决于钻头的保径材料质量和设计、使用者的目的和要求。设计时若钻头的内外径磨损过快，工作层高度 h 值可低些，一般取 4 mm。

368. 孕镶金刚石钻头的胎体总高度为多少合适?

钻头的工作层和非工作层总高 *H* 为 10 ~12 mm，该值大，钻头的稳定性好。

369. 孕镶金刚石钻头的工作层的环状壁厚是怎样确定的?

当钻头的外径和内径确定后，钻头工作层的环状壁厚度 *m* 就确定了，$m=\frac{D-d}{2}$，*m* 值小，钻进效率高，金刚石耗量少，但钻头耐磨性差，寿命较短。

370. 孕镶金刚石钻头的胎体唇面形状有哪几种?

对于一般的钻头，其唇面形状通常为平底形，当钻头工作一定时间后，钻头唇面的内外刃部分就会形成一定的弧形。对于唇面形状为同心圆尖齿形、阶梯尖齿形的孕镶金刚石钻头(如表 51 所示)，其唇面能造成较多的自由面，有利于提高钻进效率，并且有防斜效果。若钻头钻进的地层岩石破碎或软硬互层，可以采用阶梯形底喷式水眼唇面(见图 74)。若钻头钻进的地层岩石坚硬致密，研磨性又弱，为了提高钻进效率，采用交错式唇面，也可能会有一定的效果(如图 75)。

表51　人造金刚石钻头唇面形状与用途

名称	形状	性能和用途	名称	形状	性能和用途
平底形		尺寸精确、耐磨性强、寿命长、与地层适应性强	圆弧形		减少初钻磨合时间，可迅速与孔底自由面吻合，进行正常钻进
阶梯形		适用于研磨性小、完整、局部不均匀的中硬和硬岩层钻进，效率高	锯齿形		增加自由面，利于局部破碎。用于完整、致密、坚硬的岩层钻进，效率高
梯齿形		增加碎岩自自面，耐磨性好，钻进致密、坚硬岩层，寿命长、时效高	外锥形		用于软至中硬岩层，钻进速度高

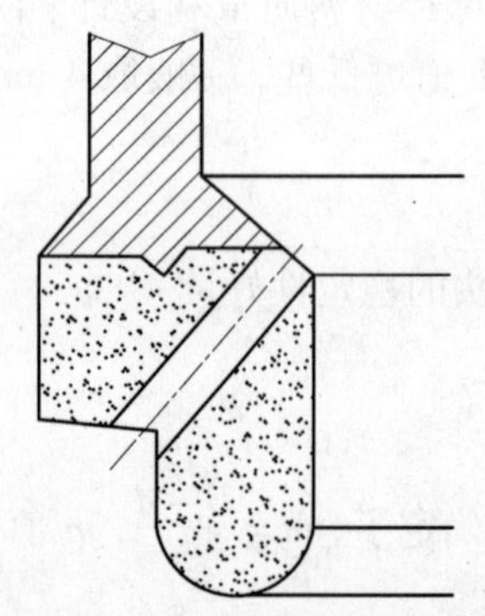
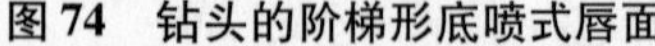

图74　钻头的阶梯形底喷式唇面

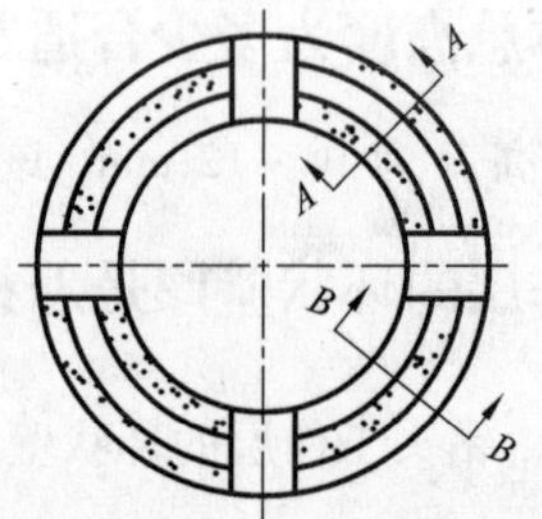

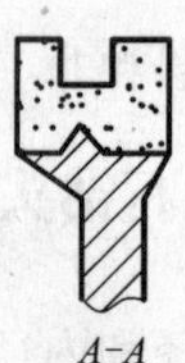

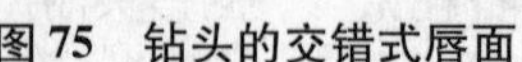

图75　钻头的交错式唇面

371. 锯齿形唇面钻头尖齿的作用是什么？

如图76所示，尖齿的作用：①减小钻头的径向摆动，提高钻头在孔底钻进时的稳定性，减少对金刚石的冲击力，保护了金刚石，提高钻进能力；②尖齿超前破碎岩石，造成孔底的多自由面，使钻头对岩石既磨削又压碎，获得较粗颗粒的岩粉，在坚硬致密岩层中有助于金刚石出刃，能保持较恒定的机械钻速。

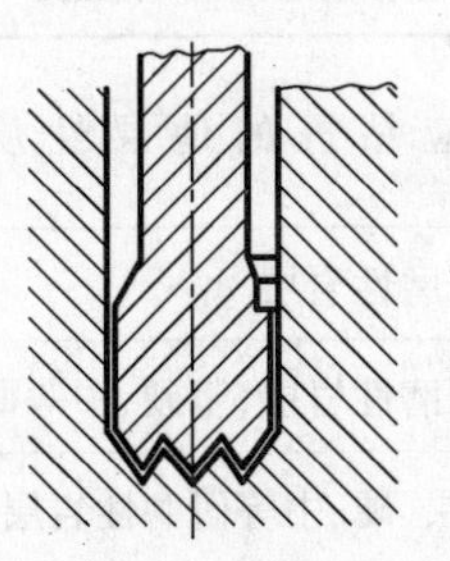

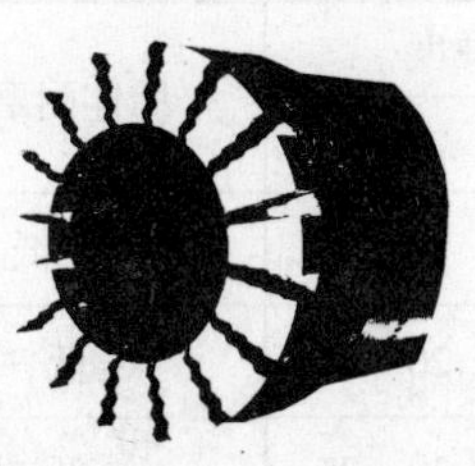

图 76　尖齿唇面钻头的结构与外貌图

372. 孕镶金刚石钻头胎体工作层由哪些成分组成?

孕镶金刚石钻头的工作层由硬质合金类金属粉末和金刚石组成，金刚石是随机地分布在硬质合金类金属粉末胎体中的。传统观念认为，采用粉末冶金法制造的金刚石钻头，其金刚石是机械包嵌，即由于胎体热胀冷缩的应力所包嵌，按照这种观念，当钻头胎体磨损高度等于金刚石半径时就会脱落，但实践证明，目前所使用的孕镶金刚石钻头，当胎体磨损大大超过金刚石的半径时，金刚石仍被胎体牢固地粘结，这表明胎体对金刚石不仅有机械包嵌作用，而且同时有物理化学作用。

373. 孕镶金刚石钻头的工作机理是怎样的?

孕镶金刚石钻头工作时，当钻头与岩石接触后，在轴向压力和回转力的作用下，钻头唇面开始磨损，使金刚石出露(出刃)破碎岩石，在破碎岩石过程中，金刚石本身也不断磨损；与此同时，被破碎下来的岩屑对胎体不断进行磨损，以保证金刚石具有充分的出刃。当金刚石磨损至失去了工作能力后才落入孔底，这时在胎体中又出露新的金刚石，继续破碎岩石。

374. 孕镶金刚石钻头胎体性能指标用什么表示?

钻头胎体性能指标应以耐磨性来表示，但是，目前国内外尚无统一测定胎体耐磨性的方法，一般用洛氏硬度 *HRC* 来表示钻头胎体性能。同一配方胎体的 *HRC* 值波动不得超过 ± *HRC*5。

375. 孕镶金刚石钻头胎体硬度与岩石的适用范围有什么对应关系?

对于孕镶金刚石钻头，胎体的 *HRC* 值的大致适用范围见表 52。表 53 列出了钻头胎体硬度 *HRC*、胎体耐磨性能与所适应钻进的岩石性质情况。

表 52　钻头胎体 *HRC* 值的适用范围

岩石性质	中硬 - 硬，中等研磨性	硬 - 坚硬，强研磨性	硬 - 坚硬，弱研磨性
HRC 值	35 ~ 40	45 ~ 50	20 ~ 30

表 53 钻头胎体硬度 *HRC*、胎体耐磨性能与所适应钻进的岩石性质

胎体硬度		胎体耐磨性能	适应钻进的地层性质
等级	*HRC*		
特软	10~20	低	坚硬、致密、弱研磨性岩层
软	20~30	低,中	坚硬、致密、弱研磨性岩层,坚硬、中等研磨性岩层
中软	30~35	低,中	硬、弱研磨性岩层,硬、中等研磨性岩层
中硬	35~40	中高	硬、中等研磨性岩层,中硬、中等研磨性岩层
硬	40~45	高	硬、强研磨性岩层
特硬	>45	高	硬-坚硬强研磨性岩层,硬脆碎岩层

376. 孕镶金刚石钻头中金刚石品级和粒度的选择原则是什么?

金刚石品级和粒度的选择原则是：岩石愈硬，选用粒度较细和品级较高的金刚石，岩石较软则选用粗粒金刚石，见表 54。

表 54 金刚石粒度、品级与岩石的对应关系

岩石特性	中硬研磨性岩层(7~8 级)	硬-坚硬、裂隙性或破碎的强研磨性岩层(9~12 级)	硬-坚硬、弱研磨性岩层(9~12 级)
金刚石粒度/目	45/50~50/60	50/60~60/70	70/80~80/100
金刚石品级	$MBD_6(JR_3)$	$MBD_8(JR_4)$	$MBD_{12}(JR_5)$

377. 孕镶金刚石钻头的金刚石浓度如何表示?

金刚石浓度表示金刚石在胎体中所占的比例。金刚石工具设计时，常用浓度表示方法有：①每立方厘米胎体体积中含金刚石重量；②体积百分比浓度。

在孕镶钻头中，金刚石浓度用体积浓度表示时，即有 $K=\frac{V_d}{V_m}\times100\%$，式中，$V_d$ 为金刚石在钻头胎体中所占的体积；V_m 为钻头工作层胎体体积。

当 $K=25\%$ 时，国际砂轮工业浓度制称为100%，这时每1 cm^3 胎体中含金刚石的重量为 $1\times0.25\times3.52$ g $=0.88$ g $=4.4$ car。由于金刚石的密度为3.52 g/cm^3，相当于17.6 car/cm^3，所以当砂轮工业浓度为400%时对应金刚石的理论密度，即单位体积范围内全是金刚石。

孕镶金刚石钻头的浓度常用工业浓度制，范围为50%~150%。经常选用的是75%、85%、90%和100%。所选金刚石的浓度与金刚石的品级、粒度以及钻进岩层的情况密切相关。例如，当金刚石的质量比较差，往往就多采用高浓度，如多选用100%以上的浓度以弥补金刚石品级的不足；而高品级、大颗粒金刚石的用量大，就多采用85%以下的浓度，如表55所示。

表 55 金刚石浓度对应关系

代号		1	2	3	4	5	6
浓度	国际砂轮工业浓度	44%	50%	75%	100%	150%	400%
	相当于体积浓度	11%	12.5%	18.8%	25%	37.5%	100%
金刚石实际含量/(car/cm^3)		1.93	2.20	3.30	4.40	6.60	17.6
岩层		硬－坚硬、弱研磨性		中硬－硬、中等研磨性	硬－坚硬、强研磨性		

378. 孕镶金刚石钻头金刚石浓度的选择原则是什么?

金刚石浓度的选择原则是：金刚石浓度必须保证钻头工作唇面上的金刚石数量具有足够的切削能力；必须使钻头具有较高的耐磨性。浓度过低，切削能力低；浓度过高，影响胎体包裹金刚石的能力，反而有可能降低钻头的耐磨性。因此金刚石浓度最高值不得超过允许设计的上限。钻头的金刚石浓度必须根据岩石性质加以合理选择，可参考如下：钻进中硬－坚硬的中等研磨性岩石，钻头的金刚石浓度为75%～90%；钻进硬－坚硬的弱研磨性岩石，钻头的金刚石浓度为50%～75%；钻进硬－坚硬的强研磨性岩石，钻头的金刚石浓度为100%～120%。

379. 孕镶金刚石钻头为什么要保径?

对于孕镶金刚石钻头，保径是一个重要问题。研究表明钻头的磨损有三个不同的阶段：第一阶段，钻头胎体的内环、中部、外环三个不同的部位磨损基本趋于一致；第二阶段，内、外环磨损明显增加；第三阶段，内、外环磨损缓慢增加，因此必须进行钻头保径。

380. 孕镶金刚石钻头用什么材料保径?

孕镶金刚石钻头的保径材料可选用小片状硬质合金、人造金刚石聚晶、天然金刚石、复合片等，保径材料一般安放在非工作层和工作层交界处，同时内外保径材料不能放在同一径向方向线上，以免使钻头胎体发生张力裂纹。

381. 孕镶金刚石钻头的水路系统包括哪几部分?

孕镶金刚石钻头的水路系统包括水口、水槽和内外环间隙。孕镶金刚石钻头由于采用的金刚石粒度比较细，因此钻头工作唇面上金刚石的出刃很微小，冲洗液通过岩石工作面和胎体唇面之间的间隙来冷却金刚石和胎体是相当困难的。岩屑的排出和冷却金刚石与胎体主要是通过钻头的水口和水槽。孕镶金刚石钻头的水路具有水口多、水槽和水口较深的特点，水口和水槽的深度一般应为0.5～1.5 mm，以保证钻头上的金刚石得到良好的冷却效果。

382. 孕镶金刚石钻头常用的水口形式有哪几种?

钻头常用的水口形式有以下几种：

(1)直槽型[图77(a)]，用于软—硬的地层，结构简单，容易制造，采用最为普遍。

(2)斜槽型[图77(b)]，适用于厚壁钻头，其特点是可以促使岩粉沿斜水口迅速排至外环状间隙。

(3)全面冲洗型[图77(c)]，又称梅花形水口，用于表镶钻头钻进硬－坚硬地层。此型水口的特点是迫使冲洗液沿着金刚石的出刃，在胎体和孔底岩石之间的间隙形成液流，能充分冷却金刚石。

(4)螺旋型[图77(d)]，用于钻进软地层。螺旋型水路在旋转过程中使岩粉能及时地被冲洗液沿水口携带到外环状间隙中；另外由于水路长而且扇形块的间隔较小，易使冲洗液流经金刚石，从而使金刚石得到充分冷却。但其水口制造工艺比较复杂。

(5)倾斜槽型[图77(e)]，其特点是扇形块的端部呈倾斜的楔形，内外水槽间隔分布错开排列，并超过扇形块的顶点。其优点是冲洗液可充分冷却钻头。

(6)主副水路型[图77(f)]，用于钻进软地层，同时钻头壁厚比较大的情况下。其副水路可以辅助主水路排粉和冷却厚壁钻头胎体的中心部分。

(7)底喷型[图77(g)]，适用于硬、碎岩层与粉状岩层。由于无内水槽，冲洗液主要由胎体中的水眼流至底唇，能防止冲洗液对岩芯的冲蚀，保证岩芯的采取率。

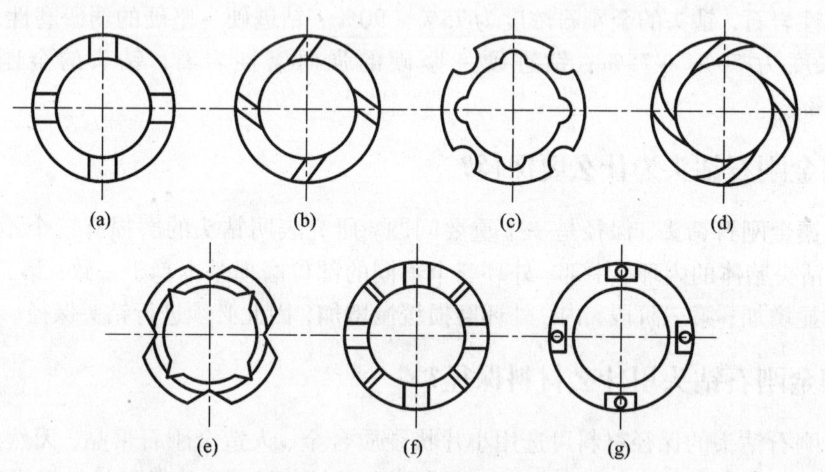

图77 常用不同型式的水口

383. 设计孕镶金刚石钻头水槽和内外环状间隙时要考虑哪些因素?

设计水槽和内外环状间隙时要考虑地层特性、冲洗液类型等因素。例如钻探水敏性地层、易缩径地层并采用泥浆护壁，需相应增大水槽和内外环状间隙，以减小水力损失。

384. 金刚石钻头制作方法有哪些?

金刚石钻头制作方法目前主要有热压法、冷压浸渍法和无压浸渍法三种。

385. 热压法制造金刚石钻头按加热方法及压制过程不同分为哪几种类别?

热压法制造工艺因其加热方法及压制过程不同可分为中频热压法、工频电阻热压法、炉内加热炉外加压法等。

386. 热压法制造金刚石钻头的方法各自有什么特点?

中频热压法：是指将制作金刚石钻头的石墨模具置于中频感应圈内。通电后，由于中频感应作用，放在感应圈内的石墨模具因电磁感应而产生涡流，使石墨模具温度逐渐升高，含有金刚石的胎体金属混合料收缩、软化，当接近塑性流动状态时，施加压力致使胎体密度接近理论密度，使胎体牢固地包镶金刚石，并和钢体牢固地焊接成一体。中频感应加热系统由中频电源、中频输出变压器和感应圈组成。除极小直径工件外，一般采用中频加热系统加热，如图 78 所示。

工频电阻加热法：是一种直热式的加热方法。输入的电流通过大电流变压器变成了低压大电流，通常使用电流为 3 ~5 kA，电压为 4 ~7 V，大电流变压器的容量一般为 50 ~100 kVA。大电流通过石墨模具使它产生高温，加热模具内的金属粉末胎体料，低熔点成分的粉末料首先熔融，并产生收缩。此时对胎体施加外压力，使胎体料达到或接近理论密度，工件得到成形，稍加保温后，即可停止加热。

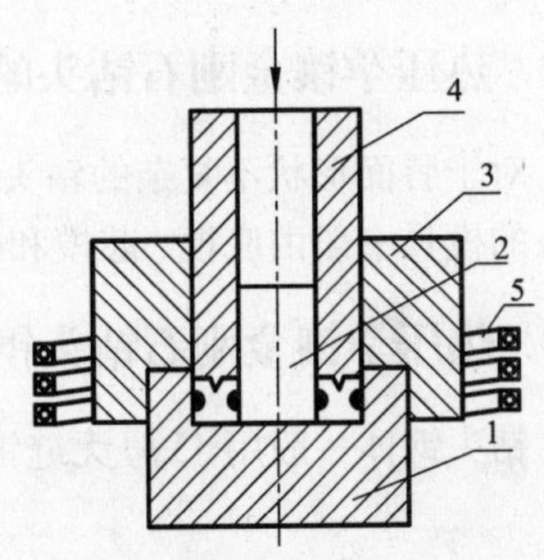

图 78　感应烧结钻头示意图

1—底模；2—心模；3—外模套；4—钢体；5—感应圈

炉内加热炉外加压法：该工艺方法是将装好钻头钢体和胎体料的模具置于高温加热炉内，升温至达到粉末料的烧结温度，稍加保温以后，将模具立即取出，置于附近的压机内加压至规定的尺寸。这种制造金刚石钻头的方法必须用耐热不起皮钢或铸铁制造模具，且胎体料的烧结温度不宜过高，否则很不经济。

387. 热压孕镶金刚石钻头的制造工艺流程是怎样的?

热压孕镶金刚石钻头的制造工艺如图 79 所示。

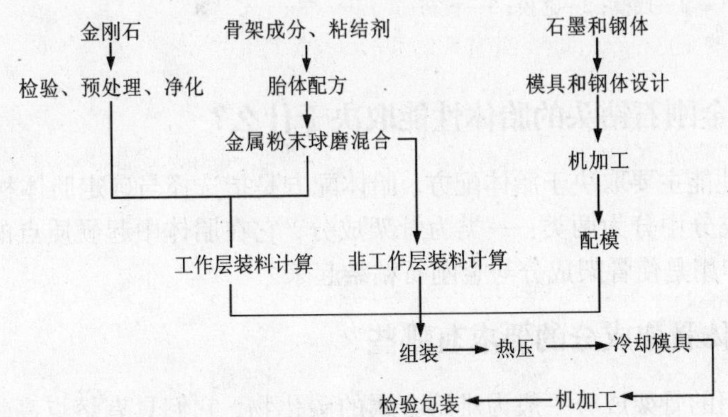

图 79　热压孕镶金刚石钻头制造工艺流程

388. 热压孕镶金刚石钻头的模具材料是什么？其性能如何？

热压孕镶金刚石钻头的模具材料为高强度高纯度高致密化的石墨，其性能列于表56。

表56 钻头石墨模具性能

抗压强度/MPa	密度/(g/cm^3)	线膨胀系数/$℃^{-1}$	电阻系数/($\Omega\cdot mm/m$)	灰分/%
>45	>1.7	3.4×10	<16	0.01

389. 热压孕镶金刚石钻头的模具结构是怎样的？

对于唇面形状不复杂的钻头，其模具一般由底模和芯模组成，如图80(a)；唇面复杂的钻头的模具一般由底模、芯模和模套组成，见图80(b)。

390. 热压孕镶金刚石钻头钢体材料用什么？

钻头钢体一般用45号无缝钢管加工而成，其粗糙度为12.5，结构如图81所示。

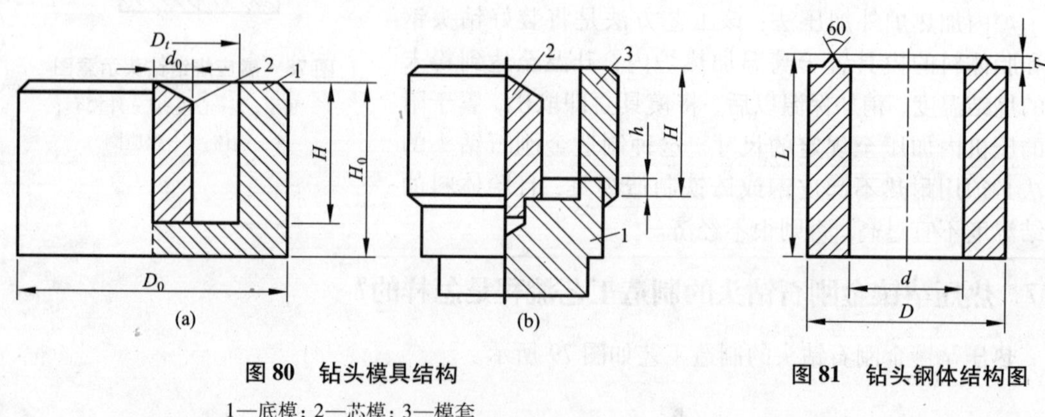

图80 钻头模具结构

1—底模；2—芯模；3—模套

图81 钻头钢体结构图

391. 热压孕镶金刚石钻头的胎体性能取决于什么？

钻头的胎体性能主要取决于胎体配方。胎体配方是指选择与确定胎体材料的成分种类和相应含量。胎体成分中分为两类：一类为骨架成分，它在胎体中起硬质点的作用；另一类为粘结成分，它的作用是使骨架成分与金刚石粘结起来。

392. 钻头对胎体骨架成分的要求有哪些？

胎体中所使用的骨架成分一般为难熔金属的碳化物，它们具有熔点高、硬度大、且具有金属的特性。钻头对胎体骨架成分的要求主要有以下几点：

(1)具有足够的硬度，以防止金刚石在工作中移位；

(2)具有较好的冲击韧性，以能承受复杂多变的载荷；

(3)导热性好，线膨胀系数尽量和金刚石接近；

(4)成形性好，以满足胎体能形成各种形状。

根据上述要求，采用 WC 作为胎体骨架成分较为理想。它的导热率高，热膨胀系数与金刚石接近，并且有高的弹性模量和较高的硬度，同时成形性好。

393. 钻头对胎体粘结成分的要求有哪些?

对粘结成分的要求：

(1)能很好地润湿碳化物和金刚石，并且散布在碳化物颗粒表面；

(2)两相界面能形成一种牢固结合；

(3)具有优良的机械性能，以保证粘结金属连续的薄膜能承受碳化物颗粒传给的应力；

(4)熔点低。

根据上述要求，适合于作钻头胎体粘结成分的金属主要有：Ni，Co，Fe，Sn，Zn，Ti，Cr，Mn，Sb，Ag，Au 等。

394. 钻头胎体常用金属的熔点和密度是多少?

钻头胎体常用金属的熔点和密度见表 57。表中 663 - Cu 指含 Sn 6%，Zn 6%，Pb 3%，其余为铜。

表 57 金属的熔点和密度

金属名称	Sn	Cd	Pb	Zn	Sb	Al	Ag	Cu
密度/(g/cm^3)	7.298	8.65	11.3	7.14	6.68	2.7	10.5	8.93
熔点/℃	231.9	321.03	327.35	419.4	630.5	658	960.8	1083
金属名称	Mn	663 - Cu	Ni	Co	Fe	Cr	W	Ti
密度/(g/cm^3)	7.43	8.82	8.9	8.7	7.85	7.1	19.3	4.51
熔点/℃	1244	800	1452	1492	1537	1903	3370	1668

395. 钻头胎体的配方和性能是怎样的?

一般认为 WC—Cu(或 663 青铜)—Co (Ni)系合金是人造金刚石孕镶钻头较好的胎体材料。典型配方如表 58 所示。

396. 热压孕镶金刚石钻头制造中的加热设备是什么?

目前，热压孕镶金刚石钻头制造中的热压设备主要采用中频感应炉，即是利用中频电源感应加热。中频加热的基本原理是将石墨模具放入紫铜管绕制的感应线圈中，给感应圈通以交变电流，则在线圈内产生一个相应的交变磁场，根据电磁感应定律，该电流叫做感应电流或涡流，该涡流在组件内流动就产生热量而使石墨模具升温。

表58 几种常用胎体材料的配比及性能

材料配比/%	热压温度/℃	胎体性能		
		硬度(HRC)	抗弯强度/MPa	密度/(g/cm^3)
72WC+25Cu+3Co	1180~1200	55	700	13
50WC+10Ni+35Cu+5Co	1160~1180	40~45	1250	11.5
50WC+15Ni+30Cu+5Co	1160~1180	40~45	1100	11.5
54WC+5Ni+5Mn+34青铜+2Co	980	45	930	11.4
54WC+5Ni+5Mn+28青铜+8Co	980	44	959	11.4
35WC+5Ni+5Mn+53青铜+2Co	960	34~38	860	11.1
29WC+5Ni+5Mn+58青铜+3Co	960	28~32	840	11.1

397. 热压孕镶金刚石钻头制造中的加热感应圈高度怎样确定?

一般地说，感应圈要比胎体松装部分高1.5~2倍，但比石墨模具要低，其直径比石墨模具大15~20 mm。制作感应圈的紫铜管一般为ϕ14 mm×1.5 mm。紫铜管截面形状最好是矩形的，也可采用圆形的。感应圈制造过程中，注意感应圈匝间不能短路。

398. 热压孕镶金刚石钻头胎体的致密化过程可分几个阶段?

金刚石钻头胎体是一种比较复杂的多元体系，在实际工作中它属于多元固相烧结，即烧结温度低于粘结成分熔点温度，但粘结成分处于熔融状态。热压时必需给一定的温度才能使粉末处于塑性流动和使组元之间产生扩散作用，并在一定压力条件下使胎体致密化，若没有达到必须的温度想利用高压力来使胎体致密化是达不到预期目的的。热压时钻头胎体的致密化过程分为三个基本阶段：第一为快速致密化阶段，又称微流动阶段；第二为致密化减速阶段，该阶段以塑性流动为主；第三是趋向终级密度阶段，该阶段主要以扩散机理使胎体致密化。

399. 热压孕镶金刚石钻头制造中的热压参数是多少?

根据钻头胎体配方的不同，钻头的烧结温度T为粘结剂中主要成分熔点的75%~90%，全压一般为15~20 MPa，保温时间为5~10 min。

400. 热压烧结制成钻头毛坯后要做哪些后道处理?

经热压烧结制成的钻头毛坯，在水口处测定其硬度，然后通过机械加工获得可供出售的商品钻头。其后续加工主要包括：

(1)车钻头钢体外径到尺寸，粗车内圆，留0.5 mm余量。车长度达尺寸要求，再精车内圆到尺寸要求。

(2)加工丝扣，丝扣的加工可以直接车成，也可以自制一小型动力装置(俗称旋风铣)固定于车床小拖板上，将丝扣铣削而成。

（3）在刨床上刨出内外水口。

（4）刨端面水口，也可以用薄片树脂砂轮将端面水口磨出。

（5）检验各部分尺寸是否合格。

（6）打钢印，配使用卡片、合格证。

（7）用黄油或凡士林涂刷钢体防锈、包装。

401．孕镶金刚石钻头胎体内径磨成喇叭形是什么原因，外径磨成锥形是什么原因？

胎体内径磨成喇叭形，说明钻进中岩心堵塞后仍继续钻进；长时间扫残留岩心；所钻岩层硬、脆、碎；以及钻头内径保径差等原因所造成。外径磨成锥形，说明孔底不清洁；在硬岩层中扩孔；或长时间扫孔、扩孔，钻头外径保径不良所致。

402．孕镶金刚石钻头胎体底唇面磨出沟槽是什么原因？

孕镶金刚石钻头胎体底唇面磨出沟槽，说明钻头胎体底唇面上的金刚石分布不均、孔底有硬质异物等。

403．孕镶金刚石钻头胎体端部磨损过快是什么原因？

孕镶金刚石钻头胎体端部磨损过快，说明泵量不足，孔底岩粉过多；或胎体较软却用来钻进研磨性强的地层所致。

404．孕镶金刚石钻头胎体掉块是什么原因？

钻头胎体掉块，主要是由于在操作时不小心而使钻头受到冲击，或钻进严重破碎地层、裂隙地层、扫残留岩心等使钻头受到坚硬岩块的冲击，此外，孔内有异物如铁块、合金块等，也会导致钻头胎体掉块。

405．孕镶金刚石钻头胎体外径磨成台阶状是什么原因？

孕镶金刚石钻头胎体外径磨出台阶，说明孔内有碎胎体、碎金属块或外径补强不够等。

406．金刚石钻头钻进极坚硬地层时打滑的原因是什么？

钻头在钻进极坚硬地层时，出现钻头打滑现象，许多人认为造成这一现象的原因是金刚石不能出刃，钻头胎体过硬造成的，于是想方设法降低钻头胎体的硬度和耐磨性，这样一来导致走向另一极端，即钻头钻进极坚硬地层时能产生进尺，但钻头寿命极低。事实上，钻头在钻进极坚硬地层时，由于岩石对金刚石的磨损过快，而岩石对钻头胎体的磨损却相对较慢，这样钻头在钻进极短的时间内，岩石磨损金刚石就导致金刚石表面出现一个小的平面。这些小平面大大增加了金刚石与岩石的接触面积，从而降低了岩石与金刚石之间的单位面积上的接触压力。当金刚石施于岩石表面上的压力小于极坚硬地层的抗压强度时，金刚石就不能有效地破碎岩石，这时钻头钻进岩石就不进尺，出现打滑现象。钻进极坚硬地层时，当钻头出现打滑现象后，钻头胎体表面被磨钝的金刚石既不能有效地破碎岩石，也不能从钻头胎体表面自行脱落，这是由于这些被磨钝的金刚石上端被胎体包裹，下端与岩石形成吻合的面接触，此时金刚石实际上处于接近二向受力状态，故而有极强的抗压能力，要想压碎金刚石十分困难，要想让其脱落更不容易。因为钻头产生不进尺后，钻头与岩石的接触面不产生岩粉，没有岩粉导致钻头胎体不被磨损，从而胎体包镶着的金刚石就不能出露或脱落。

407. 如何解决金刚石钻头钻进极坚硬地层时打滑问题？

钻头出现不进尺打滑现象后，磨钝的金刚石在钻头胎体内已成为障碍，为了不使磨钝的金刚石在钻头胎体内及孔底做无用功（不刻取和破碎岩石），只有设法使其尽快脱落，以能使下一颗新的完好的金刚石能尽快出来刻取和破碎岩石。基于这一点，利用弱包镶手段来设计极坚硬地层钻头能够解决钻头打滑问题。弱包镶防打滑钻头的设计方法是：先在金刚石表面用机械方法裹上一层碳化钨粉末，然后将处理过后的金刚石与胎体粉末均匀混合，再进行装模烧结。这样处理后的钻头由于在胎体与金刚石之间有一层没有粘结特性的碳化钨粉末，从而减弱了胎体对金刚石的包镶能力，使钻头在胎体磨损不大的情况下，金刚石就会从胎体中自行脱落下来，从而实现金刚石的换层。

408. 弱包镶防打滑钻头的工作机理是怎样的？

弱包镶防打滑钻头的工作过程原理如图 82 所示。图 82（a）表示钻头金刚石处于未工作和未磨钝状态；图 82（b）表示钻头中金刚石已开始工作而未被磨钝状态；图 82 中（c）表示钻头中金刚石工作后已为被磨钝状态；图 82（d）表示钻头中金刚石已被磨钝后无法工作，并从钻头胎体中自行脱落，以至下一颗金刚石能出来开始工作。

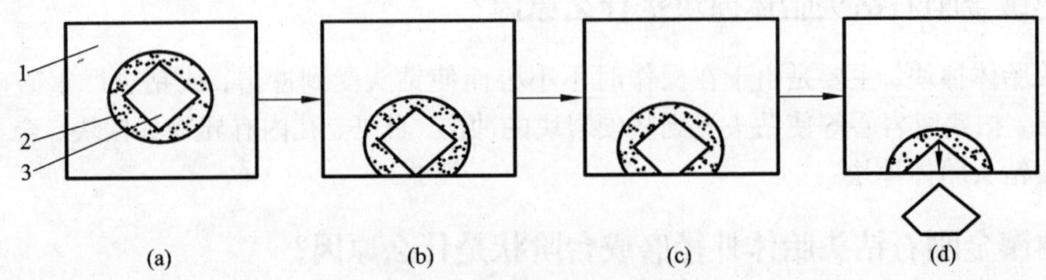

图 82 弱包镶钻头工作原理

1—胎体；2—弱包镶层；3—金刚石

409. 设计制造弱包镶防打滑钻头的关键是什么？

在设计制造弱包镶防打滑孕镶金刚石钻头时，其关键点在于要根据岩石对金刚石的磨损能力来选择合适的弱包镶程度，只有当金刚石工作到一定程度，即不能有效刻取和破碎岩石时，才能让其脱落。若金刚石脱落过早，降低了金刚石的利用率，造成浪费；若金刚石脱落过迟，钻头又会出现不进尺，达不到设计弱包镶的目的。弱包镶防打滑钻头的金刚石脱落快慢是通过金刚石表面包裹的碳化钨弱包镶粉末层的厚度来控制的，碳化钨弱包镶粉末层越厚，则金刚石的脱落速度就越快；反之，金刚石的脱落速度就越慢。

410. 采用预合金粉末作为钻头胎体有什么优点?

采用预合金粉末作为钻头胎体的粘结剂，与机械混合单金属粉末相比，具有以下几方面的优越性：

(1) 从机械性能上来看

对于机械混合单金属粉末来说，各种加入金属都有着各自的熔点，而且熔点温度相差还比较大，如钴、镍、钛的熔点高于1400℃，锡、锌的熔点则只有230～420℃。金刚石钻头的烧结温度一般都在1000℃左右，温度过高则容易使金刚石碳化，从而降低金刚石钻头的使用寿命。在950～1000℃的烧结温度下，低熔点金属早已熔化甚至有部分出现烧损现象，而对于高熔点金属来说，在低温度下烧结所得到的胎体多为假合金，即胎体中大多数高熔点金属仍以元素形式存在，不能充分发挥作用，从而达不到原设计胎体合金配方的要求。这种胎体金属未能完全合金化，各金属颗粒之间是通过固熔扩散、蠕变而结合的，其结合力不强，影响了钻头的机械强度。

如果把粘结金属做成预合金，该预合金粉末具有单一的熔点，其熔点可以通过调整成分配方比例来控制和选择。预合金化的粉末比机械混合粉末要均匀得多，由于已完全合金化，因此其性能亦有所提高。在金刚石钻头烧结过程中，只要温度升到作为粘结成分的预合金粉末的液相线以上时，粉末即熔化，制品的烧结过程也就结束了，从而避免了机械混合粉末胎体烧结中最常出现的成分偏析和低熔点金属先熔化并富集以及易氧化、挥发等弊病，从而可以保证钻头的质量，钻头的性能亦大有提高。

(2) 从胎体合金对金刚石的把持力来看

国内的金刚石钻头经常出现包镶不理想，导致金刚石脱落的现象，目前普遍采用的办法是在胎体中添加少量的铬或者钛等，因为铬、钛等都是强碳化物形成元素，当他们与金刚石接触时，在金刚石与铬粉、钛粉之间形成薄薄的一层 Cr_3C_2 或 TiC，使铬、钛粉既与金刚石有一定的结合力，又与合金胎体保持一定的结合力，从而提高胎体合金对金刚石的把持力。但是由于铬粉、钛粉在胎体合金中本身就是一种松散的结合，因而用添加铬粉、钛粉的方法来提高胎体对金刚石的把持力效果有限，没能从根本上解决胎体合金对金刚石的包镶问题。最根本的途径就是要解决好胎体合金与金刚石之间的润湿角问题。

众所周知，硬质合金之所以用钴作为粘结金属，就是因为高温下钴与碳化钨的润湿角为0°，因此合格的硬质合金产品很少出现碳化钨脱落现象，即钴已牢固地把持住了碳化钨颗粒。

对于金刚石而言，没有任何单质金属对金刚石的润湿角为0°，钴对金刚石的润湿角为45°～55°，铜对金刚石的润湿角为145°，因此从润湿角也能解释为什么机械混合单金属粉末烧结的钻头胎体对金刚石的把持力不大。但如果制成预合金粉末后，则预合金粉末与金刚石的润湿角可以通过调整合金粉末的成分来降低，如 Cu－Sn 合金中加铬粉、钛粉，可以使润湿角接近0°。由于预合金粉末具有单一熔点，因此在烧结温度下能够以液相形式完全浸湿金刚石，故使粘结金属对金刚石的把持力(包镶强度)大为提高。

(3) 金属粉末的氧化、脏化问题

金刚石钻头所选用的金属粉末粒度一般在200目以下，有些金属粉末极易氧化或脏化，如铜粉、钛粉、锰粉等，长时间保存有很多困难，如钛粉保存时就需要进行真空包装。被氧化的金属粉末，其烧结活性大为降低，严重影响了钻头的质量性能。对于预合金粉末由于某些抗氧化元素(如铬粉)的引入，致使合金整体的抗氧化能力有所提高，可以解决粉末的长时间保存问题。

目前国外生产的钻头等金刚石制品，其胎体除少数稀有元素是以机械混合物形式加入外，绝大多数都采用标准的预合金粉末。一种胎体配方，除骨架金属外，只需选配一种或两种预合金化的粘结金属即可。而在国内的钻头等金刚石制品生产中，几乎都仍采用机械混合单粉法，这不仅影响了生产效率，更重要的是使金刚石制品的质量始终处于较低水平，而得不到突破，其重要原因之一就是未实现胎体金属粉末的预合金化。

411. 设计预合金粉末钻头胎体配方时要满足哪些要求?

预合金粉末在钻头胎体中充当粘结剂的作用，在设计预合金粉末的合金成分时，应考虑以下几点要求：

(1)钻头烧结温度的高低主要取决于粘结金属熔点的高低，为了避免高温对金刚石造成热损伤，预合金粉末成分应该选择以低熔点金属为主。

(2)预合金粘结剂在一定烧结温度下应能刚好润湿胎体中的骨架成分和金刚石，而在外压力作用下又不能产生流失现象。

(3)在烧结过程中，预合金粘结剂与骨架成分若产生反应，则只能对胎体机械性能有利，只能对降低烧结温度有利，而不允许形成性能低劣的合金，和使液相消失不能全面去润湿骨架成分和金刚石，同时也不能对金刚石造成损伤。

(4)钻头烧结后的冷却过程，或在以后保存过程中，淬火或时效作用下，只能对钻头胎体机械性能有利，以保证钻头的质量不受影响。

(5)在钻头正常的工作温度下，预合金粘结金属应保证粘结物质层能承受胎体中硬质颗粒(骨架成分和金刚石)传给它的应力而不产生变形或位移。

(6)根据地层的不同、使用条件的各异、钻进方法的区别，预合金粘结剂和骨架成分在品种和含量等方面应可适当调整，以适应不同的使用情况。

412. 钻头胎体耐磨性要根据什么确定?

胎体的耐磨性应根据岩石的研磨性合理确定。

413. 钻头胎体抗冲蚀性如何测定?

测定时，试样制成 $\phi35$ mm ×5 mm 的圆块，在专用冲蚀试验机上测定。冲蚀试验机的工作原理是利用含固相颗粒高速液流冲蚀试样，以一定冲蚀时间内(20 min)试样被冲蚀的损耗体积的倒数来衡量胎体材料的抗冲蚀能力。

414. 衡量钻头胎体粘结金刚石能力用什么指标?

孕镶块包镶金刚石的能力是衡量胎体粘结金刚石能力的重要指标。可采用张力环试件测定。对圆环状试样，通过受载锥体和传力环而受力。试件尺寸：外径 29 mm，内径 19 mm，厚度 5 mm，圆环上有含金刚石工作层的小块，其宽为 5 mm，金刚石浓度为 100%。测定时，载荷下通过受载锥体传力环至张力环试件内壁，如图 83 所示。

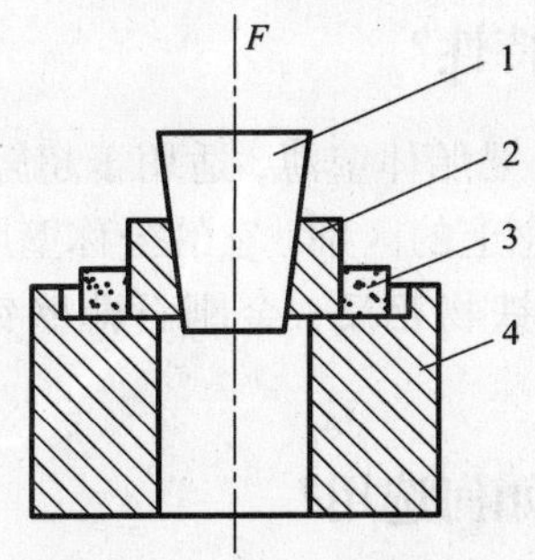

图 83 张力环试件测定装置

1—受载锥体；2—传力环；3—张力试件；4—底座

415. 进行钻头胎体金相检验的目的是什么？

胎体金相检验的目的主要是了解胎体的致密化程度以及截面的物理化学状态。要求胎体的孔隙率不超过 0.6%。

416. 合理选择与使用金刚石钻头的要领是什么？

(1)钻头选择，依据地层；
(2)按研磨性，分弱、中、强；
(3)按完整度，分破碎、较完整；
(4)按可钻性，软、中、坚硬；
(5)三者适当，效果明显；
(6)钻头规格，认真检验；
(7)大小排队，轮换使用；
(8)钻头管理，分到各班；
(9)合理使用，填全卡片。

417. 金刚石钻头不准再行使用的十条原则是什么？

金刚石钻头不准再行使用的十条原则是：
(1)内外径磨损超过允许公差；
(2)出现异常磨损；
(3)表镶钻头金刚石已经脱落；
(4)孕镶钻头有微烧现象；
(5)胎体有裂纹；
(6)钻头出现偏磨、变形；
(7)钻头外径等于或大于扩孔器外径；
(8)水口、水槽磨损；
(9)表镶钻头的金刚石有挤裂、剪碎现象；
(10)表镶钻头金刚石出露在 1/3 以上，或因泵量过大，胎体严重冲蚀。

418．薄壁金刚石钻头有什么特性？

薄壁钻头的主要特性在于：一是胎体壁薄，适用于超轻型钻机，钻速高，其“薄壁”与地质金刚石钻头的“薄壁”存在着概念上的区别，它的公称壁厚通常为3.175 mm或更小；二是与常规金刚石钻探规程中忌切削铁物相反，金刚石薄壁钻头必须具有切削钢筋混凝土的性能。

419．薄壁金刚石钻头金刚石如何选用？

薄壁钻头钻进对象大部分为非均质材料，可钻性差别很大，例如钻进钢筋混凝土楼板时，材料内有粗细不等的钢筋，疏密相间，有浑圆的卵石、砂子和水泥，还有固结不牢的混凝土等。加之胎体薄，金刚石必须有极锋利的切削刃，抗冲击破碎性能好，和胎体有良好的镶嵌作用等。因此需选MBD系列（MBD_8、MBD_{12}、SMD_{25}）和粗颗粒（$70^{\#}$以粗）的金刚石为佳。为提高金刚石的抗冲击韧性，金刚石最好经过磁选和浑圆化处理。

420．薄壁金刚石钻头钢体材料如何选择？

由于壁薄、长度大，因此对钢体材料的要求很高，通常选用无缝$45^{\#}$钢管制造。钢体和胎体连接端采用锯齿形缺口，以增加机械连接牢度。预先在连接部镀一薄层铜（20～30 μm）也可以使烧结后的胎体和钢体间获得牢固的连接。

421．薄壁金刚石钻头胎体需要满足哪些要求？

根据薄壁钻头特殊的钻进条件，胎体必须满足下列几点要求：

（1）胎体具有高的冲击韧性，以应付钢筋、卵石、松动的混凝土的钻进；

（2）胎体对钢体（或焊料）有良好的浸润性，且胎体要具有较高的线膨胀系数；

（3）对金刚石有良好的浸润性，以牢固包镶金刚石。烧结温度不宜过高，防止烧结中金刚石强度下降；

（4）由于钻机能力的局限性，薄壁胎体还需适应低钻压钻进的特点。

422．薄壁金刚石钻头胎体成分如何选择？

薄壁钻头结合剂配方主要有铜基、钴基、WC基和铁基四种，相对不同钻进材料采用不同的配方，可参考下表59。

表59　薄壁钻头结合剂配方与钻进材料对应关系

硬度类别	钻进材料	建议配方
软	石墨、玻璃钢、塑料、有机玻璃	铜基
中硬	铸石、水磨石（不带钢筋）、陶瓷、大理石	钴基
硬	花岗岩、钢筋混凝土、高铅陶瓷	WC基
坚硬	刚玉砖、水晶、碳化硅制品	铁基

423. 薄壁金刚石钻头金属模压制工艺流程是怎样的?

首先在钢体与胎体的联接处镀铜，一般用化学镀铜或电镀铜均可，不镀处应绝缘以节约原材料。预压力为 $1\times10^4 \sim 2\times10^4$ N/cm^2，不宜过高，预压的目的是保证烧结时料层具有一定的密实性，使烧结反应易于进行。炉内加热时可直接将冷模具放入已升至高温的炉膛内，当温度达到设定的烧结温度后保温 30 ~ 60 min。从炉内取出模具立即施压。热压压力为 3×10^3 N/cm^2。然后冷却钢模到一定温度卸模。图 84 是金属模压制工艺流程图。此工艺必须采用有效措施，防止胎体料粘在模壁上，最常用的方法是在模壁上涂石墨作为脱模剂。

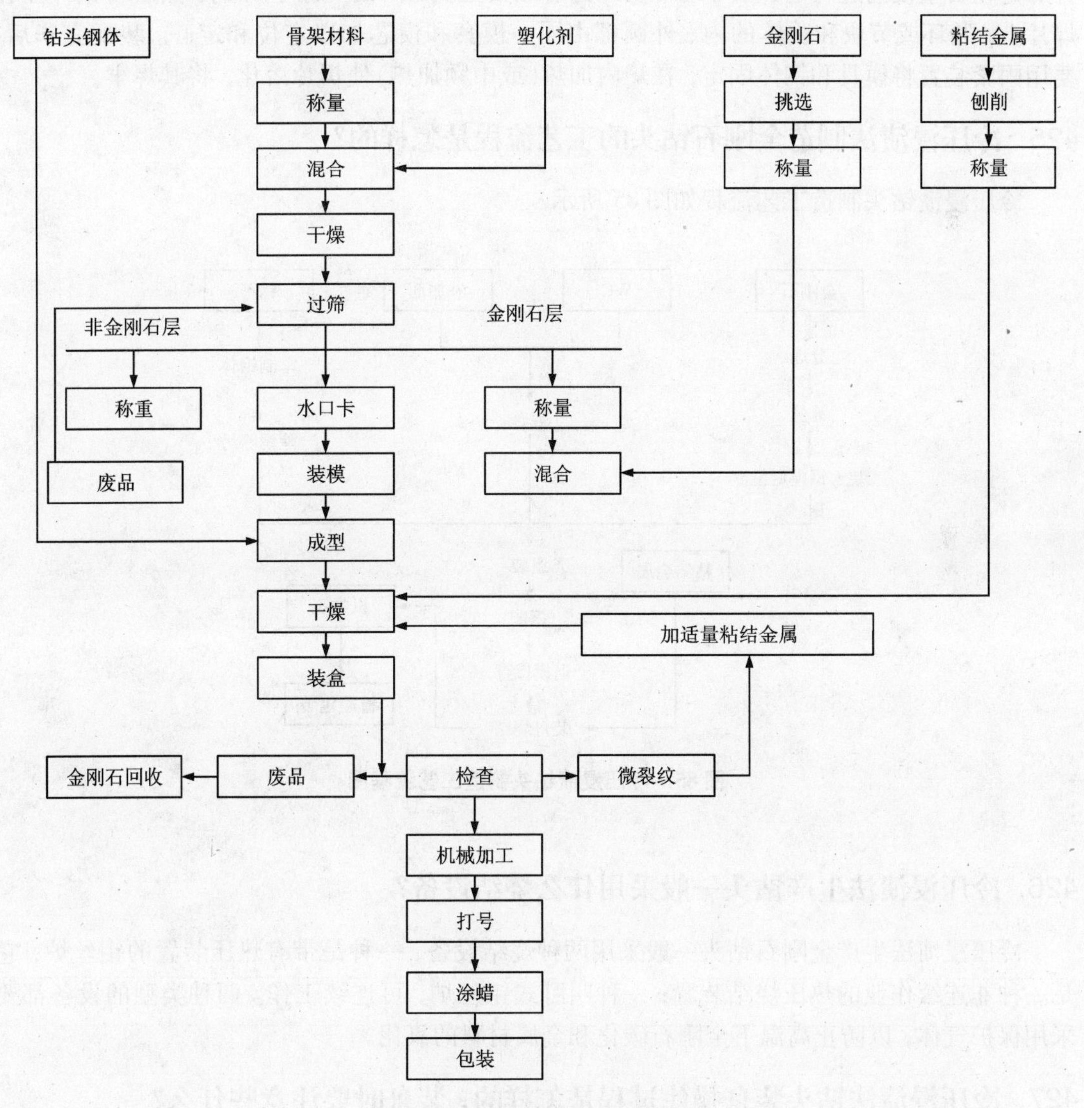

图 84　金属模压制工艺流程

424. 薄壁金刚石钻头石墨模压制工艺流程是怎样的?

石墨模压制工艺可分为两种方法:

(1)一次整体烧结成形法:胎体与钢体一次烧结成形,与金刚石钻头中频感应加热烧结工艺相类似。热压程序:①冷压总压力的30%~50%以压紧混合料;②升温,缓慢升压至总压力的70%;③高温,全压(压至设计高度);④缓慢降温,全压,温度降至700℃以下卸压。

(2)热压钎焊法:即先用石墨模具热压成形出金刚石胎环或节块,然后钎焊在钢体上制成薄壁钻。此工艺的关键是如何保证钎焊的牢度以及钢体和胎环或节块的同心度。本工艺的钎焊是在石墨模内进行的,胎环或节块经打磨除去毛刺,两面均涂上焊剂,然后将钢体压在焊片上,胎环或节块和胎体的内、外圆都由同一模套和模芯加以定位和定心。装配完毕后,要用固紧装置将模具和钢体固定,在炉内加热(或中频加热)使焊片溶化,将其焊牢。

425. 冷压浸渍法制造金刚石钻头的工艺流程是怎样的?

冷压浸渍钻头制造工艺流程如图85所示。

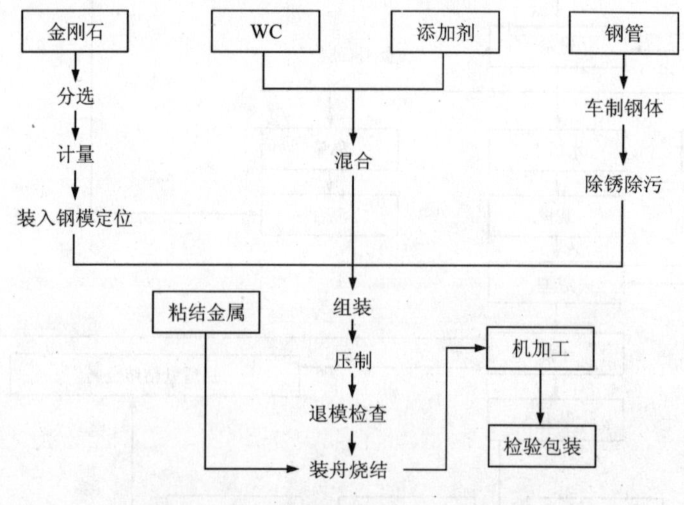

图85 冷压浸渍钻头制造工艺流程图

426. 冷压浸渍法生产钻头一般采用什么烧结设备?

冷压浸渍法生产金刚石钻头一般采用两种烧结设备,一种是带有热压装置的钼丝炉,它是一种非连续作业的热压烧结装置;一种叫卧式钼丝炉,可连续工作。两种类型的设备都要采用保护气体,以防止高温下金刚石碳化和金属材料的氧化。

427. 冷压浸渍法钻头装舟操作过程是怎样的,装舟时要注意些什么?

冷压浸渍法钻头装舟过程是:先在石墨盒底部洒一层铝氧粉,放上石墨芯,小心地将钻头头部(胎体)朝下,套住石墨芯放下,然后将钻头外围空余部分填满铝氧粉并轻轻搅实,芯部周围也放入少许氧化铝粉,并使其稍高于金刚石层,最后在钻头钢体内石墨芯上部放入一定数量的粘结金属。

装舟时应注意：胎体和粘结金属接触部位的表面要清洁，可用毛笔轻轻扫去粘上的氧化铝粉。同时要给粘结金属浸渗创造良好的排气条件。

428. 冷压浸渍法钻头制造中的粘结金属加入量如何确定?

粘结金属的加入量主要根据钻头的胎体空隙体积而定，在胎体体积不变时，压制密度愈大，空隙体积就愈小，则粘结金属的加入量也愈小。粘结金属的加入量可用下式求得(骨架金属为纯 WC，粘结金属为铜镍合金时)：

$$Q=[V-(V_1-V_2)]\gamma k=[V-(\frac{Q_{WC}}{\gamma_{WC}}+\frac{Q_J}{\gamma_J})]\gamma k$$

式中：Q——粘结金属加入量，g；

V——胎体总体积，cm^3；

V_1——骨架材料体积，cm^3；

V_2——骨架中金刚石所占体积，cm^3；

Q_{WC}——单个钻头 WC 材料用量，g；

γ_{WC}——WC 的密度；

Q_J——单个钻头金刚石用量，g；

γ_J——金刚石密度；

γ——粘结金属密度；

k——过量系数，一般取 $k=1.3$。

429. 冷压浸渍法钻头烧结工艺如何确定?

冷压浸渍钻头烧结工艺主要包括升温速度、最终温度、保温时间和冷却速度等。对于升温速度没有严格的规定，一般在 4 h 以上达到终温即可。若升温过快，胎体内的塑化剂(橡胶石蜡汽油溶液)不能充分排除而影响到粘结金属的渗入。最终烧结温度的确定与采用的粘结金属有很大的关系，根据金刚石在高温易碳化的性质，应尽可能选择熔点较低的粘结金属，最好低于 1200℃。一般最终烧结温度比所采用的粘结金属的熔点高 40 ~ 50℃(烧成温度在 1000℃除外)，以保证粘结金属的充分熔化。否则粘结金属流动性差，不能很好渗透。若温度过高，会使粘结金属大量挥发，还会产生偏析现象。保温时间国内一般为 1 h 左右，再自然冷却到 100℃出炉。

430. 冷压浸渍钻头在烧结过程中可能出现的问题有哪些，产生原因是什么?

冷压浸渍钻头在烧结过程中会发生如下问题：粘结金属的浸入情况不佳；钻头产生缩径和胎体裂纹。粘结金属层浸入不佳，可能是烧成温度不准确，胎体表面不清洁，也可能是粘结金属和骨架材料的浸润性不好引起的。至于引起缩径和裂纹，则主要是粘结金属浸入不足造成的。

431. 无压浸渍法制造金刚石制品的基本原理及应用范围是怎样的?

无压浸渍法是指：先将定量的骨架粉末(一般为烧结碳化钨)装入粘好金刚石的石墨模具

内，放入钻头钢体，经适当敲振后使骨架粉末达到所需密度，然后装入适量的粘结金属（多为铜镍、铜锌合金），在箱式电炉中烧结，当达到一定温度后，粘结金属熔化，靠毛细作用渗入骨架粉末中，使之形成一种假合金，能牢固地包镶金刚石并与钻头钢体粘牢。这种方法较多地用于油井钻头制作。

432. 无压浸渍法制造金刚石钻头的工艺流程是怎样的?

无压浸渍法制造金刚石钻头的工艺流程如图 86 所示。

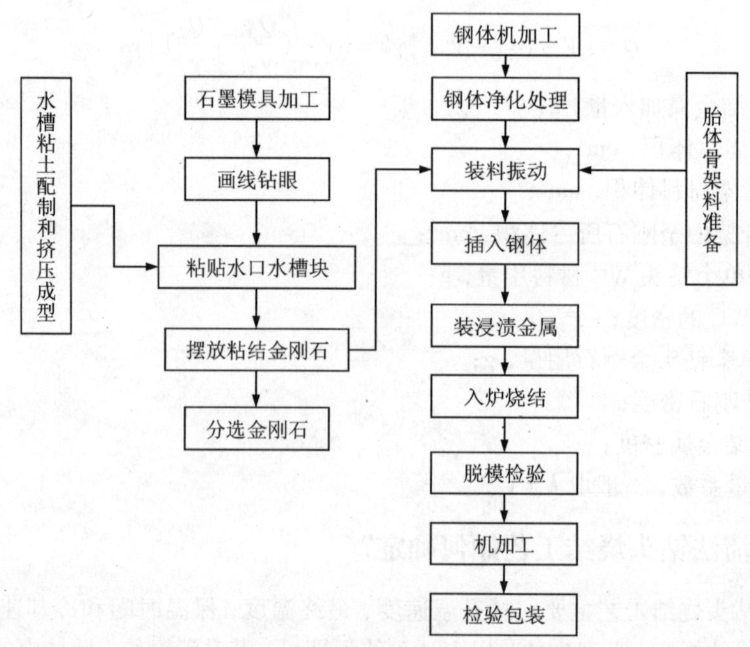

图 86 无压浸渍法制造金刚石钻头工艺流程图

433. 无压浸渍法制造钻头的石墨模具车制好后还要做哪些工作?

石墨模具车制好后，首先在底模上划线定位（包括金刚石位置、水路位置）。底模划线后，则在底模上进行旋眼。旋眼时按金刚石不同的粒度用牙钻球齿铣头扩至相应直径。然后在定位眼中涂以稀胶体用空气吸笔将金刚石放入小孔中。

434. 无压浸渍法制造钻头的石墨模具如何组装?

无压浸渍法模具组装过程是：先按设计胎体高度、厚度计算的骨架粉末装入模具内，边装边振动，以求达到给定的装料密度，然后将钢体放入模中，并保证胎体和钢体有较高的同心度。为了防止钢体熔蚀，可以在模壁上涂一层 Al_2O_3 胶液。然后装上适量的浸渍金属和硼砂，最后盖上石墨盖即可。

435. 无压浸渍钻头制造过程中一般选择什么烧结设备，烧结工艺如何确定?

无压浸渍法一般采用硅碳棒高温箱式电炉作为烧结设备，为了预防金刚石和胎体成分氧化，在石墨模中放入碳屑或通入保护气氛。其烧结温度必须使浸渍金属熔化，靠毛细管作用使浸渍金属渗入骨架粉末中，使胎体致密化，烧结温度取决于浸渍金属熔点，它比浸渍金属熔点高15～20℃。保温30～50 min即可出炉。

436. 无压浸渍法制造扩孔器的原理是怎样的?

无压浸渍法是粉末冶金的一种形式，它是将给定量的骨架粉末装入粘有烧结体的扩孔器模具中，经过适当敲振后使骨架粉末达到规定的装料密度，放入钢体，然后在其上部装定量的粘结金属。在烧结过程中，当达到烧结温度后，粘结金属熔融，靠毛细作用使粘结金属与钢体的热分子交换使胎体与钢体焊接。出炉冷却后，胎体即可达到所要求的性能，包括机械强度、硬度、对金刚石的粘结牢固等等。

437. 无压浸渍法制造金刚石扩孔器的工艺流程是怎样的?

无压浸渍法制造金刚石扩孔器工艺流程如图87所示。

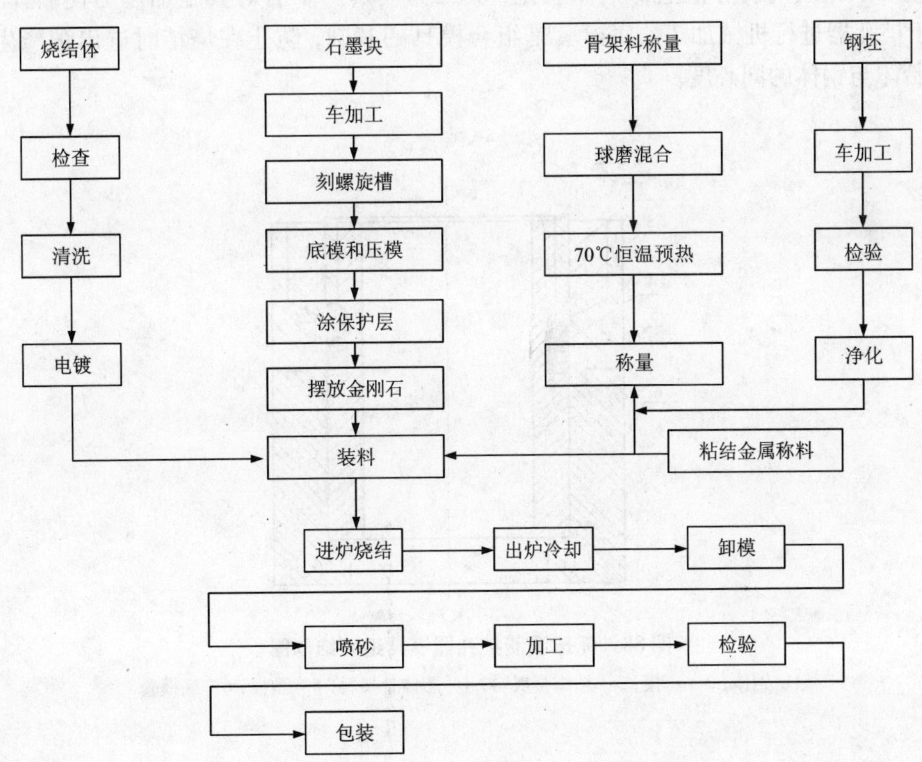

图87 无压浸渍法制造扩孔器工艺流程

438. 无压浸渍法制造金刚石扩孔器时对骨架粉末有什么要求?

根据扩孔器的工作状态，对骨架粉末提出下列要求：

(1)组成胎体硬质点的骨架粉末，要求由不同的粒度组成，并要求各种粒度均匀分布，以取得具有良好机械强度、耐磨性、合适硬度的胎体。

(2)力求粉末颗粒有一定的形状，使粉末颗粒的装料密度控制在一个较窄的范围内，使每次装料量达到可重复性，以保证完善的浸渍性能，确保胎体质量和尺寸精度。

(3)骨架粉末颗粒本身要致密无孔隙，使胎体烧结后密度达到或接近理论密度，保证胎体机械性能优良。

(4)要求骨架粉末在烧结温度下不产生某种粉末溶化而使骨架体积发生明显收缩，以保证胎体各部位的性能达到既定要求。

(5)要求骨架粉末和粘结金属间有良好的浸润性。

439. 无压浸渍法制造扩孔器时模具结构是怎样的，各部分的作用是什么?

无压浸渍法制造金刚石扩孔器，其模具结构如图88所示。它是由石墨为材料的型模、压模、底模和钢体组成的。型模是胎体成型最重要的石墨部件。压模的作用有二，其一为烧结时它产生一氧化碳气氛防止上部钢体氧化；其二为模具出炉后对其施加压力使胎体上端整形，便于扩孔器进行机械加工。底模套是组合模具的基础，防止在烧结时进出炉产生颠倒，并保持胎体与钢体的同心度。

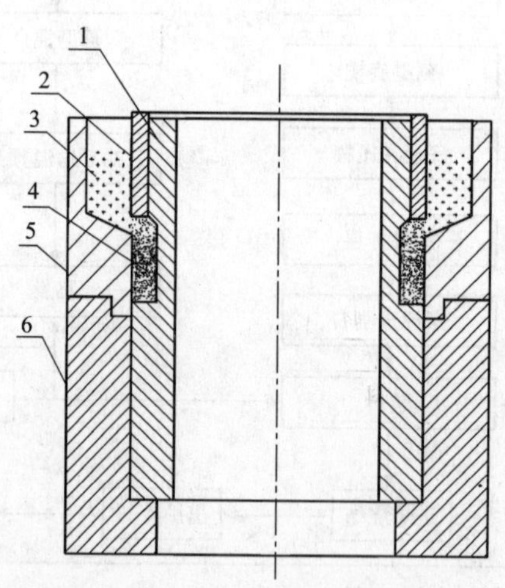

图88 无压浸渍扩孔器模具组装结构图

1－钢体；2－压模；3－粘结金属料；4－胎体骨架料；5－型模；6－底模套

440. 无压浸渍法制作扩孔器时对石墨模具各部件的配合有什么要求?

在模具各部件的配合上必须做到：

(1)压模和型模间必须有一薄层粉末形成毛细作用浸渍通路，以确保胎体粉末完善的浸渍过程；

(2)胎体与钢体的同心度是依靠下部钢体外圆与配合精度较高的专用装料底模套来实现的，因而要求钢体下部与底模套的配合要好。

441. 无压浸渍法制作扩孔器时如何选用烧结体?

烧结体是扩孔器的切磨材料，其质量好坏在很大程度上决定着扩孔效果。因此对它有如下要求：①与 TL80#ZR_2 砂轮的磨削比达 30 000 以上；②热稳定性要好；③烧结体尺寸多采用 $\phi1.8\times4$ mm，这样便于模具组装，外表美观。

442. 无压浸渍法制作扩孔器时烧结体如何摆放?

烧结体定位一般用胶水溶液粘到型模螺旋槽上，摆放数目视应用的地层和扩孔器规格而定，如 $\phi56.5$ 扩孔器摆放烧结体数为 54 粒、48 粒和 42 粒三种。

443. 无压浸渍法制作扩孔器时胎体粉末装料量如何确定?

骨架粉末装料密度既不能过高也不能过低。这是因为装料密度的大小是靠敲振来实现的。如果装料密度过高，粉末容易分层，而且粘结金属也不易达到完善的浸渍程度，因而胎体出现疏松和脆的现象；装料密度过小，骨架粉末密度不均，造成粘结金属层及其边界的厚薄不均，而且对聚晶的包镶不良。以上两种情况都会出现使强度下降的问题。因此，骨架粉末都应当有一个合理的装料密度。当粉末组成改变时，胎体强度峰值的对应装料密度是不一致的。

粘结金属的装料是可按下式计算：

$$G=\gamma\left[V-\left(\frac{G_1}{\gamma_1}+\frac{G_2}{\gamma_2}\right)\right]\cdot K$$

式中：G——粘结金属装料量，g；

γ——粘结金属密度，g/cm^3；

V——扩孔器胎体体积，cm^3；

G_1——骨架粉末料的装料量，g；

γ_1——骨架粉末料的理论密度，g/cm^3；

G_2——烧结体的重量，g；

γ_2——烧结体的密度，g/cm^3；

K——粘结金属的过量系数，$K=1.5\sim2$。

444. 无压浸渍法制作扩孔器时为什么要在石墨模具上涂保护层?

无压浸渍法制造扩孔器时，为使石墨模具延长寿命，同时防止石墨对钢体可能产生渗碳而造成加工的困难，所以要在石墨模具上涂保护层。

445. 无压浸渍法制作扩孔器一般使用什么做保护层材料?

无压浸渍法制造扩孔器时，为使石墨模具延长寿命，同时防止石墨对钢体可能产生渗碳而造成加工的困难，一般采用 Al_2O_3 汽油橡胶溶液涂上薄薄的一层，将大大延长其使用寿命，如底模模套保护得好可连续使用20次以上。

446. 无压浸渍法制作扩孔器时装料步骤是怎样的?

无压浸渍钻头制造过程中，装料步骤为：

(1)将装料用的底模套放置在转台上，放入钢体，然后再将粘好的烧结体的型模从钢体上端套入，使型模与底模套配合；

(2)将经过70℃恒温预热的给定量的骨架粉末，沿着钢体与型模的圆周间隙倾倒装入型模腔内，然后用棒敲振转盘和型模外壁，当粉末进入型模腔后，将粉末上部稍平整，再加入少许骨架粉末并拭平整，使之略高于型模上端平面，以造成毛细作用的浸渍通道；

(3)用手提住钢体上端并从装料底模套中提出，随即装入涂好 Al_2O_3 汽油橡胶溶液的石墨底模套内；

(4)装入涂有 Al_2O_3 汽油橡胶溶液的压模；

(5)装入给定量的粘结金属，并在其上面撒上一层适量的硼砂。

447. 无压浸渍法制作扩孔器时烧结工艺如何确定?

无压浸渍扩孔器烧结温度一般要高出粘结金属的熔点30℃以上为宜。达到烧结温度后一般需要保温20 min左右。

448. 无压浸渍法制作扩孔器时模具出炉时怎样操作?

保温完毕后，将组合模具用坩埚钳夹出，并迅速在压模上端加一重物(或在小压机上稍加压)，以达到胎体上端整形的目的和便于取出剩余的粘结金属。然后在空气中自然冷却。

449. 无压浸渍制作扩孔器要进行哪些质量检验?

无压浸渍扩孔器后加工完毕后需要进行以下项目的质量检验：

(1)胎体必须无裂纹和外表缺陷；

(2)胎体硬度必须符合要求；

(3)尺寸必须符合设计要求。胎体与两端丝扣必须同心，其最大不同心度允许误差为0.10 mm。

450. 表镶金刚石取心钻头适于钻进什么岩层?

表镶金刚石取心钻头一般适用于钻进Ⅴ~Ⅷ级中硬至硬的岩层。其外形如图89所示。

451. 表镶金刚石钻头分为哪些类型?

表镶金刚石钻头分为天然金刚石表镶钻头、人造聚晶表镶钻头、复合片表镶钻头。

452. 天然表镶金刚石钻头适于钻进什么岩层?

天然表镶金刚石钻头特别适用于碳酸盐类岩层，配合绳索取心钻进能获得明显的经济效果。

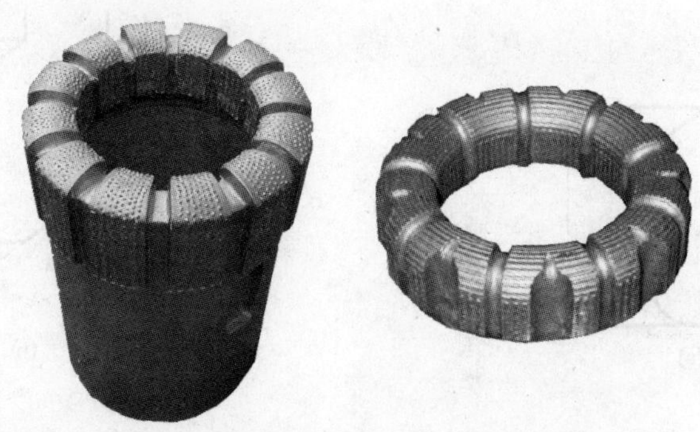

图 89　表镶钻头外貌图和唇体剪辑图

453. 天然表镶金刚石钻头由哪几部分组成?

天然表镶金刚石钻头由金刚石、胎体、水口、水槽和钢体组成。

454. 表镶金刚石钻头的胎体端面形状有哪些?

表镶金刚石钻头的胎体端面(唇面)形状影响载荷分布，排粉和冷却金刚石效果以及制造工艺。普通单、双管表镶钻头，一般采用标准唇面，见图 90(b)。它的唇面圆弧半径 R 等于或略大于唇面的宽度 b，这种唇面既克服了平底形边刃镶嵌不牢的缺点见图 90(a)，又克服了圆弧形唇面见图 90(c)顶峰区应力高度集中的缺点。

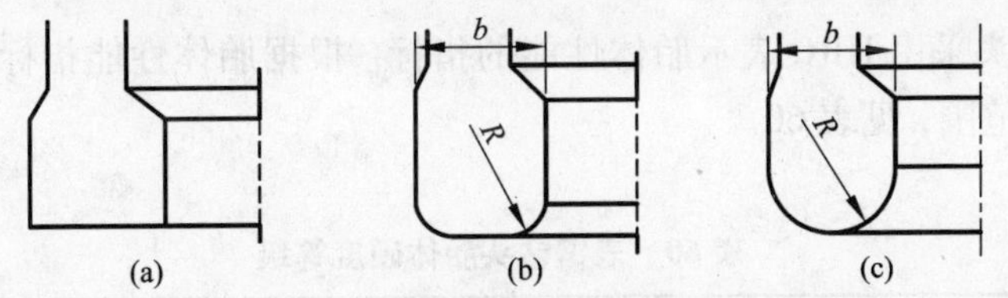

图 90　单、双管表镶钻头唇面形状

(b) $R=(1.0\sim1.2)b$; (c) $R=\frac{1}{2}b$

对于绳索取心表镶金刚石钻头，由于钻头壁厚，一般采用阶梯唇面和锥形唇面，见图 91。

多阶梯唇面(3 阶梯至 7 阶梯)是绳索取心表镶钻头的标准形，为多自由面掏槽型，钻速高，同时钻头的稳定性好。锥形唇面可以看作微阶梯形，其排粉效果比阶梯形唇面要好。

455. 表镶金刚石钻头正常磨损的标志是什么?

金刚石出刃逐渐磨钝，金刚石的出露保持 1/4 ~ 1/3 的范围之内；胎体磨损均匀而轻微，没有拉槽、崩裂、掉粒等异常现象，钻头内、外径和棱部有磨平现象，但尺寸变化微小；在每颗金刚石后面有轻微“尾巴”状胎痕，上述症状，可认为表镶金刚石钻头正常磨损。

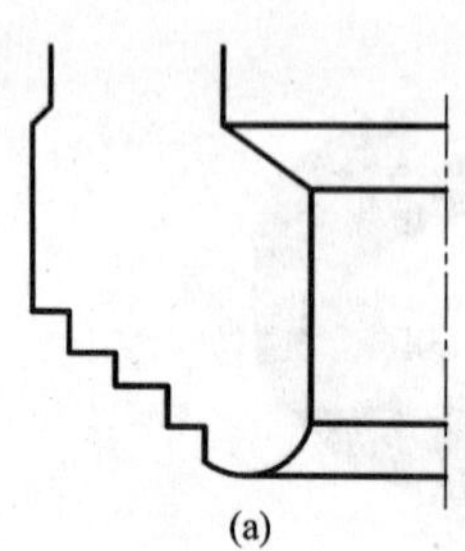

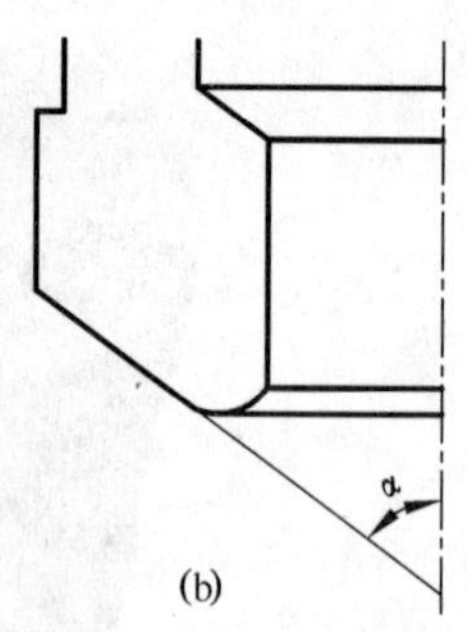

图91 绳索取心表镶金刚石钻头唇面

(a)多阶梯唇面；(b)锥形唇面

456. 表镶金刚石钻头对胎体性能有哪些要求？

对于表镶钻头胎体性能的要求如下：

(1)能牢固地包镶金刚石，同时和钻头钢体结合牢靠；

(2)具有足够的抗压和抗冲击强度，以适应孔底的复杂受力状态；

(3)具有一定的硬度和耐磨性，使之与岩石相适应。

国内外一般采用WC为胎体骨架，铜基合金(Cu为基，添加一些Ni、Co、Mn、Zn、Sn等金属元素)为粘结剂通过烧结后可以满足上述要求。

457. 表镶金刚石钻头胎体性能指标怎样表示？

表镶金刚石钻头采用HRC表示胎体性能的指标。根据胎体性能指标将胎体分为三个等级，以适应不同的范围，见表60。

表60 表镶钻头胎体硬度等级

胎体等级	HRC	适用范围
软胎体	20~25	5~7级弱研磨性岩石
中硬胎体	30~35	8~9级中等研磨性岩石
硬胎体	40~45	8~9强研磨性、裂隙性岩石

458. 表镶金刚石钻头的切削刃分为哪几种？

表镶钻头的切削刃分为边刃、底刃和侧刃，如图92。

459. 表镶金刚石钻头切削刃的受力情况怎样？用什么品级的金刚石？

表镶金刚石钻头通常边刃受力最恶劣，底刃次之，侧刃主要起保径作用。为了使钻头上的金刚石磨损趋于一致，边刃采用质量最好的金刚石，底刃次之，侧刃再次之。对于绳索取心钻头，边刃应用特级金刚石（AAA），底刃用优质金刚石（AA），侧刃用标准级金刚石（A）。对于普通单、双管钻头，所采用的金刚石品级一般可以相应降低一个等级。

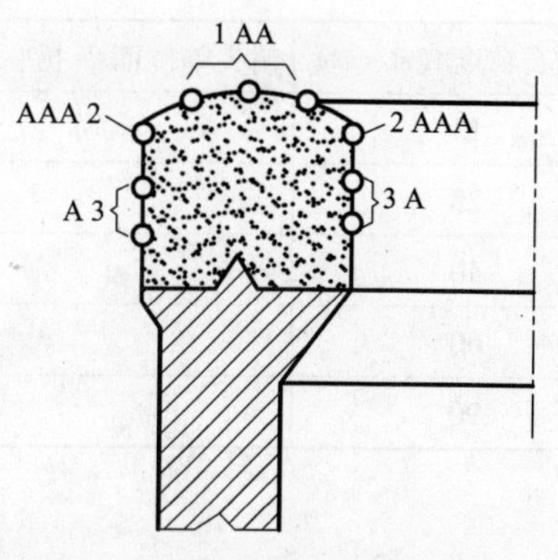

图 92　表镶钻头上切削刃的分布

1—底刃；2—边刃；3—侧刃

460. 表镶金刚石钻头的金刚石粒度怎样选用？

表镶金刚石钻头的金刚石粒度可根据岩石可钻性的级别及岩石的研磨性进行选择：

Ⅵ～Ⅶ级：弱研磨性、小颗粒、致密的非裂隙性岩石，如泥页岩、千枚岩、石灰岩、大理石、白云岩石等，金刚石粒度取 5～15 st/car。

Ⅷ～Ⅸ级：弱研磨性：小颗粒、致密岩石，如磷灰岩、闪长岩、硅质页岩等，金刚石粒度取 20～30 st/car；中等研磨性：中颗粒、裂隙性岩石，如花岗岩等，金刚石粒度取 30～40 st/car；强研磨性：中、粗颗粒、强裂隙性岩石，如混合岩等，金刚石粒度取 40～60～90 st/car。一般情况下，金刚石粒径 $d_z \geqslant (2\sim4)d$ 岩屑尺寸。

461. 表镶金刚石钻头的金刚石含量怎样表示？

表镶钻头唇面上的金刚石含量取决于金刚石的布满度 e，粒度和唇面工作面积。金刚石的布满度用下式表示：

$$e=\frac{S_a n_a}{S}\times 100\%$$

式中：S_a——单粒金刚石的横截面积，$S_a \approx d_z^2$；

d_z——金刚石粒径，$d_z=(109/z)^{1/3}$ mm；

Z——金刚石粒度，st/car；

n_a——钻头唇面上金刚石的数量，st；

S——唇面工作面积，$S=\frac{\pi}{4}(D^2-d^2)-(\frac{D-d}{2})Bn$；

D——钻头外径；

d——钻头内径；

B——水口宽度；

n——水口数。

462. 表镶金刚石钻头钻进地层与所用金刚石粒数有什么对应关系？

表镶金刚石钻头钻进地层与所用金刚石粒数的对应关系见表 61。

表 61 表镶金刚石钻头钻进地层与所用金刚石粒数对应关系

金刚石粒度/(st/car)	钻头单位面积上平均的金刚石颗粒数/(st/cm^2)	适用地层
15	16	5 ~7 级弱研磨性地层
25	21	8 ~9 级弱研磨性地层
40	28	8 ~9 级中等研磨性地层
60	33	8 ~9 级强研磨性地层
90	39	8 ~9 级研磨性破碎地层

463. 表镶金刚石钻头的金刚石布满度取决于什么?

表镶金刚石钻头的金刚石布满度 e 值取决于岩石性质, 对于 5 ~7 级中硬岩石, $e=40\%\sim50\%$, 对于 8 ~9 级硬岩, $e=50\%\sim60\%$。

464. 表镶金刚石钻头的金刚石排列原则是什么?

金刚石排列是表镶金刚石钻头的重要指标之一, 直接影响钻进效率和钻头寿命。其排列原则为:

(1)唇面上的金刚石比较充分地覆盖孔底工作面;

(2)唇面上各部位的金刚石在工作中的磨损程度尽量趋于一致;

(3)排粉冷却金刚石的效果良好;

(4)机械钻速高。

465. 表镶金刚石钻头的金刚石排列步骤是怎样的?

表镶金刚石钻头的金刚石排列步骤为:

(1)确定金刚石的出刃值;

(2)确定唇面上切削线的数目(或一组金刚石的粒数);

(3)计算唇面上金刚石的组数;

(4)选择排列的方式。

466. 表镶金刚石钻头的金刚石排列方式有哪几种?

表镶金刚石钻头的金刚石常用的排列方式有:

放射状排列: 金刚石分布在切削线和放射线的交点上, 见图 93。其特点是内外刃的粒数相等, 但外圈金刚石的间距大于内圈金刚石的间距, 因此外刃易磨损, 适用于 5 ~7 级中硬岩石。

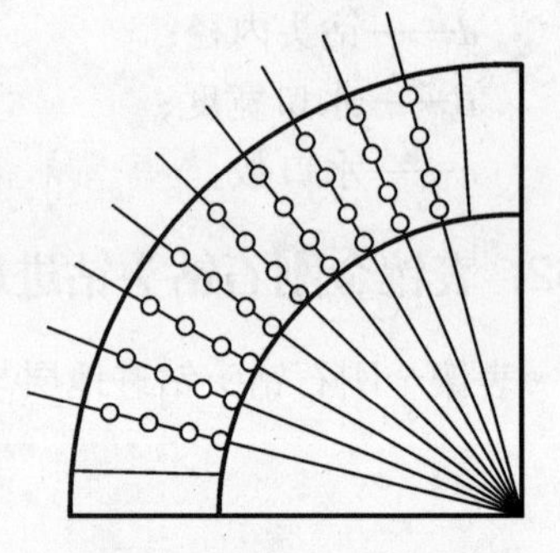

图 93 放射状排列图

螺旋状排列: 以钻头的平均半径 R_c 的二分之一为半径(r)作基圆, 将基圆分成若干等份(等份数量等于金刚石的组数), 然后以 $r_1=2/3R_c$, 以等份点为圆心画圆, 则形成了若干螺旋线。一组的金刚石等距离分布在螺旋线上。

见图 94，这种排列虽 $b>a$，但由于一组的金刚石等距离分布在螺旋线上，使得唇面上的切削线愈靠外圆愈密，这样加强了靠外圆部分的金刚石密度。这种排列是合理的，同时这种排列排粉和冷却金刚石的效果好。适用于 7 ~9 级岩石。

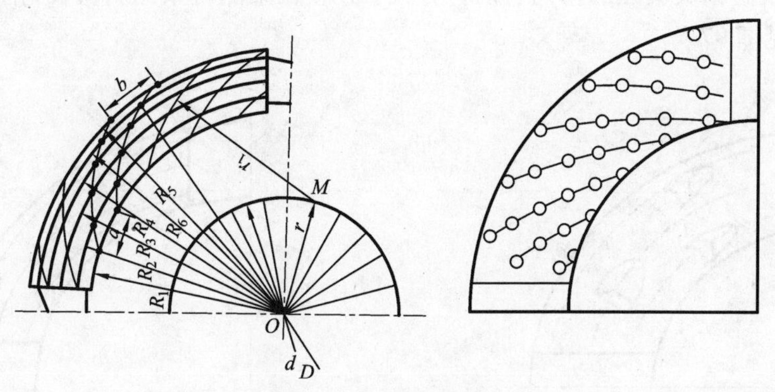

图 94 螺旋状排列图

等距排列：金刚石分布在切削线与水口平行线的交点上。各同心圆切线上的金刚石间距相等。这样外径的金刚石数量比内径的金刚石多。见图95，图中 4 粒金刚石为一组。这种排列使每粒金刚石的工作负担基本相等，适用于均质岩石。

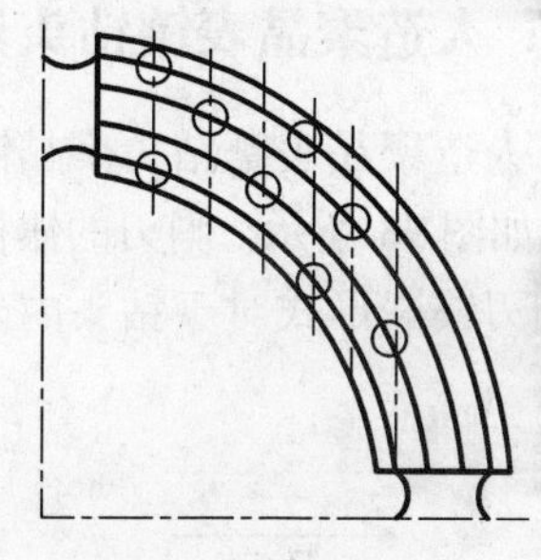

图 95 等距排列

467. 表镶金刚石钻头水路的作用是什么？

钻头的水路包括水口和水槽，其作用是保证能通过足够的冲洗液量，以便排出岩粉和冷却金刚石。水口的数目和尺寸应根据钻头直径和岩石性质来确定。随着钻头直径增大，水口数目相应增加，对于软岩，水口断面应大些；对于硬岩，水口断面应小些。

468. 人造聚晶表镶钻头所用的聚晶怎样选择？

人造聚晶表镶钻头所用的聚晶选择原则是：岩石较软、研磨性较弱地层，选用大颗粒聚晶，以发挥钻头的切削作用而获得较高的时效。岩石较硬的研磨性地层，选用较小颗粒聚晶，使钻头能自锐，以保持钻速基本一致。

469. 人造聚晶表镶钻头所用的聚晶数量如何计算？

人造聚晶表镶钻头所用的聚晶数量可根据钻头工作唇面的聚晶充填度来计算，即：

$$n=\frac{k(S-S_1)}{S_g}$$

式中：n——钻头唇面上的聚晶粒数；

S——钻头的工作唇面面积；

S_1——钻头唇面上水口所占的面积；

S_g——聚晶的横截面积；

K——充填度系数，$K \approx 40\%$。

470. 人造聚晶表镶钻头聚晶的排列方式有几种？

人造聚晶表镶钻头聚晶的排列有两种方式：大颗粒聚晶可采用斜镶，见图 96；小颗粒聚晶采用直镶，见图 97。

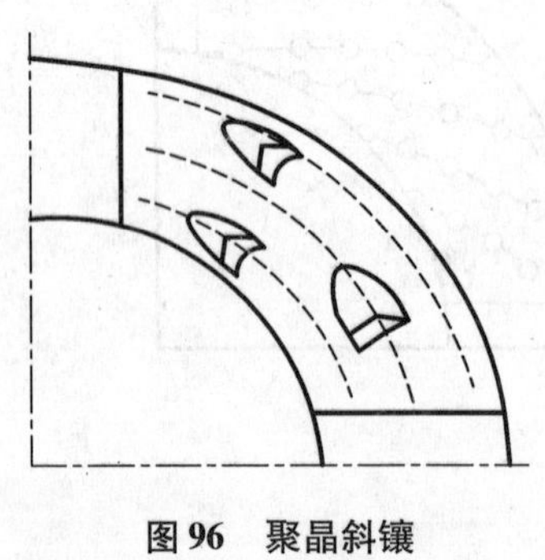

图 96 聚晶斜镶

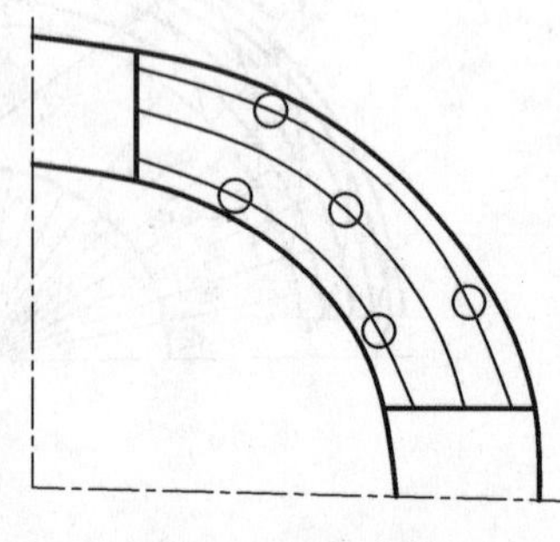

图 97 聚晶直镶

471. 人造聚晶表镶钻头聚晶的镶焊方式有几种？

人造聚晶表镶钻头聚晶镶焊方式有径向和切向两种。通常采用切向镶焊。切削刃为负前角，如图 98 所示。侧刃的镶嵌形式：侧刃的镶嵌形式有两种，见图 99。从图 9 中看出：图(a)的侧刃镶嵌形式对于钻头内外径的保径效果比图(b)好些。

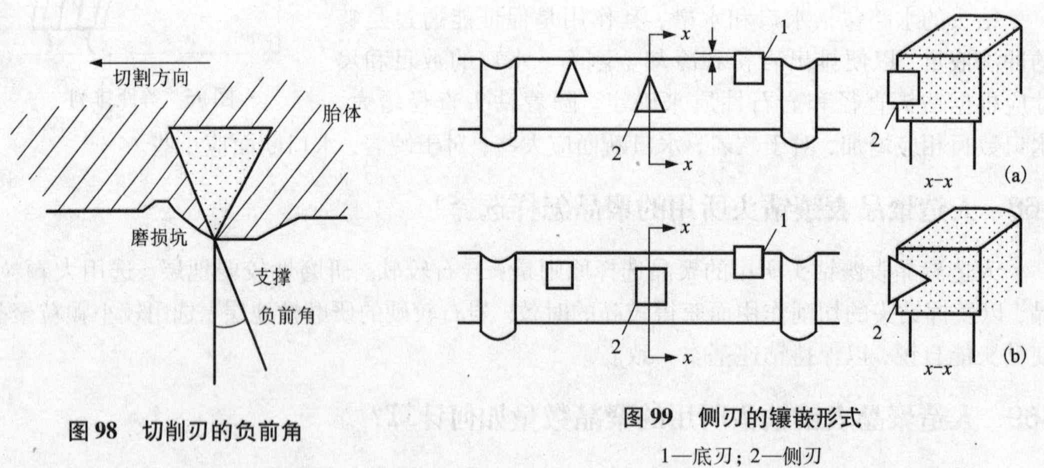

图 98 切削刃的负前角

图 99 侧刃的镶嵌形式

1—底刃；2—侧刃

472. 复合片钻头有哪些特点和类型？

金刚石复合片(即 PDC)钻头是随着 PDC 复合材料的发展而发展起来的一类新型钻孔工具。由于 PDC 是人造金刚石聚晶层和硬质合金组成的复合体，所以此类钻头既具有金刚石钻头耐磨性高的特点，又有硬质合金钻头抗冲击韧性强之优点，是替代传统硬质合金钻头的新型长寿、高效、经济钻头。正因为这些突出优点，PDC 钻头有着十分广阔的应用前景。可广泛应用于煤田地质勘探 、石油勘探、瓦斯抽放、排放水、锚杆等钻孔施工，特别是在软到中等硬度地层中具有很好的破岩性能。PDC 钻头主要类型与规格如表 62。

表 62　PDC 钻头规格

种　类	品　种	规　格
取　芯	单　管	ϕ60/45、ϕ75/49、ϕ75/60、ϕ94/74、ϕ113/93、ϕ133/113、ϕ153/133、ϕ190/152
	双　管	ϕ75/54.5、ϕ94/68
不取芯	内凹三翼钻头	ϕ60、ϕ65、ϕ75、ϕ94、ϕ113、ϕ133、ϕ153
	三翼/多翼刮刀钻头	ϕ75、ϕ94、ϕ113、ϕ133、ϕ153、ϕ173、ϕ190、ϕ215
	圆弧支柱钻头	ϕ75、ϕ94、ϕ113、ϕ133、ϕ153

473. 复合片钻头的发展历史是怎样的?

从 20 世纪 70 年代中期，国外两大著名钻头生产厂家，以美国为代表的史密斯公司和克里斯坦森公司，对 PDC 钻头进行了大量的研究工作，到 80 年代初投入工业使用。

我国从 20 世纪 80 年代初才开始了解到 PDC 钻头。1985 年引进少量 PDC 钻头开始试用，从 1986 年开始，国内引进 PDC 钻头的制造技术和设备。1988 年引进的两条生产线相继投产，同时国内其他很多厂家使用国产材料试制 PDC 钻头。当时，由于国产 PDC 片的磨耗比较低，PDC 片综合性能远不及国外，而进口 PDC 片价格又十分昂贵，所以 PDC 钻头体主要采用与 PDC 片品质相匹配的钢体式。随着 PDC 片合成技术的发展，国产 PDC 片综合性能不断提高，特别是近几年，国内已生产出爪形齿和环形齿复合片，磨耗比已达到四十多万，热稳定性达到 850℃，抗冲击韧性达到单次 60J，被称为高硬度、高耐磨性、高抗冲击韧性及高热稳定性的四高复合片，国产 PDC 片的质量已接近或达到进口 PDC 片水平，因此，将钻头体做成胎体式，进一步提高了 PDC 钻头综合性能。国内许多钻头厂家纷纷进行各种规格的胎体式 PDC 钻头的研制工作，胎体式 PDC 钻头也因为其优良的综合性能受到越来越多用户的欢迎。总之，目前 PDC 钻头的品种、材料、结构工艺和设计方法等多方面都发生了巨大的变化。该类钻头已在石油、地质以及其他相关工程领域中占有十分重要的地位。现在国内生产 PDC 钻头的厂家已有几十家，全国各大油田、煤田都在适应地层中大力推广使用，PDC 钻头的用量和在钻井总进尺中所占比例逐年上升。

474. 复合片钻头按制造方法是如何分类的?

钻头体按材料分为胎体和钢体两种，相应地钻头分为胎体式钻头和钢体式钻头。胎体式钻头的钻头体是采用碳化钨粉和浸渍料经无压浸渍烧结而成的；而钢体式钻头的钻头体采用整块钢材毛坯经机加工而成。胎体式钻头特点是结构灵活，表面耐冲蚀，可采用天然金刚石或金刚石孕镶块等高耐磨性材料做保径，保径作用强，效果好，但制造工艺复杂，加工质量不易控制。而钢体式钻头制造工艺简单，主要依靠机加工，加工质量容易保证，但钻头表面不耐冲蚀，直径易磨损。

475. 焊接复合片常用的钎焊方法和过程是怎样的?

常用的钎焊方法有感应钎焊和火焰钎焊两种，感应钎焊的焊接温度便于控制，操作技巧便于掌握，火焰钎焊要求用还原性火焰。

钎焊时，首先加热涂过钎剂，加过钎料的基体，感应钎焊时可用清洁的陶瓷棒压紧钎料，当钎料开始熔化时，加上复合片，当钎料自由流动后，暂停加热，用陶瓷棒往复移动 PDC，可以起到排渣和除气作用，但当钎料失去光泽时，焊缝温度已经下降到钎料的液相线，这时已不宜再移动，静止保温加压，直到钎缝变暗为止。

焊后，应置之于烘箱或石棉箱中缓冷，决不允许置入水或油中急冷。

焊后应及时清洗过量的钎剂和表面氧化皮。

476. 焊接复合片为何采用银基焊料?

复合片在使用过程中的脱焊是失效的主要形式，因此提高钎料高温强度和疲劳性能是防止脱焊的主要途径。另外，复合片允许的加热温度一般不允许超过 760 ~ 800℃，所以，钎焊材料一般选用银基钎料，含银量为 50% ~60%。

477. 复合片焊接中常用焊接钎料有哪些?

复合片钻头焊接中常用焊接钎料见表 63。

表 63 复合片钻头焊接中常用焊接钎料

牌号	熔化温度℃	抗拉强度 MPa	主要特点
BAg611	620 ~ 630	410	流动性好
BAg612	630 ~ 680	440	填缝性好
BAg613	650 ~ 670	420	流动性好
BAg614	660 ~ 710	450	强度高
BAg615	690 ~ 720	460	强度高
BAg616	670 ~ 690	470	强度高

表 63 中可以看出 BAg611 BAg613 的钎焊温度最低，流动性最好。BAg612 的结晶间隔较大，可使用厚焊片焊接，适宜于钎焊振动条件下工作的机具。后三种钎料 BAg614，BAg615，BAg616 的钎焊温度较高，但钎料的连接强度较高，尤其是高温强度高，适宜于钎焊干切工具、粗加工刀具以及在振动场合下工作的刀具。BAg614，BAg616 含有亲氧性元素，不宜用火焰钎焊，可以用于感应焊接。

478. 常用复合片规格和技术指标是哪些?

适用于制造软 - 中硬地层的石油与地质钻头，工程钻头等行业，主要有表 64 所列的几种型号。图 100 为常见复合片的外貌图。

图 100　常用复合片外貌图

表 64　常用复合片型号

产品代号	直径/mm	高度/mm	金刚石厚度/mm
0803	8.20	3.53	1.5+0.2
0808	8.20	8.00	1.5+0.2
1004	10.00	4.50	1.5+0.2
1304	13.30	4.50	1.5+0.2
1308	13.44	8.00	2.0±0.2
1313	13.44	13.20	2.0±0.2
1604	16.00	4.50	2.0±0.2
1608	16.00	8.00	2.0±0.2
1613	16.00	13.20	2.0±0.2
1905	19.05	5.00	2.0±0.2
1908	19.05	8.00	2.0±0.2
1913	19.05	13.20	2.0±0.2
1916	19.05	16.31	2.0±0.2

479. 胎体式复合片钻头的制造是如何进行的?

制造胎体式复合片(PDC)复合片钻头时，首先将混合好的合金粉末装在成型好的石墨模具中，用无压浸渍法烧结成空白钻头胎体，然后将 PDC 片焊接在钻头体上预留的凹坑内，最后清理包装入库。在钻头的制造过程中，钻头体的加工质量尤为重要，不仅决定了钻头表面抗冲蚀性，耐磨性，抗弯强度等综和性能，还决定着钻头内(对取芯钻头而言)外径、PDC 的镶焊角度、PDC 的出露高度等关键尺寸精度。另外，钻头体的制造是通过预先成型好的模具来实现的，因此，模具是制造钻头所必需的，模具成型是胎体式 PDC 制造中的一个重要环节，是准确实施钻头设计和控制钻头质量的关键因素。

480. 煤田常用复合片钻头有哪些，钻进规程如何?

煤田用复合片钻头有：取心钻头(胎体式取心钻头，钢体式取心钻头)、无心钻头(内凹三翼钻头、圆弧支柱钻头、多翼刮刀钻头）、扩孔钻头（ϕ113 mm～193 mm）；锚杆钻头。比较流行的钻头有：取心钻头，适应岩层可钻性级别≤7；无心钻头，适应岩层可钻性级别5～7；扩孔钻头，适应岩层可钻性级别≤7；锚杆钻头，适应岩层可钻性级别≤7。复合片钻头在使用时对设备没有特别的要求，规程参数推荐如表65。

表65　PDC钻头钻进规程参数推荐值

钻头直径	钻压/kN	转速/rpm	泵量/（L/min）
27mm	4～6	805～900	40～60
42mm	6～8	300～500	80～150
75mm	4.8～12	200～300	150～200
94mm	6.4～16	150～250	200～250
110mm	8.8～22	120～200	200～300
152mm	15～30	100～200	500～850
190mm	18～44	100～150	600～1200

481. 复合片钻头结构是怎样的？

复合片钻头按结构分为取芯钻头和不取芯全面钻头。复合片在钻头唇面上的排列，根据钻头直径和复合片尺寸可采用单环和多环排列（见图101）。

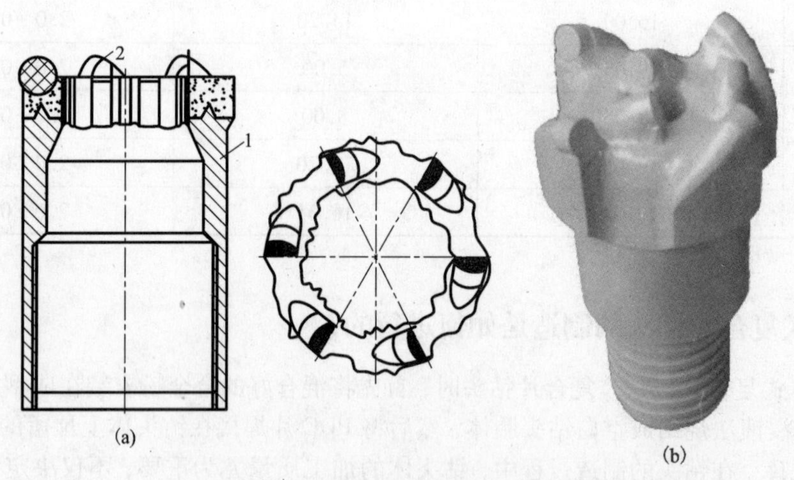

图101　复合片钻头结构

(a)取芯钻头、单圈排列；(b)全面钻头、多圈排列

1—钢体；2—复合片

482. 复合片钻头的切削角和径向角为多大？

复合片钻头的切削角α：见图102，切削角α通常为－5°～－25°，其切削角α大，有利于保护切削刃，反之有利于提高钻速。

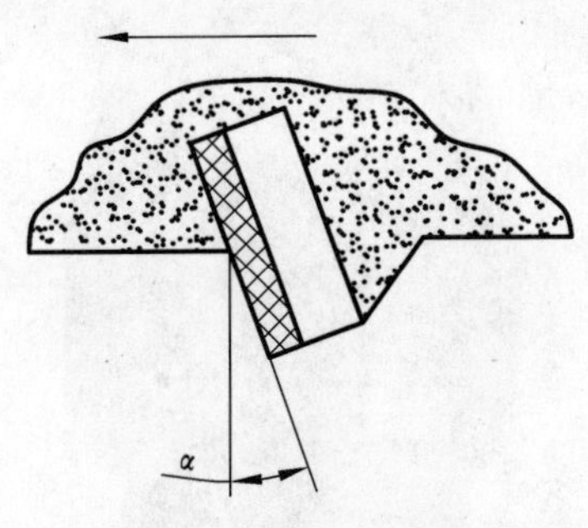

图 102　复合片的切削角 α

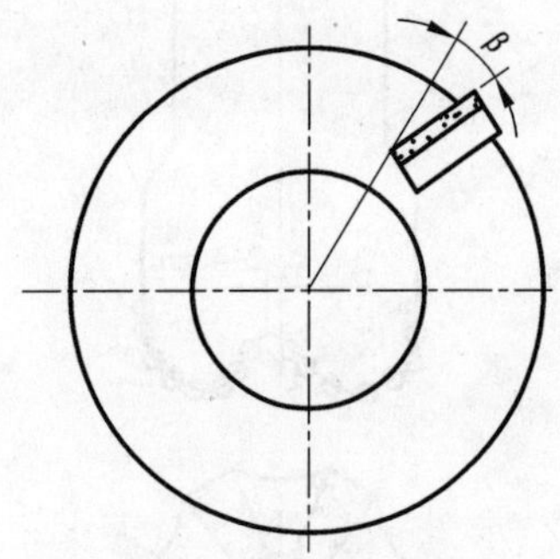

图 103　复合片的径向角 β

复合片钻头的径向角 β，它为复合片向后偏离径向的角度，常为 5°～10°，见图 103。它的作用主要是为了加强机械清洗，防止“钻头泥包”，径向角 β 使岩屑朝外滑移。

483. 全面金刚石钻头唇面形状有哪些？

全面金刚石钻头唇面形状根据岩石性质选择。常见的唇面形状有双锥阶梯形、双锥形、B 形和带波纹的 B 形四类（见图 104）。

双锥阶梯形适用于软到中硬地层；双锥形适用于破碎有硬夹层的中硬和中等研磨性岩层；B 形适用于硬岩层，它由内锥和圆弧面组成，内锥角一般为 90°；带波纹的 B 形适用于硬到坚硬地层，内锥角一般大于 90°。

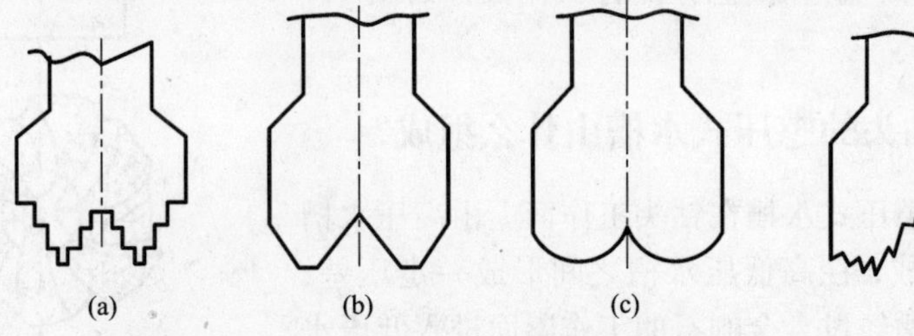

图 104　钻头唇面形状

（a）—双锥阶梯形；（b）—双锥形；（c）—B 形；（d）—带波纹 B 形

484. 金刚石全面钻头中心圆窝部分起什么作用？

金刚石全面钻头中心圆窝部分的结构起着扶正钻头和破碎钻头中心所形成的小圆柱岩心的作用。因此，中心窝结构设计不合理，常造成钻头早期损坏。为了破碎中心圆窝的小圆柱岩心（直径通常为 6～8 mm），钻头内唇面上有一特殊斜面来破碎岩心柱，而且该斜面上的金刚石采用高品级金刚石，如图 105 所示。一种全面钻头实物如图 106 如示。

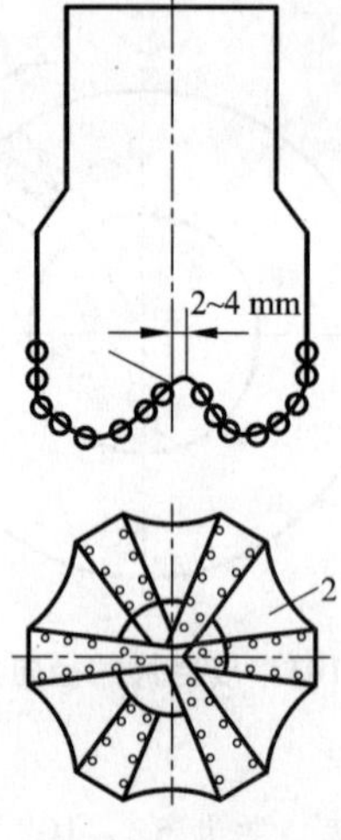

图 105　金刚石全面钻头圆窝部分结构

1—特殊斜面；2—水槽（放射状分布）

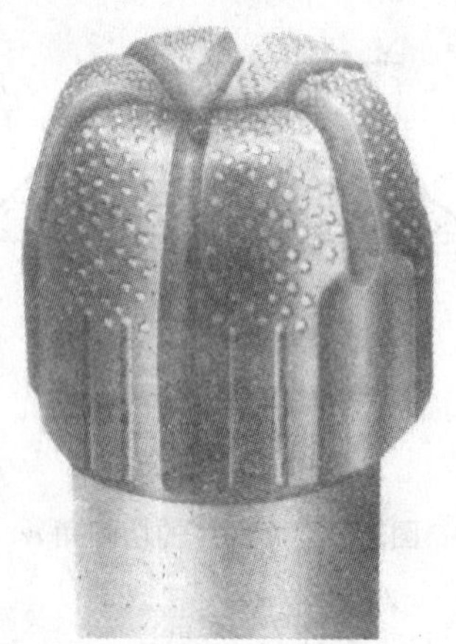

图 106　一种全面钻头

485. 金刚石全面钻头水槽结构有哪几种？

钻头的水槽结构常用的为放射型、螺旋型和憋压式水槽。放射型水槽制造容易，岩屑能很快带走，也能较好地冷却金刚石，一般用于软至中硬地层。螺旋水槽常用于井下动力钻具的金刚石钻头，而且大多数做成反螺旋流道，以利于在高转速下强迫冲洗液流过镶金刚石的工作面，如图 107 所示。

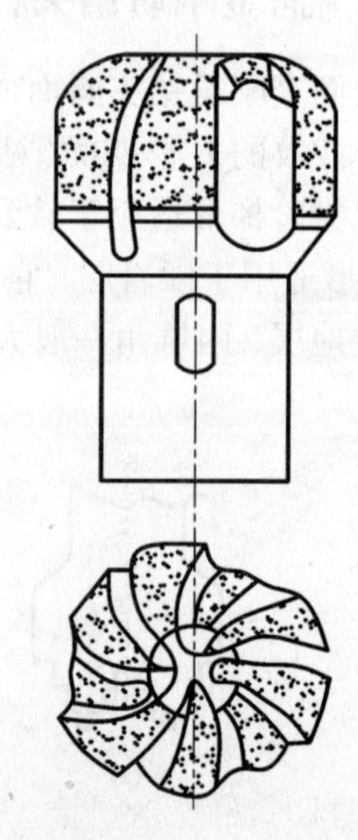

图 107　螺旋型水槽全面钻头

486. 金刚石全面钻头的憋压式水槽由什么组成？

金刚石全面钻头憋压式水槽在钻头工作面上由高压水槽和低压水槽两部分组成，在高低压水槽之间形成一定压差，强迫冲洗液从高压水槽经过含金刚石的工作唇面进入低压水槽，起着有效清除岩屑和冷却金刚石的作用，一般用于软至中硬地层钻头，如图 108 所示。

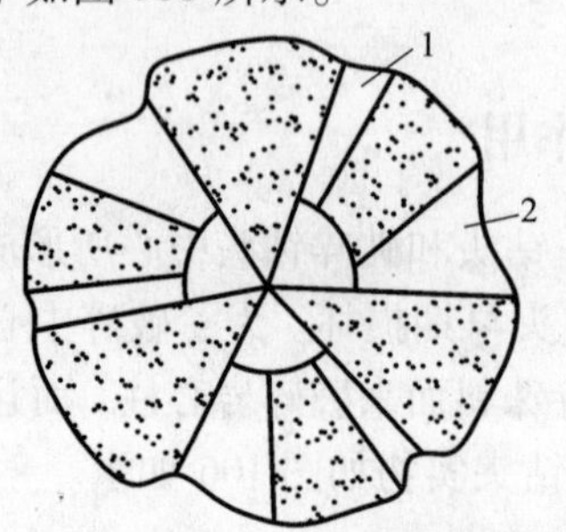

图 108　憋压式水槽全面钻头

1—低压水槽；2—高压水槽

487. 钻头的非正常磨损损坏形式主要有哪些？

表 66　钻头非正常磨损或损坏

内外磨损		外径磨损	
胎体掉块		烧钻	
胎体太软		钻头抛光	

488. 金刚石钻头从应用角度分几种类型？

金刚石钻头从应用角度分为普通钻头、特殊钻头和薄壁钻头。其中，普通钻头分为单管钻头、双管钻头和绳索钻进钻头。特殊钻头包括大口径钻头、S 型钻头（用于砂卵石地层钻进）、H 型钻头（用于打滑地层钻进）、N 型钻头（破碎的强研磨性岩层）、造斜钻头、地应力钻头、扩孔钻头以及科学钻探钻头等。

489. 常用普通钻头有哪些规格，根据制造方法的不同有哪些特点？

常用普通钻头的典型规格如表 67 所示：

表 67　普通钻头规格

类型	规　　格
单管钻头	$\phi36$、$\phi37$、$\phi46$、$\phi47$、$\phi56$、$\phi59$、$\phi75$、$\phi91$、$\phi110$、$\phi130$、$\phi150$、$\phi170$、$\phi220$、$\phi278$
双管钻头	$\phi36$、$\phi46$、$\phi56$、$\phi59$、$\phi75$、$\phi91$、$\phi101$、$\phi110$
绳索钻头	$S\phi46$、$S\phi56$、$S\phi59$、$S\phi60$、$S\phi75$、$S\phi77$、$S\phi91$

制作方法有电镀法和热压法，其特点为：

电镀法制造金刚石钻头是根据电镀的基本原理，具有低温、对金刚石无高温损伤、胎体金属合金化性能稳定的特点，电镀钻头具有时效快、地层适应性强、胎体可修复的特点。适用于在较完整的中硬-坚硬岩层，如大理岩、灰岩、玄武岩、片麻岩等。

热压法制造金刚石钻头是粉末冶金法的一种，具有制造周期短、性能易调整，尺寸准确的特点，适用于破碎—完整的中硬—极坚硬的各种研磨性岩层。

490. 特殊钻头的设计思路和应用范围是怎样的？

特殊钻头是针对特殊地层、特殊要求来设计以达到特殊目的的钻头。该类钻头的设计思路和应用范围：

(1)大口径钻头：主要广泛用于水电、矿业工程、水文工程地质和特种工程取样与钻孔。如水坝、电站、矿山、桥梁、大型建筑物的地质勘察、基础加固、通风排水、尾矿泄料、倒垂孔、安装仪器孔等进行金刚石钻进施工。具有低钻压特性，适应地层范围广、钻进稳定性高。分为热压、电镀、镶嵌式三种工艺品种。规格：ϕ110、ϕ130、ϕ150、ϕ170、ϕ220、ϕ278、ϕ325等。

(2)S型钻头(用于砂卵石地层钻进)：在水电勘测与灌浆施工、桥梁勘探中常遇到砂卵石覆盖层，砂卵石石英含量高，坚硬、研磨性强，形状大小各异，胶结弱，钻进中对钻头冲击大，普通钻头钻进该地层，钻头磨损快，寿命低、易掉块、成本高。S型钻头，优化胎体配方，加厚胎体壁厚，对易损部位(特别是内外径)进行特别补强，调整了水口设计，制造工艺进行强化，S型钻头的平均寿命比普通型提高一倍，平均时效达到2 m/h，且不易堵芯，较好地适应砂卵石覆盖层钻进。常用规格有：ϕ77单、双管，ϕ94单、双管，ϕ110-113单管，ϕ133单管、ϕ153单管等。

(3)H型钻头(用于打滑地层钻进)：普通钻头在坚硬、致密、弱研磨性岩层(即所谓"打滑"地层)很难钻进，时效极低，有时不能进尺。其特点就是岩层石英含量高，矿物粒径微细，致密均质，钻头上金刚石易抛光。H型钻头通过选用高品质、粗颗粒金刚石，降低胎体耐磨性，设计新型唇面形状等措施，制造了电镀/热压弱包镶钻头、齿轮钻头、高低齿钻头、不等耗尖环槽钻头等系列品种。湖南永州河海钻探工具厂利用中张绍和博士的专利技术制造的热压和电镀弱包镶金刚石钻头，能适应不同类型打滑地层钻进需要，取得了良好的效果，时效可达0.5~1.5 m/h，寿命大幅度提高。

(4)N型钻头，适用于钻进破碎的强研磨性岩层，(如石英砂岩、斑岩、蚀变花岗岩、风化细粒砂岩等)或者硬、脆、碎地层及重钢筋混凝土。在水电钻探的锚固孔、倒垂孔、竖井超前孔、破碎岩层的帷幕灌浆，穿越花岗岩堆积体钻进中得以良好应用。具有岩心不堵塞、内外保径好，钻进寿命长，适应软硬岩层等特点。

(5)造斜钻头是人工弯曲工具造斜不可少的重要配套器具，其结构、性能直接影响造斜效果及定向钻探技术经济指标。常用规格及型号：热压孕镶/电镀金刚石：ϕ56 mm、ϕ76 mm，在7-8级硬岩，造斜强度0.7~1.50。

(6)高地应力钻头：高地应力是一个相对的概念，它是相对于围岩强度而言的。当围岩内部的最大地应力与围岩强度的比值达到某一水平时，称为高地应力或极高地应力。高地应力状态下的钻探成孔是极其困难的。首先高地应力容易引起钻孔的变形以及膨胀等不稳定情况，其次由于岩体受高地应力的作用，岩体坚硬致密，且破碎机理与正常情况下岩体破坏机理不尽相同，岩体破坏较正常条件下更难进行，所以钻进效率一般比较低。因此，高地应力地区的钻探成孔对于钻头的要求也很高。

(7)扩孔钻头：为下入大一级套管或处理孔内事故，以扩大孔径之用。

(8)大陆科钻钻头："中国大陆科学钻探深入地下5158米"入选2005年中国十大科技进展，有关单位研制了适应于液动潜孔锤冲击回转钻进的大陆科钻探用金刚石钻头。

491. 薄壁钻头应用于哪些领域，技术参数如何?

薄壁钻头适用于建筑改造、工业安装、铁路、公路、装饰等行业的水、暖、电、风、气管道钻孔、建筑加固钢筋锚固钻孔、路基注浆孔、砼取样孔、设备地锚孔、砼轨枕道钉钻取孔等。具有钻进时效快，成孔质量高的特点。规格尺寸及技术参数如表68，表69所示。

表68　薄壁钻头的基本技术参数

规 格/mm	胎体硬度	金刚石粒度	金刚石浓度
$\phi27\sim\phi200$	HRC25 ~ 40	45/50 ~ 80/100	50% ~110%

表69　薄壁钻头的基本参数

D(外径)	*L*(长度)	*Z*(齿数)	*T*(齿高)	*W*(齿厚)
36	370/450	3	11	3.5
38	370/450	3	11	3.5
40	370/450	4	11	3.5
51	370/450	4	11	3.5
46	370/450	4	11	3.5
63	370/450	6	11	3.5
76	370/450	6	11	3.5

图109　金刚石薄壁钻头

492. 扩孔器有哪些规格?

扩孔器与金刚石钻头配套使用，以保持钻孔尺寸，提高钻具稳定性。有电镀金刚石、聚晶扩孔器和热压聚晶扩孔器等。典型规格尺寸如表70所示。图110为张绍和博士研制的焊接式金刚石单晶－聚晶扩孔器。

表 70 扩孔器规格尺寸

品种	规格（地标）	规格（冶标）
单管	ϕ46、ϕ56、ϕ59、ϕ75、ϕ91、ϕ110、ϕ130、ϕ150、ϕ170、ϕ220、ϕ278	ϕ37、ϕ47、ϕ56、ϕ75、ϕ91、ϕ110、ϕ130、ϕ150、ϕ170、ϕ220、ϕ278
双管	ϕ36、ϕ47、ϕ56、ϕ75、ϕ91、ϕ101、ϕ110	ϕ36、ϕ47、ϕ56、ϕ75、ϕ91、ϕ101、ϕ110
绳索	ϕ46、ϕ56、ϕ59、ϕ75、ϕ91	ϕ47、ϕ56、ϕ60、ϕ75、ϕ91

图 110 焊接式金刚石单晶－聚晶扩孔器

493. 国外是如何检测复合片钻头焊接质量？

国外对复合片（PDC）钻头的焊接质量检测方法和工具比较完善。特别是力学性能检测方面有一套完整的检测方案和手段。国外常用的力学性能试验方法有：

（1）焊缝金属抗拉试验 能测定的性能有抗拉强度、屈服点、条件屈服强度、伸长率、断面收缩率。在断口处可检查有无气孔、裂纹、夹渣、未熔合等缺陷。

（2）焊缝金属和母材焊接热影响冲击试验 能测定焊缝金属或母材焊接热影响区在突加荷载时的性能对缺口的敏感性，冲击吸收功 AKV、冲击韧度 ukv。在断口处可检查金属内有无气孔、裂纹、夹渣或其他焊接缺陷。此试验在 10～30℃内进行。

（3）焊缝金属弯曲试验 检验塑性金属材料变形能力；焊接接头各区域的塑性差别；焊接接头熔合线的接合质量；并且能够显示缺陷。可检测出未焊透，断口处气孔、夹渣、未熔合等。

（4）焊缝接头的硬度检测 焊接接头及堆焊金属的强度、塑性、韧性、耐磨性以及抗裂性都与硬度有关。焊后在焊缝及热影响区测定硬度值，鉴定焊接接头的强度、塑性、韧性、耐磨性、抗裂性。根据试样的厚度、测点距离和大致硬度范围，可分别用布氏、洛氏、维氏硬度测定。

（5）焊接接头疲劳试验 能测定焊接接头承受循环载荷的情况下的强度。求出试样破坏所加载循环次数 N，将破坏应力与 N，绘成疲劳曲线，可得出不同循环下的疲劳强度、疲劳极限。需要注意的是环境及介质对疲劳强度的影响很大。

（6）焊接接头压扁试验 用于小直径管接头的纵向焊接缝和环向焊缝的检验。用来检验焊接接头压扁的塑性变形性能，焊接接头各区域的塑性差别。断口处气孔、夹渣、裂纹、未熔合未焊透等焊接缺陷。

494. 国外复合片钻头焊接强度检测的发展趋势如何？

国外 PDC 钻头焊接强度检测方法的发展趋势主要集中在以下三个方面：

(1)检测手段多样化 常用的力学性能测试就有六种，对于大规模的PDC钻头复合片焊接质量检测，一般采取无损检测，即射线检测，超声波检测及磁粉检测等。由PDC钻头的工作性质，力学性能检测是最重要的检测，因为只有足够的焊接强度，才能保证复合片钻头在钻进过程中不掉齿，实现正常钻进。因此国外在这方面的研究比较深入，并建立起一套相对成熟的理论。

(2)检测性能指标的日益规范化 针对不同性质的地层，制定与之相适应的PDC钻头的复合片焊接强度指标，然后通过各种力学性能检测试验，检测已生产的PDC钻头的复合片焊接强度可否达标。

(3)检测工具日益简便化 对于大规模的PDC钻头生产厂家，不可能对每个钻头上的每个复合片都进行好几个力学性能测试。专门检测焊缝强度，检测方便的工具的研发，成了PDC钻头复合片焊接强度检测方面的一个重要的发展趋势。

495. 复合片钻头焊接强度检测工具技术特点是有什么?

张绍和博士研究成功的复合片(PDC)钻头焊接强度检测工具具有三个特点：

(1)检测原理简便、科学、可行，检测结果修正方案成熟；

(2)检测工具轻便，便于携带；

(3)检测工具操作简单，对工人要求不高，易于推广。

496. 复合片钻头的工作特点是什么?

基于以针对抵抗破碎能力远小于岩石抗压强度—岩石抗剪强度为工作目标设计的PDC钻头，主要以切削、剪切和挤压等不同方式破碎地层的不同岩石。其工作特点主要表现在以下几个方面：

(1)具有在低钻压时获得较高机械钻速和进尺；

(2)无活动部件、能够承受高转速；

(3)破碎岩石方式以切削破碎、剪切破碎为主，挤压破碎为辅；对于硬度小的塑性岩石，在钻压的作用下，这种钻头的刀翼或齿极易吃入地层，与此同时刀翼刃前的岩石，在扭转力的作用下不断产生塑性流动而实现切削破碎；对于硬度较大的塑脆性岩石，在钻压和扭转力的同时作用下，刀翼或齿沿设计的切削角切入岩石，使其产生体积破碎而实现剪切或挤压破碎。

497. 复合片钻头的碎岩机理是怎样的?

PDC钻头的碎岩机理为：

基于PDC钻头工作特点及以吃入、剪切破岩方式为主的理论，对其破岩机理分析认为[70]：

(1)当PDC钻头在岩石抗压强度较低的地层中钻进时，无论是对塑性岩石还是脆性岩石，PDC钻头的齿均能以较小的钻压吃入并实现剪切破岩的过程；

(2)当PDC钻头在岩石抗压强度较高的地层中钻进时，在相同钻压条件下由于岩石的抗压强度变大，PDC钻头的齿吃入深度变小、其破岩量降低，故破岩效率随之下降；

(3)当PDC钻头在岩石抗压强度高的地层中钻进时，在相同钻压条件下由于PDC钻头的齿，很难吃入地层，PDC钻头只能以研磨的方式破岩，其破岩效率大大降低，随之钻进速度也大大降低。

498. 复合片钻头的失效形式有哪些?

PDC 钻头的工况条件是很苛刻的。钻头在工作过程中不但承受巨大的压力，同时还承受巨大的冲击力；不但承受泥浆的冲蚀作用，同时还承受切削过程中的磨损、冲击而产生的热效应，尤其是因切削齿的局部高温而伴随产生的材料热化学作用。因此，PDC 既要求具有高的强度、硬度，又要求具有足够的韧性；既要求具有较好的热震性，又要求具有一定的抗腐蚀性。其失效的主要形式及机理如下：

(1) 平滑磨损　PDC 切削齿的平滑磨损特征是磨损面宏观上表现为较平整金刚石应和 WC 基底均在切削过程中被磨损而形成磨损平面。平滑磨损过程如图 111 所示：切削过程中，因为 WC 硬度低于金刚石，所以首先遭磨损的是 WC 基底，这样临近 WC 基底的金刚石就失去了 WC 的有效支撑，形成金刚石“唇边”。在切削力的作用下，唇边承受着拉应力，并且拉应力导致裂纹萌生，扩展，最终唇边断裂，导致未破裂的金刚石层与岩石接触面积减少，承受应力更大，又加速导致金刚石的破裂，一旦金刚石片整个接触面均遭到破坏，则 WC 基底又重新有效地接触岩石，接着又发生 WC 基底优先被磨损掉，形成平滑磨损过程的循环，但比较其他失效形式，平滑磨损过程是缓慢的，属正常的失效形式。

(2)微断屑　微断屑表现为金刚石片近似地沿切削方向形成微尺度(μm ~ mm)的片状断裂。其裂纹起源于金刚石的圆平面上，继而向纵深发展而称之为微片状断裂。图 112 为微断屑产生过程示意图。微断屑常常在钻头工作一定时间之后发生，由于钻头工作时，承受的负荷的交变以及 PDC 表面局部的高温与冷却的交变。因此，PDC 承受机械疲劳与冷热疲劳的共同作用，达到一定周期，萌生裂纹，继而扩展导致微断屑断裂。由于切削过程中，PDC 平面与切削平面的法向成一定角度(称后倾角)，有研究表明，对中软岩层，小的后倾角，可减少微断屑的发生。需要指出的是，微断屑失效发展速度比平滑磨损，损害严重得多。

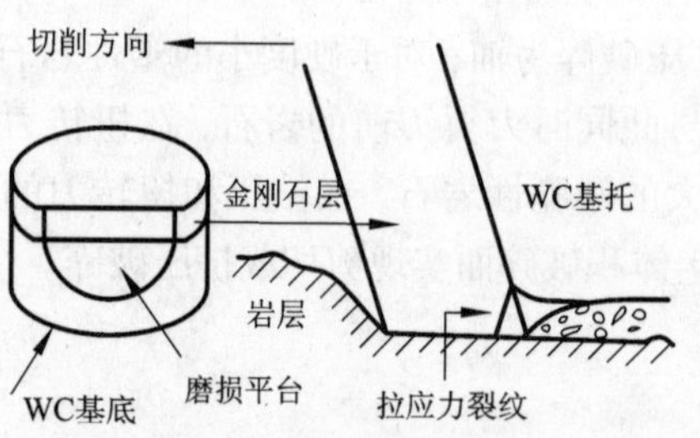

图 111　PDC 切削齿平滑磨损示意图

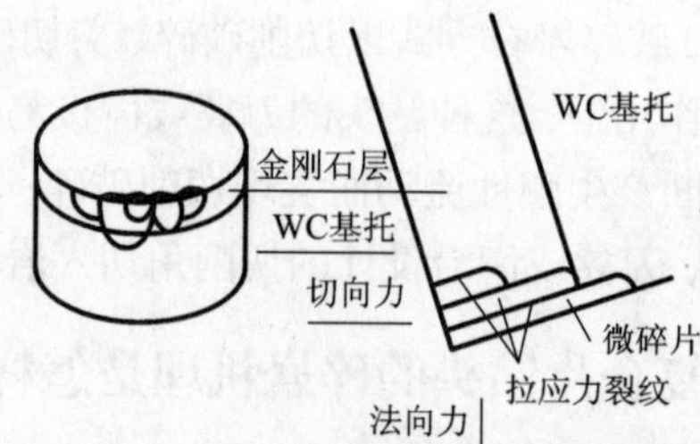

图 112　微断屑产生过程示意图

(3)宏观破裂　宏观破裂表现为大尺寸的金刚石层的破裂，其裂纹起源于金刚石片的圆柱面上。它是 PDC 切削齿破坏最为严重的一种失效形式，通常认为钻头报废。图 113 为宏观破裂示意图。由于钻头在钻进过程中遇到硬质岩石或岩性变化比较大的岩层时，钻头受到较大冲击负荷，尤其是 PDC 切削齿与岩石接触面积较小时，致使 PDC 切削齿在短时间内承受超负荷而导致发生大尺度的宏观破裂，导致钻头报废。现场使用经验表明，当井底存在有破损的钻头碎块或刚性物而未被及时打捞清理时，也会导致工作钻头遭受非正常的冲击，使钻头发生宏观破裂。此外，保持稳定的钻压，钻速，尽力避免大的冲击，也是减少发生宏观破裂的措施。

（4）剥离　剥离表现为金刚石层与碳化物层基底的粘结破坏造成剥离，使刃口不复存在而失去切削能力。在切削过程中，切削齿因摩擦热而升到高温，当钻头因振动等短时脱离与岩层接触时，又被冷却泥浆急冷。而由于PDC各层间热膨胀系数差异，造成极大的内应力，当超过其粘结强度时，就造成剥离。在研究分析中，发现剥离失效的钻头，常伴随着宏观破裂的失效，因此可以认为钻头承受短时冲击超负荷也是促使剥离失效的原因之一。

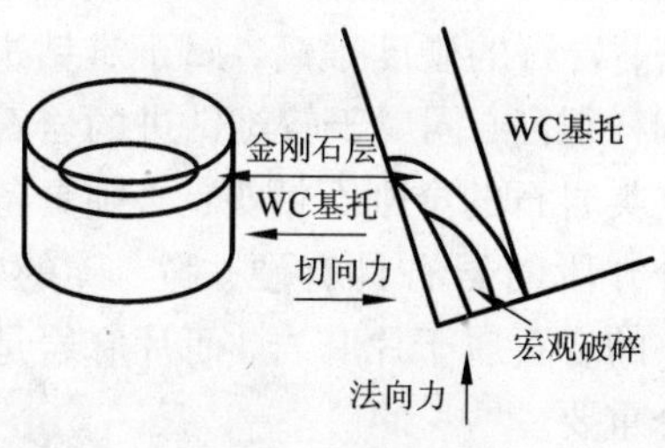

图113　宏观破裂示意图

499. 科钻一井是怎么回事？

中国大陆科学钻探工程是国家重大科学工程，被称为中国科钻一井。中国大陆科学钻探工程一井位于江苏省连云港市东海县，也就是苏鲁超高压变质带的南部。

中国大陆科学钻探工程一井于2001年6月25日破土开钻，8月4日隆重地举行了中国大陆科学钻探工程一井开钻典礼。于2005年4月全部完成现场的钻井、测井等施工工程。同时在井内安装了监测仪器，建立了世界一流的深部长期观测实验室。

500. 中国大陆科学钻探工程一井的工程技术目标是什么？

科钻一井的工程技术目标是：通过利用现代深部钻探高新技术，在具有全球地学意义的大别—苏鲁超高压变质带东部（江苏省东海县）实施中国第一口5 000 m科学钻探，通过科学钻探项目的实施，试验研制出一套新型的、适用于硬岩深孔恶劣条件下的钻探技术体系；研究开发新型组合式取心钻进系统；使具有中国特色的液动锤钻探技术更加完善；带动相关钻探器具和材料生产制造技术进一步发展，使中国的钻探技术达到20世纪90年代的国际先进水平；建立一个地球物理测井新仪器、新方法、新技术的试验基地，推动中国测井技术的发展和应用。

501. 金刚石钻头在科钻一井中遇到的难题有哪些？

金刚石钻头在科钻一井使用中遇到的难题是：①岩石坚硬研磨性强，钻头刻取岩石困难，钻进效率低，胎体的保径效果不理想，钻头寿命短。②承受液动锤的冲击载荷，要求钻头胎体强度高、金刚石的质量高和胎体对金刚石把持力强。③科钻一井取心钻进的金刚石钻头外径为157 mm、内径为96 mm、高为240 mm，给制造带来一定困难。④钻头的直径大，以往制造地质勘探取心钻头的工具只局限于小口径（ϕ91 mm以下），必须从根本上改变钻头的设计和制造工艺，才能满足科钻一井的钻进工艺要求。⑤科钻一井所钻遇的岩层超过50%为片麻岩，属于强斜地层，需要钻头具有好的稳定性和防斜性能。

502. 科钻一井所钻岩石的特点和对金刚石钻头的要求是怎样的？

岩石的硬度和研磨性主要决定于造岩矿物的成分、颗粒大小以及致密程度。科钻一井所钻遇的花岗片麻岩和长英质片麻岩，岩石中含石英和长石的量很高，颗粒以中粒为主，结晶致密，岩石的硬度很高，属于难钻进的岩石；而颗粒稍粗的榴辉岩和富金红石榴辉岩，其硬度同样很高，同属于较难钻进的岩石，其研磨性强，钻进时效不高，而对钻头的磨损较大。钻进这类岩石的金刚石钻头，必须具备胎体硬度高、金刚石品级高、金刚石浓度高的性能特点。部分井段的岩石具有硬、脆、碎的特点，钻头的硬度和耐磨性要高，保径效果要好。超过50%的岩石属于片麻岩，而片麻岩是强致斜地层，设计或选择具有防斜作用的金刚石钻头也十分重要。

表 71 科钻一井岩石压入硬度检测结果

岩样编号	岩石名称	取样深度/m	压入硬度/MPa	可钻性
1	长英质片麻岩	1485.18	3650	8
2	富金红石榴辉岩	536.40	5020	9
3	黑云母斜长片麻岩	916.20	3150	7
4	黑云母角闪岩	1143.50	1750	5~6

503. 科钻一井所钻岩石的压入硬度性质如何？

岩石压入硬度是岩石在近似三轴应力状态下的局部抗破碎强度，它能比较好地反映岩石的胶结强度。与肖氏硬度和摆球硬度相比较，压入硬度更能直接表示钻进时岩石的抗钻性能。以底面积 1 mm^2 的压头压入岩石，到压头突然吃入岩石时的压力来计算压入硬度。根据科钻一井地层情况，选择长英质片麻岩、黑云母角闪岩、富金红石榴辉岩和黑云母斜长片麻岩四种典型岩石，每种取 3 块，每块岩样测试 5 个点，然后取平均值作为检测数据。压入硬度采用 WYY－1 型岩石压入硬度计测定，检测结果如表 67。

504. 科钻一井所钻岩石的摆球硬度性质如何？

摆球硬度是一种动力测量硬度的方法，用小球砸岩样表面的弹跳次数和第一次回弹角度表示岩石的动力硬度。岩石越硬，岩石表面吸收钢球的能量越少，钢球回弹越高，钢球撞击岩石的次数就越多。根据科钻一井地层情况，选择长英质片麻岩、黑云母角闪岩、富金红石榴辉岩和黑云母斜长片麻岩四种典型岩石，采用 WYB－64 摆球硬度仪测定，检测结果如表 72。

表 72 科钻一井岩石摆球硬度检测结果

岩样编号	岩石名称	取样深度/m	弹跳角度/°	可钻性
1	长英质片麻岩	1485.18	78	8
2	富金红石榴辉岩	536.40	80	9
3	黑云母斜长片麻岩	916.20	76	7
4	黑云母角闪岩	1143.50	70	5~6

505．科钻一井所钻岩石的单轴抗压强度性质如何？

岩石的单轴抗压强度是反映岩石坚固性的基本参数，是观察岩石破碎过程的基本方式。根据科钻一井地层情况，选择长英质片麻岩、黑云母角闪岩、富金红石榴辉岩和黑云母斜长片麻岩四种典型岩石，采用 NYL－600 压力机来测试其单轴抗压强度，测试结果如表 73。

表 73　科钻一井岩石单轴抗压强度检测结果

岩样编号	岩石名称	取样深度/m	单轴抗压强度/MPa	普氏强度系数 f	可钻性
1	长英质片麻岩	1 485.18	172	13.29	8
2	富金红石榴辉岩	536.40	186	14.07	9
3	黑云母斜长片麻岩	916.20	141	11.54	7
4	黑云母角闪岩	1 143.50	108	9.60	5～6

506．科钻一井所钻岩石的研磨性能如何？

岩石对碎岩工具的磨损能力，称为岩石的研磨性。为了更真实地反映岩石对金刚石钻头的磨损状态，采用了标准的金刚石研磨杆在压力 150 N、转速 400 r/min 的条件下研磨岩样 3 min，以研磨杆被磨耗掉的质量来表示岩石的研磨性。根据科钻一井地层情况，选择长英质片麻岩、黑云母角闪岩、富金红石榴辉岩和黑云母斜长片麻岩四种典型岩石，通过改装的台钻进行研磨性的测定，测试结果如表 74。

表 74　科钻一井岩石研磨性检测结果

岩样编号	岩石名称	取样深度/m	研磨性/ mg	评定等级
1	长英质片麻岩	1 485.18	8.57	强研磨性 4
2	富金红石榴辉岩	536.40	5.03	中等研磨性 3
3	黑云母斜长片麻岩	916.20	6.62	强研磨性 4
4	黑云母角闪岩	1 143.50	3.29	中等研磨性 3

507．科钻一井中所钻岩石的冲蚀性能如何？

岩石的冲蚀性是一个新的概念，它比常用的岩石研磨性更能贴近钻头胎体在孔底磨损的实际情况，因此用它来表征岩石的研磨能力是非常科学的。以压力 1.2 MPa、流量 9.7 L/min 并携带 40/60 目岩样粉末的冲洗液通过 ϕ2 mm 喷嘴冲蚀标准岩样（ϕ30 mm × 5 mm，胎体硬度 HRC38～40）10 min，以胎体试样被冲蚀掉的体积来表示岩石的冲蚀性。根据科钻一井地层情况，选择长英质片麻岩、黑云母角闪岩、富金红石榴辉岩和黑云母斜长片麻岩四种典型岩石，测得其冲蚀性能数据如表 75。

表 75　科钻一井岩石冲蚀性检测结果

岩样编号	岩石名称	取样深度/m	冲蚀性/mm^3	评定等级
1	长英质片麻岩	1 485.18	50	强冲蚀性
2	富金红石榴辉岩	536.40	40	中冲蚀性
3	黑云母斜长片麻岩	916.20	45	次强冲蚀性
4	黑云母角闪岩	1 143.50	20	次中冲蚀性

508. 科钻一井中取心钻进工艺情况和对钻头的要求及影响是怎样的？

科钻一井主要采用螺杆马达液动锤金刚石提钻取心钻进技术体系，螺杆马达（C5LZ95 × 7 和 4LZ120 ×7）的理论转速为 128 ~380 r/min，工作扭矩可达 2 137 N · m。但在使用中，由于受到各种条件的限制，螺杆马达的实际转速不超过 200 r/min，多数情况下为 176 ~189 r/min，ϕ157 mm 钻头的外圆周线速度约 1.5 m/s，为孕镶金刚石钻头钻进所要求的线速度（1.5 ~3 m/s）的下限值。

采用液动锤钻进对钻压的要求也随之降低，通常的钻压范围为 10 ~35 kN，但对钻头的耐冲击性能提出了较高的要求，较大的冲击力对金刚石钻头产生不利的影响，曾出现多个钻头的胎块崩落（图 114），甚至整块脱落现象，对电镀钻头的影响尤其明显。

从岩石性质和螺杆马达性能考虑，钻头的硬度要适中、耐磨性应较高，才能保证有较高的钻进速度和一定的使用寿命；而从冲击回转钻进角度考虑，钻头的硬度应较高、抗冲击性要强、耐磨性适中。如果冲击回转钻进能够正常得到使用，则钻头的性能要求比较单一；而如果液动锤在井下不能保证一个回次的有效工作，那么，对钻头性能的要求难度就增大，给钻头设计与制造工艺提高了难度。

由于科钻一井的钻孔直径大，钻孔深度大，所需钻井液的泵量大、泵压高，岩粉的硬度与研磨性均高，对钻头的冲蚀作用很强。经过检测，科钻一井的长英质片麻岩的岩粉冲蚀性为 50 mm，富金红石榴辉岩的岩粉冲蚀性为 40 mm，这意味着科钻一井的岩粉具有很大的冲蚀性，会对金刚石钻头的保径和水口造成不良影响（图 115）。因此，科学深钻钻进条件对钻头的要求不同于普通回转钻进对金刚石钻头的要求，而提出了适应冲击回转钻进的更高要求，它既需要较高的胎体硬度和耐磨性，还需要较好的抗冲击韧性和抗冲蚀性能。

图 114　钻头胎块崩落

图 115　钻头水口被冲蚀形成台阶

509. 科钻一井所用的金刚石取心钻头有哪些类型?

科钻一井中所用的金刚石取心钻头按金刚石镶嵌形式分，有表镶钻头和孕镶钻头两种类型。

天然金刚石表镶钻头的胎体硬度高，耐磨能力强，耐冲蚀性强，比较适应于石油钻井中的大泵量、高泵压的钻井条件。天然金刚石表镶钻头的出刃高，金刚石的颗粒粗，在沉积岩层中钻进的时效高，钻头的寿命长。对于科钻一井来说，所钻遇的岩石为结晶岩，岩石的硬度高、研磨性强，钻进中希望获得高的钻进速度，必然要采用高的转速和钻压，也必然出现钻头的复合振动增加，这对于表镶钻头是不利的因素，它将促使高出刃的金刚石碎裂崩刃，逐渐失去工作能力。许多钻探事实说明，天然金刚石表镶钻头不仅钻进成本高，而且不适应在硬岩和裂隙发育的岩层中钻进。

科钻一井钻探施工中为了提高钻进效率，按设计采用了液动锤冲击回转钻进，表镶钻头的金刚石出刃高，在较大冲击功作用下，坚硬岩石的反作用力大，容易使出刃高的天然金刚石崩裂，金刚石不能充分发挥作用，钻头的使用寿命不高。由此可以认为，天然金刚石表镶钻头不适应于硬岩层的钻进，亦不适应于硬岩中冲击回转钻进。

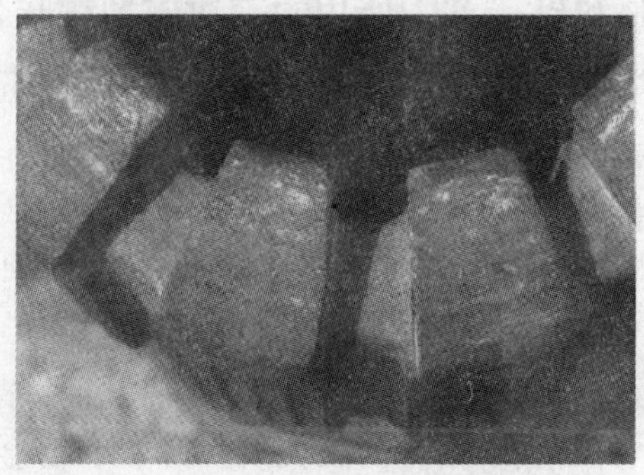

图 116　液动锤冲击下的金刚石出刃情况

孕镶金刚石钻头能够钻进中硬至坚硬的岩石，能够钻进各类研磨性和各种不同程度完整性的岩石，也就是说，孕镶金刚石钻头对结晶岩石具有较广泛的适应性，具有好的钻进技术指标。绝大部分孕镶金刚石钻头采用人造金刚石，钻进成本低。孕镶金刚石钻头采用的金刚石远比表镶钻头的金刚石颗粒细，金刚石孕镶在胎体中出刃部分小，如同受到多向应力的包镶作用，因此能够承受住冲击荷载的作用而不破裂，适用于冲击回转钻进(图116)。从图中可以看出，钻头的唇面磨损正常，金刚石出刃较高，没有发现金刚石崩刃的现象，但金刚石的尾部没有了蝌蚪状的支撑，这正是冲击回转钻进给钻头留下的特征。孕镶金刚石钻头的设计与制造工艺成熟，已经有了几十年的经历与经验。孕镶金刚石钻头有利于单动双管取心钻进，岩心采取率高，岩心质量好，能够很好地满足科学钻探的施工要求。因此，科钻一井取心钻进的首选钻头是孕镶金刚石钻头。

510. 科钻一井对金刚石取心钻头有哪些总体要求?

根据科钻一井的地层和钻进工艺情况，对金刚石取心钻头的总体要求如下。

(1)水口过水面积大。底唇面水口占底唇面积的25%~30%，内外水槽较常规水槽深，有利于排除岩粉和冷却金刚石钻头，有利于减少钻头内外径受到大泵量、高压力的钻井液的冲蚀。

(2)金刚石胎块与孔底接触面积较小。可相应提高钻压比值，有利于提高钻速，是一种可以采用较低钻压钻进的钻头。

(3)内外保径规较长。外径保径规长40 mm，内外保径规长30 mm，这不仅能提高保径效果，还有利于钻具的稳定，减少了钻头径向抖动，是一种具有一定防斜效果和抗涡动的钻头。

(4)金刚石工作层的高度较高。在每米消耗金刚石相同的情况下，较常规钻头的使用寿命长，是一种长寿命型钻头。

科钻一井施工中主要采用了3种不同工艺制造的孕镶金刚石取心钻头(图117)。

图117 孕镶金刚石取心钻头

511. 科钻一井中所用的二次成型镶嵌金刚石钻头是如何设计和制造的?

二次成型镶嵌金刚石钻头是由热压法制造工作层镶嵌块、无压浸渍法制造保径规和中温钎焊法将镶嵌块焊接在钻头体上等工艺组成。同时，为提高焊接牢固度，还采用热压法和无压浸渍法制造焊接层基体。

(1)采用钻头专家系统设计钻头胎体性能

采用钻头专家系统设计金刚石钻头是一种先进的、科学的和可靠的设计方法，它可以及时依据岩石性质和钻进情况调整钻头胎体配方，使胎体性能适应新条件下的钻进需要。

针对较难钻进的长英质片麻岩和富金红石榴辉岩，采用高耐磨、高抗冲蚀性能的胎体，加上高浓度的金刚石。采用钻头专家系统设计后，相应胎体耐磨性(ML)为0.25×10^{-5}，抗冲蚀性为28 cm^{-3}，金刚石浓度为85%~90%。充分利用聚晶耐磨、天然金刚石高强度、卡邦金刚石高硬度的特性，钻头内保径采用聚晶、天然金刚石混镶(图118a)，钻头外保径采用聚晶、天然金刚石、卡邦金刚石混镶(图118b)。

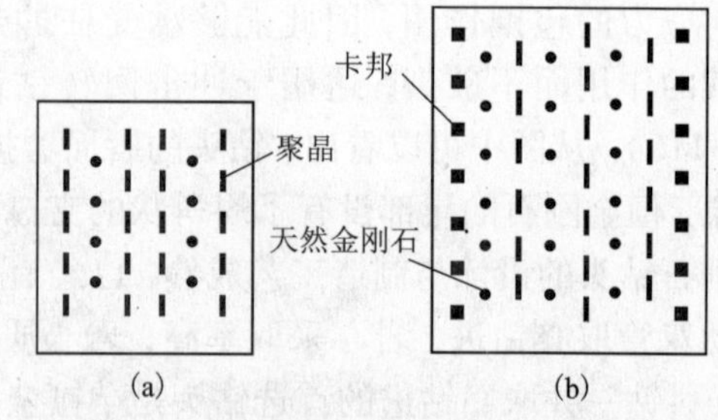

图118 二次成型镶嵌钻头的内外保径结构

(2)金刚石参数

金刚石的品级对钻头质量的影响十分显著，直接影响到钻进指标。因此，采用高品级的SDA100⁺人造金刚石，因为这种金刚石磨损到一定时候会发生微破裂，金刚石可以保持较长时间的、较好的锋利性能，而不会因为磨损而变钝，有利于提高钻进速度和提高钻头使用寿命。

(3)超细预合金粉末的应用

采用专门研制的超细预合金粉末，减少了混料时间和混料中粉末的硬化，提高了胎体成分中组分的均匀分布。超细预合金粉末的比表面积大，表面能高，不仅可以降低烧结温度和热压的压力，而且有利于合金化程度的提高，有利于牢固地包镶金刚石和提高钻头质量。

(4)钻头制造工艺

镶嵌块制造：按照专家系统优化设计的配方，进行混料、称量、装模，将组装好的模具送入热压烧结炉中，采用自动热压烧结工艺，温度为820～900℃，压力为10～20 kN。镶嵌块的烧结工艺不同于过去常规热压法的工艺与过程，而是降低了烧结温度，升高了烧结压力，整个热压过程中无流失、不收缩、无间隙。保证烧结后胎块尺寸的精确性和成分均匀性以及批量胎块质量的一致性。烧结全过程由电脑控制，升温、升压、保温、保压、降温、降压、关机等都无需人员操作，其中降低烧结温度是至关重要的。金刚石的强度及其结构状态基本上不受破坏，在钻头钻进硬岩过程中，金刚石不易磨平和破裂，既能有利地破碎岩石又提高了钻头寿命。

钻头基体的制造：采用热压法和无压浸渍法，在自动控温箱式炉中烧结，获得的钻头胎体强度高、耐磨性好、抗冲蚀能力强、焊接性能好。钻头基体中焊接胎块的位置，预留要准确，焊缝宽窄有最佳值，否则易发生焊接不牢固，在钻进中发生掉块。

钻头镶嵌块焊接：采用中温二次钎焊，将预先制备好的胎块，清理干净，放入钻头基体的焊接槽中，装好焊接定位的模具，进行焊接。然后在空气中缓冷至常温。

512. 科钻一井中所用的一次成型热压金刚石钻头是如何设计和制造的?

(1)钻头结构设计

钻头的唇面形状设计为平底形，内外圆棱角部位设计为 $R5$ mm 的圆弧过渡，这样可以避免钻头在钻进中因受力而崩落。钻头的保径规结构如图 119，从钻头底唇面往上由三部分保径层组成，在工作层中采用了聚晶与高强度金刚石保径措施，中间为专门的聚晶保径部分，最上部分是金刚石微粉强化保径部分。这种保径属于强耐磨性和高耐冲蚀性保径结构，具有十分理想的保径效果，同时不影响钻进效果。

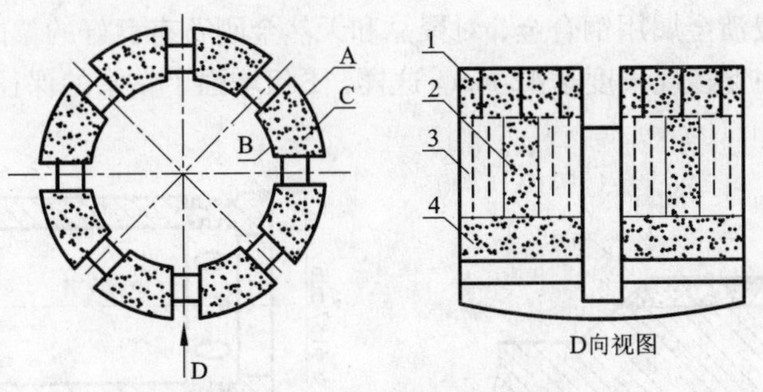

图 119　一次成型金刚石钻头结构

1—工作层；2—金刚石保径区；3—聚晶保径区；4—微粉强化保径区

在工作层中，把底唇面分为三个区域(图 119)，内外径各为一个区(A 与 B 区)，中间为一个区(C 区)。内外径区域是强化区域，不仅胎体较硬，金刚石的浓度也略高，除了聚晶保径外，还有聚晶分布在这个区域，以增加这个区域的抗冲击能力和耐磨性能，保持钻头的底唇面不偏磨，以利于钻头的工作层在内、中、外三部分同步磨损，使用寿命长，钻进效果好。钻头的水口设计为直槽型均布，水口宽10 mm，水口深10 mm，内外水槽深6.5 mm，这种较大断面的流通水路，能满足科钻一井大泵量、高泵压的钻进需要。

(2)金刚石参数

钻头所用的金刚石经过了严格的挑选，选用了两面顶压机生产的高强度金刚石，单晶抗静压强度不小于250N/颗，钻头的金刚石浓度为80%～95%。金刚石的粒度选择为35/40～60/70目。胎体的工作层内外环的浓度高于中间层的浓度，外环的浓度略高于内环的浓度，这样就可以实现工作层均匀磨损，充分发挥工作层金刚石的作用。

(3)钻头制造工艺

配料与组装 首先，按胎体成分配方计算各组分的质量，将称量好的胎体混合料装入不锈钢球磨筒内，球料比取1∶2，经2 h球磨后出料、装瓶备用。将石墨模具置于转台上，用胶水将模芯粘好，将预制好的水口块粘于水口位置，装入含金刚石的工作层粉料，振实压密实，再将补强聚晶置入工作层内，倒入胎体非工作层粉料、压密实。最后将保径补强聚晶植入，装上钢体压紧，送入烧结炉热压烧结。

烧结 金刚石钻头的烧结采用160kVA中频电炉。烧结工艺采用慢速升温速度和较高的烧结压力。用20 min将温度升至960℃，当温度升至700℃时升压至1 MPa，然后逐渐升压，在900℃时压力升至8.7 MPa，并保持该压力值；在960℃条件下保温15 min后开始降温，当温度降至600℃时卸压出炉。

513. 科钻一井中所用的二次成型电镀金刚石钻头是如何设计和制造的？

二次成型电镀金刚石钻头是把无压浸渍法和电镀方法结合起来的一种制造金刚石钻头的方法，它综合了无压浸渍法保径效果好和电镀钻头钻进时效较高的两种优势。

(1)钻头的保径结构

针对电镀钻头的特点，在钻头工作层部分采用高强度单晶保径(图119)；在保径规部分采用聚晶和天然金刚石保径(图120)，保径规使用无压浸渍方法制造。保径规的胎体材料以铸造碳化钨为主；浸渍金属用铜合金，对聚晶和天然金刚石有良好的镶嵌牢固度。在结构上，加长了保径长度，使保径规长度达42 mm。这样，不仅增强了钻头的保径效果，同时又提高了钻头的稳定性。

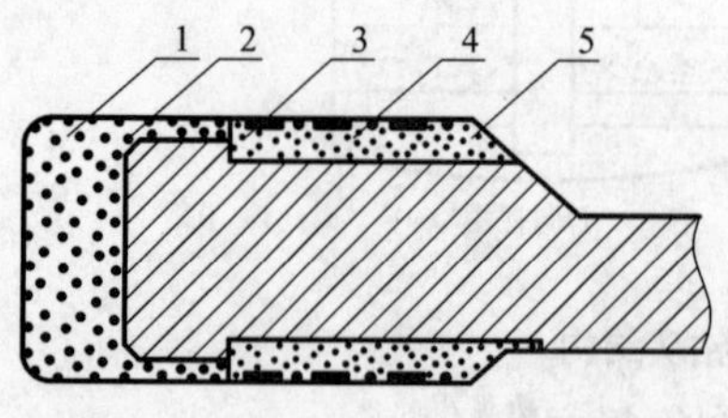

图120 二次成型电镀钻头保径结构

1—工作层；2—高强单晶；3—聚晶；4—天然金刚石；5—保径规

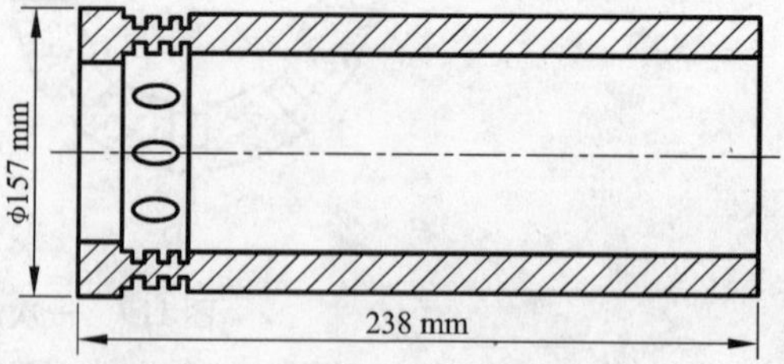

图121 二次成型电镀钻头刚体

为了提高保径规与刚体结合的强度，在刚体的相应部位加工成丝扣状，并钻了若干个孔

(图 121)，增加了粘结金属在内外环状间的流通，使钻头刚体与保径规能形成一个牢固的整体，使用中没有出现过保径规脱落或掉块的现象，保径效果好。

(2)钻头的胎体性能

胎体主要成分是镍金属，在电镀镍金属过程中，通过加入添加剂调整钻头的性能，适应钻进不同性能岩层的需要。这种胎体性能主要特点是硬度高，但硬中带有一定的脆性。在钻进中表现出的不是胎体硬而金刚石的出刃差，而是由于合适的脆性使得胎体的耐磨性有所降低，金刚石的出刃状况变好，因而钻进的速度有所提高。同时，对岩层的适应性有明显的提高，对于硬而弱研磨性的岩石也取得较好的钻进效果。

(3)钻头制造工艺

无压浸渍法制造钻头保径规：首先组装烧结模具，将刚体装置于石墨模具内，再将定量的胎体骨架粉料装入石墨模具与钻头刚体之间的内外环状空间内，经过适当振动使骨架粉料达到设定的密度，然后装入定量的粘结金属和助溶剂，之后送入烧结炉进行无压烧结。浸渍温度和保温时间对保径规的质量影响极大，温度过高，保温时间长，有害无益；温度过低，保温时间短，达不到浸渍目的。设计的烧结温度 1020～1050℃，保温时间设计为 8～10 min。

电镀钻头工作层 加强了镀前预处理，利用了如下处理工艺：有机溶剂除油→热水清洗→连接导线、涂绝缘漆→包扎→强浸蚀(酸洗)→冷水洗→电化学除油(碱煮)→热水洗→冷水洗→酸洗(强浸蚀)→带电处理(弱浸蚀)→冷水洗→碱煮→热水洗→冷水洗→弱浸蚀→带电入槽。在电镀工艺方面，电流密度为 1.8 A/dm^2(相当于电沉积速度 0.04 mm/h)，镀液温度为 45℃，镀液的 pH 值为 4.0～4.8。镀液中加入表面活性剂(防针孔剂)，减少氢在镀层表面上的滞留时间，减少镀层中氢的含量。钻头的工作层高度达到设计要求后，就可以出槽，经过清洗，置于恒温度干燥箱内进行去氢处理(温度 200℃，时间 2 h)，减少或消除镀层中因氢所产生的氢脆现象，以提高金刚石钻头胎体的性能。

514. 科钻一井钻探施工中金刚石取心钻头的总体使用情况如何?

科钻一井取心钻进(101～5118.2 m)共使用各类金刚石钻头 247 个，总进尺5 005.87 m，钻头平均寿命 20.27 m/只，平均机械钻速 1.01 m/h。其中天然金刚石表镶钻头 2 只，热压孕镶金刚石钻头 185 只，电镀孕镶金刚石钻头 50 只。钻头寿命超过 40 m 的 28 只，占钻头总数的 11.3%；钻头寿命超过 70 m 的 3 只，钻头寿命 60～70 m 的 4 只，钻头寿命 50～60 m 的 5 只，钻头寿命 40～50 m 的 16 只。最高使用寿命 75.23 m，钻进了 75.4 h，采取了 70.89 m 长的岩心。每只钻头使用的平均回次数为 4.34 个。有两个钻头的使用回次数达到 33 个，分别进尺 72.06 m 和 75.23 m；只钻进一个回次就报废的钻头有 49 只，占钻头总数的 19.8%。

515. 科钻一井钻探施工中先导孔取心钻进钻头的使用情况如何?

先导孔(101～2 046.54 m)取心钻进采用提钻取心钻进方法，进行取心钻进方法的试验和选择，先后试验了螺杆马达驱动提钻取心、转盘驱动提钻取心和螺杆马达液动锤提钻取心等钻进方法。结合取心钻进方法的优选试验，对金刚石取心钻头也进行了试验和优选，共有国内 11 个厂家 3 类 14 种 111 只钻头进行了试验和生产应用，取心钻进 1945.54 m，钻头平均寿命 17.85 m/只，平均机械钻速 0.9 m/h。

516. 科钻一井钻探施工中主孔第一段取心钻进钻头的使用情况如何?

主孔第一段(2 046.54～2 982.18 m)取心钻进采用绳索取心和提钻取心等钻进方法，共使用了2类5种55只钻头，取心钻进934.67 m，钻头平均寿命17.89 m/只，平均机械钻速1.11 m/h。其中绳索取心钻头8只(2类5种)，进尺22.61 m，钻头平均寿命2.83 m/只，平均机械钻速0.54 m/h。

517. 科钻一井钻探施工中主孔第二段取心钻进钻头的使用情况如何?

主孔第二段(2 974.59～3 665.87m)全部采用螺杆马达液动锤提钻取心钻进，共使用了2类3种32只钻头，取心钻进640.60 m，钻头平均寿命20.83 m/只，平均机械钻速1.25 m/h。

518. 科钻一井钻探施工中主孔第三段取心钻进钻头的使用情况如何?

主孔第三段(3624.16～5118.20 m)采用螺杆马达液动锤提钻取心钻进(仅有一个回次为螺杆马达提钻取心钻进)，共使用了2类3种55只钻头，取心钻进1480.06 m，钻头平均寿命26.91 m/只，平均机械钻速1.03 m/h。

519. 科钻一井钻探施工中二次成型镶嵌金刚石钻头的使用情况如何?

科钻一井钻探施工中使用二次成型镶嵌金刚石取心钻头129只，完成2843.65 m的取心钻进工作量，占总取心进尺5005.87 m的56.8%，占总取心钻头247只的52.2%。钻头平均寿命22.04 m/只，平均机械钻速1.05 m/h，最高使用寿命75.23 m、机械钻速1.00 m/h。

图122　二次成型镶嵌金刚石取心钻头

图123　一次成型热压金刚石取心钻头

图124　二次成型电镀金刚石取心钻头

520. 科钻一井钻探施工中一次成型热压金刚石钻头的使用情况如何?

科钻一井钻探施工中使用一次成型热压金刚石取心钻头46只，完成1 240.64 m的取心钻进工作量，占总取心进尺5 005.87 m的24.8%，占总取心钻头247只的18.6%。钻头平均寿命 26.97 m/只，平均机械钻速 1.08 m/h，最高使用寿命 61.39 m、机械钻速 1.18 m/h。

521. 科钻一井钻探施工中二次成型电镀金刚石钻头的使用情况如何?

科钻一井钻探施工中使用二次成型电镀金刚石取心钻头 27 只，完成 451.93 m 的取心钻进工作量，占总取心进尺 5 005.87 m 的 9.0%，占总取心钻头 247 只的 10.9%。钻头平均寿命 16.74 m/只，平均机械钻速 0.82 m/h，最高使用寿命 72.06 m、机械钻速 1.07 m/h。

522. 科钻一井钻探施工中表镶金刚石钻头的使用情况如何?

科钻一井钻探施工中使用表镶金刚石钻头钻头 12 只，完成 171.76 m 的取心钻进工作量，钻头平均寿命 14.31 m/只，平均机械钻速 0.70 m/h。

图 125　表镶金刚石取心钻头

第五章 金刚石锯片

523. 硬脆材料的切割方法有哪些?

金刚石一般用来切割硬脆材料。硬脆材料是指硬度高、脆性大的材料,通常为非导电体或半导体,如各种石材、宝石、玻璃、硅晶体、石英晶体、硬质合金、陶瓷和稀土磁性材料等。随着工业的发展,硬脆材料在各个领域的应用日益广泛。对脆性材料的切割大致有以下要求:高效率、低成本、窄切缝(材料利用率高)、无损伤、无环境污染。切割方法如图126所示。

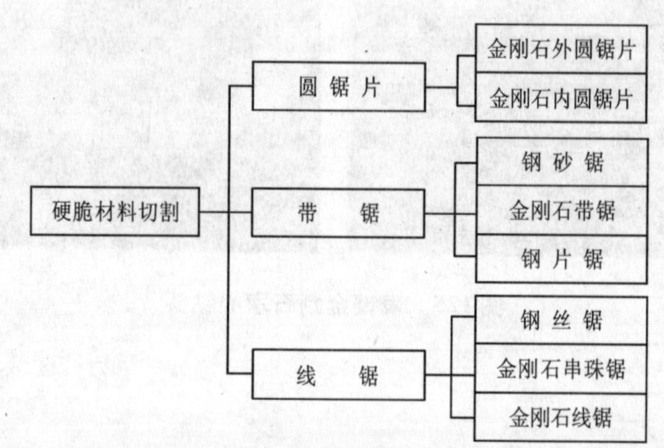

图126 硬脆材料的切割方法

524. 地壳的物质组成是怎样的?

地壳是由各种岩石组成的,而一种岩石则是由一种或几种矿物组成的。例如,花岗岩是由长石、石英等矿物组成的。矿物是由各种元素组成的化合物。例如,长石是硅、铝、氧、钾、钠、钙等元素的化合物。可见,组成地壳最基本的物质是化学元素。

525. 组成地壳的最基本化学元素主要有哪些?

地壳是由各种化学元素组成的,元素在地壳中的分布是不均匀的,其中O,Si,Al,Fe,Ca,Na,Mg,K等8种占地壳总量的98.34%。地壳中的化学元素除少数呈单质产出外,绝大部分呈各种化合物出现,其中以含氧的化合物最常见,主要的有硅和铝的氧化物。

526. 什么是矿物?

地壳中的元素在各种地质作用下,有由一种元素形成的天然单质或几种元素结合而成的在一定条件下相对稳定的化合物,称为矿物。例如,石墨和金刚石都是由碳元素形成的天然单质矿物，但它们的形成时的自然条件不同，它们的内部结构不同，因而各有不同的物理性质。地壳中的矿物有 3 000 多种，但常见的不过 200 多种。

527. 什么是岩石?

自然界在一定的地质作用下，由一种或多种矿物或天然玻璃所组成的集合体，称为岩石。如石灰岩是由方解石($CaCO_3$)组成的；花岗岩是由长石、石英、云母等矿物组成的；片麻岩也是由长石、石英和一些暗色矿物组成的，但后者的形成条件不同于花岗岩。按岩石的形成原因，可将组成地壳的岩石分为三大类：岩浆岩、沉积岩、变质岩。

528. 什么是岩浆岩?

地壳下面存在着高温高压的熔融状的硅酸盐物质，称为岩浆。它的主要成分是 SiO_2，还有其他元素、化合物和挥发组分。由岩浆冷凝、固结而形成的岩石，统称为岩浆岩。岩浆在表以下冷凝形成的岩石称为侵入岩。例如花岗岩、闪长岩、辉长岩等都是侵入岩。岩浆沿地壳的薄弱地段上升并喷出地表，然后冷凝形成的岩石，称为喷出岩，如流纹岩、安山岩、玄武岩、凝灰岩等。

529. 什么是沉积岩?

沉积岩是在地表和水下，在常温常压下由母岩(岩浆岩、沉积岩、变质岩)的风化剥蚀产物经搬运、沉积和石化作用而形成的岩石，如砂岩、页岩、石灰岩等。

530. 什么是变质岩?

原先存在的岩石在新的地质作用下，因物理化学条件的改变而形成的、具有新的矿物组合和结构构造的岩石，称为变质岩。这种改造过程通常是在压力和温度升高的条件下进行的：以热力作用为主要因素则形成热变质岩，如大理岩、各种角岩；在岩浆活动周围因热力作用和化学成分的互相交代而形成接触变质岩，如矽卡岩；以定向压力为主要因素则形成动力变质岩，如构造角砾岩；在地下较深处围压加大、温度较高的条件下则形成区域变质岩，如片岩和片麻岩。

531. 什么是花岗岩?

花岗岩的石英含量都很高，一般大于65%，K_2O，Na_2O 的含量也高，CaO 的含量却较低。花岗岩常为粉红色或灰白色，在矿物成分上，这类岩石主要是浅色矿物，有石英、钾长石、斜长石，暗色矿物比较少，通常是黑云母，有时也有角闪石。花岗岩一般为中—粗粒等粒结构。

532. 什么是砂岩?

砂岩中 50% 以上是由粒径 2 ~0.05 mm 的碎屑颗粒所组成的沉积碎屑岩。构成砂岩的碎屑成分主要为石英碎屑，次为长石、云母等。凡含有 90% 以上的石英碎屑颗粒的砂岩称为石英砂岩。由石英和长石碎屑共同组成，其中碎屑中石英含量小于 75%，长石含量大于 25% 的砂岩称为长石砂岩。

533. 什么是大理石?

大理石属接触热变质岩，它由石灰岩经接触变质区域或区域变质而形成，一般为白色，矿物成分以方解石为主。

534. 什么是板岩?

板岩是一种区域变质岩，常为灰、黑、灰绿、紫、红等色，主要为隐晶质变晶结构，具明显的板状劈开，板理面上略具绢丝光泽，一般板岩的矿物成分很难用肉眼辨认。

535. 花岗石、大理石和人造石如何分辨?

花岗石是火成岩中分布最广的一种岩石，所谓火成岩就是地下岩浆或火山喷溢的熔岩冷凝结晶而成的岩石。这种岩石中正长石、斜长石、石英等基本矿物形成晶体时，呈粒状结构，岩质坚硬密实。火成岩中二氧化硅的含量、长石的性质及其含量决定了石材的性质。当二氧化硅的含量大于65%，就属于酸性岩，花岗岩、闪长岩、辉绿岩、片麻岩等统称为花岗石，根据颜色和花纹的差异命名不同的品种，如印度红、黑金砂、珍珠黄、蓝麻、白麻等。

大理石是地壳中原有的岩石经过地壳内高温高压作用形成的变质岩。地壳的内力作用促使原来的各类岩石发生质的变化，即原来岩石的结构、构造和矿物成分发生改变。经过质变形成的新的岩石称为变质岩。大理石主要由方解石、石灰石、蛇纹石和白云石组成。其主要成分以碳酸钙为主，约占50%以上。由于大理石一般都含有杂质，而且碳酸钙在大气中受二氧化碳、碳化物、水汽的作用，也容易风化和溶蚀，而使表面很快失去光泽。大理石相对于花岗石比较软。

人造石是以不饱和聚酯树脂为粘结剂，配以天然大理石或方解石、白云石、硅砂、玻璃粉等无机物粉料，以及适量的阻燃剂、颜色等，经配料混合、振动压缩、挤压等方法成型固化制成的。人造石材是根据天然石材实际使用中的不足而研究出来的，它在防潮、防酸、耐高温、拼凑性方面都有长足的进步。

花岗岩较大理石的硬度高，因而难以加工，但耐酸、耐风化腐蚀，色调也较鲜明，抛光处理后光洁度高于大理石且一般无纹路，而大理石所呈现的天然纹理却十分丰富。人造石一般自然性显然不足，纹理相对较假。

536. 天然石板材的生产工艺流程是怎样的?

石材荒料从矿山运到加工工厂后，要经过锯、切、磨等加工才能生产出符合尺寸、形状、以及表面质量要求的饰面石材制品。目前石板材的生产工艺流程如图127所示。

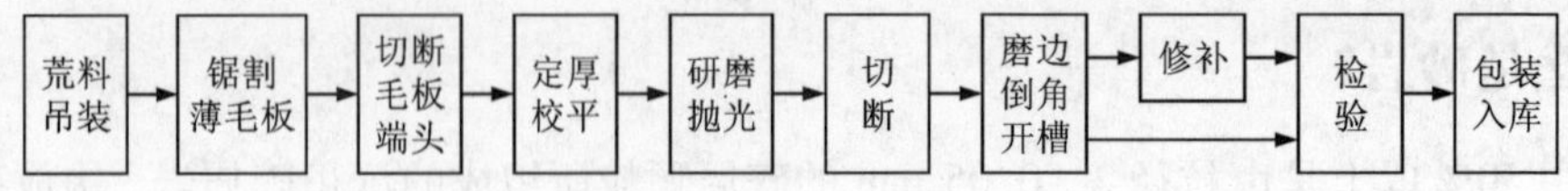

图127 板材加工流程

537．如何评判石材的可锯性？

天然石材因其成分、粒度、结构、成因等不同，其物理力学性能相差甚大，锯切加工的难易程度（也就是可锯性）也截然不同，同样的锯片在同样工作条件下锯切不同品种石材，锯片寿命有的能达到几百平方米，而有的只能达到几十平方米，锯切效率也有很大的差别。因此，金刚石锯片设计人员及生产厂家都要根据所加工石材性能的不同，采用不同的金刚石节块配方和锯切加工参数，使之尽量达到最佳的锯切加工效果。因此如何科学地评判岩石可锯性是石材锯切加工的关键技术之一。

目前国内外尚无统一的分级方法。人们大多根据岩石物理力学性能指标或模拟锯切法进行可锯性分级，但均因影响因素多，不能全面反映石材可锯性。张绍和博士研究认为，石材的可锯性由石材对锯片胎体的研磨性和石材对锯片金刚石的研磨性两部分组成。

538．什么叫金属基金刚石制品？

金属基金刚石制品是指以金属（化合物）粉末或预合金粉末或金属（化合物）粉末与预合金粉末的混合物作为主要结合剂材料，采用粉末冶金烧结的方法使粉末固结，从而镶嵌住金刚石的各类金刚石产品。

539．金属基金刚石制品主要包括哪些？

金属基金刚石制品按用途分，主要有金刚石钻探工具（钻头）、金刚石锯切工具（锯片）、金刚石磨具等。

540．金属基金刚石制品一般用到哪些金属粉末？

金属基金刚石制品结合剂材料常用金属粉末有：铜、镍、锰、钴、钨、锡、锌、铁、钛、铬、铅、铝以及一些稀土元素等。

541．超硬磨料制品用于石材加工的比例是多少？

据1994年美国GE公司统计资料显示，1993年世界超硬磨料制品的消耗总计33亿美元。其中石材加工就占了9.8亿美元，约占总消耗量的1/4。日本的1993年度金刚石工具市场中，石材加工占30%，土木建筑占10%。

542．我国石材加工类金刚石制品占制品总量的比例是多少？

据我国超硬材料协会调查资料显示，我国石材加工类金刚石制品约占制品总量的55.8%，而在石材加工用制品中金刚石锯片占85%，也就是说金刚石锯片占整个金刚石制品的比例高达47.4%。

543．世界上第一片金刚石圆锯片是什么样的？

金刚石圆锯片的应用历史已相当悠久，世界上第一片镶金刚石的圆锯片直径达2m，是法国人Jaeguin于1885年制造的，是用每粒0.8克拉的粗金刚石制成锯齿，用手工镶嵌于带燕尾槽的基体周边上，再用铆钉固定牢。这种制作锯片的方法差不多沿用了40年。1930年以后，由于粉末冶金的方法逐渐成熟，人们才逐步用金属粉末冶金法制造扇形锯齿，再用焊接的方法将锯齿镶焊于钢质基体上，这就是现在大家熟知的焊接圆锯片的早期产品形式。20世纪60年代，圆锯片的制造技术获得了迅速的发展。适用于各种切割对象、各种不同结合剂类别、各种不同切割方法的圆锯片相继问世，各种制造锯片的工艺方法也日臻完善，不少国家的锯片产品已形成完整的产品系列供应市场。

544. 金刚石圆锯片有怎样的发展历程和发展趋势?

金刚石圆锯片是石材加工业的主要工具。但由于天然金刚石价格昂贵，早期不能大规模地应用于生产。第一片金刚石圆锯片是由法国人 Jaeguin 在 1885 年发明的，它是一种手工镶嵌天然钻石的金刚石圆锯片。1930 年以后，随着粉末冶金技术的发展，产生了焊接式金刚石圆锯片。1954 年，人造金刚石诞生，它使得金刚石工具制造业得到迅速发展，金刚石圆锯片大规模应用于石材加工才成为可能。近年来，用于石材加工业的人造金刚石的数量直线上升，其耗用量约占人造金刚石总产量的90%左右。据国内外统计资料估计，目前世界上工业金刚石70%左右用于制造石材加工工具，其中占绝大多数的是金刚石圆锯片。20世纪80年代中期，石材切割锯片的品种比较单一，主要用于大理石的锯切。80年代后期，随着石材工业的发展，锯切花岗石的锯片得到很大的发展，为了达到最佳的锯切效益，锯片研究者们致力于各种配方的研究。其通用规格从 ϕ105 mm 起始，最大达 ϕ2 200 mm(1997 年德国研制成功直径达 5 000 mm 的圆锯片，据称是世界之最)。有 17 种规格之多。其中 ϕ350 ~ 500 mm 规格主要用于半成品板材的剪裁加工，ϕ600 ~ 900 mm 规格主要用于类似墓碑、墓柱等较厚石板(柱)的成形锯切加工，ϕ1 000 mm 以上的规格主要用于荒料的锯切成(板)材加工，目前尤以 ϕ1 600 mm 锯片使用最为普遍。据中国石材工业协会统计，目前全国各类石材企业拥有并使用锯片直径 ϕ1 600 ~ 2 200 mm 的金刚石圆盘锯机数万台，金刚石圆盘锯机成为了石材制品加工行业的最主要、应用最广泛的设备，每年纯消耗的圆锯片基体达数十万张。随着石材制品应用量的增加，金刚石圆锯片的应用量越来越大。

金刚石圆锯片的发展趋势：总的来讲，国内外金刚石圆锯片的发展都有以下一些主要特点：生产高效优质锯片，开发锯片级专用金刚石；更加重视粉末、胎体与烧结工艺的研究；更加重视石材可锯性与锯切机理的研究；激光焊接锯片得到发展；发展超大尺寸的金刚石圆锯片。

目前，金刚石圆锯片的应用越来越广泛，今后金刚石圆锯片的发展方向就是提高切割效率、锯片寿命、降低生产成本，此外还要做到环保。为了达到上述目的，就要在材料、结构、尺寸上进行改进。

首先，从材料上讲，各个厂家更加重视基体、胎体配方的研究。力争在考虑经济性的基础上，做到提高锯片的寿命及效率。其典型代表是复合基金刚石圆锯片。复合基金刚石锯片采用低温电沉积合金胎体和金刚石镶嵌工艺，有效地解决了胎体机械性能差及对金刚石把持力弱的问题。利用该技术工艺制备的胎体机械性能相当于用冶金方法制备的胎体，具有优良的抗弯强度并可根据各种石材特点，调整配方组成，使其具有适宜的硬度与韧性，适合金刚石的镶嵌固定。

其次，从结构上讲，通过改变金刚石圆锯片的结构达到降低噪音、提高加工精度的目的。目前，研制开发低噪声锯片，大致遵循两条途径：一是改变基体结构，在基体上用激光加工特定沟槽，在沟槽中填入阻尼材料；二是将基体分成3层组合而成，中间层采用阻尼材料。据文献报道，世界上大型金刚石工具制造厂之一，芬兰的Levabtooy公司生产的低噪声锯片近期已开始供应世界上最大的混凝土制件生产商AddtekGroupCo。Levabtooy公司的低噪声锯片，采用德国的基体，在基体上有激光加工的环槽，环槽中填入阻尼材料。刀头设计成三明治形式。经检测，噪声强度可从100 dB降至81~83 dB。再次，在尺寸上，金刚石圆锯片直径越来越大，厚径比越来越小。目前，国外最大的金刚石圆锯片的直径已经达到了5 m。通过对锯片进行整形、校正、应力处理、热处理等以达到最佳使用效果。

545. 我国金刚石锯片的大概应用时间是什么时候?

我国金刚石锯片按其种类而有不同的起始时间，如20世纪60年代研制成功了电镀内圆切割锯片(硅、锗、水晶等的切割)和滚压锯片(用于钟表宝石切割)；60年代末70年代初研制成功了镶齿锯片(用于光学玻璃、地质岩芯切割)；70年代初研制成功焊接圆锯片，最初主要用于绝缘材料、电瓷等的切割，随后又扩展到石材切割圆锯片。1978年以后我国石材工业获得了全面发展，从而使石材切割用的金刚石圆锯片形成系列化、标准化，同时还开发了用于建筑行业的金刚石锯片以及排锯(又称框锯、条锯)、带锯和绳锯等新的品种。80年代初随着我国计算机工业的发展，切割磁头用的各种超薄金刚石锯片(无齿锯)获得成功，最薄的厚仅0.04 mm，它的结合剂已不仅仅限于烧结金属和电镀金属结合剂，而且有了树脂结合剂锯片。

546. 我国的石材生产情况怎样?

我国有极为丰富的石材资源且花色品种齐全，努力促进石材加工金刚石化是加速发展我国石材工业的近期目标之一。随着我国经济建设和改革开放进程的加快，我国已成为石材生产大国，据资料统计石材产量已达1 100万t以上，石材消耗量已达到8 000万m^2，已成为仅次于意大利的石材生产和出口大国。

547. 按形状分金刚石锯片的种类有哪些?

按形状分金刚石锯片的种类有圆锯片、排锯片、带锯、绳锯、丝锯、链锯等。

548. 什么是金刚石圆锯片?

金刚石圆锯片(见图128)是指金刚石切削刃位于锯片的内或外圆周上的锯片，如常用的石材切割锯片，其金刚石位于基体的外圆周边上；常用的切割半导体薄片的内圆切割锯片，金刚石位于内圆的刃口上。

圆锯片是常用的一种锯切工具，直径跨度大，从数毫米的雕刻片到数米直径的大型锯片；切割对象也很多，切割对象的结构、硬度、尺寸大小差别也很大。因此，其加工制造方法、所用原材料及使用要求等都不一样。

549. 金刚石圆锯片是如何定义及分类的?

金刚石圆锯片是目前我国石材工业使用最普遍的锯切工具。金刚石圆锯片是一种整体上呈圆盘状的刀具，它采用粉末冶金或电镀等方法将金刚石颗粒镶嵌在基体的周围。利用金刚

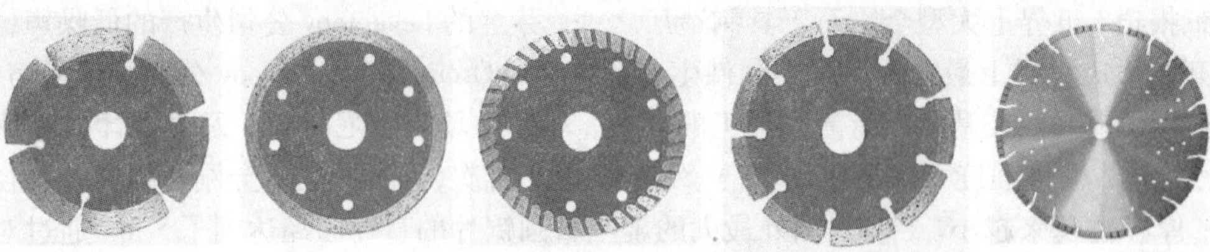

图 128　金刚石圆锯片实物形状图

石颗粒的压裂压碎以及大面积剪崩其他材料而达到切削的目的。金刚石圆锯片的种类很多，分类也很复杂。通常有以下几种分类方式：

(1)按结构分类：宽水槽金刚石锯片、节块组合式金刚石锯片、窄水槽金刚石锯片、钥匙孔槽金刚石锯片、涡轮锯片、碗形锯片等；

(2)按工艺分类：激光焊接金刚石锯片、烧结式金刚石锯片、高频焊接金刚石锯片等；

(3)按加工对象分类：大理石切割锯片、花岗石切割锯片、混凝土切割锯片等。

当然，上述分类方法不能把所有的金刚石圆锯片都包括进去，还有一些特殊用途的金刚石圆锯片。

550. 圆锯片切割的主要特点是什么?

一般说来，金刚石圆锯片的工作环境比较恶劣，产品的主要用途是锯切石材，广泛应用于大理石、花岗石、陶瓷墙地砖及混凝土制品的切割，是石材、建材行业重要且广泛使用的加工工具。

圆锯片切割具有操作方便、效率高、加工质量好等优点。但噪音较大，刀片刚性差。切割过程中锯片易产生振摆、跑偏，导致被切割工件的平行度差。锯机主轴难以承受较大的锯切力，使切割过程中产生摆动，而不能切出直线，尽管增加锯片厚度可以提高其刚性，但仍难以保证切片的平行度。另外，增加厚度不仅增加了锯片成本，而且使锯缝宽度增加而降低了出材率。外圆切割的线速度较高，可达 50 m/s，锯切深度受到锯片直径的限制，一般不超过直径的三分之一。目前，锯切深度一般不超过 1 m。

551. 影响金刚石圆锯片效率和寿命的因素有哪些?

影响金刚石圆锯片效率和寿命的因素有锯切工艺参数和金刚石的品级、粒度、浓度、结合剂硬度等。锯切参数有锯片线速度、锯切深度和进刀速度。

(1)锯切参数

①锯片线速度：在实际工作中，金刚石圆锯片的线速度受到设备条件、锯片质量和被锯切石材性质的限制。从最佳锯片使用寿命与锯切效率来说，应根据不同石材的性质选择锯片的线速度。锯切花岗石时，锯片线速度可在 25 ~ 35 m/s 范围内选定。对于石英含量高而难于锯切的花岗石，锯片线速度取下限值为宜。在生产花岗石面砖时，使用的金刚石圆锯片直径较小，线速度可以达到 35 m/s。

②锯切深度：锯切深度是涉及金刚石磨耗、有效锯切、锯片受力情况和被锯切石材性质

的重要参数。一般来讲，当金刚石圆锯片的线速度较高时，应选取小的切削深度，从目前技术来说，锯切金刚石的深度可在1～10 mm选择。通常用大直径锯片锯切花岗石荒料时，锯切深度可控制在1～2 mm，与此同时应降低进刀速度。当金刚石圆锯片的线速度较大时，应选取大的切削深度。但当在锯机性能和刀具强度许可范围内，应尽量取较大的切削深度进行切削，以提高切削效率。当对加工表面有要求时，则应采用小深度切削。

③进刀速度：进刀速度即被锯切石材的进给速度。它的大小影响锯切率、锯片受力以及锯切区的散热情况。它的取值应根据被锯切石材的性质来选定。一般来讲，锯切较软的石材，如大理石，可以加大锯切深度而降低进刀速度，更有利于提高锯切率。锯切细粒结构的、比较均质的花岗石，可适当提高进刀速度，若进刀速度过低，金刚石刃容易被磨平。但锯切粗粒结构而软硬不均的花岗石时，应降低进刀速度，否则会引起锯片振动导致金刚石碎裂而降低锯切率。锯切花岗石的进刀速度一般为9～12 m/min。

(2)其他影响因素

①金刚石粒度：常用的金刚石粒度在30/35～60/80目范围内。岩石愈坚硬，宜选用较细的粒度。因为在同等压力条件下，金刚石愈细愈锋利，有利于切入坚硬的岩石。另外，一般大直径的锯片要求锯切效率高，宜选用较粗的粒度，如30/40目，40/50目；小直径的锯片锯切效率低，要求岩石锯切截面光滑，宜选用较细的粒度目，如50/60，60/80。

②刀头浓度：所谓金刚石浓度，是指金刚石在工作层胎体中分布的密度。规范规定，每立方厘米工作层胎体中含4.4克拉的金刚石时，其浓度为100%，含3.3克拉的金刚石时，其浓度为75%。体积浓度表示节块中金刚石所占体积的多少，并规定，当金刚石的体积占总体积的1/4时的浓度为100%。增大金刚石浓度可望延长锯片的寿命，因为增加浓度即减小了每粒金刚石所受的平均切削力。但增加浓度必然增加锯片的成本，因而存在一个最经济的浓度，且该浓度随锯切率增大而增大。

③刀头结合剂的硬度：一般来说，结合剂的硬度越高，其抗磨损能力越强。因而，当锯切研磨性大的岩石时，结合剂硬度宜高；当锯切材质软的岩石时，结合剂硬度宜低；当锯切研磨性大且硬的岩石时，结合剂硬度宜适中。

④力效应、温度效应及磨破损：金刚石圆锯片在切割石材的过程中，会受到离心力、锯切力、锯切热等交变载荷的作用。由于力效应和温度效应而引起金刚石圆锯片的磨破损。

力效应：在锯切过程中，锯片要受到轴向力和切向力的作用。由于在圆周方向和径向存在力的作用，使得锯片在轴向呈波浪状，在径向呈碟状。这两种变形都会造成岩石切面不平直、石材浪费多、锯切时噪音大、振动加剧，造成金刚石节块早期破损、锯片寿命降低。

温度效应：传统理论认为：温度对锯切过程的影响主要表现在两方面：一是导致节块中的金刚石石墨化；二是造成金刚石与胎体的热应力而导致金刚石颗粒过早脱落。新研究表明：切割过程中产生的热量主要传入节块。弧区温度不高，一般在40～120℃。而磨粒磨削点温度却较高，一般在250～700℃。而冷却液只降低弧区的平均温度，对磨粒温度却影响较小。这样的温度不致使石墨碳化，却会使磨粒与工件之间摩擦性能发生变化，并使金刚石与添加剂之间发生热应力，而导致金刚石失效机理发生根本性变化。研究表明，温度效应是使锯片破损的最大影响因素。

磨破损：由于力效应和温度效应，锯片经过一段时间的使用往往会产生磨破损。磨破损的形式主要有以下几种：磨料磨损、局部破碎、大面积破碎、脱落、结合剂沿锯切速度方向的机械擦伤。磨料磨损：金刚石颗粒与工件不断摩擦，棱边钝化成平面，失去切削性能，增大摩擦。锯切热会使金刚石颗粒表面出现石墨化薄层，硬度大大降低，加剧磨损。局部磨损：金刚石颗粒表面承受交变的热应力，同时还承受交变的切削应力，就会出现疲劳裂纹而局部破碎，显露出锐利的新棱边，是较为理想的磨损形态。大面积破碎：金刚石颗粒在切入切出时承受冲击载荷，比较突出的颗粒和晶体内部有缺陷的颗粒就会因加载而处于不利的位置和冲击作用而造成大面积破碎，这会使金刚石颗粒过早消耗掉。脱落：交变的切削力使金刚石颗粒在结合剂中不断地被晃动而产生松动。同时，锯切过程中的结合剂本身的磨损和锯切热使结合剂软化。这就使结合剂的把持力下降，当颗粒上的切削力大于把持力时，金刚石颗粒就会脱落。无论哪一种磨损都与金刚石颗粒所承受的载荷和温度密切相关。而这两者都取决于锯切工艺和冷却润滑条件。

552. 圆锯片基体的检测指标和方法怎样？

基体一般是由65Mn、T12等材料组成的带开槽的圆盘，经过淬火+中温回火热处理而成。其加工要求有尺寸精度和形位精度两种要求。尺寸精度要求包括：外径、内径、厚度、水口、齿台。形位精度包括：正圆度、同心度、平直度、平行度、径向跳动、端面偏摆。

锯切工作中的金刚石锯片必须保证变形小、刚性好，才能使锯出的石板厚度均匀，出板率高。要达到这些要求，必须对锯片进行多次校平及应力调整。平面度和端跳值越小，应力越均匀。锯片的使用状况就越好。目前世界上最先进的应力检测和处理设备集锯片基体校平和检测为一体，由应力检测及滚压单元、平面度和端跳校正单元、自动检测单元和PC机软件控制单元四大部分组成。工作原理：先采用高精度的激光传感器测量出基体的各项指标，然后通过PC软件控制单元判断各项指标是否符合要求，从而决定是否向应力滚压单元、平面度和端跳校正单元发出指令，对基体进行校正。能实现对张力、端跳、径跳、平面度四大指标的一体全自动处理。对于平面度和端跳检测，它以法兰盘平面为基准面，通过激光传感器在精密导轨上滑动，检测基体在旋转时表面最高点与最低点同基准面的距离。目前有的设备还以50 mm^2 面积上最高点和最低点为研究对象，对基体表面的“包”特别敏感，并形象地在显示屏上显示出来。如果基体合格，则基体表面的点是均匀分布于以基准面为中心的一个很小的控制带内。对于基体应力的检测，是采用给基体预加一个不变的变形，然后通过激光传感器检测90°方向基体的变形量，使基体应力检测进行量化的同时，避免了因厚度和其他因素对应力检测的影响。

553. 什么是金刚石排锯片？

排锯片又称框锯、条锯(其基本形状见图129)，是将金刚石节块焊接在一长条钢板基体的一侧，两头有铆钉铆牢的连接板，供装配时楔紧之用。其工作原理是将一组(数十至上百根)排锯装在往复式锯切机上，由马达带动曲柄连杆驱动锯片做往复运动，并对锯片施压，使金刚石刻入岩石，不断地锯割岩石。

排锯的主要切割对象是石材，用于锯切荒料，包括各种天然大理石、易切的花岗岩、人造大理石(水泥型或树脂型)等。由于排锯的往复运动不利于胎体对于金刚石颗粒的把持，没有圆锯片单向运动时的金刚石出刃后的拖尾胎体对金刚石的把持效果，如图131所示，所以它比圆锯片制造难度大，目前在国内市场上应用受到限制。但与目前正在大量使用的钢砂锯

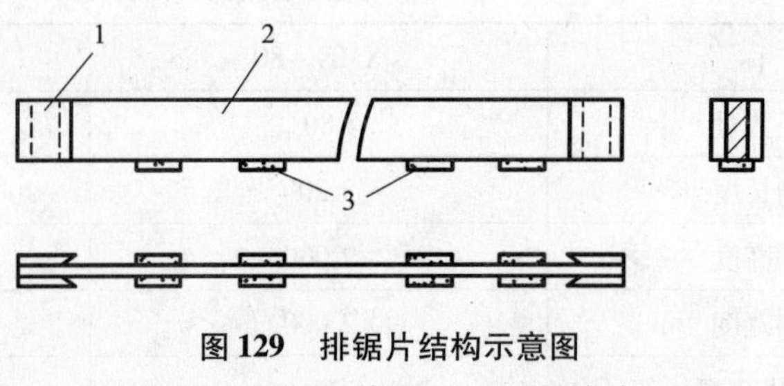

图 129　排锯片结构示意图

1—装卡夹头；2—锯板；3—金刚石节块

和 ϕ1600 mm 的单片式圆锯片相比，却具有效率高，劳动强度低的优点。

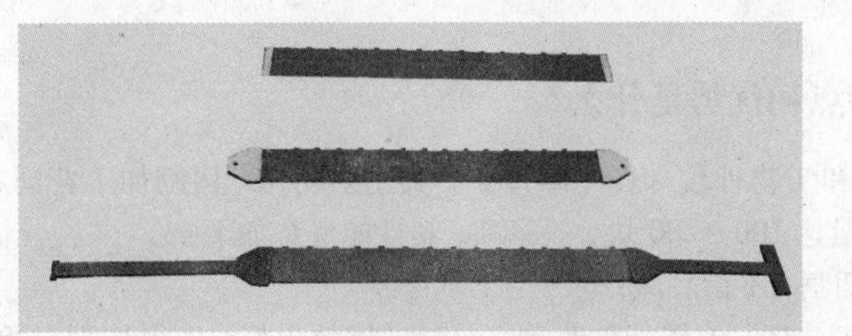

图 130　排锯形状图

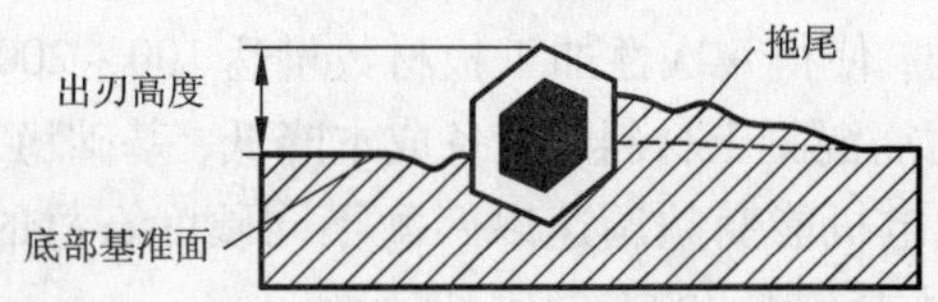

图 131　圆锯片单向运动造成的胎体拖尾现象

554. 常用排锯机的性能参数是怎样的？

以 XMG－80 金刚石框架锯机为例，该机器采用连杆—曲轴的动力传动方式，荒料车自动进给，整机全自动电脑控制，运转灵活，结构合理，进刀快，产量高，能耗低，锯切板材质量好，适于大理石大板的加工。具体性能参数如表 76 所列。

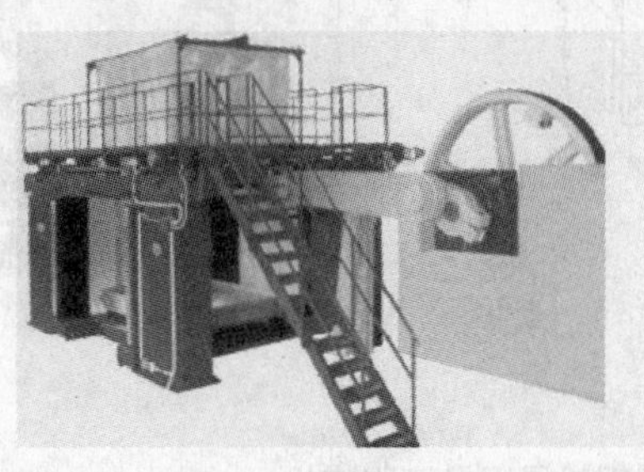

图 132　XMG－80 金刚石框架锯机

表76 XMG－80金刚石框架锯机性能参数

	名 称	XMG－80	单位
技术参数	锯条数量	80	根
	切割长度	3 200	mm
	切割高度	2 000	mm
	切割宽度	2 000	mm
	主电机功率	90	kW
	台车尺寸	3 200×2 100	mm
	总重	35 000	kg

555. 垂直切割排锯机性能特点和优势是什么？

垂直切割排锯机原理示意图和实物外貌如图133所示。其主要功用：切割加工花岗石、大理石板材；一回次加工板材数量达100～200块，效率高。其性能优势如下：

(1)多组垂直锯条自上而下切割，不留底座；

(2)应用单程往复式切割方式，刀头工作条件改善，同时排屑效果好，使得切割对象延伸到花岗岩类加工；

(3)运用对称天平式的重力平衡原理，降低主机功耗，电费成本比圆锯下降70%以上；

(4)成对的多框架结构，使得一次性加工板材数量达100～200块，成材效率高；

(5)设备主架构采用钢筋混凝土材料，设备成本降低，基础稳，振动小。

(6)自动化程度高：主电机能变频调速以匹配不同硬度石材的切割；两送料给进电机分别调速控制，以适应不同材质、尺寸的石材锯切速度；

(7)由于改变传统的水平锯切方式为垂直锯切，使得锯框结构变小，锯条工作刚度增加，变形小，板材加工精度提高，薄板加工(3 mm)得以实现。

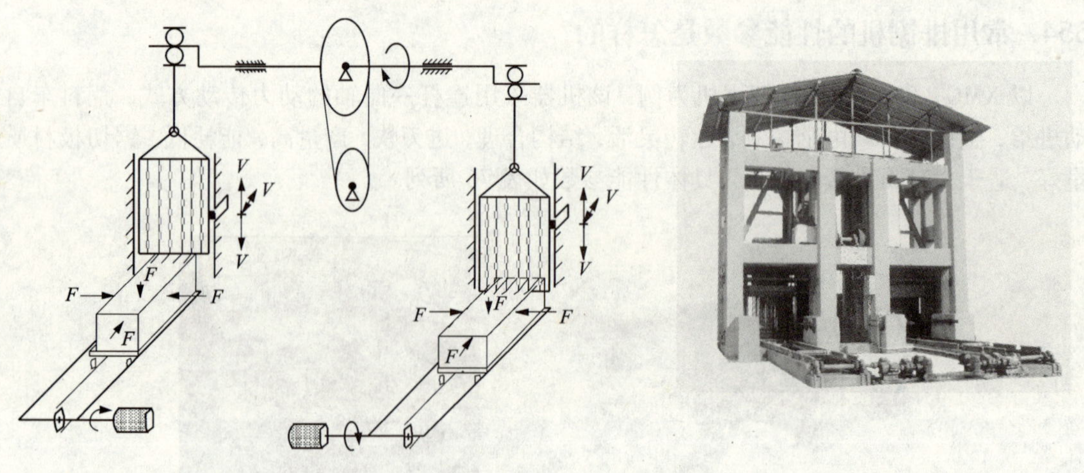

图133 垂直切割排锯机原理及实物样机

556. 什么是金刚石带锯?

金刚石带锯的基本形状类似于锯木板的木工带锯，所不同的是金刚石带锯是在钢带一侧焊有金刚石锯齿，锯齿多为长方块形(长 × 宽 × 高 = 3 mm × 2.5 mm × 2.5 mm)或丸片状(ϕ6 × 2.5 mm)。钢带两个端头焊合成一体，形成闭合环带，故称带锯。其与排锯的主要区别在于其基体为柔性钢带，既要求金刚石镶焊、粘结牢固，又要能够像皮带一样转动弯曲。带锯一般很薄(厚度在 1.0 ~ 2.0 mm)，而且很长(5 ~ 8 m)，多由电镀方法制造。

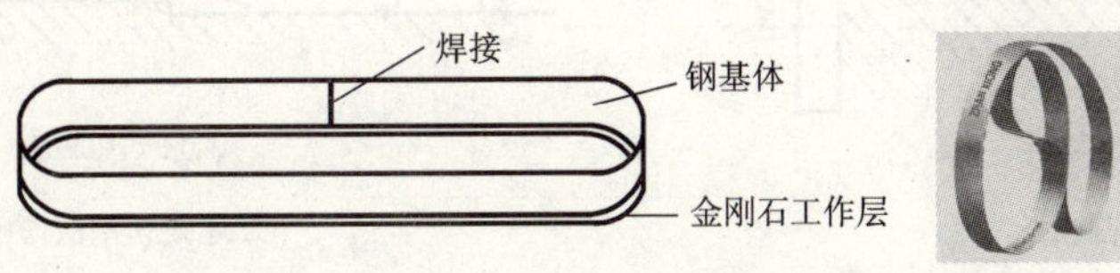

图 134　带锯锯齿

带锯机多呈卧式。金刚石带锯装配于专用带锯机上，绕过两个大直径飞轮，其中一个为驱动轮。通过调节两轮间距，以装紧带锯条，驱动轮转动带动带锯而切割工作。带锯主要用作石墨电极的切断，也有用作异型石材切割的。带锯的金刚石齿不能做得太大，因为带锯要绕在飞轮上能够做柔性运动，齿大了在弯曲时会从焊口处折断。

557. 什么是金刚石绳锯?

金刚石绳锯结构示意图见图 135。图 135(a)为老式结构，图 135(b)为改进后的新结构。由图可知，它是由若干金刚石节块(串珠)串装在一根钢绳上面制得的。

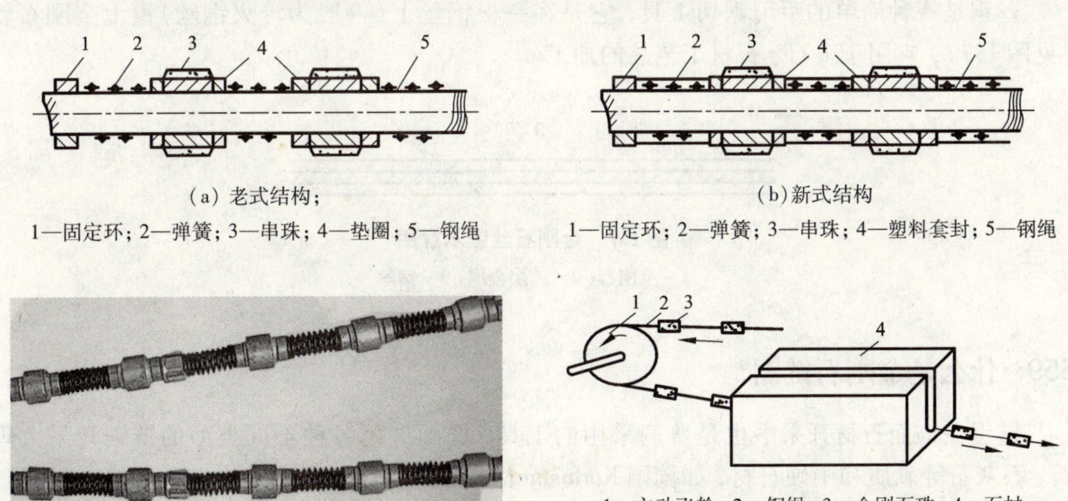

图 135　金刚石绳锯结构和工作状态图

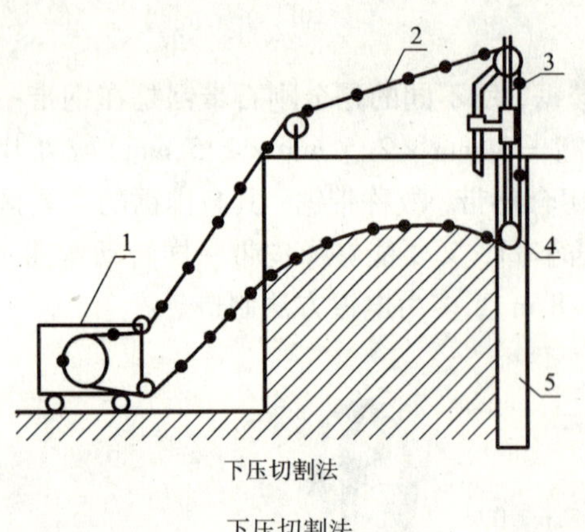

下压切割法

下压切割法

1—锯机；2—绳锯；3—张紧装置；4—压轮；5—钻孔

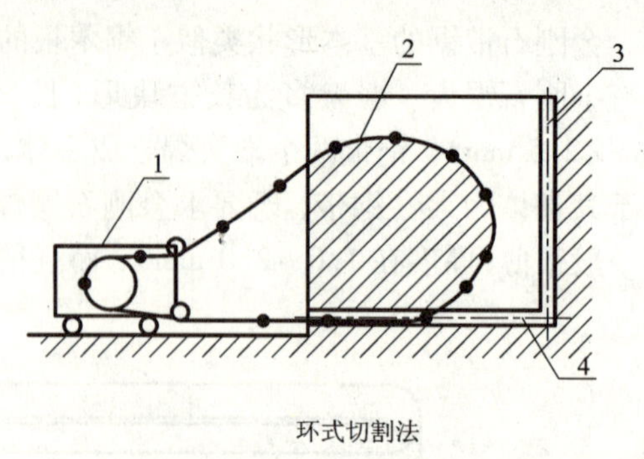

环式切割法

环式切割法

1—锯机；2—绳锯；3—垂直钻孔；4—水平钻孔

图 136　金刚石绳锯锯切荒料工作状态

金刚石绳锯最初是为石材矿山开采而设计制作的。用于开采石材荒料和切割石材。其方法是先在采掘面上打孔，将绳锯穿入孔，将两头接牢，套在动力机带动的轮子上将石材切开。与爆破法相比，具有速度快，荒料整齐，光滑无内伤等优点，特别对于天然花纹美观的石材更为适用。其工作状态如图 136 所示。通过几十年的应用开发，金刚石绳锯的应用面已扩展到建筑物的拆除、大块石材或水泥砌块的分割、异型石材切割，甚至大型钢缆的切断等。

558. 什么是金刚石丝锯?

丝锯是一种简单的手用锯切工具，它是在一根钢丝上（一般为淬火钢丝）镀上金刚石粉（见图 137），它用于玉石、石材工艺品的加工。

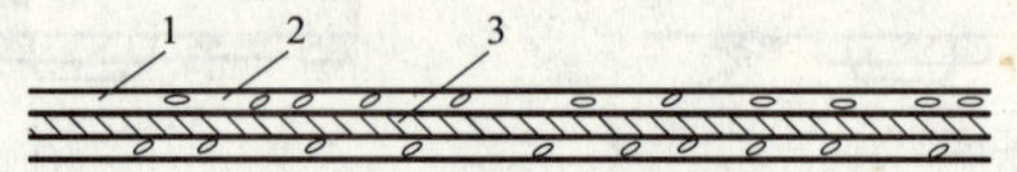

图 137　金刚石丝锯示意图

1 – 金刚石；2 – 镀层金属；3 – 钢丝

559. 什么是金刚石链锯?

链锯在饰面石材开采中也是普遍采用的工具。德国应用各种不同类型的链锯开采大理石、石灰石等软质和中硬石材，如德国 Korfmam 机械股份有限公司生产的 ST30VH 型链锯机。它用于露天采石场开采大块石料，可以直接垂直和水平采石，有效采石深度可达 2 m。通过更换齿轮链控制速度 0.4 ~ 1.4 m/s。液压无级调速，进给速度为 2 ~ 10 cm/min。

图 138 链锯(局部)

瑞士 GAMMA STWAG Ltd. 生产的链锯有手提式和轨道式两种形式，主要作业对象为混凝土和石材，切割深度也达 2 m。图 136 为以色列金刚石钻探有限公司的 ICS 手提式链锯机的金刚石链锯示意图。链节的形状有多种，主要根据加工对象来定，链节的制造方法有热压烧结法和电镀法两种形式。

560. 什么是金刚石组锯?

金刚石锯片在使用时既可以单片使用，也可以多片成组使用，称为组锯。一般情况下成组的锯片规格尺寸一致。如果为了实现某种切割效果，而采用不同规格的基体组成一组，就构成了复合组锯。不论是组锯还是复合组锯都对锯片基体的性能有严格的要求，并且要求每组锯片基体的性能指标一致。

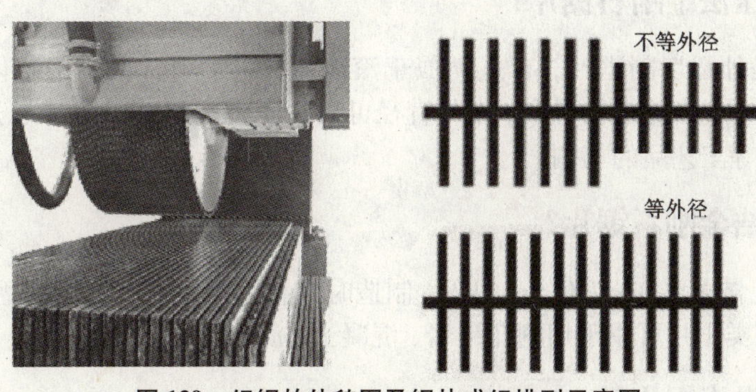

图 139 组锯的外貌图及锯片成组排列示意图

561. 金刚石圆锯片制作方法有哪些?

金刚石圆锯片制作方法有热压 - 焊接法、冷压 - 烧结法以及预压 - 热压法等，目前用得较多是前两种方法。

562. 按制造方法分金刚石锯片的种类有哪些?

用不同的工艺方法可以制造出不同种类、不同用途的锯片，其主要有：电镀锯片、滚压锯片、镶齿锯片、焊接锯片、挤压法锯片、烧结锯片等。

563. 电镀金刚石锯片有什么特点?

电镀是制造金刚石内圆切割锯片的唯一方法，也用于薄的外圆锯片、绳锯串珠、丝锯等的制造。电镀法锯片的特点是金刚石被结合剂把持十分牢固，金刚石出刃好，且可以调节出刃高度，因此切削锋利，耐用度好，制造成本低，适应性强。但周期相对长，环保性不足。

564. 什么是滚压金刚石锯片？

金刚石位于锯片外圆的缝隙中，基体是一种较软的碳钢，直径 ϕ100 ~ 200 mm，厚度为 0.20 ~ 0.40 mm，一般用于钟表宝石的成组切割。

565. 什么是镶齿金刚石锯片？

这种锯片多以青铜为结合剂，冷压烧结工艺制造。金刚石齿呈长条块状或I字形，可直接压制，或先压成齿再镶装在带基体外圆周边的齿槽中。这种锯片主要用于玻璃、水晶等的切片，也有用于大理石、水磨石切边等。

566. 什么是镶焊金刚石锯片？

这是目前使用最广泛的锯片制造方法，也是大部分石材加工用锯片的形式。如石材加工用圆锯、排锯等，都是先制成锯齿节块（刀头），再用焊接的方法将节块焊接到钢基体上。这种制造方法应用于大批量、半自动化生产。通过调整锯齿结合剂配方，制得各种硬度及物理机械性能的刀头，以适应各种不同加工对象的切割。

567. 什么是挤压法金刚石锯片？

这种锯片也是外圆切割锯片，有点类似于滚压锯片，金刚石也位于基体外圆周边的缝中，只是金刚石较粗，齿缝也长得多。锯片直径可做到 ϕ500 mm 甚至更大。这种锯片多用于玉器、宝石、贝壳等工艺品的切割。

568. 什么是烧结金刚石锯片？

这种锯片的规格主要在 ϕ400 mm 以下，制造时先利用模具进行冷压成型，然后放在专门的设备中烧结。该类锯片可用于切割花岗岩、混凝土、沥青、大理石等。

569. 什么是消噪声锯片？

金刚石锯片在切割硬脆材料时，由于与被加工件的相互摩擦及冲击，基体产生剧烈振动，噪声强度达到100 ~ 110 dB，大大超过各国噪声卫生标准要求的80 ~ 85 dB。为降低噪声，国外市场上很早就开始销售低噪声锯片，而我国则处于刚刚起步的阶段。研制开发低噪声锯片，大致遵循两条途径：一是改变基体结构，在基体上用激光加工特定沟槽，在沟槽中填入阻尼材料；二是将基体分成3层组合而成，中间层采用阻尼材料。据报道，世界上大型金刚石工具制造厂之一，芬兰的 Levabtooy 公司生产的低噪声锯片近期已开始供应。世界上最大的混凝土制件生产商 AddtekGroupCo. Levabtooy 公司的低噪声锯片，采用德国的基体，在基体上有激光加工的环槽，环槽中填入阻尼材料。它的刀头设计成三明治形式。经检测，噪声强度可从 100 dB 降至 81 ~ 83 dB。

570. 掏孔消噪锯片基体有什么特点？

锯片基体的刚性与张力密切相关，实践证明：基体某些部位的张力是无效张力。在锯切不规范的状况下，极易演变为有害张力，导致锯片不良运行。如将无效张力部位掏成孔，当改变基体受力后张力变化，能取得良好效果。一般应用激光切割机或线切割掏槽或掏孔，以达到消音及降噪作用。基体上掏孔有以下几个特点：①易于进水，明显提高了冷却效果；②加大了排屑量；③降低了运行噪音；④使用间歇，张力可自行恢复等。如图 138 是一种掏孔消噪锯片基体。

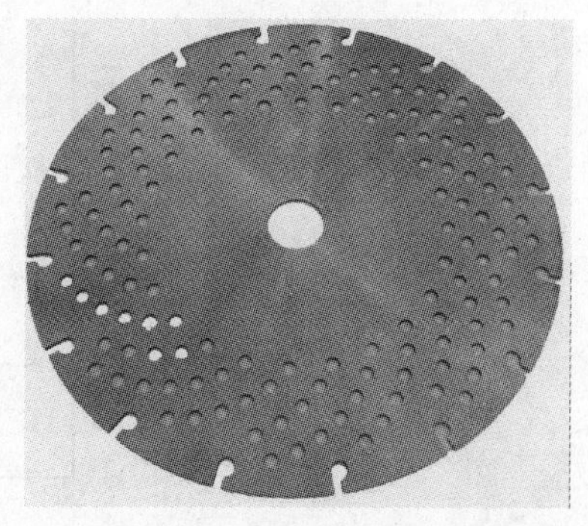

图 140 一种掏孔消噪锯片基体

571. 按用途分金刚石锯片的种类有哪些?

按用途分有：石材切割锯片、光学玻璃切割锯片、宝石等工艺品切割锯片、硅、锗等半导体材料切割锯片、工程切割片、耐火材料、电瓷材料、陶瓷材料切割锯片、塑料、层压板、有机玻璃切割锯片、实验室用超薄锯片等。

572. 金刚石锯片在使用中出刃与结合剂表面的磨粒情况是什么样的?

磨损的形式与切割时不同的载荷相关联，在逆向切割时，当低速切割和切材均质的情况下，金刚石被磨平。在下切式高速切割的情况下，当被切石材有硬质点时，因冲击载荷而导致金刚石碎裂。锯片在使用中，出刃于结合剂表面的磨粒因所遭遇的磨损条件、出刃高度等的不同，可以区分为下列四种情况：①良好磨粒；②磨平磨粒；③破碎磨粒；④脱粒磨粒。如图 141 所示。

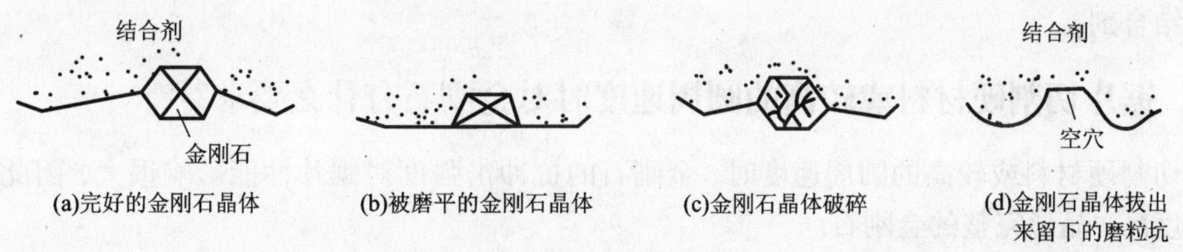

图 141 金刚石磨损形态

573. 锯片切割时的圆周速度与磨损之间有什么关系?

图 142 给出了锯片切割时的圆周速度与两种磨损之间的关系。由图可知，当圆周速度增加时，切割磨损下降，而冲击磨损增加。这是因为为达到同一切割效率，当圆周速度增加时，每一次的切深可适当减少，磨粒所受作用力减少，磨粒过早脱落的几率下降，表现为磨损减少。但圆周速度增加后，必然会带来冲击力增加，振动变大，使磨粒破碎的几率增加。为使总的磨损达到最小，在实际作业中，对不同的石材，都有一个最佳使用线速度问题，这就是图 142 中两条磨损曲线的交点 C(也就是曲线 3 的最低点)，称为 v_0 当切割速度大于 v 时，磨损形式以金刚石破裂成碎片脱落为主；而切割速度低于 v 时，金刚石以切割磨损为主。

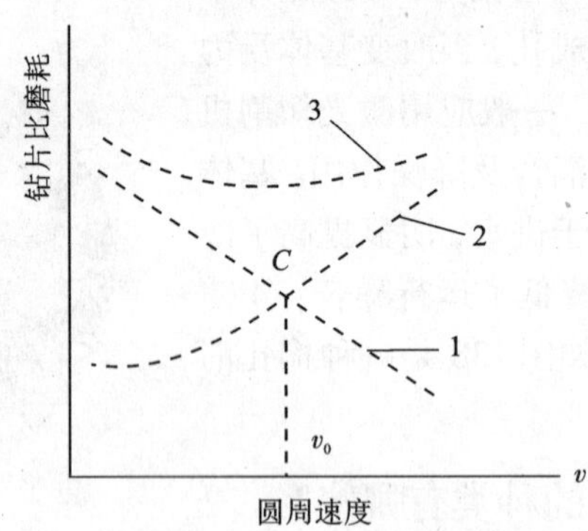

图142　锯片磨损与圆周速度的关系

1—切割磨耗；2—冲击磨耗；3—总磨耗

574. 工件材料对金刚石磨损的主要因素是什么?

工件材料对金刚石磨损的影响主要是材料的硬度。如花岗岩比大理石硬，因而其对锯片的磨损大。硬质花岗岩等坚硬材料的切割，差不多在整个周速范围内，冲击磨损是主要的，其最佳圆周速度移向较低速区；对较软的切割材料，其最佳圆周速度在较高速区。

575. 锯片切割较软材料或较低圆周速度时对金刚石有什么要求?

切割较软材料或较低圆周速度时，金刚石是否被牢固粘结比金刚石的强度更重要，此时不是要求金刚石强度愈高愈好，而是要求其有更高的热稳定性，以适应采用粘结性能好、耐磨的结合剂。

576. 锯片切割硬材料或较高的圆周速度时对金刚石有什么要求?

切割硬材料或较高的圆周速度时，金刚石的抗冲击强度对锯片性能影响很大，因此要采用强度高、晶形完整的金刚石。

577. 金刚石的粒度对锯切工具有什么影响?

金刚石在锯切工具的切割面上的出露情况或凸出高度会影响每个颗粒的切割深度，也就是影响了切割工具的材料切除率。使用粒度较大的金刚石出露程度将有较快的材料切除率。一般粗颗粒用于切割软质材料，而较小的粒度则用作坚硬材料的切割。金刚石的粒度决定了每克拉的颗粒数。随着粒度号的增大，每克拉的颗粒数增多。因为工具的切割面积上金刚石的数目对工具的寿命和功率消耗有影响，所以选择合适的目数是确保工具性能的关键。一般来说，低浓度金刚石工具采用细粒度金刚石，就能使切割工具表面上的金刚石颗粒增多，这样一来有利于提高寿命，同时也增加了功率消耗。除金刚石粒度外，金刚石的浓度也决定了切割工具表面晶粒的数目。金刚石浓度越高，切割工具表面晶粒的数目就越多，这样有利于提高寿命。

578. 制造锯片使用什么样晶形的金刚石最好?

金刚石的晶形变化很大,从完整的立方 - 八面体结构到部分完整、不规格形状直至晶体碎块。根据经验,当晶粒承受重负荷时,最合适的产品是选用非常结实、完整的立方—八面体晶形的金刚石。这种晶形的金刚石在工作过程中接触面最小,而抗破碎能力最强,因而降低了设备功率消耗,延长了工具寿命。

579. 制造锯片应选用什么样冲击强度的金刚石?

冲击强度受晶形、粒度、杂质等特性的影响。在选用金刚石时,要综合考虑工具的设计、结合剂的性能、工件材料的性能、机器的使用功率、所要求的切割效率和寿命等来选用合适冲击强度的金刚石。通常在切割较坚硬材料时,应选取能承受冲击强度大的金刚石产品。

580. 什么样品级和粒度的金刚石适用于制造锯片?

表 77 列出了用于锯片制造的国产合成金刚石品级牌号、特性及对应的作用。目前,我国产的人造金刚石用于圆锯片常用品种有 MBD_{12}、SMD_{20} 和 SMD_{25} 等。

表 77　锯用国产合成金刚石

品种代号	粒度范围/目	堆积密度/(g/cm^3)	用　途
RVD_1、RVD_2	60/70 ~ 325/400	1.35 ~ 1.70	树脂薄片
MBD_4、MBD_6、MBD_8、MBD_{10}、MBD_{12}	50/50 ~ 325/400	≥1.85	青铜结合剂锯片,电镀绳锯,丝锯
SMD_{25}、SMD_{30}、SMD_{35}、SMD_{40}	16/18 ~ 60/70	≥1.95	焊接锯片(包括圆锯、排锯、带锯、绳锯)
DMD	16/18 ~ 40/45	≥2.0	特殊用途焊接锯片

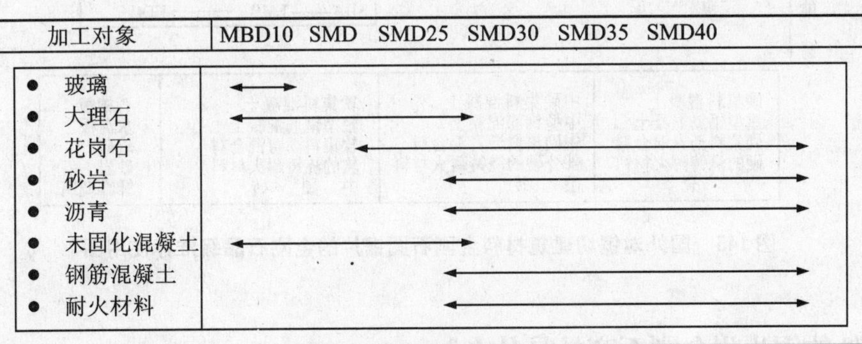

图 143　国产金刚石锯切对象对应图

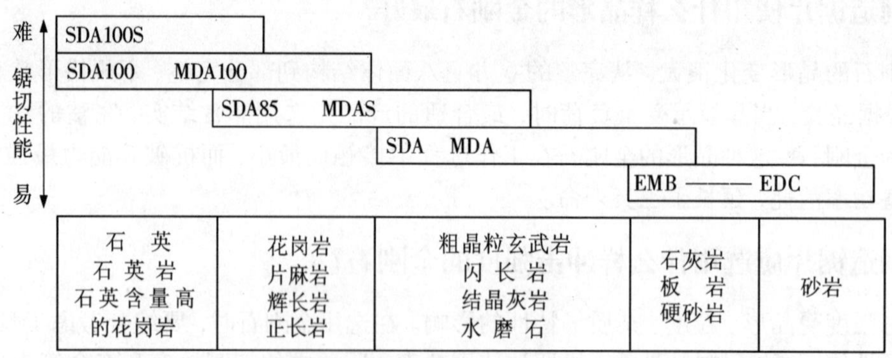

图144　国外对石材加工金刚石圆锯片的金刚石品级推荐使用图

581. 国外对石材加工金刚石圆锯片的金刚石品级推荐情况如何?

SDA100S是一种高强人造金刚石，晶体透明无杂质，具有非常好六－八面晶形；SDAl00是一种优质人造金刚石，具有明显平滑的六－八面晶形；SDA85与SDA100相比，其强度略低，晶形较完整，是石材和建筑工业中常用的一种；SDA的强度和SDA85接近，但晶形不规则，具有较大的脆性；MDAl00，MDAS，MDA人造金刚石质量分别和SDAl00，SDA85，SDA相当；EMB是一种形状不规则的天然金刚石(粒度为16/20目)，EDC是一种碎粒人造金刚石。

582. 国外对锯切建筑材料金刚石圆锯片的金刚石品级推荐情况是怎样的?

图145列出了国外对锯切建筑材料金刚石圆锯片的金刚石品级推荐使用情况。

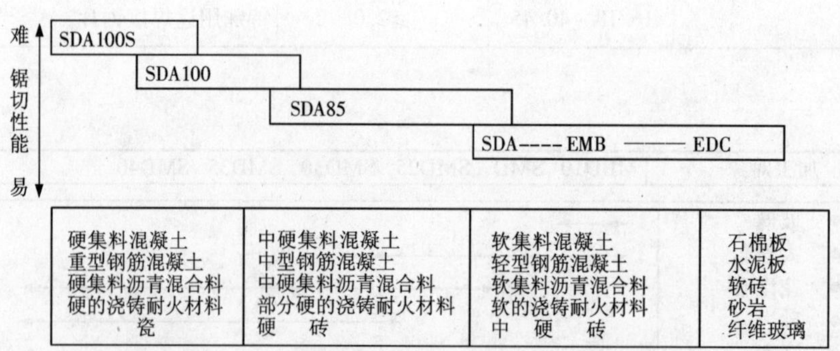

图145　国外对锯切建筑材料金刚石圆锯片的金刚石品级推荐使用图

583. 国外的锯片用金刚石产品是什么?

表78列出了英国、美国、乌克兰、日本、捷克等不同国家主要的锯用金刚石产品。

表 78 不同工业国家锯用金刚石产品

国别公司	英国	美国	乌克兰	日本	捷克
	De Beers	GE	超硬所	东名	
牌 号	SDA⁺SDB 系列	MBS700 系列	ACK 系列	IMS,CAM	DSK－S
	DSN 系列	MBS900 系列	ACC		

584. 元素六公司推荐应用于石材业锯片的金刚石情况如何?

表 79 列出了元素六公司应用于石材业锯片和建筑业锯片用的几种金刚石。

表 79 元素六公司推荐应用于石材业锯片的金刚石

<table>
<tr><td rowspan="10">困难
↓
锯切难度
↓
容易</td><td>SDA</td><td></td><td></td><td></td></tr>
<tr><td colspan="2">SDA100</td><td></td><td></td></tr>
<tr><td></td><td colspan="2">SDA85</td><td></td></tr>
<tr><td></td><td colspan="3">SDA</td></tr>
<tr><td>石英</td><td>花岗岩</td><td>火成岩</td><td>石灰岩</td></tr>
<tr><td></td><td></td><td>闪长岩</td><td></td></tr>
<tr><td>石英岩</td><td>片麻岩</td><td>结晶</td><td>石片</td></tr>
<tr><td></td><td></td><td>石灰岩－大理岩</td><td>砂岩</td></tr>
<tr><td rowspan="2">含大量石英的花岗岩</td><td>辉长岩</td><td>玄武岩</td><td rowspan="2">框锯切割</td></tr>
<tr><td>正长岩</td><td>水磨石</td></tr>
</table>

585. GE 公司锯切用金刚石的一般应用原则是怎样的?

GE 公司为锯切用金刚石提供 MBS900 系列，其选用原则见表 80。

586. 如何选择锯片用金刚石的粒度?

一般来说，粒度粗，锯片锋利，效率高；粒度细，锯片耐用度高，但效率低。单一粒度，锯片锋利，高效；粗细混合粒度，锯片耐用，但效率低。国外锯片普遍使用低浓度、粗粒度，效率很高，但必须满足两个条件：一是要求金刚石韧性和耐热性高，二是结合剂与金刚石结合牢固，能够出刃高而不过早脱落，因此，对于大中锯片($\phi300$ ~ $\phi2000$)一般选用 20/30 ~ 40/50 目。国内目前普遍使用细粒度、高浓度，这是在国内粗粒度、高韧性金刚石不能满足需要条件下不得已而为之，并不符合高档锯片发展的大方向，因此，对于大中锯片($\phi300$ ~ 2000)一般选用 35/40 ~ 60/70 目偏细粒度，小锯片($\phi300$ 以下)一般选用 40/50 ~ 60/80 目的粒度。金刚石的粒度可参考加工材料进行选择(参见图 146)，愈难切的材料所用的金刚石粒度愈细。

表80 MBS900一般应用原则

MBS970	MBS960	MBS950 MBS955	MBS940 MBS945	MBS930 MBS935	MBS920 MBS925	MBS910 MBS915
很强冲击力 大功率设备 高切割率	强冲击力 有限功率设备	中等冲击力		弱冲击力		很弱冲击力
混凝土/沥青 加强筋 强韧骨料	混凝土/沥青 加强筋 所有骨料	普通混凝土/沥青 非加强筋 中等骨料 轻骨料		混凝土/沥青 手动设备		混凝土/沥青 手动设备 家用切割机
花岗石 绳锯 多片锯切 板 切边	花岗石 绳锯 多片锯切 板 切边	花岗石 切边 校平		花岗石 抛光		大理石/石灰石 软石 绳锯 框架据 抛光
大理石/石灰石 带锯 钻孔 套孔钻		硬大理石 石灰石 绳锯 框架据 切边 校平		软大理石 绳锯 框架据 切边		天然金刚石 替代品

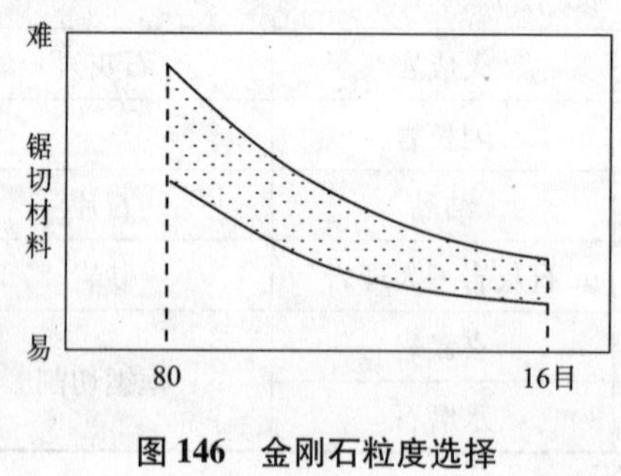

图146 金刚石粒度选择

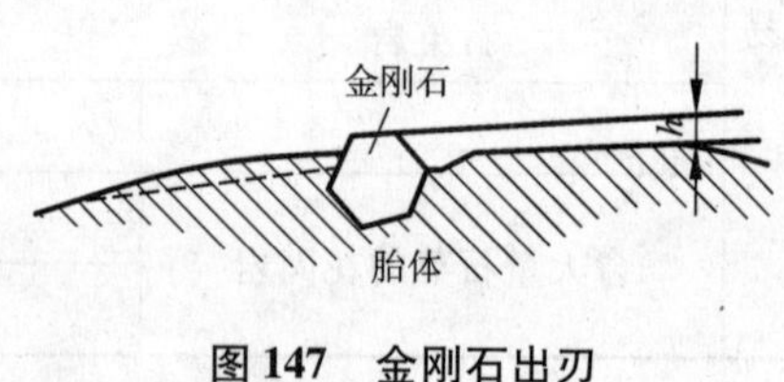

图147 金刚石出刃

587. 金刚石的粒度与锯切工具的效率有什么关系?

金刚石的粒度影响金刚石的出刃值和切割速度。试验结果表明：采用粒度为30/40目的SDA85人造金刚石在含花岗岩集料的混凝土中锯切，当切割速度为200 cm/min和800 cm/min时，金刚石出刃值分别为金刚石粒径的12%和16%；当锯切天然花岗岩时，对于切割效率为300 cm/min，金刚石的出刃约为粒径的8%。可见，为了提高锯切效率，选用较粗的金刚石有利。当采用较细粒金刚石时，要求锯片的线速度要提高。当金刚石浓度不变时，采用较细金刚石则可使节块单位工作端面上的切削点增多，而有利于提高锯片的使用寿命。

588. 怎样选用锯片的金刚石浓度?

锯片的金刚石浓度具有一个合适范围，其浓度通常为25%～75%，金刚石浓度与锯片的寿命关系见图148。随着浓度的增加，锯片的寿命增加。金刚石浓度与功率消耗的关系见图149。随着金刚石浓度的增加，功率消耗也随之增加。

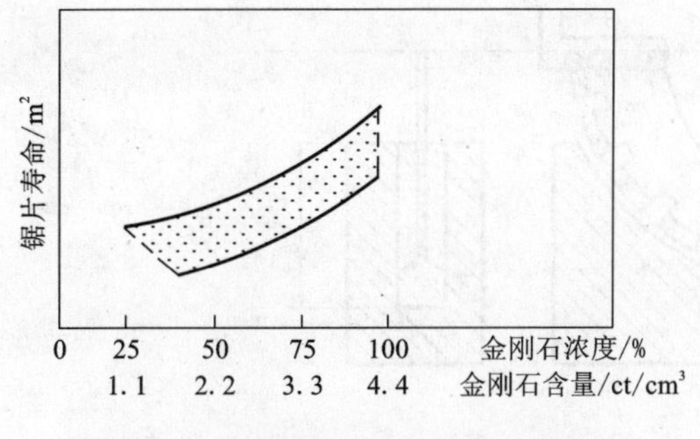

图 148　金刚石浓度与锯片寿命的关系

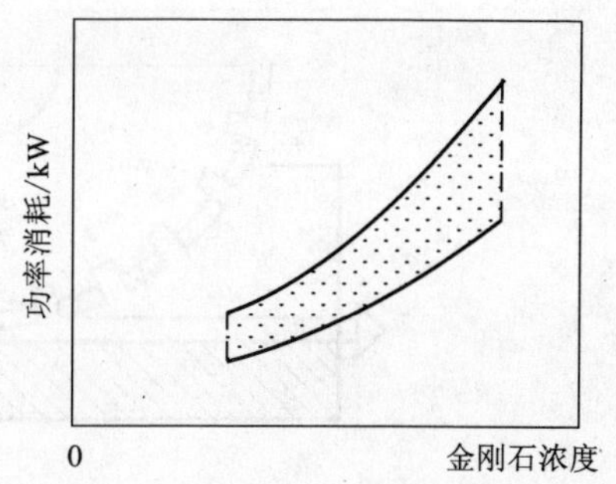

图 149　金刚石浓度与功率消耗的关系

589. 对于不同直径的锯片金刚石应如何选择?

(1)在制作大直径锯片刀头，如 ϕ1 600 mm 刀头时，考虑到目前大部分客户首先要求的是刀头寿命，按切割平方数付款。因此一般采用低强度、高浓度策略。

(2)在制作小直径锯片刀头，如 ϕ350 mm 锯片时，考虑到目前大部分用户切边机是手动的，一般要求锯片锋利度要好，因此采用高强度、低浓度策略。

590. 锯片的结合剂机械性能如何与切割材料匹配?

作为锯片的金属结合剂，其机械性能既要保证锯片耐用，又要保证锋利，既要有足够高的强度、硬度，又要有足够的脆性，以便在锯切过程中适时磨损，保持金刚石有足够的出刃高度。对于锯片的结合剂而言，其机械性能指标与其他普通金属材料有所不同，并非强度和硬度越高越好，而是要适当。韧性和脆性也是要相对合适。对于不同用途、不同种类的锯片，这些指标各不相同，要求有各自适当的范围。一般地，加工坚硬的、可锯性差的石材，要求硬度、强度、韧性要高，而对于可锯性好的软质石材而言，这些指标可相应降低。在生产实践中，普遍采用铜基结合剂加工大理石和软花岗石，使用 WC 基结合剂加工硬花岗石，使用钴基结合剂加工中等硬度石材。从原材料的角度讲，为了保证结合剂的机械强度，不仅要确定适当的成分配比，还要注重各金属粉末的粒度、表面状况(氧化程度)、加入形式(如单金属粉末、预合金粉末等)，粒度不可过粗，主成分应细于 200 目，添加成分一般应细于 300 目，Ti、Cr 等少量添加元素应更细一些。否则，即使配方合适，也影响结合剂性能。

591. 胎体对金刚石锯片性能有什么作用?

胎体金刚石锯片方面有下列几点作用：①分散和把持金刚石；②使金刚石有一定的出露，提供相匹配的磨损；③防止晶粒过早脱落；④充当散热体，将工作时产生的热量迅速传出去；⑤当金刚石受到冲击时，胎体承受和分散所产生的冲击和载荷。

592. 锯片的工作状态是什么样的?

锯片的工作状态见图 150。

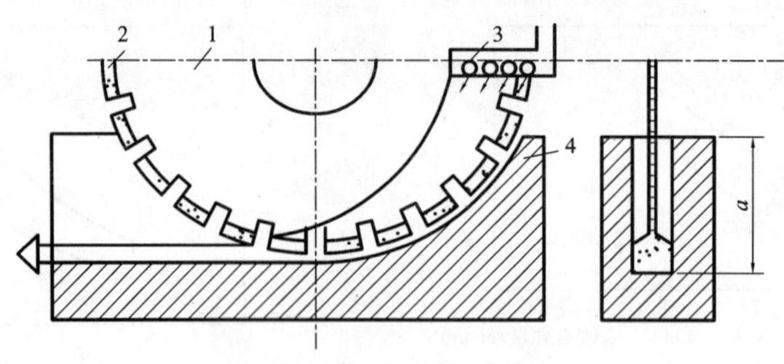

图150　锯片的工作状态

1—锯片基体；2—节块；3—输送冲洗液的弯管；4—岩石

593. 锯片的胎体应具备哪些特性?

胎体是由单金属或合金构成的。作为锯切工具的胎体，它首先要满足锯切工作特点的要求，即在使用过程中既要保证金刚石有良好的出刃，又要保持金刚石不过早脱落，并能承受住锯切时合理工作参数下各种各样锯切条件的考验；同时还要兼顾到锯片生产的工艺特点和要求。这就要求胎体应具备下述性能。

(1) 胎体对金刚石有良好的粘结性

由于金刚石与一般金属之间具有很高的界面能，致使金刚石与一般金属或合金不能很好地浸润。能形成碳化物的元素对金刚石有较好的浸润性，如Ti和Cr等，而第Ⅷ族(Fe，Co，Ni)元素对金刚石的浸润性很差，而铜几乎是不浸润金刚石的。胎体金属或合金对金刚石能否良好浸润并非代表他对金刚石能否良好粘结，但浸润性好为良好粘结创造了条件。

(2) 胎体应有良好的耐磨性和冲击韧性

由于胎体耐磨性的测定相对比较困难，一般用硬度来表示其耐磨性，认为硬度越大则耐磨性越高。从锯片所用的几类胎体基来看，含有一定量的WC胎体硬度较高，比较耐磨，可用作钢筋混凝土等材料锯片；含钴较多或纯钴胎体的硬度次之，一般用作硬花岗岩锯片；铁基胎体硬度较钴基胎体的低，但其有较大的调整范围，可做花岗岩、大理石等锯片；铜基胎体硬度较低，一般用于制作低寿命高效率的锯片。

胎体要有一定的抗冲击能力，因为锯片在切割过程中，切割效率高，切速快，进给快或切深大，被切材料对锯片产生的振动、冲击较大，因而胎体应具备一定的抗冲击能力。

(3) 胎体成分对金刚石无侵蚀或只有轻微侵蚀

金刚石的化学成分是碳，因而具有碳的化学属性，如高温氧化及燃烧，并能和若干元素形成金属碳化物。在900℃时，如结合剂中有铁存在，金刚石就开始以碳元素形式渗入铁中，造成对金刚石表面的侵蚀；温度继续升高到1200℃时，金刚石甚至能全部溶于铁中。其他如Ti，V，Cr，W等碳化物形成元素，在其碳化温度下都会侵蚀金刚石。金属对金刚石的高温侵蚀程度与金属粉末颗粒的大小和粒度的分布，及生产过程中氧化与还原气氛的存在，加工温度和时间等有关。侵蚀按金刚石表面被刻蚀的程度分为轻微、中等和剧烈三类。轻微反应是在金刚石立方体的表面上有微小的表面刻蚀；中等反应是在金刚石所有表面上都有刻蚀；剧烈反应是在金刚石表面有深度刻蚀，任何晶体的棱边和棱角都不存在。轻微和中等反应对金刚石性能影响很小甚至没有，而剧烈反应会降低金刚石工具的性能。

（4）胎体要求的烧结温度不能太高

金刚石的高温性能和它与金属作用特点是锯切工具制造所应注意的。试验研究表明，在空气中煅烧金刚石，800℃时开始减重，晶体色泽变化；900℃时质量明显下降，变得疏松易碎，至1 000℃完全燃烧，发出耀眼的光而剩下灰烬。在有氢气保护的情况下，燃烧用金属粉末覆盖的金刚石，只要达到金属粉末与碳起化学作用的温度，都会侵蚀金刚石。胎体烧结温度低于900℃时，金刚石的冲击强度没有受到热的影响；而当烧结温度在900～1 100℃时，金刚石的冲击强度会产生微小的变化。强度的损失是由单个晶粒内部的张力引起的。随着金刚石等级不同，强度损失也就不同，内部张应力是因为金刚石和所含金属杂质的热膨胀率不同而引起的。烧结温度过高时（1 200℃以上），其内应力使大部分晶粒产生内裂纹，从而引起冲击强度发生很大变化。当热压烧结时存在保护气氛或处于还原气氛的环境下时，即使烧结温度高于900℃，对金刚石冲击强度的影响也会很小。

（5）应具有良好的压制工艺特性

胎体的压制工艺特性主要是指胎体的压实性和成型性。对热压烧结法成型性的要求比冷压烧结的低些，但也不可忽视。因为在节块制造时，如采用预压的工序，那么节块坯体尺寸比成品要大30%～40%，而且压坯要经搬动并组装到石墨模具内，所以要求压坯要有一定的强度，也就是胎体要有好的成型性，才有可能获得最好的压坯强度。压实性好的胎体，其粉末颗粒在压制时的流动性好，颗粒之间的内摩擦小，因此在较小的成型压力下，就能达到规定的成型密度，这对减少动力消耗、节约制造成本是有益的，但压实性好的胎体，其压坯强度差。因为流动性好的粉末都反映出其粉末颗粒间的相互交联、啮合较少，所以其强度差。胎体的压制性能主要取决于原材料，尤其是金属粉末的性能、粒度、表面状况、形状等。如细颗粒、形状复杂的粉末成型性比较好。电解铜粉比雾化铜粉的成型性好，因为前者呈树枝状，后者为球状。金属粉末表面有硬化层或吸附杂质较多时，其成型性就差。

（6）工艺稳定性要好

在工业生产中，特别是自动化水平欠发达的生产单位，生产过程由于受设备条件、模具尺寸甚至周围环境变化等因素的影响，造成测量仪表显示的工艺参数与实际达到的工艺参数有一定的差距，从而改变了胎体的某些性能，使产品质量出现波动。胎体对工艺参数变动的敏感程度称为工艺稳定性。不同的胎体配方对工艺参数的敏感程度是不同的，过度的敏感程度会给生产带来麻烦。

（7）不能造成公害

胎体自身或在生产过程中对人体、环境均不会造成危害、污染，有污染可通过治理加以解决。胎体中用的铜、钴、锰等重金属元素对人体都是有害的，因此粉末要妥善保管。

594. 影响锯片胎体性能的因素有哪些？

（1）配方成分对胎体的性能起主要作用

铜为主要成分的结合剂胎体的硬度和抗弯强度比Ni、Co为主要成分的低。即可以认为以Ni、Co为主的胎体耐磨性高。同时Ni、Co对金刚石的浸润性比铜好，对金刚石的结合力比铜对金刚石的结合力高十倍以上，因此在制造切割高硬度的花岗岩锯片时，Ni、Co是理想的材料。Ni、Co为主的胎体随着Co含量增高，胎体硬度和抗弯强度均有所提高，因此对锯切不同硬度的石材，可以通过调整Co含量来解决配方的适应性。在Ni，Co为主的胎体中添加WC可以大大提高胎体的硬度和抗弯强度，改善胎体的耐磨性能。在Ni，Co为主的胎体中添加Ti，Cr等碳化物形成元素，可以提高胎体的力学性能和金刚石的结合强度。

（2）烧结工艺对胎体性能有较大的影响

研究表明，烧结温度对烧结体的抗弯强度、冲击韧性有显著的影响，烧结时间和成型压力对烧结体的硬度、抗弯强度、冲击韧性影响不是很大。

（3）预合金粉末有利于改善胎体的性能。

595. 金刚石制品中的胎体金属有哪些，物理特性如何?

胎体金属按其在结合剂中所起的作用划分为以下几类：

粘结成分：主要指Cu，Zn，Sn等熔点低、硬度低的金属。这些金属在烧结过程中较早熔融，成为液相，使结合剂具有液相烧结的一些特征，在较低的温度下发生位移、扩散、致密化、合金化等一系列物理化学变化，得到一定强度、硬度和韧性的烧结体。因此粘结金属起到了必不可少的重要作用。例如，Sn，Zn虽用量很小，但作用不可低估。其成分及用量即使只有2%～5%的变化，也会对烧结工艺条件(温度、压力、时间)和烧结体性能(密度、硬度、韧度)产生显著的影响。

骨架成分：指结合剂中硬度高、熔点高(一般大于1 600℃)的添加成分，最常用的如碳化物类的WC，W_2C，TiC，TaC，NbC，VC以及硼化物、氮化物、硅化物等；它可以提高结合剂的硬度和耐磨性。在Co基、Fe基和Cu基等非钨基结合剂中WC，W_2C和W就是骨架金属。在Cu基结合剂中，Fe，Co，Ni也起一定程度的骨架作用，通过调整这些成分，可以调节产品性能和适用范围。

强化成分：指只要少量添加即可显著提高合金强度的那些金属元素，例如，Mo，Be以及Ce等稀土元素。在Cu基结合剂中加入1.5%左右的Be，可以提高强度和硬度3～5倍。同时塑性显著降低，这就意味着结合剂的自锐性，亦即锋利性将显著提高。

亲和成分：指能够增强结合剂对金刚石化学亲和力作用的成分。对金刚石能够产生化学亲和力的金属有两类。一类是Fe，Co，Ni等Ⅷ族过渡金属，它们在高温下是碳的溶剂，能够溶解金刚石，但不能与之形成稳定的化合物。另一类是Ti，Zr，Hf，V，Nb，Ta，Cr，Mo，W等周期表中的ⅣB、ⅤB、ⅥB族金属，它们与金刚石有更强的亲和力，能够在高温下与它们形成稳定的化合物。这两类金属的作用不仅在于本身对金刚石的亲和作用，还有另外一个作用是它们的加入可改善整个结合剂对金刚石的亲和性能，提高对金刚石的浸润性。

596. 金刚石锯片的胎体粘结剂类型有哪些?

金刚石锯片的胎体粘结剂类型主要有：

（1）青铜基粘结剂

青铜基粘结剂在金刚石工具中应用较普遍，多数是预合金粉末，如663青铜、Cu－Sn－Ti合金及其他以Cu－Sn为基的合金。上述青铜粉一般采用雾化法生产，粉末颗粒呈近球状。青铜粉的可烧结性和成形性很好，熔点低、烧结温度也低。常常添加适量的Ni，Mn，Co，Fe，Ti，Cr，W等元素粉末进行合金化，以期获得尽可能好的综合性能。Cu－Sn－Ti合金是较理想的粘结剂，高温下液相合金对金刚石完全润湿。青铜合金的机械强度偏低，抗弯强度通常在 700 MPa 左右，已完全满足金刚石工具要求。青铜基粘结剂多用于制造金刚石砂轮，砂轮的金属粘结剂并不要求高韧性，在磨削加工时粘结剂不能有明显的塑性变形。

（2）白铜基粘结剂

用得比较多的是锰白铜和锌白铜。白铜系指 Cu－Ni 合金，其力学性能高于青铜基合金，熔点也比青铜合金高。白铜合金粉多用于石油钻头和地质钻头制造中，使用时可加入适量的 Co，Cr，Sn，Fe－P，Ni，W，WC 等元素粉末进行改性处理。锰白铜即指 Cu－Ni－Mn 合金，锌白铜即指 Cu－Ni－Zn 合金。

（3）黄铜基粘结剂

黄铜是 Cu－Zn 基合金，根据用途需要，有时加入一些合金化元素，如 Pb，Sn，Al，Fe，Mn，Si 等。在黄铜中加入 Fe，Ni，Si，Sn 对改善黄铜对金刚石的润湿性起一定作用。黄铜粘结剂的烧结温度不高，热压成型性好。

（4）铜基粘结剂

上述三种铜合金粘结剂也可以说是铜基粘结剂，但这里所讨论的铜基粘结剂是指以电解铜粉为主要原料的金刚石工具。以电解铜粉为基的金刚石工具，可以热压烧结，也可以冷压烧结。冷压成型后烧结的金刚石工具必须是用电解粉末，电解铜粉是树枝状的，冷压成型性好。在电解铜粉中加入 Sn，Co，Ni，Fe，Mn，Ti，Cr，Al，W 等金属粉末中的一种或几种可以改善铜基合金对金刚石的润湿性。

（5）钴基粘结剂

国外一些先进国家应用钴基粘结剂比较普遍。钴含量高达 100%，纯钴金刚石工具胎体性能优异。钴基粘结剂其综合性能最好，如有好的成型性与可烧结性，对金刚石粘结力大，润湿性能好等。由于我国是贫钴国，资源匮乏，因而价格昂贵。金刚石工具厂家从成本方面考虑，用钴越来越少。

（6）铁基粘结剂

铁基粘结剂的主要优点有：较高的力学性能，如抗弯强度、硬度等；对金刚石有较好的润湿性；可成型性、可烧结性好；成本低廉；对骨架材料的润湿性好。由于铁基粘结剂具备上述优点，使其得以推广应用。

（7）镍基粘结剂

镍基粘结剂耐磨性好，具有出色的强韧性、耐冲击，适用于制作研磨性强的金刚石工具。由于 Cu 和 Ni 有很好的相溶性，无限互溶，在镍基粘结剂中，Cu 是首选的合金元素，除此外还可以加入 Fe，Sn，Zn，Cr，W，Ti，Si，Al 等元素中的一种或几种，进行多元合金化。

（8）铝基粘结剂

铝基粘结剂金刚石工具在国内并不多见，前苏联对铝基粘结剂的开发研究比较早。铝基粘结剂的抗弯强度不是很高，但铝基粘结剂对金刚石有很好的润湿性，尤其是铝基含钛粘结剂，比铝基含锡粘结剂对金刚石的润湿性还要好得多。同时铝基粘结剂熔点低、成本不高、因而其应用范围在进一步扩大。

597．金刚石锯片胎体粘结剂中各元素的作用是什么？

（1）铜在粘结剂中的作用

在金属粘结剂金刚石工具中应用最多的金属是铜和铜基合金，其中，电解铜粉应用最多。铜和铜基合金应用如此广泛是因为铜基粘结剂有满意的综合性能，较低的烧结温度，好的成形性和可烧结性，及与其他元素的互溶性。虽然铜对金刚石几乎不润湿，可某些元素与铜的合金能使其对金刚石的润湿性得到大幅度的改善。如铜和碳化物形成元素 Cr，Ti，W，V，Fe 等中的一种制成铜合金，都可以大大降低铜合金对金刚石的润湿角。铜在铁中的溶解度不高，如在铁中有过量的铜，急剧降低热加工性，使材料发生龟裂，铜与镍、钴、锰、锡、锌可形成多种固溶体，使胎体金属得到强化。

（2）锡在粘结剂中的作用

锡是降低液态合金表面张力的元素，具有降低液态合金对金刚石润湿角的作用，是改善粘结金属对金刚石润湿的元素，可降低合金的熔点，改善压制成形性。所以 Sn 在粘结剂中的应用十分广泛，但因 Sn 的膨胀系数大，使用受到一定的限制。

（3）锌在粘结剂中的作用

在金刚石工具中，Zn 和 Sn 有许多相似之处，如熔点低、变形性好，在改变对金刚石的润湿性上 Zn 不如 Sn。金属 Zn 的蒸气压很高，容易气化，所以在金刚石工具粘结剂中要注意 Zn 的用量。

（4）铝在粘结剂中的作用

金属铝是性能优异的轻金属，是良好的脱氧剂。在 800℃时，Al 对金刚石的润湿角为 75°，在 1000℃时润湿角为 10°。在金刚石工具的粘结剂中加入铝粉可以在胎体合金形成碳化物相 Ti_3AlC 和金属间化合物 TiAl。

（5）铁在粘结剂中的作用

铁在粘结剂中有双重作用，一是与金刚石形成渗碳体型碳化物，二是与其他元素合金化，强化胎体。铁与金刚石的润湿性好于铜和铝，铁与金刚石的附着功比钴高。Fe 基合金溶解碳适量时将有利于它对金刚石的结合，Fe 基合金适度刻蚀金刚石可增大结合剂与金刚石间的结合力，断口上未见金刚石光滑裸露，而是被一层合金覆盖，这就是结合力加强的表征。

（6）钴在粘结剂中的作用

Co 和 Fe 同属过渡族元素，许多特点是相近的。Co 在特定条件下能和金刚石形成碳化物 Co_2C，同时又能以极薄的钴膜铺展在金刚石表面。这样 Co 既可以降低 Co 和金刚石的内界面张力，液相下对金刚石又有较大的附着功，所以 Co 是优秀的粘结材料。

（7）镍在粘结剂中的作用

在金刚石工具的粘结剂中，Ni 是不可缺少的元素，在 Cu 基合金中，加入 Ni 可以和 Cu 无限互溶，可以强化胎体合金化，抑制低熔点金属流失，增加韧性和耐磨性。在 Fe 合金中加入 Ni 和 Cu，可以降低烧结温度，减轻粘结金属对金刚石的热蚀，选择 Fe、Ni 加入量的适当搭配，可以大大提高 Fe 基粘结剂对金刚石的把持力。

（8）锰在粘结剂中的作用

锰在金属粘结剂中，与铁的作用相似，但渗透能力和脱氧能力较强，且容易氧化。一般 Mn 的加入量不高，主要考虑烧结合金化时，用 Mn 脱氧，余下的 Mn 可参与合金化，强化胎体。

（9）铬在粘结剂中的作用

金属铬是一种强碳化物形成元素，也是一种应用范围很广的元素。在金刚石槽型锯片胎体中，有足够的铬可以起到消音的作用，原因与 Cr 的激活能有关。在 Cu 基胎体中添加少量的 Cr，可以降低铜基合金对金刚石的润湿角，并提高铜基合金对金刚石的粘结强度。

(10) 钛在粘结剂中的作用

钛是易氧化、难还原的强碳化物形成元素，有氧存在时 Ti 优先生成 TiO 而不生成 TiC。金属钛是良好的结构材料，具有比强大，高温度下强度降低少，耐热、耐蚀、熔点高等特性。有关研究表明，在金刚石锯片胎体中加入适量的钛，有利于提高锯片的使用寿命。

598. 金刚石锯片基体的作用是什么？

基体是金刚石锯片用来支承锯齿(金刚石节块)的主体，同时又是连接在设备上实现切割的刚性部件。它应该能使锯片切割尽可能平直，振动少地通过被切割材料。

599. 为什么对金刚石锯片基体性能要求较高？

锯片以高速旋转对石材进行切割，通常切割花岗石的线速度为 25 ~ 40m/s，切割大理石为 45 ~ 60m/s。具有一定振动频率的基体，当附加的频率和固有频率一致时，产生共振，这就要求基体具有高的弹性极限和屈强比；其次，由于机体的不平度，或是锯片安装不良等，切割时产生侧压力使基体反复弯曲，导致基体刚度降低，或发生疲劳强度。所以，基体还应具有高的刚度和疲劳强度；再者，锯片在切割过程中，基体要承受循环的切割压力和冲击力，因此，基体还应具有高的抗拉强度和一定的冲击韧度。

钢的化学成分和热处理状态，决定制品的机械性能和使用寿命。对于要求具有锯片基体这样机械性能高的制品，通常采用含碳量较高的碳素钢或合金钢制造，并经淬火、中温回火，以保证得到符合性能要求的回火托氏体组织。此外，去应力退火、稳定化处理也是基体制造过程中不可忽视的工序。钢中含碳量的高低对制品的机械性能影响很大。经研究和实践探索可知，一般用于制造锯片基体的材料为硅锰钢。

600. 对金刚石锯片基体的要求有哪些？

因为基体的作用十分重要，必须选择高强度钢材，并通过科学、严格的冷热加工，使基体具备下述目标和要求：

(1)焊接第一个节块后，不必再调平直度；

(2)在不需做中间维修或锯片检查的条件下，可把基体上的节块完全充分地加以利用；

(3)通过减少基体的厚度，降低节块的成本，减少锯切阻力和切削损耗；

(4)复焊节块后，所需调平直的成本最低；

(5)重复使用的次数多。

601. 金刚石锯片的基体通常用什么材质？

国产基体的材质通常用 50Mn，50Mn2V，65Mn，T12，T10 等合金钢制作。

602. 金刚石锯片基体的制造工艺过程是怎样的？

基体制造的工艺过程对基体最终质量及反映出的使用效果影响非常大。基体的加工过程大体为：

方形钢板→冲内孔→冲外圆→数控铣水口槽缝→热处理→校平→磨外圆→磨平面→测平

直度和张力。

各基体制造厂因设备等条件不同，也可能有差别。对于基体而言，硬度是一个非常重要的指标，特别是大直径的基体，如果基体缺乏硬度，往往会在切割中发生偏斜。

603. 金刚石锯片基体除硬度外其他方面有什么要求？

除硬度要求外，锯片基体的平直度、张应力、外圆径向跳动，两平面的平行度及端面跳动必须作出严格的要求。表81为我国金刚石圆锯片基体的技术要求。

表81　金刚石圆锯片基体技术要求规定

直径/mm	平面度/mm	径向跳动/mm	端面跳动/mm
90～250	0.08	0.08	0.18
250～400	0.10	0.10	0.25
400～630	0.20	0.12	0.40
630～1 000	0.30	0.15	0.70
1 000～1 500	0.45	0.20	1.00
1 500～1 600	0.60	0.25	1.20
1 600～2 500	0.65	0.30	1.70
2 500～3 500	0.70	0.40	2.00

图151　圆锯片基体示意图

A—平行边半圆宽形；B—平行边钥匙孔形水槽；C—平行边半圆窄水槽形

604. 金刚石锯片基体形状特征有哪些？

圆锯片基体的周边有连续式（满圆形）和间断式（齿形）两种。焊接圆锯片特别是直径大于ϕ400 mm的都采用间断式周边基体。这种基体焊接方便，使用时容易排屑，金刚石节块可获得充分的冷却。间断式锯片基体周边上的槽是用作流通冷却水（或干切时风冷排屑），以便切割时将切削热和切削产生的岩粉排走。槽的形状基本上是三种，即平行边半圆基底窄水槽形；平形边半圆基底宽水槽形和平行边钥匙孔水槽。水槽形状见图181所示。一般情况下被切割对象的研磨性愈强，水槽应愈宽，有利于大量冷却水流入切口，起到良好的冲洗作用和降低切割区温度，提高锯片的使用寿命。

605. 圆锯片在切割过程中减轻噪音的基体是什么样的?

圆锯片在切割过程中，由于锯片的高速旋转，带动周围空气运动而发生振动，或者锯片在切割工件时，高速运动冲击和摩擦工件产生各种频率的噪音。德国莫门霍夫发明一种低噪音基体，如图 152。图 153 为双层无噪音基体。

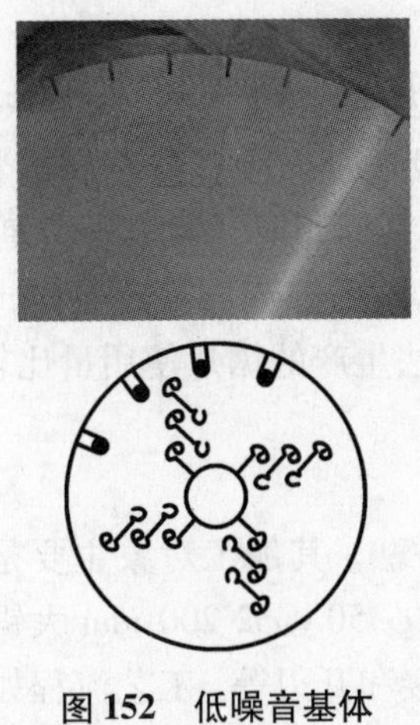

图 152 低噪音基体

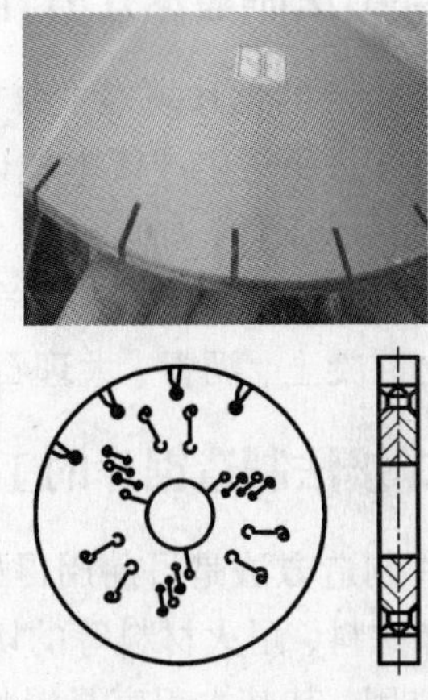

图 153 双层无噪音基体

606. 干切锯片基体是什么样的?

干切锯片因切割时不用冷却水冷却，因而要求其焊接牢固，在强烈冲击及大量发热的情况下不会发生节块脱焊掉齿，所以要采用激光焊接。为完全地适应激光焊接的要求，基体多选用低碳钢制作。干切锯片基体有标准型和特种型两类，如图 154 和图 155。

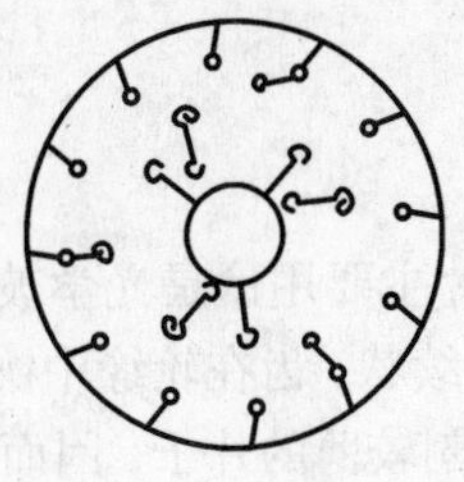

图 154 干切基体 DTE

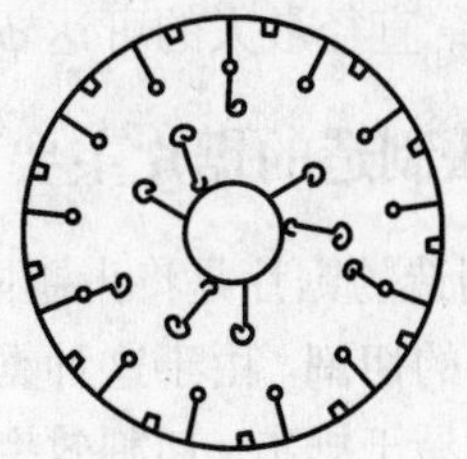

图 155 干切基体 DTR

607. 金属金刚石工具按制作方法可分为几种类型?

金属粘结剂按制作方法可分为两类：①烧结金刚石工具；②电镀金刚石工具。电镀金刚石工具，采用在盐液中电结晶金属作粘结剂固定金刚石，对金刚石的固结效果最好，并且允许金刚石浓度远远高于烧结金刚石工具。烧结金刚石工具按烧结环境分为：真空烧结、非真空烧结和保护气氛烧结。按加压方式可分为：无压浸渍烧结、热压烧结和冷压烧结。按烧结设备不同分为：电阻热压烧结、电火花烧结、中频热压烧结、热等静压烧结和外加热后加压烧结。

608. 金刚石锯片的主要制造方法有哪些?

金刚石锯片种类繁多，其制造方法也比较多，归纳起来主要有冷压烧结法、热压焊接法、滚压法和挤压法、镶齿法、电镀法等。

609. 冷压烧结法制造锯片有什么特点?

这种方法生产的锯片规格主要在 ϕ400 mm 以下，有周边连续式(湿式)和节块式(干式)等。这种制造方法相对生产成本较低，制造的湿式锯片比较适合做硬脆非金属材料的切割，尤其是管状或棒状工件，如玻璃管、石英管、陶瓷棒等，因其周边呈连续状，切割平稳少振动，故不易使工件崩口。该方法制造的节块式锯片和热压焊接法的节块锯片一样，也可用于切割花岗岩、混凝土、沥青、大理石等工件。目前这类制造法生产的锯片使用量比较大。

610. 热压焊接法制造锯片的工艺流程是怎样的?

这种锯片制造方法是目前用得最多，锯片产量最大的方法。其加工对象主要是石材、建筑构件、绝缘材料、耐火材料等的切割。热压焊接法在制造 ϕ350 ~ ϕ2 200 mm 大锯片时，获得了广泛的应用。其基本程序是混料、热压烧结、磨弧、焊接和开刃等。工艺流程如图156所示。

611. 滚压法和挤压法制造的锯切工具适用于哪些行业?

滚压法制造的锯片多用于钟表、仪表、宝石、轴承等行业的切片和切粒，一次装夹10 ~ 20张甚至更多。这种锯片制造工艺简单、成本低、使用效率高，锯片厚度一般为0.20 ~ 0.40 mm，直径在 ϕ80 ~ 120 mm，锯片基体多用马口铁。

挤压法制造的锯切工具多用于首饰制品，如宝石、玉石、贝壳等的切割，其厚度一般为0.5 ~ 3.0 mm，直径最大的可达 ϕ500 mm 以上。

612. 镶齿法制造的锯片主要用途是什么?

镶齿法制造的锯片是将齿镶嵌于锯片基体外缘，该类锯片主要用途是光学玻璃、地质岩芯、大理石等的切割。由于这种锯片较薄，锯齿在外圆呈不连续状，齿在轮缘中镶嵌牢固，切片锋利，切屑易于排出。切割效率高、材料损失小，又可以切割较薄的片子，因而广泛应用于光学工业和地质岩芯行业。对于切割大理石、水磨石类产品，由于不破边，提高了石材的成材率而获得好评。

613. 电镀法制造锯片有什么特色?

用电镀法一般可制造厚度较薄(如0.3 ~ 1.0 mm)，直径不大于 ϕ500 mm 的外圆切割锯片和厚度不大于0.3 mm、直径不大于 ϕ700 mm 的内圆切割锯片，以及绳锯的串珠、丝锯甚至带锯等。

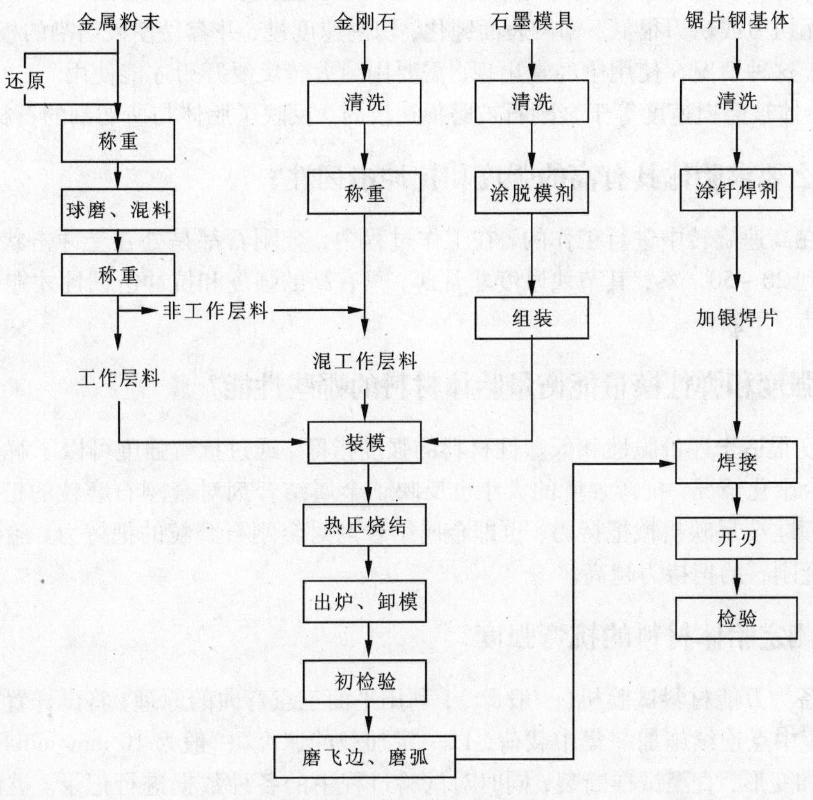

图156　热压焊接法工艺流程

电镀法制造锯片的优点是工艺温度低，因而制造的全过程对金刚石不会造成热损伤；设备简单，投资小，见效快；金刚石与结合剂结合牢固，金刚石出刃高度可控制；几乎可以制造出任何形状，厚度极薄的产品。

614. 为什么锯片胎体要与切割石材相匹配?

锯片切割过程中的主要碎岩方式是以压裂压碎以及大体积剪崩为主，以表面研磨为辅。锯齿工作表面起切割作用的金刚石，其出刃面为挤压区，刃前为切削区，后刃面为磨削区。在高速切割下，金刚石颗粒靠胎体的支承进行工作。切割石材的过程中，一方面金刚石因摩擦产生高温而石墨化、破碎、脱落；另一方面，胎体受岩石和岩粉的摩擦、冲蚀作用而被磨损。因此，锯片与岩石的适应性问题实际上就是金刚石与胎体的磨损速度问题。正常工作的工具其特征是金刚石的损耗与胎体的磨损相匹配，使金刚石保持正常的出刃，既不过早脱落，也不使金刚石磨平打滑，保证在工作时充分发挥其磨削作用，使金刚石较多地处于微破碎磨损状态。选用金刚石的强度和耐冲击性过低则会出现“剃头”现象，工具的寿命低且钝化严重，甚至出现锯不动的情况；选用过高强度的磨粒，则磨粒切削刃较多出现磨平状态，从而锯切力增大，加工效率降低。

(1)当胎体被磨损速度大于金刚石被磨损速度时，导致金刚石出刃过大，产生过早脱落。说明锯片胎体的耐磨性过低，锯片寿命短。

(2)当胎体被磨损速度小于金刚石被磨损速度时，金刚石切刃磨损后，新的金刚石不易出露，锯齿无切刃或切刃很低，锯齿表面钝化，切割速度慢，并容易使被切割的板材掉边，影响加工质量，这种情况在使用中经常出现，需要用耐火砖反复开刃才能使用。

(3)当胎体被磨损速度等于金刚石被磨损速度时，反映了胎体与所切割的石材相适应。

615. 为什么要求胎体具有高的强度和抗冲击韧性?

锯片是在高速旋转中进行工作的，在工作过程中，金刚石都是处在受冲击状况。一般线速度要求达到20～50 m/s，其节块厚度非常薄，只有高的强度和抗冲击韧性才能保证在切割过程中不掉齿、不断齿。

616. 抗弯强度和弹性模量能衡量胎体材料的哪些性能?

抗弯强度很适于评价脆性和低塑性材料的强度指标。通过抗弯强度可以了解金刚石胎体的致密化、合金化情况，抗弯强度的大小也反映了金属结合剂对金刚石磨粒的把持情况。胎体的弹性模量主要反映机械把持力，也即金属结合剂对金刚石磨粒的把持力。胎体的弹性模量越高，对金刚石的把持力越高。

617. 如何测定胎体材料的抗弯强度?

试验设备为万能材料试验机(一般5 t)，利用平面三点弯曲的原理：将试样置放于两支座上，在两支座中点连续施加一集中载荷，以一定加载的速度(一般为10 mm/min)，使试样产生弯曲应力和变形，直至试样断裂，同时对试验过程中的各种数据进行记录。类似对多组试验结果进行计算，从而得出抗弯强度指标。抗弯强度 σ_{bb} 可以通过下式进行计算：

$$\sigma_{bb} = \frac{F_{bb} l}{4W}$$

式中：F_{bb}——发生断裂时的最大弯曲载荷；

L——放置试样的两支座的跨距；

W——试样的抗弯截面系数，$W = \frac{bh^2}{6}$；

b——试样的宽度；

h——试样的厚度。

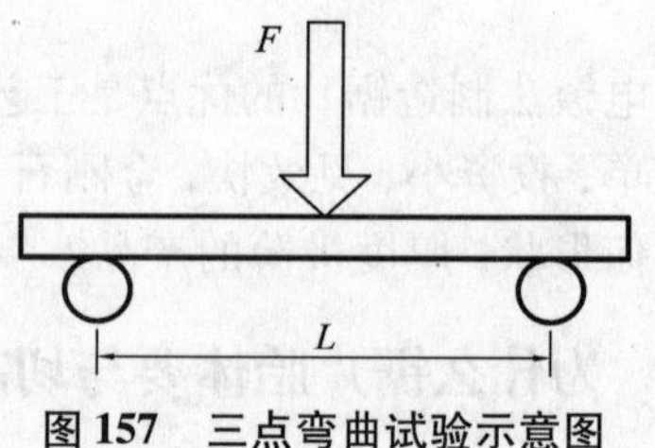

图157 三点弯曲试验示意图

618. 金刚石节块的硬度能不能衡量锯片的锯切性能?

由于在进行石材锯切时，磨粒点上的温度可达数百度，此时相同硬度不同配方体系节块的高温性能可能就有较大的差别。比如，钴基结合剂和Cu－WC体系在相当宽的硬度范围内可以有相同的常温硬度，但是高温硬度明显不同，钴基结合剂具有“红硬性”，其高温强度和硬度高，而Cu－WC高温时由于铜合金(不含钴的铜合金)软化，就变得不耐磨。因此，在切削产生高温的场合，如切削硬质花岗岩和锯片线速度比较高时，应当使用高温强度高的结合剂，如含钴或镍的结合剂，强化铜合金；而在切削研磨性强的石材和锯片线速度比较低时，结合剂中应加入WC以提高耐磨性。因此，常温下测定的金刚石节块的硬度并不能完全预测锯片的锯切性能。

619. 为何要对金刚石节块的硬度进行检测?

节块硬度的大小对锯片的耐磨性还是有重要影响的，而且对于一个固定的配方，可以通过对热压烧结成型后金刚石节块的硬度测定，有效地监控节块的烧结质量。如果偏离正常的数值范围或者各节块的偏差值较大，应该从烧结工艺、填料密度和粉末质量等方面查找原因。

620. 制造锯片时胎体结合剂混料工艺是怎样的?

将称量好的混料装入混料设备中进行机械混合。混料设备多为球磨混料机。混好后的结合剂要立即装入干燥器皿内密封保存，以防止混好后的结合剂受潮氧化。

一般的球磨混料工艺为：

(1)将准确称量的粉末先用手工在盛器皿中搅拌；

(2)根据混料总量，依据料和球的总体积为球罐容积的50% ~70%选择合适的球磨机；

(3)根据料重，称取硬质合金球，按球料比(1 ~1.5):1 称取，为使料混得均匀，一般球径最好大中小搭配。混料球最好是硬质合金或瓷质的，要求球的耐磨性要好，不能影响和改变结合剂的配方成分；

(4)按工艺要求，选择好混料机的转速，确定好时间，开机混料。一般转速选择为30 ~80 r/min，混料时间3 ~6 h。

(5)停机，将料和球用粗筛分开，将料准确称量，估算损耗并复核是否与步骤(1)的量吻合，如不吻合时混合料不能使用，要立即查明原因；如吻合，则在转入下道工序前要将其装入磨口瓶或合适的密封容器中，并贴好标签。

621. 粉料储存要注意哪些问题?

用于制作金刚石制品的粉料很多为单质金属，易于吸附空气中的氧气和水分，使粉料氧化或受潮。因此，粉料应该保存在密封容器中。

622. 为什么要混料，混料设备有哪些类型?

为了使各种粉料及金刚石均匀粘结，以促进烧结，胎体组分不会产生偏聚，装料前必须将粉料混合均匀。一般采用专门的混料设备，量少时也可采用人工混合。人工混料时，混料工具可采用橡胶罐、陶罐、研钵等器皿。机械混料设备有圆筒式混料机、Y 形混料机、三维涡流混料机等。

623. 金刚石混料设备的作用是什么，常用类型有哪些?

金刚石混料设备是将金刚石与结合剂(如：各种金属粉末、树脂)进行充分混合。使其分布均匀，以利于制造质量稳定的产品。

(1)摇摆式混料机

这种混料机机构比较复杂，采用主动和从动的两组连杆机构，由电机经减速机构带动，形成三维空间的摇摆动作，使混料桶(瓶)一边旋转一边作上下、左右摆，整体摇摆的动作速度在100 r/min 左右，并可进行无级调速，其运动轨迹像舞厅中的彩灯。由于该机构比较复杂，制作精度高，安装调整难度大，虽混料效果较理想，但只有一个混料容器装置。图 158 为两种常用的混料机。

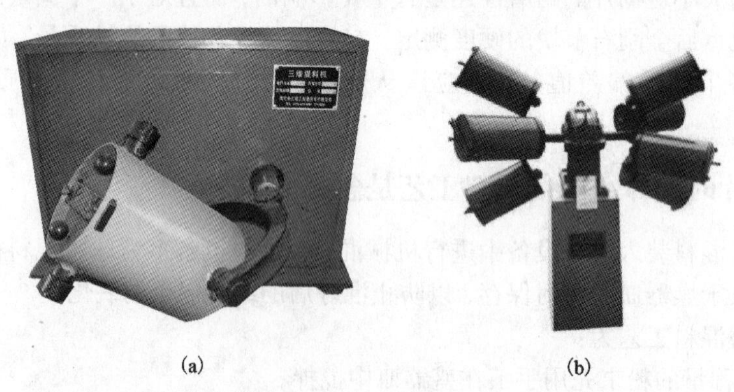

(a) (b)

图 158 两种常用混料机

(a) 三维混料；(b)滚筒式混料机

(2)滚筒式混料机

这种混料机构简单。它有两只或多只与轴成 45°布置的方桶，通过电机驱动作近似三维的旋转运动。将装有金刚石和金属粉末的塑料桶(一般为金属粉末的包装桶)放入方桶内，随其一起转动，为了不使物料在桶内产生有序滑动，桶内装有各种规格的搅拌物以造成混料物不时改变滑动的方向和位置。达到混料均匀的目的。这种混料机采用直流电机驱动，可控硅无级调速，并具有时间设定及自动正、反转功能。操作简单，装卸料方便，成本低廉，混料量大等特点。

624. 混料机混料原理是怎样的?

根据物料的抛落原理，要求混料机转动速度要合适，当转速太低时，金刚石和金属粉末沿容器筒壁上升至自然坡度角，然后滚落，混料不够充分。当转速太高时，金刚石和混合料会紧靠容器壁与筒一起转动，混料既不够充分也不会均匀。只有选用适宜的转速才能够保证金刚石与粉末的充分混合。如图 159 所示为球磨双料筒转动时，球体与粉末的几种情况。当球磨机的载荷不大和转速偏低时，球料只能发生滑动(a)，混合作用不明显；而在载荷较大和转速偏低时，发生滚动研磨(b)，混料随筒壁一起上升并沿倾斜表面滚落，有一定的混料作用。当转速提高到一定程度时，球料随筒壁一起上升到一定高度，然后落下(c)，在这种情况下，由于物料本身的抛落、搅拌，混合效果最佳。当转动速度升高到临界转速时，混料受离心力的作用，一直紧贴在筒壁上不能跌落(*d*)，此时粉末得不到混合。临界转速的计算公式如下：

$$n_{临界} = \frac{42.4}{\sqrt{D}} \quad \text{r/min}$$

式中：D——圆筒的直径，m；圆筒的转速一般确定为：$0.6 \sim 0.75 n_{临界}$。

混料时间一般为 24 ~ 48 h，有时为了强化混料效果，还要加一定数量的不锈钢球或硬质合金球($\phi 8 \sim \phi 10$ mm)，球与料的重量比为 1:1。

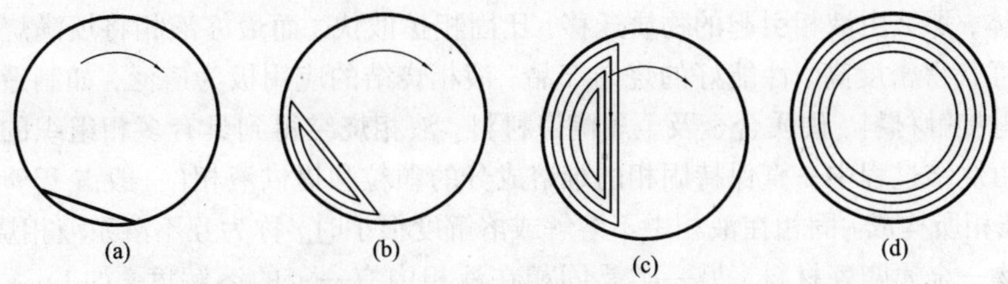

图 159　球磨混料时球料的运动示意图

(a)滑动；(b)滚动；(c)自由下落；(d)离心运动

625. 制造锯片胎体结合剂混料可以使用多久？

一般某一种配方结合剂混制的总量，以 3 天内用完为限，不可过多或时间过长，以免氧化。根据配方计算出每种成分的用量，用药物天平或台秤准确称量，放入各自的盛器皿中，复核确认无误后，才可倒在一起进行混合。

626. 结合剂混料时用的润湿剂是什么，用量多少？

润湿剂可以是甘油、石蜡、机油、酒精或它们的混合物，其作用是使金刚石与结合剂之间混合均匀，不因两者之间的密度不同产生偏析和浮选。按结合剂总量的 1% ~2% 称取润湿剂。

627. 结合剂作层料的配混是怎样进行的？

工作层料的配混工艺一般的混制步骤为：

(1)将称量好的结合剂倒入料筒，扒平后用钢勺在料中间压出一凹坑；

(2)把金刚石倒入凹坑中，再把润湿剂倒在金刚石中，使金刚石全部湿润；

(3)用钢勺将料反复搅拌，倒出过筛，再倒回料筒中；

(4)放入长度为 200 mm 钢链 3 ~4 根，盖好料筒盖，开机混料，一般混料时间为 30 ~60 min，如果金属粉末特别细时则要适当延长混料时间，混料机的转速 30 ~80 r/min。

(5)停机检测，目测粉料有无色斑、结团、金刚石是否均匀等，复核重量是否正确，一切无误后即可投入下一工序使用。

628. 何谓烧结，烧结过程如何？

烧结是粉末或粉末压坯，在适当的温度、气氛下中受热所发生的过程(不强调压力)。烧结的结果是粉末颗粒之间发生粘结，强度增加。烧结的主要变化是颗粒间接触界面扩大并逐渐形成晶界，气孔从连通的逐渐变成孤立的并缩小，最后大部分甚至全部从烧结体中排除，致使其密度和强度增加，成为具有一定性能和几何形状的整体。烧结是固体粉状成型体在低于其熔点温度下加热，使物质自发地充填颗粒间隙而致密化的过程，烧结可以在单纯的固体之间，也可以在液相参与下进行。前者称为固相烧结，后者称为液相烧结。无疑在烧结过程中可能包含某些化学反应的作用，更重要的是，烧结并不依赖于化学反应的作用。

629. 液相烧结的条件是什么？

粉末压坯仅通过固相烧结难以获得很高的密度。如果在烧结温度下，低熔组元熔化或形成低熔晶体，那么由液相引起的物质迁移，比固相扩散快，而最终液相将填满烧结体内的孔隙，因此可获得密度高、性能好的烧结产品。液相烧结的应用极为广泛，如制造各种烧结合金零件、电接触材料、硬质合金及金属陶瓷材料。液相烧结得到具有多相组织的合金或复合材料，即由烧结过程中一直保持固相的难熔成分的颗粒和提供液相（一般占 13% ~35% 体积比）的粘结相所构成。固相在液相中不溶解或溶解度很小时，称为互不溶系液相烧结，如假合金、氧化物—金属陶瓷材料。另一类是固相在液相中有一定的溶解度，如 Cu - Pb，W - Cu Ni，WC - Co，TiC - Ni 等。但烧结过程仍自始至终有液相存在。特殊情况下、通过液相烧结也可获得单相合金，这时，液相量有限，又大量溶解于固相形成固溶体或化合物，因而烧结保温的后期液相消失，如 Fe - Cu（Cu < 10%），Fe - Ni - Al，Cu - Sn 等合金。液相烧结能否顺利完成（致密化彻底），取决于同液相性质有关的三个基本条件。

（1）润湿性　液体在固体表面润湿时，如果液滴和固体间相互作用，润湿角 θ 与固体表面张力、液体表面张力以及液固界面张力之间符合平衡方程式：$\cos\theta = (\gamma_s - \gamma_{sl})/\gamma_l$。式中：$\gamma_s$，$\gamma_l$，$\gamma_{sl}$ 分别表示固体、液体、固液之间的界面张力。θ 角表示润湿的程度，$\theta = 0°$ 表示液固完全润湿；$\theta = 180°$ 表示完全不润湿；$0° < \theta < 90°$ 表示部分润湿状态。液相烧结需满足的湿润条件就是湿润角 $\theta < 90°$；如果 $\theta > 90°$，烧结开始时液相即使生成，也会很快溢出烧结体外，称为渗出。这样，烧结合金中的低熔成分将大部分损失掉，使烧结致密化过程不能顺利完成。液相只有具备完全或部分湿润的条件，才能渗入颗粒的微孔隙甚至晶粒间界。

（2）溶解度　固相在液相中有一定溶解度是液相烧结的又一条件，因为：①固相有限溶解于液相可改善润湿性；②固相溶于液相后，液相数量相对增加；③固相溶于液相，借助液相进行物质迁移；④溶在液相中的组分冷却时如能析出，可填补固相颗粒表面的缺陷和颗粒间隙，从而增大固相颗粒分布的均匀性。但是，溶解度过大会使液相数量太多，也对烧结过程不利。例如形成无限互溶固溶体的合金，液相烧结因烧结体解体而根本无法进行。另外，如果固相溶解对液相冷却后的性能有不好影响（如变脆）时，也不宜于采用液相烧结。

（3）液相数量　液相烧结，应以液相填满固相颗粒的间隙为限度。烧结开始，颗粒间孔隙较多，经过一段液相烧结后，颗粒重新排列并且有一部分小颗粒溶解，使孔隙被增加的液相所填充，孔隙相对减小。一般认为，液相量以占烧结体体积的 20% ~50% 为宜，超过则不能保证产品的形状和尺寸；少了，烧结体内将残留一部分不被液相填充的小孔。

630. 液相烧结中获取液相的方法有哪几种？

多元素液相烧结，是在超过系统中低熔成分熔点的温度下进行的烧结过程。由于低熔成分与难熔固相之间相互溶解或形成合金的性质不同，液相可能消失或始终存在于全过程。液相烧结过程中，液相在固相颗粒间产生毛细管力。毛细管力是相当大的内力，促使粉末体快速致密化。获得液相有两种基本方法：

（1）采用不同化学性质元素组成的混合粉末，在烧结过程中两种粉末相互作用形成液相（如 WC + Co，WC 和 Co 的共晶温度为 1 300 ~1 320℃，而 WC 的熔点为 2 720℃，Co 的熔点为 1 490℃）。

（2）由一种低熔点粉末熔化。在烧结过程中，根据相互间的溶解度，液相可以是暂时的或长期的。

根据固相和液相间的性质，分成固相在液相中溶解或固相在液相中不溶解两类。这一不同会对烧结速率和显微组织发生明显不同的影响。还有会影响固－液相间的内表面能、液相穿透固－固相界的能力。另外，粒度、烧结温度、烧结时间、气氛、压坯密度都会对液相烧结材料发生影响，因此液相烧结实际上是相当复杂的过程。

631. 液相烧结的优缺点是什么？

液相烧结的主要优点是加快烧结过程，比固相烧结有着更快的原子扩散。液相润湿固相的毛细管力可使压坯快速致密化，无须施加外力。液相又可以降低颗粒间的摩擦力，加速颗粒间的重排。此外，液相还可以将颗粒尖角锐棱溶解，促使更有效地堆积。在液相烧结过程中也能控制晶粒大小，可有效地控制显微组织，以获得最佳的性能。在许多液相烧结系统中，熔点较高的相往往也是较硬的相。在两相复合材料中，尽管有大量的硬质相，仍然有较好韧性。液相烧结也有不足之处，普遍问题是压坯塌落、形状扭歪。当液相量过多时，这是经常发生的问题。液相烧结是十分快的，快速烧结的结果不如固相烧结那样有预见性。因此，实际过程中相同的工艺参数往往得到不相同的显微组织和性能。

632. 何谓活化烧结？

采用物理或化学方法，使烧结温度降低，烧结过程加快，或使烧结体的密度和其性能得到提高的方法称为活化烧结。对某些金属，如少量合金元素，可使致密化速率比未掺杂的压坯快 100 多倍，这种现象即活化烧结现象。这种现象在 W，Mo 等难熔金属的烧结中已发现。对 W 粉压坯烧结，周期表第Ⅷ族元素均可作为活化剂，如镍在钨粉表面发生扩散，并且聚集在颗粒间的颈部，由于颈部镍可以穿透钨的晶界，钨的晶界自扩散显著地增强了。钨原子依靠晶界扩散而通过晶界的迁移速率以及钨粉颗粒在颈部的沉淀速率，也比未掺杂时快得多，因而加速了致密化过程。

633. 冷压成型烧结和热压烧结各有何特点？

金刚石锯片刀头、金刚石磨块以及小型金刚石薄片砂轮的生产，可用冷压成型后在炉中烧结的方式生产，也可直接在一定压力下加热烧结而成。前者须让金刚石混合料在压机下冷压成型，再放到有还原气氛的炉中进行烧结，这种方式产量虽大，但工艺过程及生产设备复杂，并且冷压成型后的坯料在移动中易损坏，在炉中烧结周期达数小时左右，而且在烧结过程中，成型料不加压，因此成品密度低，也易变形，质量不能保证。而在后种生产方式中，将在混料机中混合好的料装入石墨模具中，在专用的烧结压机下，一次加压成型烧结成合格产品，工艺简单，烧结密度高，质量好，一般一模在 15 min 以内就可完成一个工艺过程，是行业广泛采用的生产方式。

634. 冷压成型工序的目的是什么，注意事项有哪些？

冷压成形的目的是使胎体初步致密化，并具有一定的强度以便搬运时不至于破坏。压制时首先要调试压机，设定压制压力，校正上下压头的平行度，压制时一般需保压 8～10 s，在一定的压力范围内，压力越高越好，因为压力越高，压坯密度越大，烧结越容易进行；同时收缩变形也越小，因而质量也越稳定。锯片压制对胎体粉末的成形性要求很高，一般要求使用电解法制取的树枝状铜粉，还原法生产的海绵状钴粉、镍粉和铁粉等。避免使用雾化球状粉、漩涡研磨粉和机械粉碎粉。否则，成形困难或压坯的强度极差。锯片胎体粉料一般是几种粉末的混合料，混料时只用少量钢球或干混数小时即可。若选用硬质合金球进行长时间混料，会造成粉末的严重加工硬化，成形性能降低。

635. 冷压成型工艺基本步骤是什么？

冷压成形工艺基本过程见图160所示。

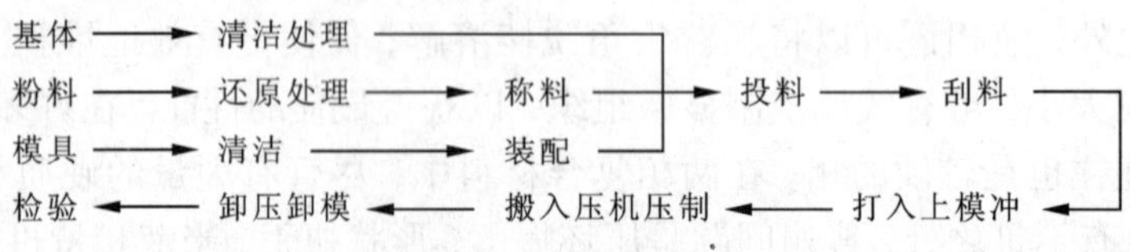

图160 冷压成形工艺过程

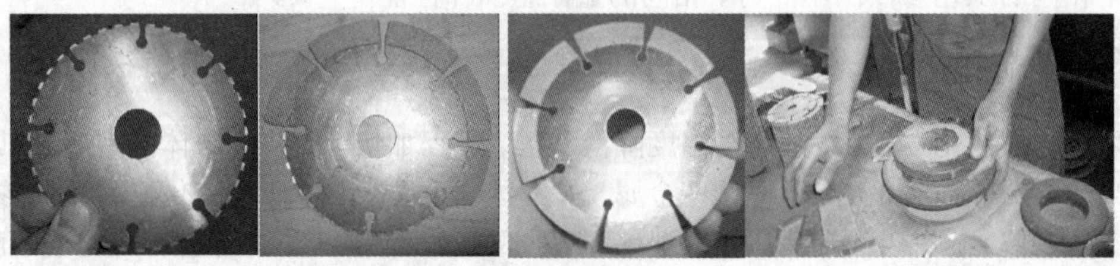

图161 冷压片基、成形坯体及成形操作

636. 冷压成型压机有哪几种吨位？

压机的选择主要是根据产品的规格大小确定压机吨位。压制所需的总压力按下式计算：

$$p_T = S \cdot p_D$$

式中：p_T——压制工件时所需总压力，kN；

S——工件压制横截面积，cm^2；

p_D——设计（或实际）冷压单位面积压力，kN/cm^2。

所选压机的压力 p 应符合下式：$p_T \leqslant 70\% p$。

根据计算结果，可以选择25T、40T、63T单臂压机或者100T，200T，250T，315T四柱压机。在满足压制压力要求的前提条件下，应尽量选择小吨位压机，以避免"大马拉小车"。目前用得较多的为200T压机和315T压机。锯片的单位压制压力一般为294～490 MPa（3～5 tf/cm^2）。图162为锯片冷压成形压机。

637. 冷压装料操作步骤及需要注意些什么？

模具组装好后即可开始称料装料了。装料不规范往往导致刀头毛坯脱模时产生裂纹，毛坯各处强度不均匀等缺陷。装料操作步骤是：旋转模套，将粉料均匀倒入模腔中，注意不要将杂质混入粉料中，然后用和模腔宽度基本相同的铁片顺时针搅动粉料，再逆时针搅动，注意铁片必须深入到模腔底部，以保证模腔中的粉料都能被搅动，同时要注意来回搅动一两次即可，不可多次搅动否则由于金刚石密度比胎体金属粉末小得多而可能会导致金刚石偏析。

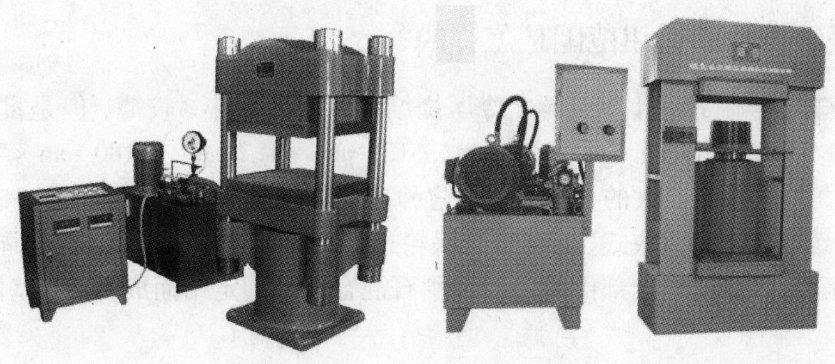

图 162　冷压成型压机

最后将粉料刮平，盖上上压环。另外对于形状比较复杂的锯片，必须采用定位孔定位，否则形状不符合要求。

638. 冷压法制作金刚石锯片的生产流程是怎样的?

冷压法制作金刚石锯片生产流程如图 163 所示。

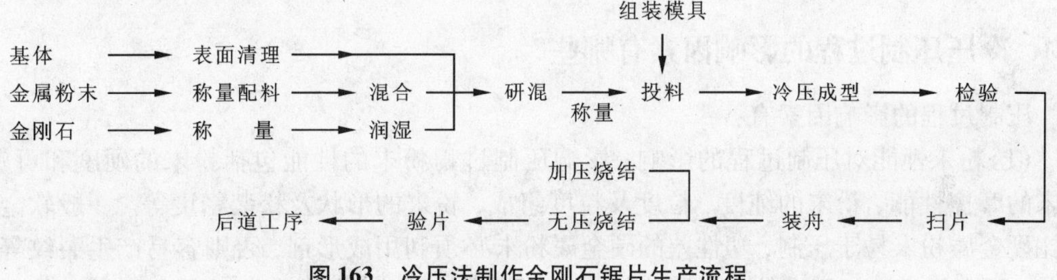

图 163　冷压法制作金刚石锯片生产流程

639. 典型冷压锯片胎体配方和相应的烧结温度是怎样的?

表 82 列出了几种典型冷压锯片胎体配方和工艺情况。

表 82　典型冷压锯片胎体配方

配比	Cu	Sn	Ag	Ni	Mn	Co	Fe	Zn	烧结温度/℃
玉雕片	80	15	5						840
干湿片	50			6	6	11	27		850
	56	6		8	5	25			850
	56	6		8		30			870
	26	4		66	4				870
	36	6		12			46		890
湿切片	62	5		12	4	3	10	4	850

640. 冷压烧结锯片的适用范围是怎样的?

与普通粉末冶金制品的生产一样，冷压烧结锯片一般较小、较薄，但是批量大，其规格从 ϕ10 mm×0.5 mm 到 ϕ105 mm×1.2 mm，ϕ125 mm×1.2 mm，ϕ180 mm×2.0 mm，ϕ230 mm×2.5 mm 等。还将向更大的直径发展。这种冷压烧结锯片分为全粉锯片和周边锯片。周边锯片又分连续周边式、节块式、长城式、涡轮式等，其中心为钢基体，只在周边压制、烧结胎体工作层。全粉锯片就是全部由粉末与金刚石混合后压制定结而成，无钢基体，直径很小。

表 83 几种形式的冷压烧结锯片

节块式干切片	周边式湿切片	长城式干湿切片	涡轮式干湿切片
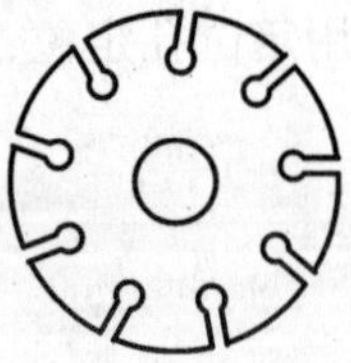	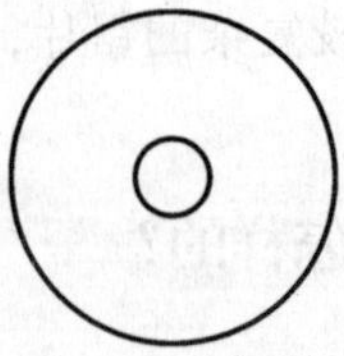	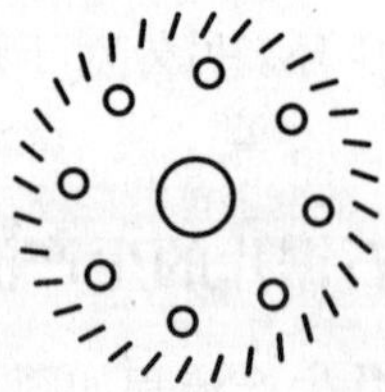	

641. 冷压压制过程的影响因素有哪些?

压制过程的影响因素有:

(1)粉末性能对压制过程的影响：影响压制过程粉末的性能包括粉末的硬度和可塑性、粉末的摩擦性能、粉末的纯度、粒度及粒度组成、粉末的形状及松装密度等。一般软金属粉末比硬金属粉末易于压制，塑性差的硬金属粉末必须利用成形剂，否则容易产生裂纹等压制缺陷；硬金属粉末对压模的寿命影响较大；金属粉末放置时间较长时容易被氧化，其氧含量是以化合状态或表面吸附状态存在的，有时以不能还原的杂质形态存在，这种粉末压制压力增大，压坯容易出现裂纹等缺陷，而且压坯的空隙度也增大。粉末越细，流动性越差，越容易形成搭桥，因此其压制性越差，但成型性好，这是因为细颗粒间接触点多，接触面积增加的缘故。对于球形粉末，在中等或大压力压制时，粉末颗粒大小对密度几乎没什么影响。非单一粒度组成的粉末压制性比单一粉末压制性好，因为这时小颗粒容易充填到大颗粒之间的空隙中；粉末的形状对压制过程也有影响。表面平滑接近球形的粉末流动性好容易填充模腔，使压坯的密度均匀，而形状复杂的粉末填充困难，容易产生搭桥现象，使得压坯由于装粉不均匀而出现密度不均匀，因此为改善粉末的流动性，有的厂家冷压法生产金刚石工具时，粉末成形前要做制粒处理。但是复杂形状粉末在压制过程中其接触面积比简单形状粉末大，压坯强度高，所以成形性好。

(2)压制方式对压制过程的影响：①加压方式的影响。实验研究发现，单向压制与双向压制压坯成形密度分布不同(如图 164 所示)。单向压制时坯体密度从上至下逐渐降低，双向压制时虽然中间部分也存在低密度区，但总体成形密度得到改善。②保压时间对压制过程的影响。粉末在压制过程中在某一特定压力下保压一定时间，往往可得到非常好的效果，这对于形状复杂的或体积较大的制品来说尤其重要。保压的好处在于：使压力传递得充分，有利

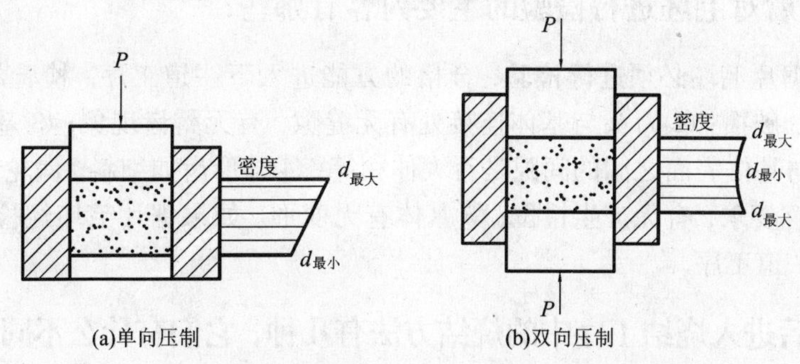

图 164　单向压制与双向压制下压坯密度沿高度方向的分布

于压坯中各部分的密度分布；使粉末体空隙中的空气有足够的时间通过模壁和模冲之间的缝隙逸出；给粉末之间的机械啮合和变形以时间，有利于应变弛豫的进行。对于一般的金刚石制品冷压成形时，由于受压制部分高径比较小、体积不大，保压时间不需要很长，几秒钟或者不保压。

642. 周边式锯片模具如何装料?

周边式锯片模具包括涡轮式模具和节块式模具。具有操作简便、可靠性强等特点。模具组配如图 165 所示。装料时，通过外模限位块 11 和芯模限位块 12，将外模套的高度和锯片基体的高度限定，使外模与芯模之间的环隙体积恰好等于粉料松装时的体积。填料后极易刮平刮匀。通过限位块 12，使锯片基体处在该环隙高度的正中位置，以确保压实后基体两侧工作层凸出高度相等。压制完毕后，用一内径大于上压头 7 的外径尺寸的钢压环，将模套 3 压下，即可将锯片 4 取出。该模具由于刮料迅速、均匀，压制、退模、卸模只需移动一次模具，劳动强度低、生产效率高，已被广泛地应用于大批量生产中。

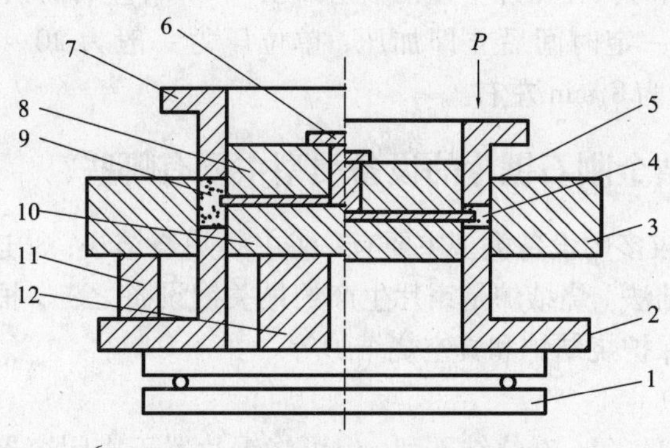

图 165　周边锯片模具组配图

1 – 旋转台；2—下压头；3 —模具外套；4 —锯片胎体；
5—锯片基体；6 —固紧螺钉；7 —上压头；8 —上芯块；
9 —松装胎体，10 —下芯块；11 – 外模具限位块；12 —芯模限位块

643. 冷压成型后对毛坯进行检验的主要内容有哪些?

压制成形的锯片毛坯必须进行检验，合格的方能进入下一道工序。检验的主要内容有：①刀头有无裂痕、破损；②刀头与基体连接处有无缝隙，有无露齿现象；③基体两侧是否对称，即刀头侧面与基体表面之间的间隙是否大体相等；④异形齿如细斜、涡轮齿等刀头形状、锯片形状是否符合要求，有无产生错位；⑤基体有无变形。如果锯片毛坯经检验符合以上要求，即可投入下一道工序。

644. 冷压成型后进入烧结工序中的烧结方法有几种，它们有什么不同?

冷压类产品生产中使用的烧结工艺有两种：即无压烧结法和热压烧结法。无压烧结法指刀头毛坯在高温状态下原子振动频率加快，从而通过扩散机制使刀头坯体产生收缩，从而实现致密化的过程。热压烧结法指先升温烧结，一定时间后再保温加压的生产方法。此处热压烧结法之所以不像焊接类产品中热压法生产刀头一样，一开始即施加压力，是因为冷压法中刀头毛坯只是采用钢模相互隔开，外圆面并没有采取制约保护措施，因此，必须首先升温烧结使刀头毛坯具有一定的烧结强度后再开始加压，才不至于使刀头破裂或产生裂缝。采用无压烧结法还是热压烧结法要依据产品性能需要和顾客要求确定：无压烧结法生产的锯片致密化程度较低，因此硬度相对较低，胎体对金刚石的支撑力也相对较小，因此适合于切割大理石、花岗岩、陶瓷、玻璃类材质；热压法生产的锯片刀头致密化程度高，硬度较高，耐磨性强，因此适于切割混凝土、沥青等研磨性较强的材质。无压烧结法和热压烧结法有以下不同之处：

(1)无压烧结法烧结温度低，一般为 800 ~ 850℃，保温时间长，一般为 2 h；热压法烧结温度高，一般大于 900℃，保温时间较短，一般为 45 min；

(2)无压烧结法由于不需要加压，可放置 4、5 串同时烧结，一炉能烧几百片；而热压法由于需要加压，因而一炉只能烧结一串，一般只有几十片锯片；

(3)无压烧结法烧结时只在锯片串连钢轴上部压一 20 kg 左右的铁块，起到固定、防止偏斜的作用；热压法保温一定时间后立即加压，单位压力一般为 20 ~ 25 MPa(即 200 ~ 250 kg/cm^2)，保压时间一般为 8 min 左右。

645. 冷压烧结法烧结金刚石锯片的设备类型主要有哪些?

目前锯片烧结所用较多的设备类型主要有：①中频炉烧结法；②连续炉烧结法；③钟罩炉烧结法；④井式炉烧结法。烧结炉是锯片生产的最关键设备之一，根据条件不同可以选择普通箱式电阻炉、氢气保护烧结炉和真空烧结炉等。

(1)普通箱式电阻炉

无保护气氛，属含氧气氛，对烧结不利，但可将锯片置于密闭容器内并用活性炭充填保护，或用石墨舟烧结，从而达到隔氧烧结的目的。其特点是：设备简单，操作方便。

(2)氢气烧结炉

氢气为还原性气氛，在烧结过程中，既可以还原粉末颗粒的氧化膜，促进烧结，又可以保护金刚石免受热损害，因而产品质量较高，为大多数生产厂家所采用。氢气烧结炉的类型较多，主要有：推舟式连续烧结炉、井式炉和钟罩式炉等。目前，又发展了氢气保护热压式钟

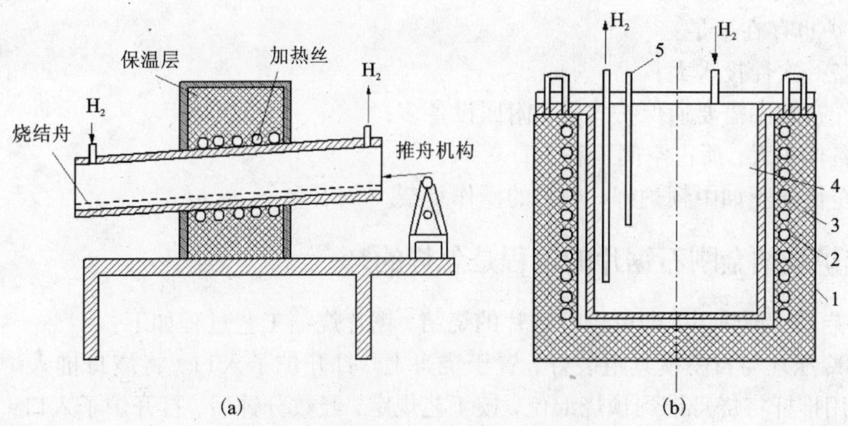

图 166 两种氢气烧结炉的结构示意图

(a)推舟式连续烧结炉；(b)井式炉

1—井式炉壳；2—加热丝；3—保温层；4—烧结腔体；5—热电偶

罩炉，即在钟罩炉内进行烧结的同时，施加压力。这几种炉子都具有生产批量大，质量稳定的特点。

(3)真空烧结炉

真空度一般在(0.00133～0.133)Pa，属无氧活化烧结。在烧结过程中，通过粉末颗粒表面气体的解析，活化粉末表面，促进颗粒间的烧结及致密化，适于性能要求较高的产品。

646. 中频炉烧结法制造锯片的工艺流程怎样？

中频炉烧结法制造锯片的工艺流程如图 167 所示。

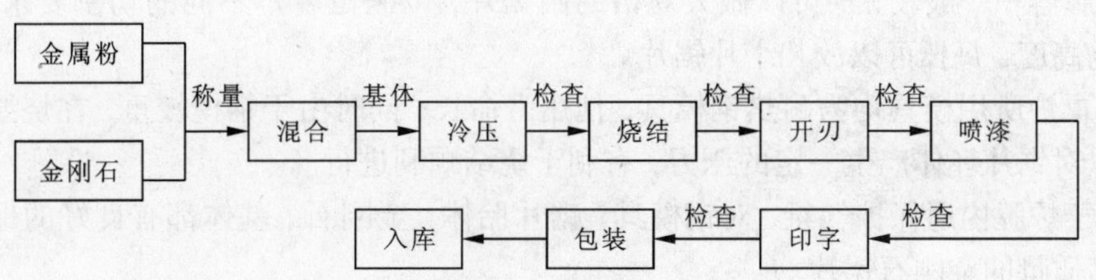

图 167 中频炉烧结锯片制造工艺流程

647. 利用连续炉制造金刚石锯片有什么优缺点？

连续炉大多在粉末冶金厂使用，它是烧结粉末冶金零件的主要设备之一。其优点有以下几个方面：

(1)省电。一台 75 kW 连续炉是一台中频(100 kW)炉功率的 3/4；并且其热量向外散发较少，其热能的利用率相当高，因此可节省大量电费。

(2)生产效率高。75 kW 连续炉生产效率是 100 kW 中频炉的 2 倍以上。

(3)石墨模具的氧化程度小。由于连续炉内通保护气氛及还原性气体，石墨模具在炉内不发生氧化，因此可以大大提高石墨模具的寿命，节约材料成本。

但连续炉也存在不足：

(1)设备一次性投入大；

(2)工作过程中需要通保护气氛，附属设备多；

(3)设备体积大，所占空间面积大；

(4)安全性能不如中频炉好，炉子的操作复杂。

648. 连续炉烧结金刚石锯片的过程是怎样的？

连续炉启动、预热后，即可进行锯片的烧结。锯片烧结工艺过程如下：

将锯片冷压坯与石墨模具组装好，置于烧舟上。打开炉子入口，将烧舟推入炉内，关上炉门。然后用推杆将烧舟推到预烧部位，按工艺规定，经数分钟后，打开炉子入口，将下一个烧舟连同组装好的模具推入炉内，然后再用推杆将烧舟推到预烧部位。此时，前一烧舟也向前移动，逐渐进入高温区。当第一个烧舟烧结完成后，打开炉子出口，迅速将烧舟拉出，再关上炉门。将石墨模具置于冷压机上，按工艺要求施加规定的压力，并保压数分钟。然后将石墨模具放在一旁冷却至室温，卸模，取出锯片。

在上述过程中，如采用炉内加压工艺，则在组装好的石墨模具入炉前，在模具上方放一耐热重物。这样一来，模具在烧结过程中，坯体将受到一定的压力，对烧结十分有利。此时，当第一个烧舟完成后，需在炉内通过冷却部分。一般在模具冷却到500℃以下时，打开炉子出口，迅速将烧舟拉出，再关上炉门。待模具冷却至室温后，卸模，取出锯片，检查后转入下道工序。

649. 利用钟罩炉制造金刚石锯片有什么优缺点？

钟罩炉烧结法的优点有以下几项：

(1)炉膛容积一般较大，可以做大规格的圆锯片，以满足客户不同的切割要求；同时炉膛有一定的高度，每摞可以放几十片锯片。

(2)钟罩炉所用模具均为耐热钢模具，使用寿命长；同时由于钢模较重，在烧结过程中，其自重可以对锯片坯体产生一定的压力，有利于烧结顺利进行。

(3)由于炉膛内通保护气氛，对钢模具、锯片胎体、金刚石、基体都有良好的保护作用，可以制得高质量的金刚石锯片。

但是钟罩炉烧结法也有其自身的缺点：

(1)设备一次性投资较大。

(2)工作过程中需要通保护气氛，附属设备多，操作复杂。

(3)烧结过程中，在钟罩炉内加压比较困难，靠模具自重及附属物品加压压力较小，所以烧结过程进展较慢，每炉烧结时间较长，生产效率较低。

650. 利用钟罩炉制造金刚石锯片时怎样组装模具？

进行模具组装时首先按照锯片规格大小和形状选择所用的钢模具。将钢模具表面清理干净，并涂上脱模剂，防止锯齿在烧结过程中与钢模具烧结在一起。接下来是组装模具。将钢模具底座放在炉子的底板中央(如果每炉同时装几摞，应将模具在炉内均布)，放第一片锯片

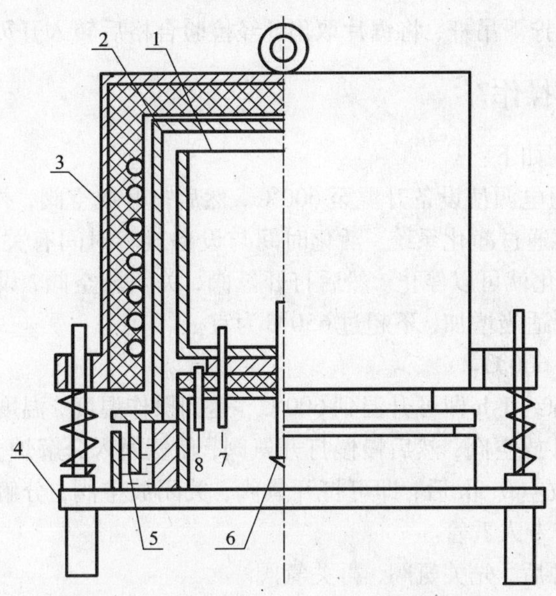

图168　钟罩炉结构与一种钟罩炉外貌图

1－烧结腔体；2－隔离罩；3－外炉体；4－炉座；5－水封槽；6－热电偶；7－进气孔；8－出气孔

冷压坯，然后放钢模隔板，再放第二片锯片冷压坯，以此类推，直至装到规定的数量或高度，放上模具压板。然后在上压板上放上适当重物，以便增加压力，便于烧结。

651. 利用钟罩炉制造金刚石锯片时其烧结过程是怎样的？

烧结过程为：将钟罩罩上，通保护气氛数分钟，直至将炉内空气赶出，开始加热。烧结完成后，关闭电源。待炉内温度冷却到200℃以下，关闭保护气氛，将钟罩升起。待冷却至室温，然后把锯片取出来，经检验合格后转下道工序。

652. 井式炉制造金刚石锯片的烧结过程是怎样的？

井式炉的烧结是在炉子的炉胆内进行的。炉胆内通有保护气氛。具体烧结过程如下：

(1)锯片冷压坯与模具的组装 将耐热钢底座清理干净，置于平台上，放上石墨模具底盖。在底盖上放一片冷压坯，接着再放一层石墨模具，然后再放一片冷压坯，以此类推，直至放到规定高度。然后将石墨模具上盖盖上，再放一耐热钢重物。最后将组装好的模具整理好，使其同心，穿上拉杆，并将拉杆拧到耐热钢底座上。

(2)装炉 取一支炉胆，将内部清理干净，垂直放于平台上，用吊拉装置将组装好的模具吊起，缓慢放到炉胆内；拧下吊杆，将炉胆上盖盖上，并用螺栓拧紧，密封好；再用吊拉装置将装好的炉胆吊起，缓慢放入炉膛内，用耐热石棉封上炉膛口。

(3)启动氨分解装置，通入保护气体。

(4)加热烧结 启动电源，开始加热烧结。加热完毕，待炉温冷却到500℃以下，打开炉膛口，用吊拉装置将炉胆吊出，垂直放到平地上，继续降温，待炉胆温度降至室温时，关闭氨分解炉，停止通保护气氛。

(5)卸模 将炉胆上盖打开，把吊杆穿过模具仍拧到耐热钢底座上。用吊拉装置将模具吊出炉胆，放在平地上。拧下吊杆，将锯片取出，经检验合格后转入开刃工序。

653. 氨分解炉怎样操作？

氨分解炉操作步骤如下：

(1)触媒活化 接通电源使设备升温至600℃，然后打开放空阀，并立即打开氨阀通氨气。此时氢阀关闭，气体不通过净化系统。活化时间与设备旋转时间有关，等氨分解炉出口气体含量小于0.1%时，活化就可以停止。然后打开氢阀，关闭放空阀，设备就可以正常使用了。若分解质量差，温度可适当增加，不超过650℃为宜。

(2)将控温仪调至600℃。

(3)升温 接通电源约1 h即可升温到600℃，达到操作温度，温度自动控制。

(4)通氨放气 打开放空阀，然后慢慢打开氨阀，使氨通入分解炉，约放空0.5 h。

(5)正常送气 约放空0.5h后，即可打开氢阀，关闭放空阀，分解炉进入稳定运转状态。进入稳定运转后，应有专人看管。

(6)停机 切断电源后，先关氨阀，再关氢阀。

654. 井式炉烧结法制造锯片有什么优缺点？

井式炉烧结法有如下优点：

(1)省电，井式炉功率一般比中频低得多。

(2)通过改变炉膛和炉胆的直径，可以制造大规格的锯片。

(3)加热过程中由于有保护气氛，对石墨模具、锯片胎体和基体都有较好的保护作用，大大延长了石墨模具的使用寿命，并为后道的基体打磨、喷漆工序节省时间。

其缺点有以下几点：

(1)井式炉烧结属无压烧结，锯片刀头仅靠自由收缩来增加密度，因此其密度、强度、硬度均较低，影响锯片使用性能，同时对胎体配方要求严格。

(2)因为需要通保护气氛，所以需要增加制氢设备。

(3)工作周期长，效率低，要想提高产量，必须增加炉膛数量。

(4)因炉膛较深，上下炉温差别较大，同一炉锯片质量差异大，易出现过烧或欠烧现象。

655. 选用锯片石墨舟或钢模要注意哪些问题？

选用石墨舟或钢模要注意以下几点：

(1)所选石墨舟直径要比锯片大10 mm左右；

(2)涡轮片和同规格的干片石墨舟不同，涡轮片石墨舟台阶较高；

(3)深齿干片和深齿涡轮片石墨舟和同规格干片石墨舟相比台阶小，台阶高度一样；

(4)石墨舟刀头部位不能有缺口、洞坑等缺陷；

(5)采用钢模时，装模前要在模具与锯片接触部位抹上脱模剂以防止烧结时锯片与模具粘接在一起。

656. 冷压锯片钢模具由哪几部分组成，一般采用什么材质？

冷压模具结构组成主要包括模套、上下压环、夹具、芯棒等。金刚石工具冷压成形工艺过程中，压制压力一般达到200～300 MPa，因此冷压模具必须具有较高的抗压强度，在与粉末接触部位必须具有较高的表面硬度、耐磨能力，减少冷压模具的磨损，使压制体表面平滑、卸模容易而不致于产生裂纹或整体破坏。因此，压模部件通常采用含碳量较高的碳素工具钢或合金工具钢制作，并经淬火及低温或中温回火处理，即可满足冷压时的性能要求。冷压模具部件材料及加工技术要求可参考表84。压模在使用前，必须做去油除污处理，有时还在模套内壁及压环唇面涂抹润滑剂或脱模剂，以减少摩擦损失及便于脱模。

表84　冷压模具部件材料及加工技术要求

部件	模具材料	加工技术要求
模套	①碳素工具钢：T_{10}，T_{12}； ②合金工具钢：GCr_{15}，Cr_{12}，$Cr_{12}Mo$，$Cr_{12}W$，$Cr_{12}MoV$，9CrSi，CrW_5 等	①热处理硬度：HRC60～63 ②工作面粗糙度：≤0.63 μm ③配合等级：H_7/f_7 ④径向跳动、不平行度、不垂直度均为0.03∶100
压环	①碳素工具钢：T_8，T_{10}； ②合金工具钢：GCr_{15}，Cr_{12}，$Cr_{12}Mo$，9CrSi 等	①热处理硬度：HRC53～57 ②其他要求同模套
芯棒及夹具	$45^{\#}$钢、T_8	①热处理硬度：HRC40～50 ②工作面粗糙度：≤1.25 μm ③配合等级：H_7/f_7

657. 锯片装炉要注意哪些问题?

装炉要注意以下几点：

(1)先检查炉胆，炉胆不能有裂纹，如有裂纹，漏进空气会与 NH_3 分解气体产生强烈反应而出现爆炸；

(2)一般同一配方放在同一炉烧；

(3)每串在炉胆中分布要均匀，不要贴近炉胆壁，也不要放在一边；

(4)炉胆中每串锯片要固定，不能晃动；

(5)炉盖口一般采用砂子盖住边缘，以防止漏气。

658. 为什么烧结锯片时要通保护气，一般采用什么气体作保护气?

如果不通保护气体，锯片刀头和基体均会被空气中的氧气氧化，导致基体烧坏，刀头机械性能降低，如脆性增大、强度降低等。所以烧结时必须自始至终通保护气体。一般保护气体采用 H_2、N_2、分解液态 NH_3 等。分解液态 NH_3 的原理是：$2NH_3 = N_2\uparrow + 3H_2\uparrow$，$H_2$ 与 N_2 都具有脱氧作用而防止锯片氧化，促进烧结进行。

659. 烧结锯片时通保护气有什么要求，要注意哪些问题?

一个炉胆通气量一般要求0.5～1 m^3/h。通气后，检查出气管是否有气体排出。严禁向红热炉胆直接充入分解氨气体，否则会产生爆炸。装有锯片的炉胆通气40 min即可排尽空气，出气管可点火。点火时人不要靠近炉胆，要用点火杆。点火正常，才可进炉烧结。

660. 锯片的烧结温度怎么调节，如何确定?

冷压工序烧结炉一般采用电阻丝间接加热，厂家使用较多的为井式炉、钟罩炉等，加热区分上、中、下三区，三区的温度可通过控制柜分别控制，一般炉温根据配方以及烧结方式而定，如切割混凝土高档锯片，要求胎体硬度较高，所以致密化程度高，一般采用加压烧结法，炉温要求在 900℃以上。

661. 锯片烧结时为什么要保温，保温时间如何确定?

保温的目的是使整炉温度均匀，使锯片烧透，即合金化充分。保温时是从最后一区温度达到开始算，无压烧结一般保温 2 h，加压烧结法则一般保温 45 min。保温时间不要太短，不然合金化不充分；保温时间也不能太长，否则会出现过烧，熔点低的金属会挥发掉使胎体出现烧空现象。

662. 为什么锯片刀头的热压模具采用高强石墨?

热压模具采用高强石墨经机加工而成，要求石墨的常温抗压强度不低于 29.4 MPa(300 kgf/cm^3)，石墨的导热性好，其导热系数比一般非金属大 100 倍，比碳素钢大 2 倍，热压时整个模具传热均匀。石墨的线膨胀系数极小，在 900 ~1 000℃时仅为 5.4×10^{-6}，模具在经受高温后冷却而不断裂、可重复使用多次。金属结合剂的膨胀系数比石墨大，冷却后易于脱模，也不易损坏模具。此外，在热压温度下石墨会产生 CO 和 CO_2 气体，有隔氧和保护粘结剂及金刚石的作用。锯片刀头组装及热压模具组合分别见图 169。

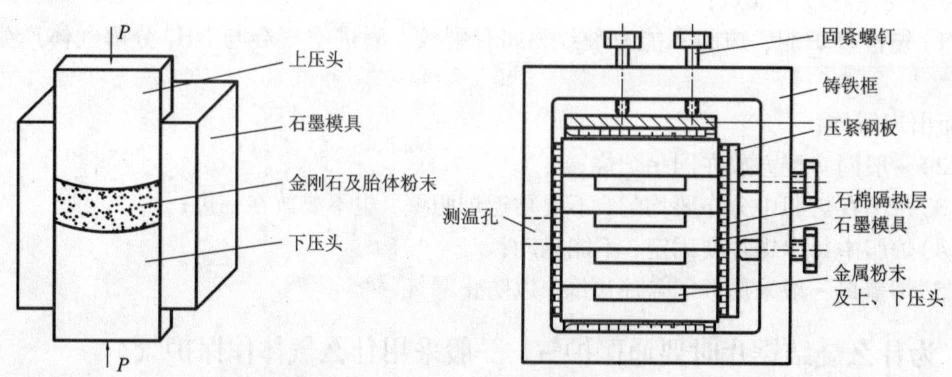

图 169 锯片刀头装料和热压模具组装示意图

663. 热压法的加热方式有哪几种?

热压法的加热方式有两种，一种是电阻加热，一种是中频感应加热。

(1)电阻加热：电阻加热是利用石墨模具作为电阻元件，将低电压大电流通往石墨模具两端，加热的同时加压，当石墨的电阻率比较高时较为有利，模具上、下压头的石墨强度要高，导热系数要低。

(2)中频感应加热：其原理是当中频电流通过用冷却水冷却的感应圈时，在交变电流的作用下，在石墨模具中产生涡流发热，其加热速度很快，但由于有集肤效应，模具中间部分的粉末靠热传导加热，因而温度滞后，其加热功率越大，则温度滞后越多。

两种加热方式所测温度与胎体部位实际温度有差别，中频加热的所测温度高于胎体部位的实际温度，而电阻加热则相反。在使用热电偶和远红外线进行测温时，必须考虑到这些情况。

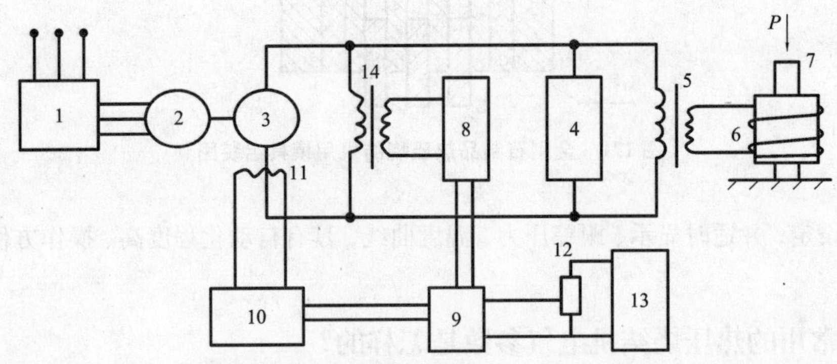

图 170　中频感应加热设备的原理框图

1—启动拒；2—三相异步电动机；3—单相中频发电机；4—电容器柜；5—中频变压器；6—感应圈；7—模具组件；8—控制回路；9—触发回路；10 —单相可控硅整流电路；11—中频发电机励磁绕组；12—调压电位器；13—直流电源；14 – 电压互感器；P – 油压机顶锤

664. 中频感应加热的基本原理是什么?

中频加热的基本原理是将石墨模具放入紫铜管绕制的感应线圈中，将感应圈通以交变电流，则在线圈内产生一个相应的交变磁场，根据电磁感应定律，在石墨模具组件内则产生感应电势，因此，在组件内产生电流，该电流叫做感应电流或涡流。该涡流在组件内流动就产生热量而使之升温。

665. 金刚石制品热压烧结机的工作原理是怎样的?

烧结压机是一种金刚石工具制造专用压机，可以烧制 ϕ300 ~ 3 500 mm 锯片金刚石刀头、小型整体金刚石切割片、金刚石珩磨油石、金刚石拉丝模等产品。

目前，热压机的吨位及规格型号各不相同，但其工作原理都是一样。即将在混料机中混合好的金刚石、结合剂等混合料，按一定的重量称好装入石墨模具中(见图 171)，放入带有电极的上、下压头中通过液压系统对其施加一定的压力，然后接通加热电源，将低电压(4 ~ 6 V)，大电流(几千安至一万多安)，通过电极压头传到受压工件模具上，由于石墨模具及含有金刚石金属粉料的工件是具有低内阻的导体，故大电流通过会使其内阻发热，由于石墨模具及含有金刚石的金属粉料有一定的内阻，大电流的通过会产生热量，最后可形成高达1 000℃的高温，使金属结合剂在高温下熔融，在压力下与金刚石结合在一起，生产出合格的产品。压机的压力规格有：15 t、20 t、100 t 等，加热功率规格有 30 kVA、50 kVA、60 kVA、100 kVA、120 kVA 等。其液压系统与一般压机一样。当前国内较先进的烧结压机都采用了红外测温技术，PC 可编程控制器智能化温控仪，可控硅功率元件、彩色显示等技术，实现温度、压

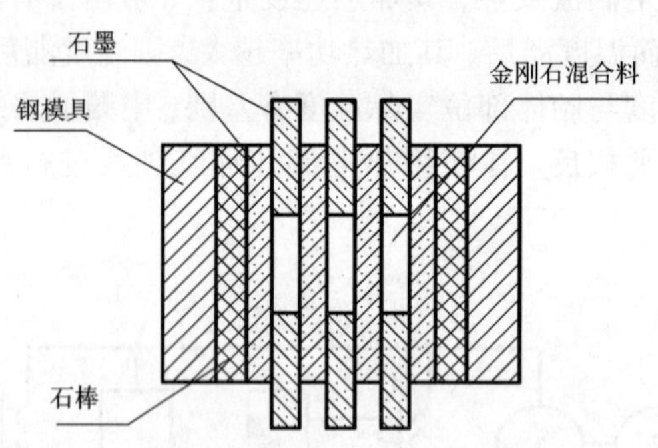

图 171 金刚石制品热压烧结机用模具组装图

力曲线的预设定，并适时显示、跟踪压力、温度曲线，具有自动化程度高、操作方便、控温精度高等特点。

666. 目前常用的热压烧结机电气参数是怎样的?

目前国内应用最多的是加热功率为 50 kVA 以下的烧结压机，这些压机采用单相 380 V 电源进行供电加热，采用这种方式的设备，构造简单，造价低，维修简单，最大的缺点是会造成三相供电系统的负载不平衡，但由于功率小，不会对电网有很大的影响，故小于 60 kVA 的设备均采用单相供电方式。对于大功率加热的烧结压机，采用单相供电方式会造成供电系统的严重不平衡，供电部门规定电网三相不平衡电流应小于 30%。因此大功率烧结压机必须采用三相供电加热方式，这样三相电流均衡，对供电系统影响不大。如对 120 kVA 烧结压机，采用单相 380 V 供电，则有两相电流为 316 A，一相电流为 OA；若采用三相供电方式，三个相电流均为 181 A 左右。由此可见，三相供电方式比起单相供电加热方式来说，其三相电流均衡，相电流小，单相容量小，相应的供电电力变压器使用效率高，总容量也小得多。但采用三相供电方式的热压机，其设备造价高，结构复杂，制造及维修难度大，故只为大功率(大于 100 kVA，目前最大可达 200 kVA)的烧结压机采用。表 85 中表明了加热功率及供电方式对供电及设备结构的影响。

表 85 加热功率及供电方式对供电及设备结构的影响

输入功率	30 kVA	50 kVA	50 kVA	120 kVA	200 kVA
供电方式	两相 ~380 V	两相 ~380 V	三相 ~380 V	三相 ~380 V	三相 ~380 V
输入电流	两相 80 A	两相 132 A	三相 80 A	三相 180 A	三相 300 A
加热工件截面积	50 cm^2	80 cm^2	80 cm^2	200 cm^2 (<1000℃)	最大 ϕ450 mm,取决温度
三相电流平衡	较差	差	好	好	好
设备结构	简单	简单	较复杂	复杂	复杂

667. 热压烧结机单相加热方式的工作原理是怎样的?

单相加热方式目前都采用一台大电流变压器作为加热电流源，其加热结构见图172。

大电流变压器采用的是干式自然冷却变压器，一次侧电压为单相380 V，电流根据功率不同在100～200 A之间，二次侧根据工艺要求可有5 V、6 V、7 V三档抽头供使用，电流根据输出功率不同，其范围在5 000～16 000 A之间。烧结压机二次电流很大，因此要求二次侧各处连接良好，否则会引起某点局部过烧，烧坏铜联接或石墨压头，为防止烧结过程中，上、下铜板压头过热变形，因此还要有循环冷却水系统。由于二次侧电流很大，不易控制，因此在一次侧控制电流大小，根据工艺对温度的要求，用接触器控制电流的通断或可控硅控制加热电流的大小，见图173。

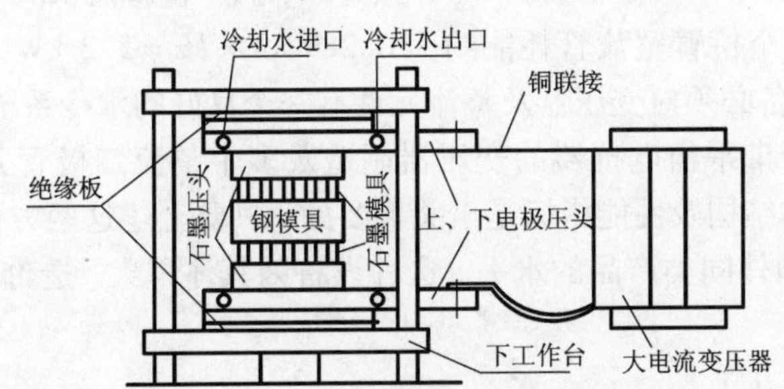

图172 热压烧结机单相加热工作原理

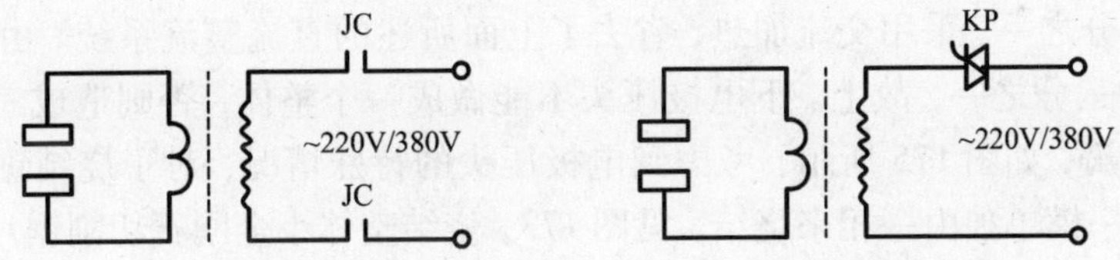

图173 接触器控制电流的通断和可控硅控制加热电流原理

单相加热这种方式，从控温角度上讲，很容易实现各种工艺温度烧结曲线，也很容易实现压力的任意控制。对要求投资少、维修简便、产量不很大、加热工件截面积小于80 cm^2 的生产过程，是一种优先选用的设备。

668. 热压烧结机三相加热方式的工作原理是怎样的?

三相加热方式能做到设备加热功率大，但造价高，除有特殊要求，一般厂家不采用此类设备。目前在所应用的三相加热方式中，又可分为直流及交流两大方式。

(1)可控直流加热方式

烧结压机用直流电源进行加热，采用的是带平衡电抗器的双反星形低电压大电流可控整流电源，见图174。一次侧为三相交流380 V，电流小于300 A，二次侧为低压直流几伏、几万安。一次侧采用三相交流调压器的调节方式，即通过可控硅来调整一次侧的交流电压，就连续地调节了二次侧的直流电压及电流，以达到加热功率的调整。这种方式做到了三相均衡供电，最大的特点是所有的加热功率集中于一副电极压头上去，对于受热工件来说，在电极压头中，其排列方式、形状及放置位置无任何要求；有效面积大，其控温、测温系统一套就可以了。从工人操作使用、调整来说是比较方便的，但设备维修复杂。国内引进设备有采用此种方式的，使用效果很好。该方式对变压器及整流元件来说要求较高，但国内电力电子元器件其性能质量比不上国外，双反星形变压器与国外同类产品相比，体积大、噪声大、损耗也大，整流二极管从容量方面来讲也不如国外高，(国外可达 10 000 A，国内最高达 3 000 A)而管压降国内最低只能做到 0.9 V 左右，(国外最低做到 0.1 ~ 0.3 V)，这样所用整流二极管数量多，管上能耗也大。如：以 120 kVA 为例，若输出 120 kVA，输出电压为 6 V，则负载电流最大 I 为 20 000 A，二次侧共有六个整流桥臂，则每个桥臂电流有效值为 $0.293I = 5\ 860$ A，若按 1.5 倍安全系数选，每臂整流二极管的电流总容量为 $1.5 \times 0.185I = 5\ 550$ A，由于国内最大整流管只能达 3 000 A，故一个桥臂需 2 ~ 3 只并联，六个桥臂需 12 ~ 18 只。由于国内管压降最低为 0.9 V，故一个桥臂整流管耗能约为 $0.289 \times I \times Uz = 5.2$ kW，六个臂耗能约为 32 kW 左右，因此此种设备必须对变压器及整流元件有一个良好的水冷系统。综上所述，这类热压机的制造，关键在于带平衡电抗器的变压器制造及多个整流二极管并联及耗能问题的解决。这对热压机的整体结构及性能指标是至关重要的。只要上述这两方面能达到国外先进水平，国产设备就可达国外同类产品的水平。这种设备因其体积大、造价高，只用在大功率烧结压机上。

(2)三相交流加热方式

直流加热是指烧结压机的电极压头上只有一组直流电压、电流对工件进行加热，而三相交流加热是指压头由三个分别独立的单相交流低电压大电流加热系统组成，每个独立的一相只加热工件的三分之一。采用交流加热，省去了上面所述的直流整流系统。由于三相各自独立地加热工件的三分之一，故上、下电极压头不能做成一个整体，否则造成三相短路，而做成相互绝缘的三瓣，如图 175 所示，考虑到电极压头的特殊情况，对于烧结锯片刀头，可采用三模一组，每一模单独由一相来烧结，见图 173，烧结整体小金刚石切割锯片，则一次将模具放入压头中心位置。此种方式三相中每相需单独测温、控温，因此需三套测温、控温装置。只要负载均衡，则三相负载电流可达到均衡。而其中每一相的加热原理、结构及控制同单相方式一样。

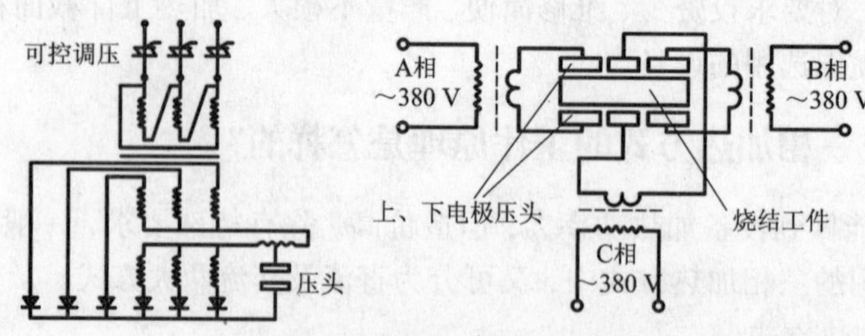

图 174　热压烧结机三相加热方式工作原理图

这种加热方式，做到了三相加热电流均衡，加热功率很大，设备本身耗能小，压头面积也大，一次烧制产品多。但同样由于结构复杂，造价高而只实用于大功率烧结压机。

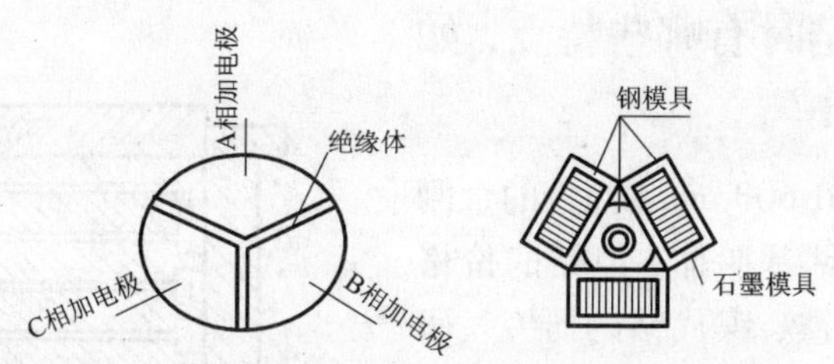

图 175　热压烧结机三相采用一相加热原理

669. 全自动烧结机的基本性能是怎样的?

图 176 分别为两个不同厂家生产的全自动烧结机的外形图。它们的主要特点为：①主要用于热压烧结金刚石锯片节块及相关金属结合剂金刚石制品；②大屏幕彩色液晶显示屏，可实时显示设定工艺曲线和实际工作曲线；③自动控温控压过程中，可手动更改本次目标段温度和压力，便于工艺试验；④ 自动储存最近多屏实时工作曲线及工作参数，可对工艺过程进行翻查；⑤屏幕具有相关功能按钮提示，使工艺编制、操作简单明了；⑥具有故障错误信息自动提示，整机自动保护功能，使用寿命大大延长。主要技术参数：工作压力 15 ~25 t；烧结温度控制范围 400 ~1 200℃；加热功率 50 kW、60 kW；单相；储存工艺；多组温度 - 时间曲线；多段压力 - 时间曲线；变压器二次电压 4 ~6 V 活塞直径 × 行程 ϕ(100 ~180) mm ×200 mm；上下电极间最大高度一般小于 400 mm。

图 176　全自动热压烧结机

670. 中频炉烧结法制造锯片烧结工艺是怎样的?

将冷压好的坯体分层放入石墨模具中(石墨模具组装见图 177)，然后将组装好的石墨模具放入感应圈内，并施加一定的初压，启动中频开始加热。当温度升至所需要的温度时，也将压力升到规定压力，同时保温数分钟，然后停止加热，冷却到 600℃以下，卸压并取下模具放置一旁冷却至室温，卸模、取出锯片；并对其进行全面检查。

671. 铁基胎体在烧结时有哪些特点，如何改善烧结条件？

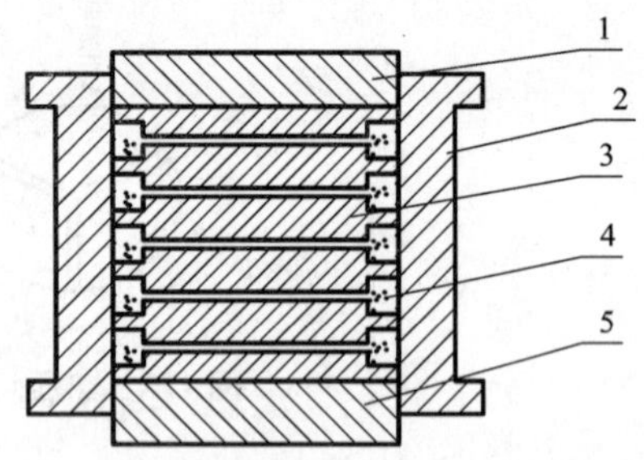

图177　冷压坯与石墨模具组装示意图
1—上压盖；2—模套；3—隔板；
4—冷压坯；5—下压盖

一般直径较大（如 ϕ1 600 mm 以上）的金刚石锯片，其刀头多采用钴基胎体。但钴的价格昂贵，所以人们致力于铁、镍代钴的研究。研究表明，其成形压力大（如 800 MPa），烧结温度高（1 100℃），保温时间长（30 min），工艺过程难以控制等特点。此外，还因铁粉活性很大，特别是细粒铁粉容易氧化；铁是一种强碳化物形成元素，在高温下能强烈熔蚀金刚石，形成 Fe_3C，而 Fe_3C 又很不稳定，随着温度的降低，随之发生分解，变成铁和石墨，即通常所说的石墨化，从而影响胎体的性能；另外，铁基胎体还具有抗冲击性能差等特点。由于铁粉具有活性大，容易氧化等特点；同时铁又是强碳化物的形成元素，能强烈地熔蚀金刚石，导致金刚石石墨化。为了解决这些问题，在制造过程中，可从烧结环境入手，如调整烧结时的气氛，即在烧结过程中，利用保护性气氛防止铁粉氧化；将铁粉改为羰基铁和铁的预合金粉末；此外，添加低熔点元素（如 Sn、Zn），使烧结温度降至 840℃左右，保温时间降至 3 ~ 5 min 左右，同时对金刚石表面进行 Ni - Cr 或 Ni - Ti 复合镀膜处理，以避免金刚石的石墨化。

672. 金刚石锯片开刃的作用和目的是什么？

金刚石锯片的开刃主要是为了客户直接使用，并获得较好的切割效率。

673. 金刚石锯片开刃如何进行？

焊接圆锯片在修整以后，即要对其节块进行开刃。开刃过程一般分为两步进行：第一步是开两侧刃，需要一片一片地开刃，将锯片装在开刃机上，使锯片与砂轮一起旋转。调整砂轮与锯片的位置，使其逐渐接近，间断接触，直至锯齿一侧面金刚石全部出刃。将锯片反装，然后用同一方法开另一侧面刃，并使金刚石全部出刃。侧刃开好后，将锯片按开刃方向放好，并串到开刃机轴上开立刃。此时应特别注意保持锯片的两侧刃与立刃方向一致，否则影响锯片的使用性能。

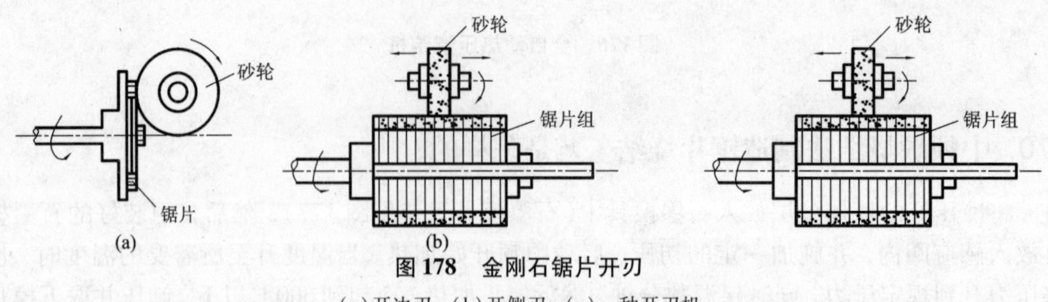

图178　金刚石锯片开刃
(a)开边刃；(b)开侧刃；(c)一种开刃机

674. 为什么要打磨片基?

金刚石锯片经烧结后，其基体表面有一层氧化膜，影响喷漆质量，这就要求在喷漆前对锯片基体进行处理。

675. 怎样进行片基打磨?

将锯片吸到打磨机吸盘上，用120~240目砂布进行打磨。要求将氧化皮打磨干净，且基体上没有明显的划痕，以便提高喷漆质量。

图179　片基打磨

676. 为什么要检片，检片的主要内容包括哪些?

压制好的锯片毛坯由于要受到搬运，如果工人操作不慎，可能会导致刀头毛坯产生裂纹、破损等缺陷，因此在进炉前必须通过检验。检验的主要内容与压制工序相同，同时要注意在装模前，先要用毛刷将片基上的金属粉末及污物刷干净，以免烧结时粉末粘在基体上难以清除，增加加工难度。

677. 炉内锯片保温结束后为什么不能马上出炉，出炉后应在什么环境中冷却?

每炉锯片保温结束后不能马上吊出炉胆。一般需在炉中降低100℃以上方可吊出，有些需要降温200℃以上才能出炉。出炉后，室温较高时可采用风冷，室温较低时应自然冷却，保证冷却速度不能太快，否则片基易变形，大规格锯片还会出现掉齿现象。炉胆冷却至室温，即可将锯片取出。

678. 锯片出炉后要检验的主要指标包括哪些?

烧结出炉的锯片要仔细检验，看是否有质量问题，符合要求的锯片即可投入到下一道工序。检验内容包括:

(1)看颜色 合金化不充分的锯片胎体比较暗淡;

(2)听声音 将锯片平扔于水泥地板上，听声音是否清脆，清脆即表明合金化充分，胎体与基体连接紧密。

(3)打硬度 硬度达到设计要求，如切混凝土锯片硬度要求达到HRB100以上，切花岗岩锯片要求在HRB85～HRB100之间，而切较软的大理石锯片则要求在HRB75～HRB85之间。

(4)检验刀头强度 用扭力扳手扳刀头，ϕ250以下抽检，ϕ300、ϕ350锯片则要求全检。一般冷压锯片扭力值要求比相同规格焊接锯片低1～2N·m；

(5)外观检验 刀头不能有孔洞、裂纹、露齿、片基变形等缺陷。

679. 热压焊接法制作金刚石锯片生产工艺有什么特点?

焊接类产品生产工艺具有如下特点：

(1)焊接法生产金刚石锯片的尺寸范围大；

(2)焊接法刀头烧结时，由于升温加压同时进行，因此生产速度快，且刀头致密化程度高，合金化较冷压法更充分，因此刀头质量较冷压法好。但是焊接法只能单件生产，因此整体生产效率较冷压法低；

(3)刀头烧结一般采用石墨模具，石墨模具脆性大，容易破损，因此模具使用寿命低；

(4)由于受到模具的限制，刀头形状比较单一，但是刀头形状可以控制，质量得到保证；

(5)刀头烧结不需要通保护气体，降低了生产成本，操作程序简单；

(6)焊接类产品可以压制过渡层，因此刀头与基体的连接强度得到提高，适合于制造有特殊用途的锯片。

680. 热压焊接法制作金刚石锯片的装料方法和过程是怎样的?

装料是指将工作层料及过渡层料装入模具腔体中以便压制的工序。先用药物天平准确称量每个刀头工作层及过渡层料的重量，用小盒子装好，再装上下压头，然后将整个模具倒转过来开始装料，先装工作层料，装完后用铁棒轻敲模框四周，把粉料敲平，并使粘在模壁上的粉料掉下来，以免粉料浪费过多及混入过渡层，因为工作层中含有金刚石，过渡层中混入金刚石会使刀头焊接强度降低。工作层料较多而模腔所剩空间不好装过渡层料时，可用上压头将粉料打紧，然后又用铁棒轻敲模框使粉料表面成水平状态。工作层装好后，开始装过渡层。将过渡层粉料倒入模腔中，然后将粉料扒平，扒平过渡层粉料时，注意不要扒动工作层，以防止工作层混入过渡层粉料中，使刀头焊接强度不够。同时要注意装料过程中不要混入杂质，影响刀头质量。装好粉料后，打入上压头，模具即可送入热压机中烧结。

681. 热压焊接法制作金刚石锯片装料时要注意哪些问题?

单向压制时刀头密度从过渡层向工作层逐渐减小，双向压制时节块密度在压制方向上两头高中间低，刀头密度总体上有所提高。因此热压法烧结节块时一般采用双向压制，下压头不要全部打入模腔中，应留出5 mm左右的高度，且这种装料方式对于粉料较多时的情况也是有利的，可以提高模腔的容料体积。但是采用激光焊接时，由于激光焊接产生的温度非常高，据估计在激光达到节块的瞬间产生的温度高达上万摄氏度，因此，节块过渡层部分必须尽量提高致密度，以提高焊接强度，所以节块使用激光焊接时，必须将下压头全部打入模腔中，以提高焊接层部分的致密程度。

682. 热压焊接法制作金刚石锯片生产工艺流程是怎样的?

热压焊接法制作金刚石锯片生产工艺流程如图 180 所示。

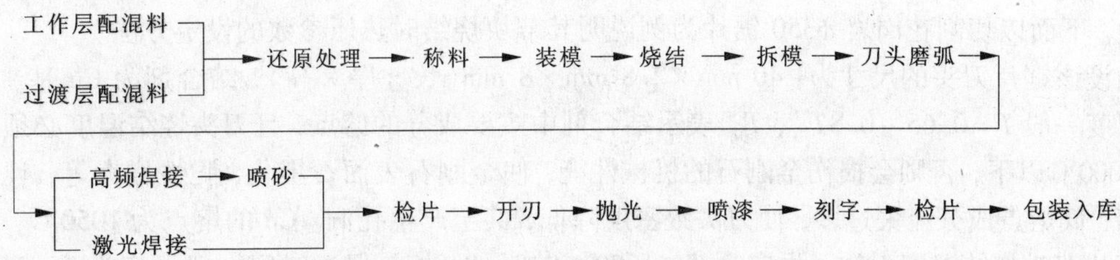

图 180　热压焊接法制作金刚石锯片生产工艺流程

683. 什么是金刚石刀头?

焊接锯片的切割元件即俗称的锯齿或刀头，它是由金刚石和胎体材料组成的复合烧结体。在未焊接成锯片以前把刀头称为节块，它是将金刚石和结合剂经混合、热压烧结、磨弧等工序制成的。节块的形状有扇形和矩形的。

684. 金刚石圆锯片刀头的外形主要有几种?

刀头的形式多种多样如图 181 所示，通常做成长方体。胎体刀头，应具备两个基本功能：一是把持金刚石；二是能随着金刚石的磨耗而磨耗，使金刚石正常出刃。结合剂除了具备一定的硬度和耐磨性之外，还应具备一定的韧性。

图 181　各种金刚石刀头

685. 焊接锯片的金刚石刀头一般由哪几部分组成?

焊接锯片金刚石刀头的构成包括工作层和非工作层(也称过渡层、焊接层等)两部分，工作层即是含金刚石的部分，非工作层(也称过渡层、焊接层等)作为与基体焊接的部分，为不含金刚石的纯结合剂成分。

686. 金刚石刀头热压烧结工艺参数包括哪些，如何设定工艺参数?

节块热压烧结时，工艺参数的设定是最重要的环节。节块烧结热压过程一般为升温升压、保温保压、保压降温、降温降压。需要设定的参数主要包括烧结温度，保温时间以及加压压力。下面以切割花岗岩 ϕ350 锯片为例说明其节块烧结时热压参数的设定方法。

设该锯片刀头的尺寸为：40 mm×2.8 mm×8 mm(长×厚×高)，结合剂为 Cu 基。其烧结温度一般 $T=0.65\sim0.8T_{熔}$，$T_{熔}$ 表示结合剂中主要成分的熔点，且刀头烧结温度必须控制在 1000℃以下，否则会损伤金刚石的机械性能，使金刚石表面石墨化，脆性增大等；且温度太高，低熔点成分流失过多，使刀头致密度降低，甚至产生孔洞。Cu 的熔点为 1050℃，所以此锯片刀头烧结温度大约可设定为 $T=1050\times0.8=840$℃。保温时间一般设定为 2～5 min，要依据结合剂中主要成分的熔点进行选定，主要成分熔点较低，则保温时间短一点，主要成分熔点较高则相应长一点。对于压力的设定，只需要使刀头在设定的烧结温度下，将刀头压平，即达到规定的尺寸，使刀头密度达到理论密度即可。通过实践经验得出，热压烧结金刚石锯片节块对粉料施加的单位压力一般在 150～500 kg/cm^2 范围内。具体单位压力要依据粉料的压制性、烧结温度的高低、保温时间的长短来设定，并依据第一模的烧结情况及时调整。因此此 Cu 基切花岗岩 ϕ350 锯片热压参数设定为：烧结温度：840℃；保温时间设为 2 min；总压力为 200 $kg/cm^2\times(40\times2.8\times10^{-2})cm^2$/个×10 个/模=22.4 kN，可取 25 kN。

687. 在刀头烧结过程中为什么要采用强碳化物形成元素?

在刀头烧结过程中，采用高温下不与金刚石起任何化学反应的金属粉，固然对金刚石没有任何损害，但金刚石在切割中是受胎体把持的。如果胎体粉末不与金刚石反应，其把持力仅为机械镶嵌。这种机械镶嵌作用力较弱，容易导致锯片在使用过程中金刚石脱落，从而降低锯片的寿命和效率。如果胎体粉末与金刚石有一定程度的反应，使金刚石与金属粉末之间产生化学键结合，那么这种结合力要比机械镶嵌力大许多，从而保证金刚石在使用过程中不脱落，提高胎体对金刚石的把持力，同时也提高了锯片的寿命和效率。当然结合剂中如果所用金属粉末与金刚石在高温下反应剧烈，那将导致金刚石碳化，强度降低，从而降低锯片的寿命和效率。据分析，在 900℃以上，如果胎体中有铁存在，金刚石就开始以碳元素的形式渗入铁中，造成对金刚石表面的腐蚀；温度继续升高到 1200℃，金刚石甚至能全部渗入铁中。因此，要控制好金属粉末与金刚石的反应速度，使其既能与金刚石形成化学键结合，又不至于造成金刚石过度碳化，影响其强度。为控制好金刚石与金属粉末的反应程度，也可考虑在胎体中加入其他化学元素。

688. 金刚石刀头烧结完成后模具什么时候取出，应在什么环境中冷却?

保压及降温至 600℃左右即可将模具从热压机中取出，然后可用风扇将其继续冷却至室温，即可将刀头取出。

689. 金刚石刀头的冷压为了保证质量要解决什么问题?

刀头的冷压，特别是采用自动冷压机冷压往往有两个问题要加以解决，才能保证质量和提高生产效率。第一，如何保证每一节块中金刚石的量相一致，以及金刚石在结合剂中分布均匀；第二，大批量生产时，采用什么样的计量方法既能保证每个节块的计量准确，又能保证效率高。为解决上述两个问题。国外推出了制粒，即是金刚石与结合剂混合均匀后，再制成颗粒状混合物。国内也有一些企业使用。这一技术在硬质合金及磁性材料生产中早已是一项成熟的工艺技术了，只是在金刚石工具制造中，应用研究相对滞后些，不过现在很多制造商都在开始使用制粒技术了。

690. 为什么金刚石刀头的烧结还是以固相烧结为主?

金刚石刀头金属胎体中大都含有低熔点的组元，如 Sn，Zn 等，因此从理论上讲，金刚石节块的烧结属于多元系液相烧结。然而液相烧结能否顺利进行，取决于同液相性质有关的三个基本条件，即：液相对固相颗粒表面较好的润湿性；固相在液相中有一定的溶解度；适量的液相，以其能填满固相颗粒的间隙为限度。由于目前使用的结合剂中低熔点组元的含量一般都小于 10%，因此金刚石节块的烧结还是以固相烧结为主。

691. 金刚石刀头的烧结工艺如何?

金刚石刀头的烧结工艺主要包括烧结温度、压力以及时间的控制，目前多采用双阶梯平台的典型烧结工艺曲线，如图 182 所示。在对金刚石节块粉末进行混料的时候，为了提高节块压制的成型性，添加了少量的液体石蜡。工艺曲线中第一个温度和压力较低的烧结平台除了有利于进行脱蜡之外，还有利于压坯中少量的低熔点金属粉末形成液相后通过毛细管的作用填充到骨架相粉末空隙中。如果温度和压力上升太快，则烧结过程中容易产生“流料”，从而影响节块的致密度。一般认为在烧结过程中烧结温度对节块的硬度和强度影响最大，烧结时间次之，而压力超过一定值后，基本上对节块性能无显著影响。

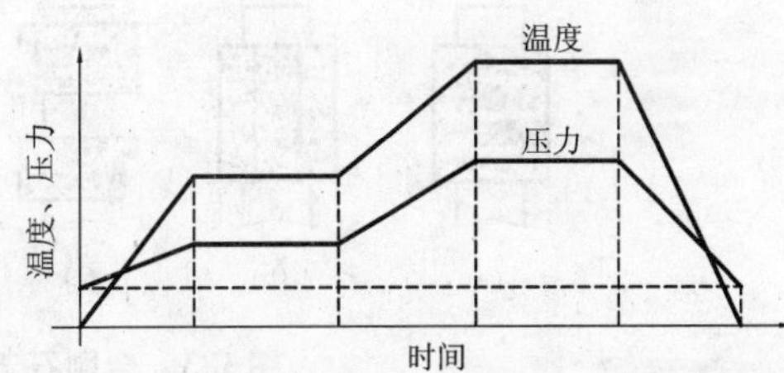

图 182　典型热压烧结工艺曲线

692. 为什么刀头被人们设计成不同的形状?

刀头的几何形状也是决定金刚石锯片锯切性能的重要因素之一。节块使用形状不同，直接影响锯切效率和金刚石非正常失效的比例。目前采用的节块形状结构有普通的中凸节块、分层“三明治”式中凹节块、“L”形节块、阶梯形节块、分段节块和侧面开槽节块等，分别如图 181 所示。设计节块形状、结构主要是为了提高锯切弧区内金刚石节块的容屑、排屑能力以及冷却润滑作用，减少节块与石材以及锯屑的摩擦作用，提高金刚石的破岩能力，从而降低能耗，提高锯片的性能。最初的金刚石圆锯片节块采用的是均匀的长方形结构，锯切一段时间后发现两侧棱处比中间更容易磨损，节块在横截面方向会变成中凸形状，节块工作表面与石材接触面积增大，金刚石容易磨钝，在实际加工中，常常需要用研磨性强的材料进行开刃。另外由于锯切力增大，锯片基体容易产生扰曲与振动变形，导致加工板材厚薄不均匀，基体重复使用次数减少。分层式中凹节块的发明很大程度上解决了普通节块锯切中出现的问题。中凹式节块一般可以通过下面的方法来实现的：

(1)外层结合剂中的金刚石浓度比中间层高；

(2)外层结合剂比中间层的耐磨；

(3)外层中的金刚石等级比中间层的高；

(4)通过结构设计使中间层的工作长度比外层短，如设计成“回”字型、“H”型或其他中间开槽的形式；

(5)在多层结构中加入非工作层并且调整工作层和非工作层的宽度比例。

由于锯片圆周上断续水槽的存在，节块的长度也影响着锯片的性能。有学者从理论和试验角度探讨过节块长度的设计及其影响。锯切加工时，节块上先进入锯切弧区的前端上的金刚石磨粒承受的载荷要比后端大，可以根据不同的节块承载模型设计合适的分段节块(见图183所示)，使节块前后端的性能与其承受的载荷相匹配。总之，目前从金刚石和结合剂的选择到节块形状和参数的设计，更多地还是依靠经验积累，而不是严密的理论依据。

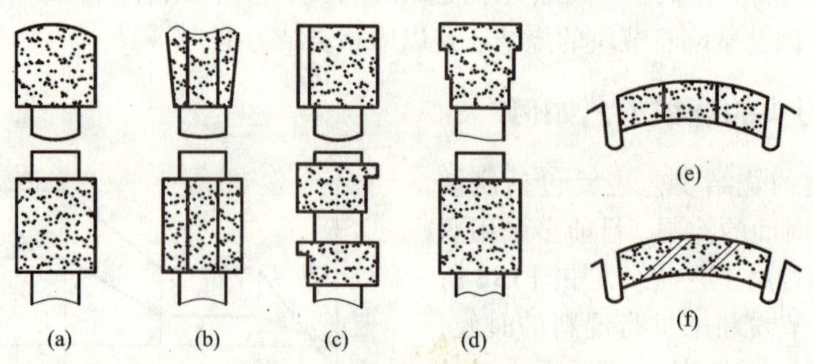

图183 金刚石节块的不同形状设计

693. 为什么锯片刀头过渡层非常重要?

金刚石锯片由基片(基体)和刀头(节块)组成。节块由孕镶金刚石层和过渡层组成，见图184所示。过渡层是一种纯胎体层，不含金刚石，用于连接金刚石孕镶层，并通过过渡层把金刚石孕镶层钎焊于基片上，因此，也要求有良好的焊接性能。过渡层性能不好，会使节块在高的交变应力作用下，从基片上脱落，从而影响锯片的使用安全。过渡层材料一般不能含有低熔点的金属，如Sn，Zn等元素，因为该类元素在高温下易于蒸发和气化而产生气孔。过渡层配方通常选用Co，Ni以及一些合金材料。WC虽然能增加焊缝和过渡层的耐磨性，但是含量过高会导致空洞和夹渣等焊接缺陷，严重时还会引起脆断。为解决该矛盾，在过渡层材料中加入少量的Mn和Cr，不仅能产生固溶强化，增加耐磨性，而且能减少气孔。此外，工作层和过渡层的成分如果差别太大，则在两层交界处由于受热受力的不均匀而易断裂。

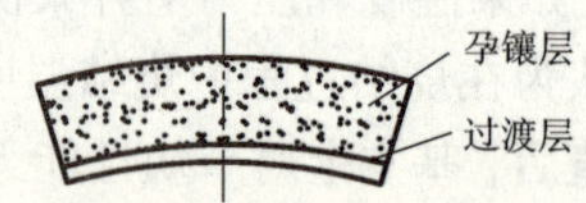

图184 锯片刀头过渡层结构

694. 卸模后需要对金刚石刀头进行哪些质量检测?

刀头烧结好后必须做质量检测，以检验其烧结质量的好坏。热压法生产的金刚石刀头的质量检测内容包括：

(1)观察形状是否复合制定单要求，即石墨模具有没有选错，要求每个刀头都要观察；

（2）用游标卡尺测量其长度、厚度、高度是否符合要求。尺寸偏大一般产生的原因有：压力偏小或温度偏低，压头没有被压平；压头装错，上压头高度偏小；压头强度低或安装偏斜，加压过程中压头被压断等。刀头尺寸偏小产生的原因也与之相类似，一般是由于上压头偏高或上下都装了上压头等；刀头尺寸偏大或偏小则按实际情况返烧、加工或报废；也可以将同一类型的刀头焊接在同一副锯片上。

（3）用药物天平称重计算烧结流失以及刀头致密度，一般要求重量消耗不超过7% ~8%；

（4）用硬度计测刀头硬度值，常用的硬度计为洛氏硬度计，可以测 HRB、HRC 值，不同用途锯片对刀头硬度有不同要求。

695. 金刚石制品的制粒过程是怎样的?

制粒过程一般为：在附加混料机中，金属粉末、金刚石及起粘结作用的人造粘结剂先干混，然后再加入溶剂再湿混。混合料从制粒机上部的料斗中，由螺旋输送器连续不断地输入该机器内部容器中，制成粗糙颗粒。通过机械滚动作用，粗糙颗粒被转变成最终的球状或条状小颗粒。然后输送到传送带上，经干燥后蒸发掉溶剂。制粒后的成型料流进收集器中备用。

696. 经过制粒后的成型料制造金刚石刀头有什么优点?

由于制粒后的成型料，金刚石与结合剂均匀混合，金刚石分布均匀，颗粒大小也较均匀，松装密度和摇实密度加大，因此可用定容（即定体积）装料代替定量装料，使生产率大大提高。同时避免了金刚石与结合剂分层，使质量有了保证。

697. 制粒成型料定容冷压法的优点有哪些?

制粒成型料定容冷压法的优点：①通过制粒，冷压时的循环时间由原来的20 ~25 min缩短到5 ~10 min；②金刚石与结合剂不再分离，防止了金刚石的结团或分层；③由于成型料的流动性改善，减少了节块间的重量误差；④经过制粒，机器可以无人操作；⑤冷压模具的磨损下降至少50%；⑥粉末分布均匀，尤其是像三明治式这样的薄粉末层或无金刚石的结合层。

698. 金刚石工具制粒工艺有哪些优缺点?

制粒工艺在我国的硬质合金、陶瓷生产中已广泛地被采用，近年来在金刚石刀头生产中也获得了广泛应用与发展。粉末制粒的优点是，金刚石的偏析减少，分布更为均匀，改善了刀头的切割性能，增加粉末的流动性，使容积式冷压工艺应用成为可能，普通冷压工艺性更好，减少了粉尘对工人的危害。其缺点是增加了投资与工艺程序，制粒时要添加粘结剂，后者对焊接、烧结和胎体性能可能有不利的影响。

699. 以 Fe 代 Co 对结合剂的耐磨性影响如何?

结合剂中常用金属粉末及其化合物的特性如表86所示。

表86 常用金属粉末及其化合物的特性

特性 \ 元素	Co	Cu	Sn	Ni	Fe	Cr	W	WC
熔点/℃	1495	1083	231.9	1455	1538	1890	3400	2600
弹性模量/MPa	21.0	11.9	4.5	20.4	20.5	25.4	37.5	41.8
相对磨损强度	20.1	10.6	2.77	17.7	19.4	30.1	58.4	159.8
对结合剂影响	耐磨性	粘结性	焊接性	强化性	粘结性	耐磨性	耐磨性	耐磨性

从表77可以看出，Fe与Co的相对磨损强度基本接近。因此，选择以Fe代Co的方案对结合剂的耐磨性影响不大。

700. 预压—煅烧—热压工艺制造金刚石刀头的方法是怎样的?

预压—煅烧—热压工艺制造金刚石节块的方法是将成型料(包括工作层和非工作层)装入模具模腔内，先以一定压力(1000~2000kg/cm^2)冷压，然后取出模具送入炉内加热，当温度达到规定的烧结温度即保温1~2 h，然后取出模具送入压机加压到规定尺寸，冷却至室温卸模。

701. 预压—煅烧—热压工艺对模具材料有什么要求?

预压—煅烧—热压工艺方法中，由于模具既要承受较高的冷压压力，又要耐受高温度的烧结及热压，因此模具多为耐热钢、高强度铸铁等材料制造的。表87列出了国内常用热压模具材质。

表87 热压模具材质推荐表

材料牌号	化学成分							备注
	C	Si	Mn	Cr	W	Mo	V	
5CrMnMo	0.5~0.6	0.25~0.6	1.2~1.6	0.60~0.9		0.15~0.3		模具钢
5CrNiMo	0.5~0.6	≤0.4	0.5~0.8	0.50~0.8		0.15~0.3	1.4~1.8	
3Cr2W8V	0.3~0.4	≤0.4	≤0.4	2.2~2.7	7.5~9.0		0.2~0.5	
8Cr3	0.75~0.85	≤0.4	≤0.4	3.2~3.8				
1Cr15Ni36W3Ti	≤0.12	≤0.8	1~2	14~16		Ni:34~38		耐热钢
OCr15Ni25Ti22MoVB	≤0.08	0.4~1.0	1~2	13.5~16		Ni:24~27		
3Cr13Ni7Si2	0.25~0.37	2~3	≤0.7	11.5~14		Ni:6~7.5		
4Cr14Ni4W2Mo	0.4~0.5	≤0.8	≤0.7	13~15		Ni:72		
RTCr-0.8	2.8~3.6	1.5~2.5	<1.0	0.5~1.1	P<0.3	S<0.12		耐热铸铁
RTCr-1.5	2.8~3.6	1.7~2.7	<1.0	1.2~1.9	P<0.3	S<0.12		

702. 预压—热压烧结法的工艺过程是怎样的?

预压 - 热压烧结工艺方法是先用手动或自动冷压机压好节块坯件。坯件的厚度已达尺寸要求(指垂直压制的节块),高度方向留有待压结余量。将坯件装入石墨模具中送入热压机,通电加热,石墨模具温度很快达到烧结温度,此时施以全压(即规定的压制压力),卸压后将模具移送到导热性好的铜板上,温度接近室温时卸模取出节块。

表 88　冷压模具材质

件号	名 称	材 质	硬度 HRC	表面粗糙度 Ra(μm)
1	模 套	45[#]	38 ~ 40	接触面 $Ra=1.25$
2	四半衬瓦	9CrSi	48 ~ 52	非接触面 $Ra=2.5$
3	上压头	T10、T8	45 ~ 48	
4	下压头	T10、T8	45 ~ 48	
5	长隔板	GCr15	45 ~ 48	
6	短隔板	40Cr	40 ~ 42	

703. 预压—热压烧结法的冷压模具用什么材料制造?

预压 - 热压烧结工艺方法冷压和热压是在不同的模具内完成的。冷压需承受较大压力,同时又要求其耐磨损,使用寿命长,因此需采用优质钢材制作。国内冷压模具的关键部件可用 9CrSi、GCr15 或 T8、T10 等合金钢制作。表 88 列出了手动冷压模具各部件材质。

704. 预压—热压烧结法的热压模具用什么材料制造?

预压—热压烧结法的热压模具的材质和结构与预压 - 煅烧 - 热压工艺的热压模具结构和材质相似。表 89 列出了热压模具材质。

表 89　热压模具材质

件号	名　称	材　质	备　注
1	框架模板	高强度致密石墨	抗压强度 35 ~ 45 MPa
2	模腔		装入冷压好的齿和上下压头
3	纵隔板	高强度致密石墨	抗压强度 35 ~ 45 MPa
4	横隔板	高强度致密石墨	抗压强度 35 ~ 45 MPa
5	固钉螺钉	钢	
6	绝缘隔板	高强度耐火材料	强度高,耐热绝缘性能好
7	模框	45 号钢或铸铁	变形量要小,不起氧化皮

705. 烧结金刚石刀头的石墨模具应具备什么性质?

石墨具有良好的导电性，其导热性能也较一般的非金属材料和部分金属材料好，致密石墨的抗压强度可达45 MPa，因此石墨常用作发热和成型材料。热压金刚石节块选用石墨作为热压模具材料，正是基于石墨的这些特性。石墨具有较小的热膨胀系数，它可以经受温度的急剧变化而不开裂；节块胎体材料多为金属类物质，其热膨胀系数比石墨大得多，这为脱模带来了方便；此外石墨热压时，表面因温度与氧发生反应生成CO或CO_2气体可以保护金刚石和胎体材料免受氧化；石墨硬度低便于机械加工。石墨作为模具材料也存在一定的不足，主要是其气孔率相对金属材料而言十分大，因此在热压时，液态的金属(融熔的低熔点成分)有可能被挤入空隙中，使模具变脆易开裂，或在卸模时模壁拉毛、变形而影响使用次数。为满足热压工艺条件的要求，在选择热压模具的石墨牌号时，应尽可能满足下述要求：①抗压强度≥35～45 MPa；②致密度高、气孔率小，一般选用密度1.6 g/cm^3以上，气孔率<30%。

706. 预压—煅烧—热压法所用热压设备是什么?

该工艺方法的热压多在普通压机上完成，因此其热压设备和冷压设备是通用的。为操作方便和安全起见，一般在煅烧炉与压机间通过轨道连接(或用机械手)，当工件在煅烧炉内保温完毕转入压制工序时，操作工将模具用特制“抓手”拉到炉前的轨道上，轨道启动，将模具输送到压机工作台上，将工作台小车推入压机内即可压制。该工艺方法所用的煅烧炉多为箱式电炉，根据一次摆放工件(模具)的多少，选择不同的炉腔尺寸和功率的箱式炉。如果煅烧时，要采用气体保护，则必须对炉膛进行改装，以保证炉膛的密封性能，确保炉内气氛和压力。如果作业量很大，煅烧炉最好采用隧道式箱式炉，并设计成若干温度带——预热、加热和保温，用自动推进机构将模具由炉口逐步移到炉尾，炉尾与压机相邻。这样的煅烧炉用于大量节块的生产。

707. 预压－热压烧结所用热压设备是什么?

预压－热压烧结工艺方法的热压设备既要承担加热，又要完成加压。所用热压设备种类比较多，如中频热压机、高频热压机、电阻热压机、加热加压一体炉等。目前绝大部分锯片生产企业都采用电阻热压机，因为该设备价格便宜，操作方便，热效率也比较高。

708. 锯片工作时刀头圆弧化的主要原因是什么?

刀头圆弧化的主要原因是锯片横向摆动和岩粉向两侧运动引起的磨损。横向摆动与下列因素有关：①基体偏摆 基体内部张应力的不均匀性，使基体存在一定的局部变形引起偏摆；②基体刚度 基体刚度不够时，锯片在切割过程中由于径向力的作用将发生弯曲，从而锯片受到横向力的作用。③刀头焊接不对称 即刀头两侧出刃不一致，造成锯片偏摆，受横向力的作用。④设备精度差，刚度低。⑤锯片转速 转速越高摆动越大。⑥石材性质 高硬度、强研磨性的石材振动大。⑦荒料摆放 荒料稳固度低时振动大。上述因素中，有的能够消除，而有的则无法避免，由此引起的不均匀磨损无法消除。一部分岩粉从两侧面排出而造成的对两侧棱的磨损亦无法消除。

709. 金刚石刀头主要有哪些形状，各有什么特点?

工业生产中应用较为普遍的刀头形状结构的种类有三种，见图 185 之 a，b，c，另外三种(图中 d，e，f)虽不是常用的，但也有一定特色。

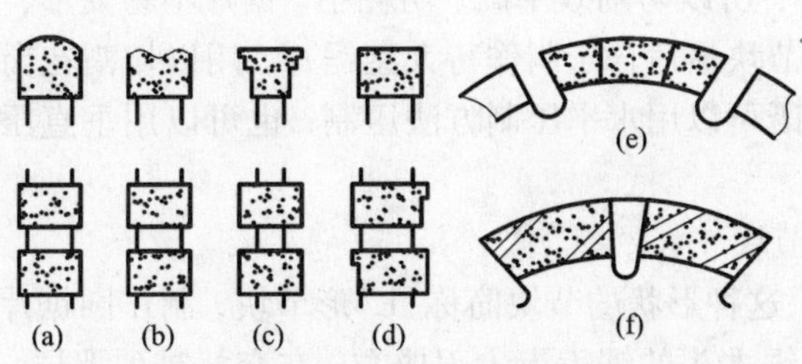

图 185　锯片节块形状

1—通用型节块；2—夹心型节块；3—台阶形节块；
4—单侧带台阶形节块；5—多节曲线节块；6—侧面开槽节块

(1)通用型节块

无论是大、小直径的圆锯片还是排锯片，最常用的节块形状就是如图 183a 中的通用型节块，它的截面形状呈矩形，当使用一定时间后(特别是锯切硬花岗岩或摩擦性强的材料)，节块的两侧面的直角逐渐磨损，在其截面变成圆弧面，即一条直角边变成了一条圆弧；使用时间越长，这种变形越明显。节块的切割刃边呈圆弧状后，增大了与石材的接触面积，使切割阻力增大，金刚石因不能获得足够的切削力而使切割效率下降。这种状态的切割带来了两大问题：第一，金刚石容易磨钝，因为切割阻力增大后，金刚石不能很深地刻入岩石，而是以磨削的形式和岩石产生作用，使金刚石刃角变钝，长此下去，使切割效率下降太多，不得不停止切割，用开刃工具对锯片修锐；第二，因金刚石易磨钝，操作者为了使磨钝的锯片效率不减，采用加大锯切压力的办法，造成锯片跑偏，使锯片基体产生振动、发热而变形，使加工出的板材厚薄不均匀，锯片基体变形而影响复焊次数，更有甚者会使锯片基体从水口底部产生裂纹。这种形式节块的优点是制造方便，使用寿命长，适用于一般大理石和软花岗岩加工，因此实际上仍是最为常用的节块形状结构。其压制方法多为垂直压制，即从扇形块的径向压制。

(2)夹心节块

如图 185b 中所示，这种形状的节块被形象地称为“三明治刀头”，顾名思义他的结构是多层的(三层或五层)。以三层结构为例，在模具中分次投入三层不同金刚石和结合剂成型料，经预压—热压烧结而成。它的特点是：①中间层金刚石粗，浓度小，上、下层则金刚石细，浓度大；或者三层金刚石颗粒度、浓度都一样，而成型料密度不同，中间层密度小，孔隙多，上、下层密度大，孔隙少。②由于上述结构原因，使节块在使用时，中间层磨损快，上、下层则磨损慢，因此出现中凹形。③这种节块制造时只能采用水平压制的方法，且不能有过渡层，否则会使模具结构复杂，制造效率极低。

这种形状结构的节块在锯切花岗岩时，工作面逐步拉成凹形，而节块两侧面也相应磨圆，使锯切时，接触面积小，切削阻力变小，金刚石刻入岩石较多，因此切割效率较高。同时，这种锯片稳定性好，因为凹形两侧面所受的力能互相抵消，所以切片厚薄均匀，基体也不易变形，保证了复焊次数。

(3)台阶形节块

图185c中可知，台阶形节块使锯片在切割中侧面与岩石接触面积比形状A和B要小，因此切割阻力始终较小，所以切割效率高、功耗小、锯片不易变形，保证了石材的加工厚度和平直度。这种台阶形节块最适合于制作特大型锯片，用以切割花岗岩。台阶形节块也可以制成多层状结构的。他既可以用水平压制方法压制，也可以用垂直压制方法制作，但垂直压制更好些。

(4)单侧带台阶形节块

如图185d中所示，这种形状的节块简称“L”形节块，制作圆锯片时，使台阶沿基体圆周方向呈交替排列，就像锯木头的锯齿齿尖刃成左、右交替排列那样，其作用也相类似，都是为了提高切割效率，因为从锯片总体结构来看，这种结构可以减小节块侧面与加工岩石间的接触面积，因而切割阻力小，锯片不易变形。生产实际显示，这种形状节块的锯片与通用型相比，效率可提高50%左右，能耗下降50%左右。

(5)多节曲线节块

如图185e中所示，这种形状的节块分成三部分不同的金刚石和结合剂，节块在锯切方向上呈流线型。节块中间部分的结合剂较软，金刚石粗而浓度低。因此锯片工作时，节块中间部分结合剂磨损快，金刚石出刃好，使锯切效率可保持高些，前后两部分的金刚石出刃差，以保持节块一定的耐磨性，保持锯片一定的寿命。这种结构的节块也用于锯切高硬度花岗岩，据资料介绍，其锯切高硬度花岗岩时，可提高效率30%，加工中、低硬度花岗岩时可提高效率50%。

(6)侧面开槽节块

如图185f中所示，这种形状的节块是在其两侧开出若干条沿切削方向的沟槽，目的是减小侧面阻力，提高对侧面金刚石的冷却效果。这种形式主要用于超大型圆锯片中。

710. 分层式刀头的工作机理是怎样的?

普通分层式刀头是由含有金刚石的孕镶层和纯胎体合金层沿宽度方向相间排列组成。在切割石材中，孕镶层可近似看作多个切削工具同时破碎岩石，而纯胎体层由于不含有金刚石颗粒几乎不能破碎岩石，在石材表面形成了多条岩脊对刀头起到导向作用，稳定了锯片，降低了其横向位移，减小了锯片震动，同时增加了破碎面，提高了锯片寿命。分层式刀头的结构示意图如图186所示。

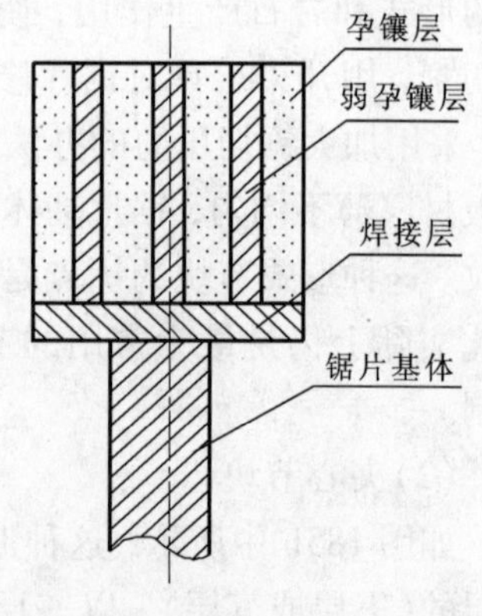

图186 分层式刀头结构图

711. 预压—热压烧结法制造金刚石刀头的工艺流程是怎样的?

预压—热压烧结工艺流程如图187所示。

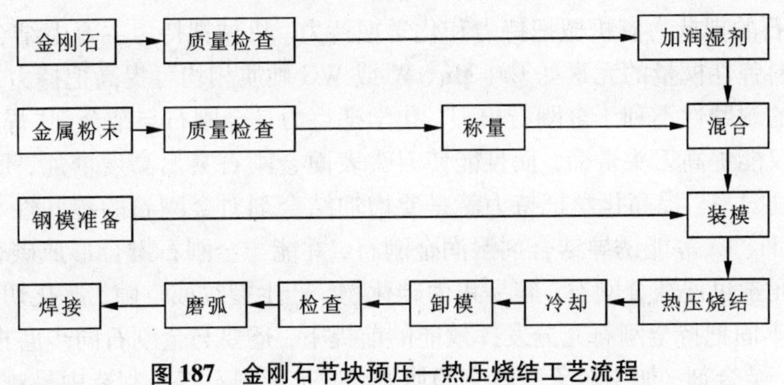

图 187 金刚石节块预压—热压烧结工艺流程

712. 制造金刚石刀头的成型料用量如何计算?

在制作金刚石节块时，准确计算每个节块及一批节块所用的过渡层料和工作层料后，才能开始正式的制造作业。下举例说明。

已知条件：节块尺寸如图 188 所示，假定胎体配方结合剂成型密度为 10.0 g/cm^3，金刚石的密度取 3.52 g/cm^3，节块所采用的金刚石体积浓度 10%。要求计算工作层(金刚石和胎体)和过渡层的用料量。

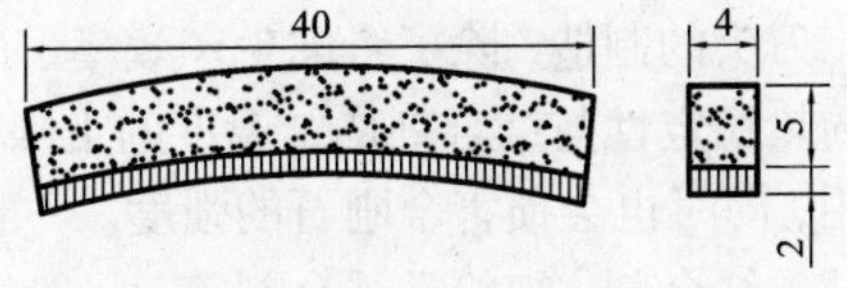

图 188 节块尺寸图

求工作层部分的体积：$V=40\times4\times5=800\ \text{mm}^3=0.8\text{cm}^3$

求过渡层体积：$V_l=40\times4\times2=0.32\ \text{cm}^3$

根据选用的胎体结合剂配方，计算其成型密度为 10.0 g/cm^3。

求每个节块的金刚石、结合剂用量：

因为节块中金刚石体积浓度为 10%，则在工作层部分金刚石所占的体积为：

$V_{\text{dia}}=0.8\ \text{cm}\times10\%=0.08\ \text{cm}^3$

所需金刚石重量为：$G_{\text{dia}}=3.52V_{\text{dia}}=0.2816\ \text{g}$

工作层部分结合剂所占的体积为：$V_{\text{matrix}}=V-V_{\text{dia}}=0.72\ \text{cm}^3$

所需结合剂重量为：$G_{\text{matrix}}=10V_{\text{matrix}}=7.2\ \text{g}$

工作层总重量为：$G=G_{\text{matrix}}+G_{\text{dia}}=7.4816\ \text{g}$

过渡层结合剂重量：$G_i=10V_i=3.2\ \text{g}$

一批节块的总用量计算：用相应的节块数量乘上述计算出的单个节块的用量即可。

713. 金刚石锯片刀头配方应如何设计?

金刚石锯片刀头是由金刚石、金属粉末加工而成的特殊粉末冶金产品，在制造上借鉴了常规粉末冶金中的一些方法和手段。但由于金刚石的特殊性、加工对象的复杂多变性，使得它比一般的粉末冶金产品更难以用力学性能标准来衡量。对刀头性能影响较大的因素为结合剂。

刀头结合剂：生产研究中选择刀头结合剂重点需要考虑：①对金刚石的把持能力；②对不同加工对象，金刚石与结合剂的协调同步磨损性；③适宜的制造工艺条件；④合理的成本。

结合剂对金刚石的把持力有机械把持力和化学把持力。机械把持力主要由结合剂弹性模量来决定。提高材料弹性模量的元素如 Cr、Mn、W 或 WC 硬质相均可提高把持力，同时增加耐磨性。当然过高的耐磨性不利于金刚石出刃。化学把持力是金刚石与结合剂"焊接"或化学键合形成的。它不仅能提高刀头寿命，而且能使刀头表面金刚石突出高度增加，形成较大的岩屑空间，提高切削效率。提高化学把持力就是要增加结合剂对金刚石的湿润性和键合性。强碳化物形成元素 Ti、Cr 等能诱导结合剂湿润金刚石，并能与金刚石键合形成碳化物，增加结合力。当然这些元素也侵蚀金刚石，容易粗大碳化物，产生裂纹或空隙，恶化切削性能。

结合剂在牢固把持金刚石充分发挥效能的前提下，还要与金刚石同步磨损以形成新的切削刃。金刚石、结合剂、加工对象三者之间协调，这是金刚石刀头制造中最难掌握和控制的。表 90 为三者之间的协调关系。还有其他许多因素也会影响它们之间的关系。如随着锯片直径的增大，锯切力增加，需要较高品级的金刚石，结合剂的耐磨性也要相应提高。实际中通过观察刀头表面的磨损可以判断结合剂的适应性：金刚石大部分被磨钝，则应降低结合剂的耐磨性；金刚石大部分脱落且脱落凹坑较浅，应增加结合剂的耐磨性，如凹坑较深，说明结合剂的把持能力差，应着重改善它的化学结合力。

刀头的制造，除了考虑生产效率、工艺成本、模具承受能力外，主要是针对所选用金刚石的热稳定性与结合剂烧结温度的上限值。过高的烧结温度不仅大幅度提高工作模具和工艺费用，同时也会损害金刚石的强度。一般来说，结合剂的成本越高，越容易满足性能要求，如高钴类结合剂，细粉类结合剂等。一般建议结合剂成本控制在金刚石成本的 1/4 ~ 1/2 为宜。常用的刀头结合剂有钴基、铁基和铜基。钴由于对金刚石有好的湿润性、高的弹性模量和高温强度、适度的脆性和特有的润滑减磨性，烧结温度适中，容易满足把持力和协调磨损性要求，在金刚石工具制造中，尤其是刀头要求重负荷高效率切削时，具有不可替代的地位。但过高的价格迫使人们用铁镍逐步取代它。铁弹性模量中等，对金刚石也有较好的湿润性，加之低廉的价格，是结合剂发展的方向。它在加工磨蚀性强的材料时表现出优良的性能。但铁容易对金刚石形成过度浸蚀，损害金刚石强度，而且它较高的韧性和低的高温性能，使得适应范围较窄，一般不适应高效切削。铜和青铜基结合剂成本低，工艺性能好。但它不湿润金刚石，自身强度又低，对金刚石的把持能力较差，只适合软质材料的轻负荷切削或做磨削工具。

表 90　结合剂、金刚石、石材三者协调关系

石材性能		金刚石			结合剂	
		强度	粒度	浓度	硬度	耐磨性
硬度	大	高	细	低	小	小
	小	低	粗	高	大	大
密度	高	高	细	低	小	小
	低	低	粗	高	大	大
磨损性	大	高	粗	高	大	大
	小	低	细	低	小	小

金刚石刀头中的金刚石配用极为重要，它不仅直接关系到刀头的成本，对切削性能有极大的影响。国内外制造技术的差别主要表现在金刚石的选配上。国外一般是低浓度（20～30%）、大颗粒（－20目）、高强度（大于300 N），以保证切削效率和质量。国内由于金刚石合成技术的限制，金刚石选配差异较大。刀头性能的差别也主要在于此。国内一般选高浓度（大于35%）、中低强度（80～160 N）和宽粒度范围（30/35～70/80目），以损失切削效率和质量来满足对工具寿命的要求。国内大多数厂家之所以选择混合强度和粒度金刚石，除受金刚石来源限制外，认为这样做容易获得合适的综合性能和成本，提高刀头对加工对象的适应性。金刚石主要根据不同的加工对象，从相互关联的三个方面：强度、粒度和浓度来选配。

714. 孕镶工作层的金刚石浓度和粒度如何选择?

锯片通过金刚石切削岩石，其金刚石浓度和粒度是影响切削性能的重要参数。由于工作强度大，主要采用高强度优质的金刚石。孕镶层的金刚石要有一个合理的浓度，而且应根据石材特性，选择不同粒度和浓度的金刚石。由于粒度不同，孕镶在胎体内的金刚石与胎体接触面积就不同。当金刚石粒度粗到一定限度时，则不能自锐，相当于表镶金刚石，同时切割速度下降；相反，如果金刚石细到一定的限度时，其接触面积甚小，很快随胎体磨损而掉粒，切割速度也低。因此对于某种加工石材须优选出最佳粒度，即有最优值。一般来说，在浓度不变情况下，磨粒的粒度增大，工具更锋利；粒度变细，切削工作表面上单位面积的磨粒数增加，工具耐磨度提高，也使工具寿命延长。在切割过程中，只有施加在每颗金刚石上的压力超过岩石的抗压强度，岩石才能产生体积破碎，否则效率低。在一定给进力下，孕镶层内的金刚石浓度越高，即锯片唇面上的金刚石粒数越多，分担给磨削接触面上的每一个磨粒的力小，不易破碎、寿命长。为了保证每颗金刚石上有足够的压力，必须增加锯片的径向给进力；但给进力太大，容易使锯片产生过大的振动，这对锯片的使用寿命和切割质量都是十分有害的。因此一般锯机给进力较小时，要求降低锯片中金刚石的浓度。金刚石浓度过高，则胎体成分相应减少，将会削弱其对金刚石的把持力，在切割过程中容易脱落，而且由于参与切削的磨粒增多，单颗金刚石所受的切削力下降，使金刚石不易产生自锐作用，导致切削功率增大，易造成锯片“堵塞”并产生振动，锯片的耐磨性反而降低；金刚石浓度过低，参与切割的金刚石少，锯片的效率低，寿命短。因此，金刚石浓度应根据所切割对象的不同而选择相应的浓度，一般取40%～60%的金刚石浓度较好。

715. 制造金刚石刀头时结合剂的成型密度怎样计算?

结合剂成型密度的计算公式是

$$\rho_m = \frac{100}{\dfrac{P_1}{\rho_1} + \dfrac{P_2}{\rho_2} + \cdots + \dfrac{P_n}{\rho_n}}$$

式中：ρ——结合剂的理论密度；

$P_1, P_2, \cdots, P_n$——各组分重量的百分含量；

$\rho_1, \rho_2, \cdots, \rho_n$——各组分的密度。

举例说明：结合剂配方为 Ni 20%，Co 20%，Cu 50%，Sn 10%，知 Ni 的密度为 8.9 g/cm^3，Co 的密度为 8.7 g/cm^3，Cu 的密度为 8.9 g/cm^3，Sn 的密度为 7.3 g/cm^3，则计算

得其成型密度 $\rho=\dfrac{100}{\dfrac{20}{8.9}+\dfrac{20}{8.7}+\dfrac{50}{8.9}+\dfrac{10}{7.3}}=8.67\ \mathrm{g/cm^3}$。

716. 制造金刚石刀头时冷压成型工艺步骤是怎样的?

工艺步骤：先按节块计算的工作层料和过渡层料，称量工作层料和过渡层料。然后按下列程序操作：模具检查→在和成型料接触的面上涂脱模剂→模具装配→投过渡层料→刮平→用压头轻压一下→投工作层料→装压头→送入压力机压制→保压→卸压→卸模。将卸出的节块毛坯整齐排列在料盘内待用。

717. 制造金刚石刀头时冷压成型压力一般选择多大?

常用冷压成型压力为100～200 MPa。冷压时既要保证节块毛坯有一定强度，又要使节块毛坯高度方向尺寸比成品尺寸大30%～50%。

718. 如何计算制造金刚石刀头时冷压成型所需的压力?

（1）计算全模承压面积

$$S=nLb$$

式中：S——全模承压面积，$\mathrm{cm^2}$；

n——全模节块数；

L——节块长度，cm；

B——节块宽度，cm。

（2）计算总压力和表压：

设选用的冷压成型压力为100 MPa = 1 000 $\mathrm{kg/cm^2}$ = 10 000 $\mathrm{N/cm^2}$，总压力计算式为：

$$p_T=p\times S$$

式中：p_T——全模压制总压力，N；

p——冷压成型单位面积压力，$\mathrm{N/cm^2}$；

S——全模承压面积，$\mathrm{cm^2}$。

求得全模压制总压力 p_T 后，就可根据总压力选择合适的冷压机。压机选定后，按总压力和压机活塞面积求出压制时的表压。表压计算公式为：

$$p_b=p_T/S_h。$$

式中：p_b——压制时的表压，$\mathrm{N/cm^2}$；

p_T——压制总压力，N；

S_h——压机活塞面积，$\mathrm{cm^2}$。

719. 金刚石刀头冷压成型时用什么做脱模剂?

为减少压制压力损失并便于脱模，在模壁上要涂石墨、二硫化钼或硬脂酸锌等脱模剂。

720. 金刚石刀头冷压成型时用单向还是双向压制?

金刚石节块冷压成型时为提高节块毛坯密度均匀性，要尽可能采用双向压制。

721. 金刚石刀头热压烧结工艺步骤是怎样的?

节块热压烧结工艺步骤为:石墨模具检查→在模壁上涂脱模剂→冷压毛坯与模板组装→套上模框→垫上绝热隔板→拧紧固紧螺钉→送入热压机预压→通电加热→保温保压→卸压→冷却→卸模。

722. 金刚石刀头热压烧结时怎样选择压力?

节块热压单位压力一般为20~30 MPa。当模具尚未通电加热时,先置于一初始压力下,初始压力为热压压力的1/3左右。当模具保温保压完毕开始降温时,其压力也下调至热压压力的1/3左右。

723. 金刚石刀头热压烧结工艺要点有哪些?

热压烧结工艺要点有:

(1)按节块规格选择石墨模具、绝缘垫板等,并检查其尺寸是否符合规定。

(2)在石墨模具与节块的所有接触面上涂刷一层脱模剂。

(3)在专用装模垫板上将石墨模具与节块压坯组装好,要求石墨压头两端露出钢模框高度大体相等,留出光学测温孔。先紧固节块长度方向上的螺钉,然后紧固宽度方向上的螺钉,紧固时用力要均匀。

(4)检查热压机石墨电极板的平直度和平面度是否良好,如不符合规定,要立即更换。

(5)调整温度、压力自动控制仪表,并设定好保温时间及降温时间。

(6)清理节块,测量尺寸及重量。

724. 金刚石刀头热压烧结工艺是否重要?

热压烧结工艺是金刚石节块制造中最基本、最重要的工序之一,对最终产品的性能起着决定性的作用。烧结的过程表现为粉末颗粒之间发生粘结,节块胎体体积收缩,强度增加,孔隙度下降,密度提高。从而由粉末颗粒的聚集体变为晶粒的聚结体,使节块获得所需要的物理、机械性能如强度、硬度、耐磨性和对金刚石的包镶能力等。因此对节块的热压烧结必须给予足够的重视,严格遵守工艺规程和操作规程。

725. 热压烧结法制作金刚石锯片的工艺流程如何?

目前金刚石锯片主要是采用粉末冶金法将金刚石磨粒和金属粉末混合并进行冷压或热压烧结制成金刚石节块,然后通过高频感应加热或激光焊接到金属圆锯片基体上制成的。典型的热压烧结法制作金刚石锯片的工艺流程见图189。

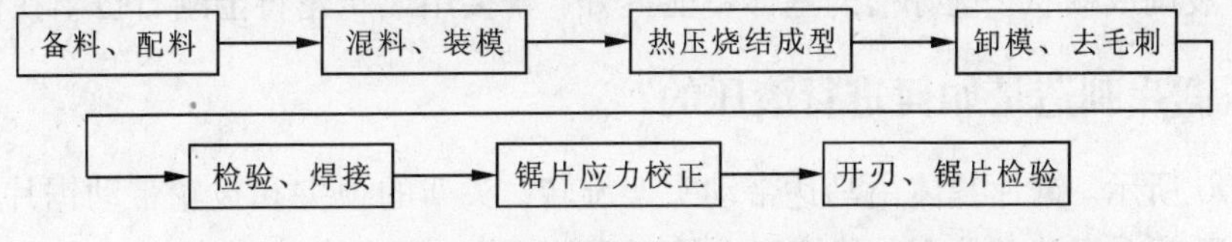

图189 典型热压烧结制作金刚石锯片工艺流程图

726. 何为烧结和加压烧结，热压加热方式有哪些?

烧结是粉末或粉末压坯，在适当的温度和气氛中受热所发生的过程。烧结的结果是粉末颗粒之间发生粘结，烧结体的强度增加，多数场合密度提高。从工艺角度看，烧结可看做是一种热处理过程，即把粉末或粉末压坯加热到其中基本成分熔点温度之下保温，再以各种方式和速度冷却至室温。在此过程中发生的一系列物理和化学变化，使粉末颗粒的聚集体变成晶粒的聚结体。如果烧结条件控制得当，烧结体的密度和其他物理、机械性能可以接近或达到相同成分的致密材料。

金刚石节块主要采用热压烧结成形，热压又称为加压烧结，是把粉末装在模腔内，在加压的同时使粉末加热到正常烧结温度或更低一些，经过较短时间烧结成致密而均匀的制品。热压可将压制和烧结两个工序一并完成，可以在较低压力下迅速获得冷压烧结所达不到的密度，从这个意义上说，热压是一种强化烧结。热压方法的最大优点是可以大大降低成形压力和缩短烧结时间，另外可以制得密度极高和晶粒极细的材料。热压加热的方式主要有电阻直热式、电阻间热式和感应加热式三种。金刚石节块的制作大多采用电阻直热式。

727. 在制作切割混凝土锯片时为什么有时要使用保护式刀头?

金刚石锯片在切割例如混凝土、沥青等强研磨性材料时，由于过渡层中不含有金刚石，堆积在工件与基体之间的碎屑会使刀头与基体焊接处刀头边角逐渐被磨损掉，刀头就容易脱离基体，严重危害操作工人的安全。为了避免这种情况的发生，在常规锯片的基础上改焊几枚保护式刀头，可收到良好的效果。

728. 混凝土锯片保护式刀头有哪些形式?

混凝土锯片目前常用的有以下几种保护式刀头：①斜保护刀头；②竖保护刀头；③高保护刀头；④“L“形刀头。

729. 滚压锯片的制造工艺流程是怎样的?

滚压锯片的制造工艺流程为：冲载→装夹→外圆铣槽→涂刷金刚石→滚压→拆卸→检验→入库。

730. 滚压锯片一般用什么粒度的金刚石?

滚压锯片所用的金刚石粒度一般为 80/100 目，根据金刚石颗粒的平均直径大小，选用铣外圆槽的切口铣刀(厚为 0.20 mm)，铣槽宽度为 0.22 ~ 0.25 mm，槽深约 1.0 mm。金刚石用汽油橡胶溶液调成糊状。铣好槽的基体不能拆开，直接用滚压轮将金刚石挤牢在槽中。

731. 滚压锯片制造是如何进行滚压的?

如图 190 所示。锯片基体由马达带动头架旋转，头架的顶尖和拔轮带动锯片基体低速转动，钢挤轮紧压在锯片基体上，其挤压力是可调的(可由压力表读出)。由于钢挤轮的挤压作用，使基体外圆发生塑性变形，将涂入槽中的金刚石紧紧地镶嵌牢。

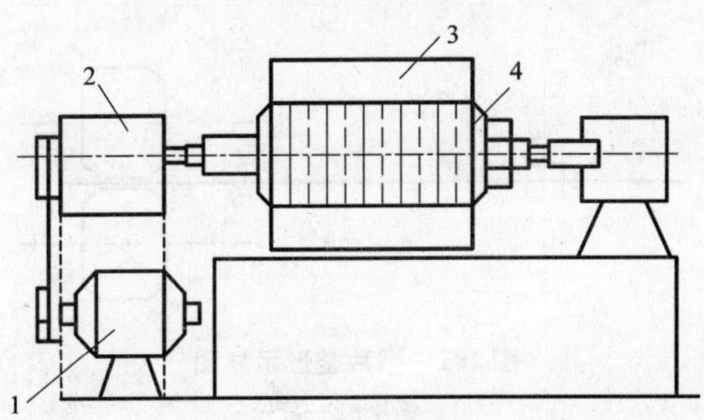

图 190　滚压示意图

1—马达；2—头架；3—钢挤轮；4—基体

732. 挤压锯片的制造工艺流程是怎样的?

挤压锯片的制造工艺流程为：冲载→装夹→线切割开槽→拆装→洗清→涂金刚石→挤压→整形→检验→入库。

733. 挤压锯片的基体用什么材质?

挤压锯片基体多为软质钢板(冷轧板)，孔和外圆一次冲成。

734. 挤压锯片的挤压过程是怎样的?

将冲成的基体用芯轴串装好，上紧夹板，然后用线切割开槽(也可用切口铣刀铣槽)。槽的宽度一般根据所用金刚石粒度而定，槽宽约比金刚石平均粒径大 0.05 mm 左右，槽长 5 ~ 10 mm。铣好槽后，拆开夹具，清洗干净基体，就可以将调成糊状的金刚石用刷子使劲往基体的槽内刷入，注意必须将金刚石刷满槽内，然后将基体放在专用的挤压机上，每五个齿挤压一下。基体是套在一个芯轴上，每压一次，基体转过一个角度(五个齿的角度)，又挤压一次，再转一角度，直到整个圆周上的齿均受到挤压。

735. 挤压锯片制造过程中为什么要进行整形处理，如何进行整形处理?

由于挤压头位于两槽中间，挤压力使基体钢材变形，因此挤压完毕后需对锯片进行整形处理。整形处理是在专门的滚压机上进行的，整形示意图如图 191 所示。锯片套在芯轴上，芯轴的位置是可调的，以适应不同直径锯片的整形，两个辊子分别位于锯片的上面和下面，压力可调(由压力表读出)，滚压的部位在锯片离外缘 1/3 的直径处，经滚压后的锯片一方面比较平整，另一方面具有一定的张力，因此在切割工作时，不产生“飘”的现象。

736. 镶齿锯片的制造情况如何?

镶齿锯片在国际上 20 世纪 70 年代十分流行，特别是日本，规格多、产量大、质量好。但近几年来已比较少见到样本和样品，主要被焊接锯片、冷压锯片和滚压锯片等所取代。我国能生产镶齿锯片的单位并不多，因为其工艺要求高，在外缘的几百个齿中，稍有不注意，就会造成掉齿，影响使用寿命。

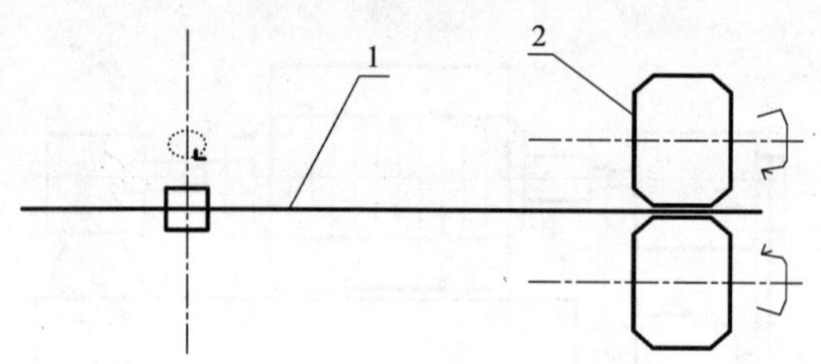

图191 锯片整形示意图

1—锯片；2—滚轮

737. 镶齿锯片对基体的材质有什么要求？

镶齿锯片使用时，金刚石齿是随同基体一起磨损的，因此基体的材质必须软而具有韧性，才能在使用中优先于金刚石齿磨损，使齿总是高出基体（在外圆和平面上），保持齿的锋利和切削性能。最常用的基体材料为08F、08AI、08、10等低碳类轧钢板，基体表面平滑、无锈蚀。

738. 镶齿锯片基体的制造工艺流程是怎样的？

镶齿锯片基体的制造工艺流程为：剪方→夹紧→车内孔→车外圆→铣齿缝→检验。采用这样的工艺流程，可以保证内孔与外圆的同心度、铣出的齿缝长短一致，保证压齿时齿的密度一致。当然基体制造也可以采用冲压的方法，将内外圆一次冲出，然后再装夹到一起，用铣床铣齿缝。

739. 镶齿锯片模具的制造工艺方法有哪几类？

镶齿锯片的模具根据制造工艺方法的不同分为两类。第一类是先将齿压出，经烧结后，按要求将齿插入基体的缝中，然后进行灌锡处理，将齿和基体焊成一体。这种工艺方法制造过程特别是压齿过程较为方便，制成的锯片在使用过程中能否保证不掉齿关键是看灌锡工艺是否过关。另外，锯齿的断面形状为工字形，工字开口处的厚度比基体厚度略大些，便于将齿插入基体齿缝中。这类压齿的模具很简单，外框和模套间利用锥度配合使模套夹紧，形成模腔。上压头和底板借助于压机压力将锯齿成形，由于锯齿很小，因此模具设计要做到能模压若干个齿，以提高成形效率。第二种制造工艺是直接将齿压在锯片的缝中，然后进行烧结。因此压模设计就变得复杂了。这种模具的设计，除满足压制时的压力要求外（主要指模套），还必须考虑到压制时的特殊情况，因为锯片的齿是不连续的，所以它所构成的模腔也是不连续的，为了投料的方便，必须使导向板的厚度按成形料的松装密度的值来设计。

740. 镶齿锯片所用结合剂是什么？

镶齿锯片所用结合剂多为青铜结合剂，其主要成分为铜、锡，辅之以镍、锌、银、锑等。由于镶齿锯片使用条件较恶劣，锯片时常受到冲击力，此外切屑产生很多，切割作业产生的热量很多，因此必须保证锯齿和基体间有良好的镶嵌作用，亦即结合剂对基体有良好的浸润作用，并且结合剂的脆性要很小。

741. 镶齿锯片一般用什么样的金刚石?

镶齿锯片切割追求的第一目标是生产效率，因此选用强度高、晶形好、粒度粗的金刚石有利于得到质量理想的锯片。通常选用80目以粗的高品级人造金刚石。由于这类金刚石晶形较完整，结合剂对金刚石的机械啮合作用力较小；金刚石颗粒粗大，每克拉金刚石的颗粒数少，切割时每颗金刚石上承受的磨削力很大，这就要求结合剂对金刚石必须具有良好的把持力，因此对这类锯片，结合剂对金刚石的浸润性便显得十分重要。为此在结合剂内加入钛(或金刚石表面适当镀钛等)对改善结合剂的浸润性是有益的。

742. 镶齿锯片在结合剂中加入石墨有什么作用?

镶齿锯片在结合剂中加入一定量的石墨(不超过5%)可以提高结合剂的润滑性能，对减少切割时的摩擦阻力，减少磨削热的生成有一定的好处。

743. 镶齿锯片压齿成形如何进行?

镶齿锯片压齿成形前，先计算结合剂和金刚石的用量，用天平称出装入瓶内待用。将基体清洗干净(除去油污及杂质)，擦去锈蚀。检查模具无损坏后，即可将基体模具组装于旋转平台上，拧紧固紧螺帽。注意必须使导向板、基体和底板的齿缝对准。将金刚石和结合剂放在研钵中混合，混合时应加入临时粘结剂。临时粘结剂多用液体石蜡等，加入量视气候干湿度而定，以金刚石和结合剂不分层为原则。将混合好的成形料投在导向板上，并用毛刷分成均匀的一圈，然后刷入导向板齿缝中，导向板所有齿缝刷满后，用锤子轻轻振动导向板，料变得稍紧密些，再将导向板上剩余的料均匀刷入齿缝中，投料即可完毕。将一个个压片插入导向板的缝中，插时要注意齿的方向，否则将“啃”坏三半衬瓦。插完后用铜板将压片捣紧，放上压头，送入压机中加压，压力的计算是根据每个齿的承压面积乘以总齿数，再乘以单位面积压力，即为其总压力。计算出总压力后，根据选用压机的活塞面积，可以求出压制时的表压。

744. 镶齿锯片怎样进行烧结?

镶齿锯片烧结常采用钟罩炉，通氨分解的氮气和氢气的混合气体保护。锯片烧结必须用夹具装夹，为防止锯片齿的粘连及夹持变形，锯片基体间必须填以薄铁板作隔离作用。烧成时将装夹好的锯片放在炉座中央，使受热均匀，烧结曲线视结合剂而定。一般均采用直升到烧结点温度，保温80~100 min，随炉冷却到室温即可出炉。出炉温度高时容易引起锯片基体的翘曲变形。

745. 镶齿锯片为什么要进行整形处理，如何进行?

由于锯片基体外径大、厚度薄，在制造、加工、成形和烧结过程中都会引起基体的变形，因此需进行最后的整形处理。目前整形有专用的设备，也可用手工锤击的方法，即在平台上用铜棒锤平。注意锤击时千万不能敲在锯齿上，以免损坏锯齿。

746. 镶齿锯片进行灌锡处理的目的是什么?

灌锡处理的目的是使锯齿与基体的联结更加牢固。因为焊锡是一种渗透性很强的金属材料，它能在熔融状态下很好地渗入缝中，将缺陷弥补。一般对于直接将成形料压入齿缝中的工艺方法，因烧结后锯齿和基体已获得了良好的连接，所以灌锡并非必不可少的工序。但对于先将齿形烧结后再镶嵌到齿缝中的工艺方法，本工序就显得特别重要了。

747. 镶齿锯片灌锡处理的工艺方法是怎样的?

灌锡的工艺方法是：将焊锡熔融于金属舟皿，镶上齿的锯片经清洁处理后薄薄地涂上一层焊料，套在一支带轴承的轴上，转动轴，浸入熔锡舟皿中的锯齿部分即涂上一层焊锡了。

748. 使用金刚石排锯有哪些优点?

金刚石排锯主要用于大理石，中、软花岗岩大平板加工。其主要优点有：①产量高，切割效率比加砂大锯提高5~10倍，比金刚石大圆锯片切割每立方米荒料多出10平方米毛板；②加工出的平板板材表面光洁度高，后续表面加工工序中可以省去粗磨，只需精磨、抛光或直接抛光；③节省能源，单位产量的能耗大大降低。因此，其综合生产成本低，逐渐替代了加砂大锯。

749. 安装金刚石排锯的框架锯机有几种类型?

安装金刚石排锯的金刚石框架锯机一般有两种：一种是卧式锯机，排锯条呈水平安装，一般用于大理石的切割加工，每台锯机装有40~100根锯条；另一种是立式锯机，排锯条上、下垂直安装，一般用于花岗岩的切割加工，每台锯机装有6~25根排锯条。立式框架锯的最大优点是可使切割产生的岩粉很容易从锯缝中排出，降低了金刚石的消耗，因此用于加工研磨性较强的花岗岩更为合适。

750. 金刚石排锯有哪些规格?

锯条长(mm)×锯条宽(mm)×厚(mm)×锯齿长(mm)×宽(mm)×高(mm)。如典型排锯条规格为：1200×180×3.0×20×4×8；2000×180×3.0×20×4×8；2500×180×3.0×20×4×8；3000×180×3.0×20×4×8；3000×180×3.5×20×5.0×8；3500×180×3.5×20×5.0×8；4000×180×3.5×20×5.0×8。按照金刚石框架锯锯框的大小，通常生产的排锯条规格见表91。

表91 金刚石排锯条规格

锯齿长/mm	锯条宽×厚/mm	锯齿长×宽×高/mm	侧隙/mm
1000~1100	180×2.5	20×3.5×7	0.50
1200~1400	180×3.0	20×3.5×7	0.25
1600~1800	180×2.5	20×4.5×7	1.00

锯齿长/mm	锯条宽×厚/mm	锯齿长×宽×高/mm	侧隙/mm
2000	180×3.0	20×4.5×7	0.75
2200～2500	180×3.5	20×4.5×7	0.50
2800～3200	180×2.5	20×5.0×7	1.25
3500～4000	180×3.0	20×5.0×7	1.00
4500～6000	180×3.5	20×5.0×7	0.75

751. 金刚石排锯的长度如何确定?

金刚石排锯条的长度根据设备要求而定，锯条越长，其生产能力越大，但锯条的稳定性越低，切割震动越大，排屑能力降低。水平框架排锯比垂直框架排锯长，但后者使用效果比前者好。

752. 金刚石排锯的制造工艺是怎样的?

金刚石排锯条的制造工艺与金刚石焊接锯片的制造工艺基本一样，同样包括金属粉末和金刚石的计算、称量、混合，锯齿的冷热压，焊接面磨削、锯条基体的准备、清理及最终焊接锯齿等工序。

753. 金刚石排锯的金刚石如何选用?

因为金刚石排锯的工作状况与金刚石圆锯片不同，它是随锯机作往复运动，因此，排锯齿金刚石颗粒的受力情况就不同于圆锯片切割，金刚石颗粒作用面(刃)是在运动方向的前后两个面上，不像圆锯片中金刚石颗粒切割面后面有结合剂凸起，将金刚石牢固地镶嵌着，所以除了需要有较强的把持力的结合剂外，还要求金刚石强度高，否则金刚石颗粒切割受力时易破裂，降低了切割力。但是，强度高的金刚石晶形完整率高，表面光滑平整，又难以较长时间地保留在结合剂中，这样就需要使用强度高而表面又粗糙的金刚石。

754. 金刚石排锯的钢锯条用什么材质?

排锯条的钢带在安装时，需要施加张紧力，其大小平均为8～12T/根，在如此大的张紧力下使用，要求钢带锯条有一定的刚性和强度，钢材的抗拉强度为(1340±80)N/mm，硬度为HRC40～44，材质一般为65Mn钢。

755. 金刚石排锯的锯齿规格尺寸是多少?

排锯锯齿长度较短，通常为20 mm，主要是使排锯的锯齿有较大的单位压力，以保证一定的锯切效率。锯齿高度一般为7 mm。锯齿不能太高，过高的锯齿在锯切时切割力对锯齿焊接面的扭矩较大，影响锯齿的焊接强度。

756. 金刚石排锯的锯齿一般做成什么样的形状?

为了减少金刚石锯齿与被切岩石的接触面，降低切割横向力和摩擦力，刀头两侧面应制成梯形，正面磨削后呈凹槽状，在切割过程中只有刀头正面以及正面的两侧棱与岩石接触，减少了摩擦力，同时由于磨削后刀头正面出现凹槽状，改善了刀头横向挤压状况，提高了切割效率和切割质量，防止切割跑偏，还可以提高使用寿命。

757. 怎样选用金刚石排锯的锯齿结合剂?

结合剂的根本任务是牢固地把持着金刚石磨粒，但是在切割过程中，结合剂应不断被磨损，以便使金刚石有较好的出露，没有结合剂的磨损，也就不可能产生切割。但是，结合剂的这种磨耗率应与所切石材的性质相适应，结合剂磨损过快则金刚石没有完全发挥作用就过早脱落，造成锯齿寿命下降；反之，结合剂磨损过慢，金刚石出刃太低，影响锯齿的切割效率，同时消耗功率过大，浪费电力，严重时导致电机过早烧坏。锯齿的切割效率低也会导致锯机切割过程中振动过大，从而引起锯条跑偏，造成切割板材质量下降。由于各类石材性质和研磨性相差很大，因此，必须在保持金刚石的牢固度和结合剂的耐磨性之间找出一个合适的平衡关系。

758. 金刚石排锯锯齿所用的金刚石的浓度和粒度是怎样的?

排锯所用金刚石浓度通常在6% ~20%之间。原则上讲，采用优质高品级金刚石时，浓度可选低些，反之则选择高浓度。在制造排锯时，考虑到其线速度很低，加工过程以磨削为主，因此金刚石粒度一般选择50/60 目、60/70 目、70/80 目等。

759. 金刚石排锯锯齿怎样烧结?

金刚石排锯锯齿烧结工艺与一般的焊接锯片刀头的烧结工艺相同。

760. 金刚石排锯锯齿进行滚抛的目的是什么?

锯齿热压成型后，都带有一些毛刺，为便于焊接，首先应在滚抛机中滚 3 ~5 min，将毛刺去掉，然后在砂轮上磨削焊接面，使焊接面露出新鲜胎体层并保持平滑为止。

761. 如何进行金刚石排锯的焊接?

将排锯条基体准备好，并固定到特制的架子上，量出锯条的有效长度，并将焊齿的部位用记号笔标明。检查焊接部位有无锈迹，如生锈需要用锉刀打磨干净，以免影响焊接强度。用酒精等将焊接部位的油污清除干净，开始焊接。焊接过程中同金刚石圆锯片一样，为防止基体受热变形，可间隔分部焊接。

762. 金刚石排锯上锯齿的齿数与分布是怎样的?

锯条上锯齿的间距是不等的，可以规则排列，也可以不规则排列。一般中间的锯齿分布较密集，而两边的较稀疏。锯齿在钢带上呈长短间距交替分布，使相邻的两个锯齿振动的频率大小不同，这是为了避免在锯切过程中出现有害的谐振现象，减弱整根锯条的振动。金刚石锯齿间距取决于石材接触面锯齿数，间距有一定的范围，每个锯齿都要有一个足够的压力，如果锯齿间距太小，锯条基体和整个机械设备的刚性不足，达不到每个锯齿所需的压力，降低了切割效率；反之，锯齿间距过宽，锯齿所受负荷太大，使出露的金刚石易发生碎裂。锯条上锯齿的齿数是由锯齿间距和锯条的有齿长度计算出来的。对于水平运动的框架锯来说，锯割软质石材时，齿间距为 70～110 mm，锯割硬质石材时，齿间距为 95～115 mm。

763. 金刚石绳锯由哪些部分组成？

绳锯除钢绳外，他的组成部分为：①金刚石串珠；②弹簧；③垫圈；④固定环。一般每 5 个金刚石串珠为一个切割单元组合。每米绳锯所含金刚石串珠数有 25 颗、30 颗、40 颗、50 颗等几种，常用的为每米 30 颗。

764. 金刚石绳锯串珠的直径规格有几种？

金刚石串珠直径也因用途不同而有下列规格：$\phi7$、$\phi8$、$\phi9$、$\phi10$、$\phi11$ 和 $\phi12$。

765. 金刚石绳锯串珠的制造方法有哪几种？

金刚石绳锯串珠的制造方法有两种，即电镀法和热压烧结法，前者主要用于大理石的开采和切割，后者则用于花岗岩加工。

766. 金刚石绳锯电镀法制造串珠用什么镀层金属？

镀层金属是串珠的胎体，金刚石的结合剂。因此它的作用除对金刚石产生牢固的镶嵌结合外，同时要在使用中无数次经受岩石的摩擦和冲击，这就要求镀层金属具有较高的硬度、耐磨性和韧性，实验证明 Ni－Co 合金镀层可兼有这几种特性，所以，电镀串珠较多地选用 Ni－Co合金作镀层金属。

767. 金刚石绳锯电镀法制造串珠的镀层厚度为多少？

镀层金属作为结合剂，既要保证串珠的使用寿命，又要使金刚石获得较好的出刃，即兼顾寿命和效率，因此对单层金刚石的串珠来说，镀层厚度要适中。如果镀层太薄，金刚石被埋入较少，粘结牢度就欠佳，使用过程中金刚石未能充分发挥作用即产生脱落，绳锯寿命太短；相反，如镀层太厚金刚石几乎完全被埋入镀层中，则金刚石没有出刃，锯切效率很低，直到岩石不断摩擦镀层金属，使其磨损到一定值，绳锯才具备了正常的切削速度。所以，镀层厚度要适当，通常认为镀层厚度相当于所镀金刚石平均粒径的 2/3 比较合适，也就是说，金刚石有 1/3 高度露在镀层金属之外。

768. 金刚石绳锯的串珠如何进行电镀？

串珠的电镀与一般金刚石电镀制品基本相同，略有区别的是，串珠较小，要考虑如何提高工作效率。一般可以将串珠基体穿装在一夹具上，两端用螺母拧紧，不镀部位用塑料布包扎绝缘。穿装成一串的基体多少可根据电镀槽的大小来定，如果槽子允许的话，一次可同时镀上百颗甚至更多。另外上砂、加厚最好在不同的镀槽中进行。上砂要水平旋转串珠（夹具），而加厚时则可垂直放置，可以镀得更多。

769. 采用热压烧结法制造金刚石绳锯的串珠有哪些关键问题要解决？

热压烧结金刚石串珠主要用作花岗岩及水泥制品切割。串珠直径小，金刚石层薄，一条绳子的串珠数量有很多，因此采用热压烧结法制造，需解决的三个关键问题：①结合剂的选择。国外较多采用钴基结合剂(以纯钴为多)。国内多采用多元合金结合剂，基本组元为Fe、Co、Cu。②工艺上要保证金刚石层厚度≤1.5 mm，这就给模具的结构和寿命造成困难。国外的解决办法是先冷压成环坯状(每个串珠分成两个环坯)，然后套上基体，装入石墨模具中，送去热压。③料的混合、称量、冷压和热压四个工序的生产效率问题。

770. 金刚石绳锯的工作原理与发展历程是怎样的?

金刚石绳锯是近十几年发展较快的切割工具。它产生于20世纪70年代，最初应用于石材的开采，后来广泛应用于建筑物、桥梁等混凝土结构的拆除和改造，也用于切割玻璃等材料。金刚石绳锯由钢丝绳芯、金刚石串珠和隔离套组成。串珠以一定间隔穿在绳芯上，并由隔离套分开。串珠锯的性能，如切割效率、使用寿命等主要取决于金刚石串珠的物理和机械特性。最初金刚石串珠是通过电镀的方法制造的，1983年以后开始用烧结的方法生产。前者只有一层金刚石磨料，开始时切割速度较快，但磨损速度也较快；而后者的金刚石磨料可以不断地更新，切割速度较慢，但使用寿命长。这两种串珠的共同缺点是金刚石磨粒为随机分布，分布不均。各国对金刚石绳锯的研究都非常重视。奥地利开发生产了一种金刚石绳锯，可以加工玻璃、石材等的圆形桌面和其他贵重家具，也可加工墓碑和石英玻璃，以及切割玻璃板。该锯可完成斜面、垂直面、内部凹槽以及切割圆形等二维曲面。切割速度为30 m/s，进给速度为5 cm/ min，串珠直径9 mm。意大利的Bideseimpianti公司1997年研制了一种计算机控制的4轴联动的金刚石绳锯，该锯有两个直线运动轴，一个垂直面的旋转轴，一个水平面的旋转轴。可加工不同长度的柱体、锥体及其他成型曲面，如可由整块石料加工出旋转楼梯。切割速度为10~40 m/s，进给速度为1.1 m/h。金刚石绳锯不但能切割直面，而且还能切割曲面，切割板料时，还可进行多道金刚石绳锯切割，生产效率非常高，但受到串珠直径的限制，切缝比较宽，因此，目前还不能用于细微结构和贵重材料的切割加工。

771. 金刚石绳锯串珠的基体用什么材质的?

金刚石绳锯串珠的基体可用45钢的无缝钢管，在半自动管子车床上车成。为了提高结合剂的粘结强度，基体上要镀一层厚约20μm的铜层。

772. 金刚石绳锯的组装需要哪些原材料? 如何选择?

(1)钢绳 钢绳质量对绳锯的正常使用和寿命保障非常重要，因此，要求钢绳有高的抗断强度、低的延伸率。

(2)弹簧和垫圈 这两个部件在绳锯中只起到间隔串珠，并使串珠在钢绳上有一定的位移，其性能并无特别要求。

(3)固定环 固定环比较重要，他的作用是把绳锯分隔成若干切割单元，防止串珠在整根绳子上串动。特别是当钢绳断裂时，不会使串珠丢失。一般五个串珠成一组，用固定环固定住。绳锯在组装时，当将一组串珠及相应的弹簧、垫圈装上钢绳后，将距离调整好，用千斤顶将固定环固定于钢绳上，因此要求固定环有一定的强度和延展性。

773. 怎样进行金刚石绳锯的组装?

按常用30颗/米串珠的规格，每5颗金刚石串珠组成一切割单元，其组装过程如下：

(1)按用户要求长度截断钢绳，注意不要将钢缆端头扭松；

(2)将钢缆一端在砂轮机上打磨成圆锥状，以便于各部件穿入；

(3)将已准备好的各种部件按有关组装形式从钢缆圆锥端一一穿入并平移至另一端；

(4)当穿完一切割单元的所有部件后，压紧弹簧，调整好一切割单元的长度；

(5)向前推动固定环使其压紧弹簧，将手钳临时夹住钢缆紧靠固定环处，使其不被移动，将固定环置于专用千斤顶的月牙口内，启动千斤顶，施压，上下压头闭合，使固定环被压变形，紧紧地夹牢钢缆；

(6)重复上述1~5的操作，使第二组单元装配完毕，继续直到整条完成；

(7)在钢缆两端装配上连接用的螺旋接头，涂上防锈油。

有的组合形式，要对每个弹簧都要用塑料套封闭，封闭采用注塑机注塑的方法，也可以套上半熟塑料套管，加热使其熟化并将弹簧和串珠的台阶封闭。

774. 金刚石刀头进行磨弧处理的作用是什么?

为提高节块在锯片基体上的焊接牢度，对节块的焊接面要进行磨弧处理。其作用有：①使节块的焊接面的弧度与基体焊接面的弧度一致；②去除节块热压烧结过程中形成的氧化皮。

775. 常用的磨弧设备有哪几种?

砂轮磨弧机：当节块没有弧度的严格要求，而仅以除去氧化皮为主要目的，可手持节块直接在砂轮机上打磨直至全部露出新鲜的金属光洁面。

砂带磨弧机：砂带磨弧时比较锋利，磨削效率高，磨出的弧度比较正确，因为磨削轮不会因磨损而产生直径变化。但砂带寿命短，需常更换。

专用磨弧机：是用砂轮对节块摆动来磨弧的。磨弧机加工节块的弧度一般是可调的，通过选用不同的砂轮，可磨削加工青铜结合剂、钢或钴基结合剂以及硬金属合金结合剂的节块。

776. 金刚石刀头的磨弧操作规程是怎样的?

(1)节块磨弧前，先手持节块在砂轮上将热压烧结形成的毛刺、废边打磨掉。

(2)用肉眼或卡尺将节块按高度分成不同等级。

(3)将高度相近的节块弓背部朝向夹钳口底部，预夹紧后，用专用木锤轻敲节块中部，使每个节块都能紧贴钳口底部基准面，再用力夹紧之。

(4)调整砂轮立轴支架和丝杠，使砂轮摆动弧度与节块要求的磨弧一致，开启冷却泵，开动砂轮磨弧。

(5)对没有弧度要求的大型锯片节块和排锯节块，可直接在砂轮上打磨，去除毛刺、废边和氧化皮。

777. 金刚石刀头磨弧完成后需要做哪些检验工作? 怎样处理不合格的刀头?

刀头磨弧完成，要观察焊接面(即过渡层)有没有混入石墨碎块或其他杂质，因为工人装料时，如果操作不慎，在敲击上压头时用力过大，容易导致石墨与粉体接触处破碎，从而混入粉料中。这种情况下，应将刀头上的石墨敲击下来或用喷砂机喷射下来，然后加一些过渡层料返烧。

778. 刀头制成后如何初步检验刀头质量?

刀头质量可从以下几个方面衡量：

(1)硬度　硬度是反映刀头质量综合因素的指标之一。它说明刀头生产过程中的金属粉质量、配方、工艺过程等方面的内容，无法直接表示刀头的切削能力。在配方、烧结工艺确定的条件下，硬度应在一定范围内，低于或高于这个范围，都说明刀头质量不好。硬度过低，表明金属粘结剂质量不好，一般情况下，有一种或几种金属粉氧化，硬度低于HRB50时说明氧化非常严重，所得刀头锋利度好，但寿命严重不足。金属粉量太少，称料不准确，烧结时升温速度过快，引起局部过热而跑料，或使用太旧的石墨模具等，都会造成硬度过低。在原工艺条件不变的情况下，硬度过高一般表明称料错误或添加量过大，局部温度过高也会造成硬度过高。硬度过高时，胎体不易磨损，金刚石出刃困难，刀头会变得很钝。硬度不均匀是装模工操作不良引起，保温保压时间过短或保压冷却时间太短也会造成硬度不均匀。

(2)尺寸　刀头尺寸反映了烧结工艺的好坏，准确计算好加量之后，在正确烧结工艺条件下，刀头尺寸允许有0.1 mm的偏差，否则就有问题，一般情况是尺寸偏大，其原因是：粉料氧化严重，在规定的温度和压力下，仍压不到位；温度不够，合金化未形成，在施加压力下也无济于事；保压冷却时间不够，过早卸模，刀头未定型时有回弹现象；加料量过大；模具太旧尺寸偏大。刀头尺寸大说明密度不够，使结合剂对金刚石的把握能力大大降低，刀头显得锋利，但寿命大大减少。

(3)密度和重量　将刀头的实际重量除以刀头的实际体积，所得到的是刀头的实际密度。密度的检验相当重要，特别是在没有硬度计的情况下，密度大小反映了刀头的性能。最低密度计算如下：最低密度 = 刀头加料总重量/刀头标准体积 ×95%。重量不够原因主要是加热速度过快，引起“跑料”。

779. 刀头生产工序中常见产品质量问题、产生原因及处理办法是怎样的?

刀头生产工序中产品质量问题有：刀头尺寸不符合要求、致密度不够、硬度不符合要求、过渡层有杂物、刀头强度不够等。

(1)刀头尺寸不符合要求。刀头尺寸不符合要求主要是由于压力不够，或烧结温度太低，或保温、保压时间太短导致刀头无法压平，而使刀头高度太高；或由于压头尺寸不符合要求而使烧结的刀头过高或过矮。防止这一问题发生，就必须正确设定热压参数，同时工人装料时需要小心，防止拿错石墨模具，否则可能使烧结的刀头报废，无法返烧。

(2)致密度不够、硬度不符合要求。这一问题的产生一般也是因为热压参数设计有问题导致而成的。如烧结温度、保温时间设计不合理，导致刀头硬度太低或太高，都不能发挥锯片的正常性能。因此，对于老配方可依据以前的热压参数烧结；对于新配方，不但要推断出理论热压参数，还要根据第一模的烧结情况作适当的调整，从而探索出正确的热压参数。

③刀头强度不够。刀头强度不够主要有两个原因：刀头内部混料、装料时混入杂质，如石墨颗粒；刀头配方设计不合理，或烧结工艺不合理，导致工作层及过渡层强度都偏低；或

工作层与过渡层配合强度不够，导致刀头使用或扳刀头时刀头从工作层与过渡层连接处断开。一般来说工作层与过渡层配方相同，但是为了减少成本，锯片刀头一般采用廉价的无钴Fe基合金，但是为了保证焊接强度，过渡层配方需要加入适量的钴，导致工作层与过渡层配方不相同，使它们的热膨胀系数不相同，而使刀头冷却时在工作层与过渡层连接处产生残余收缩应力，使得强度降低。解决这一问题，首先要保证粉料干净无污物；另外，刀头工作层与过渡层尽量采用同一配方，为了提高焊接强度，而采用不同配方过渡层时，应尽量采用热膨胀系数相近的元素。

780. 对金刚石锯切工具的焊接工艺有什么要求？

无论是圆锯、排锯或带锯，其锯齿节块经过磨弧加工后，接下来就是将其牢固地与基体焊接成一体，才能真正成为锯片。焊接是锯切工具制造过程中一道极其重要的工序，对焊接工艺提出了严格的要求：①节块和基体间要有足够的焊接牢度；②节块焊接位置要正确，除相对于基体在端面的对称性好外，节块和水槽间的位置的对称度也要适当；③焊接温度不宜太高，至少不能高于节块的热压烧结温度；④焊接时间要短，以免引起基体的局部变形。

781. 锯片的焊接有几种方式？

锯片的焊接作业用得最多的形式是高频焊接。随着激光技术的开发，激光焊接已在国内外锯片的焊接作业中获得了一定的应用。激光加工是一种新兴的科技产业，目前已成为提高产品质量、生产效率和自动化程度的重要生产技术之一。激光焊接具有能量密度高、焊缝深宽比高、变形和热应力区域小、焊缝质量可靠、便于实现自动化等优点，因此是锯片焊接的高技术作业之一。特别对于干切用锯片，其焊合处不会因切割温度高而掉齿。国外干切锯片和部分小锯片均已采用激光焊接，随着激光设备功率(或能量)的增加，不久的将来，大型锯片的激光焊接也会投入实际使用。虽然激光焊接设备价格昂贵，但其焊接单位成本仅为高频焊接的50%左右。

782. 不同焊接或连接方式对刀头与基体结合性能要求如何？

目前，国内刀头与基体采用的连接方法主要是钎焊和冷压烧结。冷压烧结主要用于小片，钎焊锯片的基体、刀头结合面靠钎料熔化渗透而连接，抗弯强度低，其弯曲强度仅为350～600 MPa，承载能力差，特别是干切时，锯片由于受热到高温时钎料软化，常导致刀头脱落，而引起伤害操作人员的危险，所以，国外从20世纪80年代后期就发展激光焊代替钎焊。激光焊与钎焊比较，有许多显著优点，由于激光受热面积小，热影响区小，故大大减少了应力和基体的变形；对金刚石没有影响，保证了产品的最佳性能，特别是激光焊属于熔化焊，结合强度高，其弯曲强度达1 800 MPa，可应用于干切场合。

783. 刀头焊接强度如何计算？

根据德国标准协会(DSA)的规定，刀头扭矩测定按下式计算：

$$\tau = \frac{B^2 L \sigma_{\min}}{6}$$

式中：τ——扭矩值；

E——焊缝厚度(即锯片基体厚度);

L——焊缝长度(刀头长度);

σ_{min}——最低抗弯曲强度，MPa。

784. 高频焊接的基本原理是什么?

图192为高频焊接示意图。主要的焊接元件是感应圈，感应圈由空心紫铜管制成，截面是圆形或方形的。焊接时中间通入冷却水，以将焊接产生的热导走，避免烧坏铜管。感应圈常做成两端带圆环且向上翘起，中间留窄缝的结构形式，使能量集中在中间，两端翘起可以避免影响其他的相邻锯齿。

高频焊接是根据直线电流的磁场形成原理，在直线窄缝区集中了最密集的磁力线，磁力线穿过导体，应产生电流，导体本身有电阻存在，因而使电量转化为热能，加热导体。感应圈接在高频电源上，感应出来的也是高频交变磁场。高频电流频率越高，电流愈密集在导体表面，因此高频加热时表面温度上升很快，往往几秒到几十秒钟即能使被焊物温度达到焊接所需温度。感应圈的缝隙产生了最密集的磁力线，缝隙愈窄，能量就愈集中，设备效率越高，升温也愈快。一般锯片焊接选用的高频焊机功率为10～30 kVA，振荡频率为20～150 kHz。焊接过程中，因感应圈与锯齿的缝隙很小，所以要注意调整好位置，避免感应圈与基体和锯齿接触，另外两边的间隙相一致，否则会造成一边热、一边温的现象。

图192 实际焊接示意与感应圈形状图

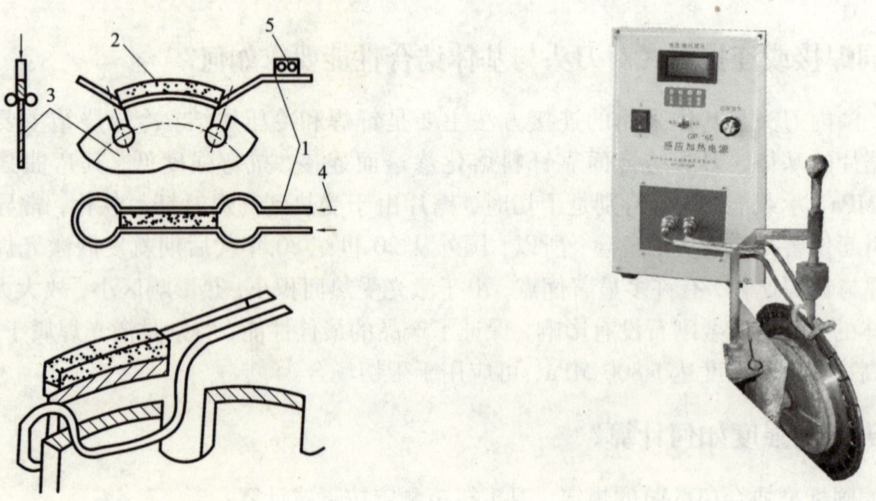

图193 高频焊接原理及实物图

1—感应圈；2—刀头；3—钢基体；4—冷却水；5—电源接头

785. 锯片刀头的焊接牢度与焊接温度及时间与什么有关?

焊接牢度与焊接温度、焊接时间和焊接时选用的焊料与工艺方法有关。对高频焊接工艺而言，焊接材料为银焊片(银合金)，焊接温度600～800℃。焊接时间与焊机的功率、工件大小、操作者的熟练程度等有关。

786. 高频焊接设备包括哪几部分，有哪些辅助材料?

高频焊接设备通常称为高频焊机，其主要由两部分组成：①高频感应加热装置；②焊接装置(包括加热感应圈和焊接夹具、机械传动装置)。辅助材料有：焊片、焊剂。

787. 国产高频焊机的产品类型有哪些?

国产高频焊机的产品类型很多，概括起来分两类：①电子管高频感应加热设备：采用电子管作为振荡部件，有高压，设备笨重，转换效率低。现在在金刚石工具焊接行业基本上被淘汰。②晶体管式高频感应加热设备：其中应用于金刚石工具焊接的高频设备由于体积小，比较轻便又被称作手提式高频焊机。其特点是节能，安全性好，操作方便，运行稳定可靠，价格低廉，维修和修理方便。

788. 晶体管中高频感应加热设备的基本组成是怎样的?

晶体管中高频感应加热设备是一种以大功率晶体管元件(IGBT或MOSFET元件)作为逆变元件的交－直－交变频装置，它将50 Hz三相(小功率可用单相)交流电整流成直流电，再将直流电逆变成单相中频、超音频或高频交流电，将该中频、超音频或高频交流电送到感应加热线圈，对工件进行感应加热。用途：适合于淬火、焊接、透热、回火、烧结、成型、熔炼、超高温炉等感应加热工艺中作加热电源。

789. 与电子管式高频电源相比晶体管数字式高频电源有哪些特点?

(1)效率高：晶体管数字式高频电源整机逆变效率可达95%以上，效率比电子管式高频电源的55%左右高出40%。

(2)使用成本低：晶体管式高频电源比电子管电源省电40%，省水40%～90%，而电子管电源年运行维护成本在设备造价的10%以上，运行维护成本远高于晶体管数字式电源。

(3)频率范围宽：频率填补了电子管高频电源8～30 kHz空白频段，使加热工艺更加完善。

(4)负载适应范围宽：阻抗匹配简单，频率自动跟踪负载，使用方便；可频繁启动，特别适合程序控制和自动化作业；

(5)设备作业率高：电子管高频电源在春夏之交时因为结露现象无法开机工作，以及因为机内高压等原因，容易打火，烧坏器件，故障率较高，因而影响作业率。晶体管数字式高频电源杜绝了结露现象，以及晶体管电源机内没有高压，不存在打火现象；

(6)体积小：只有电子管电源的1/4～1/8，重量只有电子管电源的1/6～1/12，移动方便，适合在自动化生产线上使用和野外作业；

(7)安全性能：电子管电源内有1.3～2万伏高频高压电，危险；晶体管没有高频高压电，安全。

790. 锯片的焊接工艺流程是怎样的?

锯片的焊接工艺流程如图 194 所示。

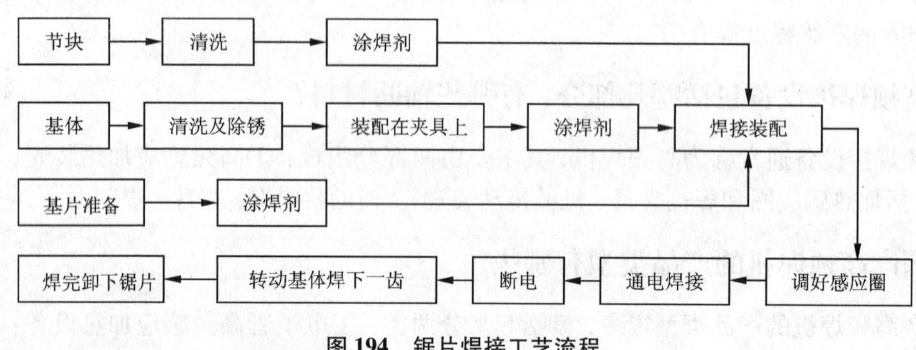

图 194　锯片焊接工艺流程

791. 锯片的焊接前的准备工作包括哪些?

(1)节块准备 节块已经过磨弧处理，其焊接面上已将氧化皮磨掉，弧度也已符合工艺要求。接下来的工作有两项：①根据节块高度进行分组，以便焊好的锯片尽可能地圆；②用丙酮或汽油等清洗节块并晾干，以确保焊牢。

(2)基体准备 基体上存在有大量油污(防锈、油脂)，甚至有锈蚀，需要认真清洗干净，用砂布打去两平面部位的锈。在磨板机上对焊接面进行磨削，以去除毛刺、锈蚀，确保焊接牢固。

(3)焊片、焊剂的准备 焊片一般轧制成带状，裁成约 0.5 ~ 1.0 cm 宽的带，盘成盘状，便于自动焊机使用，厚度多用 0.1 ~ 0.5 mm 的。如用手工焊接，可用剪刀裁制成所需尺寸。为了使焊接工作顺利进行，焊接接触面上(节块、基体及焊片)都要均匀涂上一层银钎焊剂，目的是促使各焊接物接触面上氧化物的还原，促进焊片熔融，改善焊片熔融物的流动性等。

792. 锯片的焊接用焊料要满足什么要求?

选择焊料是一项重要的工作，焊料要满足如下要求：①焊料的熔化温度低于节块的热压烧结温度，一般低 100 ~ 200℃。如果这一温差太小，有可能在焊接时使节块胎体中的低熔点成分熔融(或挥发)，影响焊接质量和节块质量；②焊料对节块和钢基体的可焊性均较好；③焊料熔融后流动性要好，表面张力要小，这样一来才能充满被焊部位，使焊接牢固；④经济性好，货源充足；⑤符合环保要求。

793. 锯片焊接用焊料常用哪几种?

尽可能选用质量较好的银焊片，目前许多厂家为了降低成本，使用含银量很低的焊片，这种焊片一般熔点较高。焊接锯切工具时常用的焊料有三种，见表 92。

选择焊片要满足如下要求：焊片的熔化温度要低于锯齿的熔化温度，一般这个温度差为 100 ~ 200℃；焊片熔融后，流动性要好，表面张力要小。

表 92 银基钎料

牌号	主要成分/%	熔点/℃	钎焊强度/MPa
料 303	银 45,铜 30,锌余量	660 ~ 725	394
料 313	银 50,铜 15.5,镉 18,锌 16.5	625 ~ 635	428
料 314	银 35,铜 26,镉 18,锌 21	605 ~ 700	450

794. 为什么要使用焊剂，锯片焊接用焊剂牌号有哪些?

焊剂的作用是清除焊接面的氧化物和降低焊料的表面张力使其渗入焊缝中，改善焊片熔融物的流动性等。常用的银钎焊剂牌号为 101、102，它们是一种易溶于水的白色粉末，一般调为糊状，以方便涂刷。

795. 工业上常用的锡焊、银焊、铜焊的焊接性能如何?

目前工业上常用的锡焊、银焊、铜焊的焊接性能列于表 93。从表 93 中看出，铜焊的焊接强度高，焊料来源容易，但焊接温度高；银焊焊接温度低，也具有较高的焊接强度，但焊料较贵，来源较难；锡焊的温度较低，但焊结强度低，不能满足金刚石工具的要求。因此，国内外采用银焊，同时也在不断改善铜焊方法。

表 93 锡焊、银焊、铜焊的焊接性能

焊接方法	焊接温度/℃	焊接强度/MPa
锡焊	200	100
铜焊	900 ~ 1 100	300 ~ 400
银焊	600 ~ 750	200 ~ 300

796. 什么是银钎焊料?

银钎焊料是一种银基固熔合金，主要成分为银、铜、锌、镉。其中银占 40% ~ 50%，熔点为 600 ~ 750℃。常用厚度为 0.1 ~ 0.5 mm 的薄片，表 94 为国内外几种低温银钎焊料。

表 94 国内外几种低温银钎焊料

牌号	成 分 /%							熔点	焊接温度/℃	生产厂家
	Ag	Cu	Cd	Zn	Ni	Sn	Mn			
312	40 ± 1	16 ± 0.5	25.1/26.5	17.3/18.5				595 ~ 605	650	上海
313	50 ± 1	16 ± 0.5	18 ± 1	16 ± 1				625 ~ 635	650	上海
315	50	15.5	16 ± 1	15.5				630	690	上海

牌号	成　分 /%							熔点	焊接温度/℃	生产厂家
	Ag	Cu	Cd	Zn	Ni	Sn	Mn			
317	56	42			2			770	895	上海
304	50	34		16				690	775	上海
AG2	41 ~ 43	16 ~ 18	24 ~ 26	15 ~ 17				630	650	英国
L - Ag34	34	15		25	21	1	3	690	820	德国
BAg - 3	50	15.5	16	15.5	3			630	690	日本
Hcp34	44	27	18	16	2		3	650	800	前苏联

797. 锯片刀头如何进行高频焊接?

焊接是锯片制造中一道极其重要的工序。锯齿和基体间要有足够的焊接牢度；焊接位置要正确；焊接温度不能过高，以免损害锯齿；焊接时间要短，以免引起基体变形；因为高温会引起金刚石和结合剂氧化外，还会引起基体表面局部变形、退火、晶粒增大，从而产生焊接应力。焊接温度一般在600 ~ 800℃之间。焊接工艺流程见图195。

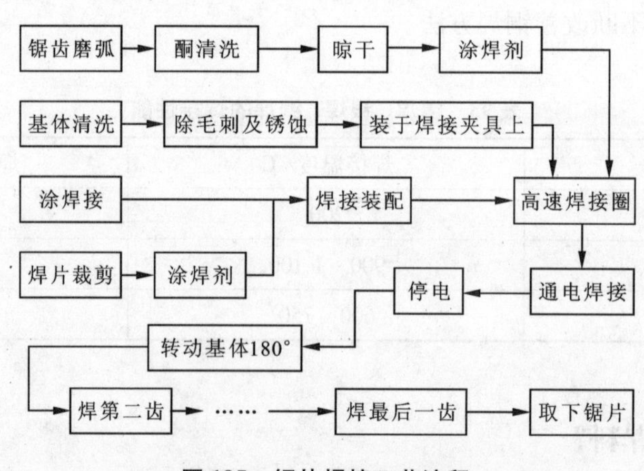

图195　锯片焊接工艺流程

为了使焊接工作顺利进行，焊接件的结合面上必须涂刷银钎焊剂，目的是促使被焊物表面氧化物还原，促进银焊片的熔融，改善焊片的流动性等。

选择焊片要满足以下要求：①焊片的熔化温度要低于锯齿的熔化温度，一般温差在100 ~ 200℃之间。如果温差过小，有可能在焊接时使锯齿中的低熔点成分熔融，影响焊接质量。②焊片的性质，其和钢体和节块的可焊性应当是接近的。③焊片熔融后流动性要好，表面张力要小，这样才能充满被焊部位，达到牢固焊接的目的。

798. 锯片焊接工艺操作规程是怎样的?

(1)按照生产要求检查基体内外径、厚度及齿数，检查节块规格、数量及弧度。然后在修整设备上修磨基体外圆倒角。用丙酮等清洗干净基体和节块焊接面，并涂上钎焊剂。

(2)按施工要求中锯片规格选择与之相适应的焊片，焊片宽度一般比基体厚度大0.5～1 mm，直径ϕ1500 mm以上锯片焊接时选择焊片厚度0.25～0.30 mm；直径ϕ1500 mm以下锯片焊接时选择焊片厚度0.15～0.25 mm。

(3)装上基体，调节好位置，拧紧固定螺钉，放上冷却夹板，调整好节块推送装置及节块夹子，按工艺要求调好焊接温度、保温和降温时间，进行焊接。

(4)用高频设备焊接锯片时，每焊一个节块，转动基体180℃，这样对称地进行焊接，以免基体过热产生退火或局部变形。

(5)在焊接排锯时，按布齿图将节块一一焊在规定位置上。

(6)焊完一片锯片，都要进行自检。要查验每一个节块有无虚焊、焊缝不饱满、焊接不正等，确认合格后方能从焊接夹具上取下，转下道工序。

799. 焊接时锯片时高频机电流值如何设定？

由于磁感应强度与交变电流强度成正比，所以电流强度越高，磁感应强度越大，导体内感应电流也越大，导体才越容易升温，因此，越难升温的刀头，焊接机交变电流值应调得越大。同时要注意的是，焊接机交变电流值既不要设定得太小也不要设定得太大，既要发挥高频焊接的优势，使刀头能在几秒钟即达到熔融状态，又不能使刀头易熔成分流失过多，且保证操作人员有时间调整刀头位置，保证刀头对中性。由于高频加热的趋肤效应，工件表面和心部存在温度差，加热速度太快时，温度差太大，焊接质量受到影响。焊接速度太慢，效率低，而且氧化严重，同样影响焊接质量。根据实际经验，刀头烧结温度在900℃以上时，焊接机电流值设定为1 000～1 010 A；刀头烧结温度为850～900℃时，则设定为900～1 000 A；刀头烧结温度在800～850℃时，交变电流设定为800～900 A。

800. 锯片焊接质量的检测包括哪些内容？

焊接质量的检测除对节块的焊缝进行认真检查外，还应对节块的对称度和焊接牢度进行检测。

801. 锯片焊接质量的对称度包括哪些含义？

对称度即指相对于基体的对称程度，包括下述三项含义：①长度方向相对两水口的距离是否基本相等。②节块中线与基体中线是否平行(中线指厚度上的二等分线)。③节块相对于基体两侧的高度是否相等。前两项通过目测确定，第三项则通过金刚石锯片对称测量仪测定。

802. 如何检测锯切工具刀头焊接强度？

为检测锯片节块焊接强度问题，可采用扭矩扳手作检测工具。具体使用方法是：

(1)将锯片套在同一规格的中心轴上，水平放置在检验台上，在锯片上压好盖板(夹具)；

(2)将扭力扳手的钳嘴钳住所需要检验的刀头，右手握手柄，向上或向下用力扳，直到百分表摆到规定的读数为止；如果不掉齿，说明此刀头焊缝满足要求。如果掉齿，则说明此刀头不符合要求，需要扳断重新焊接。

(3)转动锯片到下一个刀头，重复步骤(2)，直到整个锯片所有刀头检测完毕。

对于不同规格直径的锯片，扭矩扳手的量程应选用不同的值。

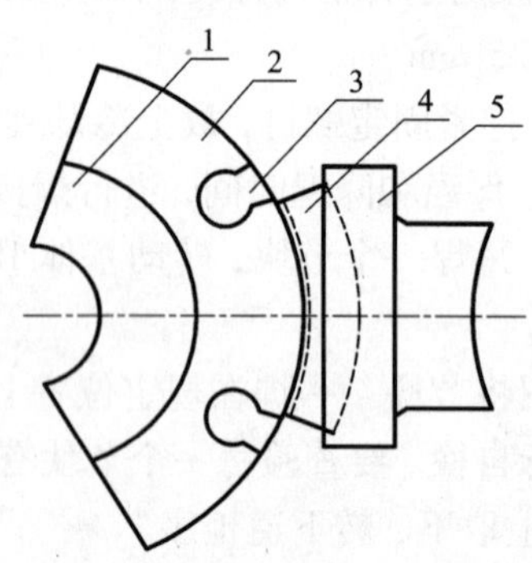

图196 扭矩扳手检测焊接强度示意图

1—锯片夹具；2—基体；3—夹具；4—节块；5—扭矩扳手夹头

803. 激光焊接金刚石锯片与传统钎焊接相比有哪些优点?

钎焊接是通过银焊片将基体和刀头粘接在一起的焊接方法，它属于一种物理结合，该方式不仅消耗大量昂贵的银焊片，而且存在焊接速度慢、焊接变形大等缺点，更为重要的是焊接强度偏低，随着锯片在工作过程中温度的不断升高，焊接部位会出现松动，甚至掉齿而造成安全事故。而激光焊接不需要银焊片，是直接通过激光的能量，将基体和刀头熔化，使两者形成的一种冶金结合，与传统焊接相比，有以下优点：①激光聚焦后，功率密度高，在高功率器件焊接时，深宽比可达5∶1，最高可达10∶1；②激光焊接强度高，不掉齿，但激光焊接锯片，视基片厚度的不同，其扳断力矩平均为13~25 N·m；③激光焊接光束不会偏移，精度高，热影响小，不变形；④激光焊接速度快，效率高，其速度约为2分钟/每片(ϕ300 mm，21个刀头)，同时配以先进的光学系统，每台激光器配置多个工作台，循环工作，从而大大提高工作效率。

804. 激光焊接有哪些显著特点?

激光焊接的主要优点为：熔深大，速度高，单位时间融合面积大，是一种高效焊接法；焊缝深宽比大，结合强度高，热影响区小，焊件变形小，在使用时能承受高温和较大的冲击；一般不填充金属；如用惰性气体充分保护，焊缝不受大气污染；焊接系统具有高度的柔性，易于实现自动化操作。当用激光作焊接设备焊接金刚石锯片时，节块与基体的焊接强度较高，即使在干切或极恶劣的条件下工作的锯片，往往不会在焊缝处折断而极有可能是节块的自身折段，因而他特别适用于对安全性、可靠性及防止节块脱落的危险性要求越来越高的使用场合。激光焊接金刚石锯片，是锯片制造业的一次革命。

805. 国内外锯片激光焊接技术的发展历程如何?

金刚石锯片激光焊接技术始于20世纪80年代末期，美国Norton公司及Weastern Saw公司最早开展激光焊接金刚石锯片的研究及产业化。英国的Nimbus金刚石工具公司于1985年底引进激光焊接技术，并建立了全自动激光焊接生产线和完善的检测系统。德国的 Dr. Fritsch 公司是国际上最大的金刚石工具生产设备制造商，最早推出人工装卸的半自动 LSM900，1997 年推出全自动的 LSM800、LSM260，后来又连续推出了半自动、全自动的激光焊接机和金刚石钻头激光焊接机。意大利的 Sintris，ROBOSINTRIS 公司在原 SINTRIS77LM 激光焊接机的基础上推出了 78LA 三轴数控激光焊接机。韩国的 DIEX 公司开发了全自动数控 CNC－L 激光焊接及手动装卸的 LWB15/2 激光焊接机。目前，国外使用万瓦级二氧化碳激光器，最大可以焊接直径 ϕ1600 的锯片，焊接深度达到 8 mm。

国内于 20 世纪 90 年代初期开始跟踪金刚石锯片激光焊接技术，90 年代后期，激光焊接金刚石锯片在我国开始迅猛发展，各金刚石工具厂纷纷装备激光焊接金刚石锯片生产线。进入 21 世纪，我国的激光焊金刚石锯片产业有了快速的发展。采用的设备有全进口、土洋结合、全国产三种形式。早期的设备主要是德国、日本、美国的设备，后来也引进了韩国的设备。目前国产的金刚石激光焊接机的单位有华中科技、团结激光、楚天激光、金石凯激光等。由于受国内激光技术水平的限制，一般局限于直径小于 ϕ600 mm 的激光锯片的生产，远远不能满足市场巨大的需求。

806. 激光焊接锯片的过渡层如何设计?

激光焊接时，过渡层熔化，钢基体和金刚石刀头结合处部分熔化，熔化后的合金液体相互融合形成焊缝，因此过渡层性能决定焊接性能。

采用激光焊接金刚石工具时，由于高功率密度激光光斑的作用，金属将被熔化和汽化，金刚石刀头为粉末冶金材料，当其直接与基体焊接时，内含的金刚石在这样的高温条件下易石墨化，极易出现气孔、空洞或裂纹，不但焊缝外观不合格，焊接强度也较低，根本达不到使用要求。因此，为了保证金刚石刀头与基体材料的焊接性能，在钢基体与金刚石刀头间加入过渡层，通常有 1.5～2 mm 的高度。它的作用是既能避免刀头中金刚石的石墨化，同时还能提高焊缝强度。激光焊接刀头过渡层必须满足下以下要求：足够高的焊接强度，良好的焊缝质量，合理的配方组分和最优的烧结温度。此外，若金刚石刀头和过渡层的成分差别太大，则在两层交接处由于受热受力的不均匀而产生断裂。因此过渡层成分不仅要顾及其对激光的吸收情况及熔化的流动性，而且还要与金刚石刀头能良好结合，从而保证焊缝流畅、无裂缝、无气孔。

过渡层配方可选用单元素 Co，Ni，双元素 FeCo，FeNi，CoNi，FeCu，也可选用 FeCoNi 三种组分构成。且过渡层中不能含有低熔点金属，如锡等元素，因为该类元素易于蒸发与气化，并产生气孔，而在过渡层材料中加入少量的 Mn 和 Cr，不仅能产生固溶强化，增加耐磨性，还能有效减少焊接气孔。实践证明：钴粉有很好的焊接性，但由于价格昂贵，所以，一般选用特殊的钴混合物。Co 基合金材料有最好的焊缝强度，平均达 1000 N/mm^2 以上，最高可达 1300 N/mm^2 以上。Fe 基、Ni 基合金材料虽不及 Co 基合金材料，但只要合理选择合金元素，亦能有较高的焊接强度。这样既可降低成本，又能满足过渡层与金刚石层高结合强度的要求。特别值得注意的是 Cu 基过渡层虽然可以即焊即检，焊缝强度也能满足要求，但气孔较多，且长期放置后焊缝强度下降。可能与 Cu 在空气中易受潮、氧化变质有关，所以一般不采用 Cu 基作非金刚石过渡层材料，但在预合金粉末的过渡层中可以适当含 Cu。过渡层的烧结密度对焊接效果影响极大。密度低意味着材料空隙较大，高密度(>7.0 g/cm^3)焊接效果好，所以在烧结过渡层时，需要适当提高烧结温度和压力，并保温一定时间。

807. 激光焊接锯片的焊接原理是怎样的?

激光焊接是将高强度的激光束照射至金属表面，通过激光与金属的相互作用，使金属熔化形成焊接，如图197所示。在激光与金属的相互作用过程中，金属熔化仅为其中一种物理现象。有时还有其他形式，如气化、等离子体等。金刚石锯片的激光焊接是以“小孔效应”为理论基础的深熔焊接，其能量转换机制是通过“小孔”结构来完成的。在足够高的功率密度光束照射下（一般达到 10^6 ~ 10^7 W/cm^2），工作材料蒸发形成小孔。这个充满蒸气的小孔犹如一个黑体，几乎全部吸收入射光束能量，孔腔内平衡温度达25000℃左右，热量从这个高温孔腔外壁传递出来，使包围着这个孔腔四周的金属熔化。小孔内在光束照射下始终充满高温蒸气，随着光束移动，小孔始终处于流动的稳定状态，熔融金属充填着小孔移开后留下的空隙并随之冷凝，焊缝于是形成。

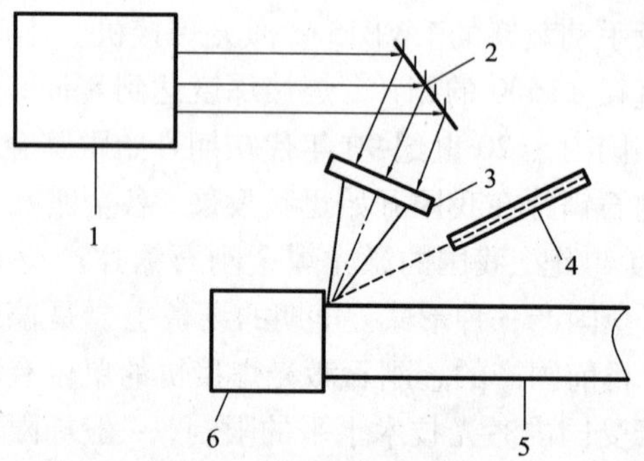

图197　激光焊接系统示意图

1—激光器；2—反射镜；3—透镜；4—喷气嘴；5—基体；6—刀头

808. 激光焊接锯片过程中要注意哪些工艺参数的合理选用?

激光焊接过程中工艺参数是决定焊接强度的关键，包括：焊接功率、焊接速度、光斑离焦量、光束偏移量、保护气体流量等。气孔、裂纹和热透镜效应是激光焊接中最常见的缺陷。研究发现，气孔是由于在激光焊接时，焊缝深且窄，冷却速度又快，焊接过程中产生的气体没有足够的时间从熔化区中逸出而产生的。裂纹的主要原因是由于两种材料的热物理性质相差较大。热透镜效应是在激光焊接时，透镜由于吸收一部分激光能量使温度升高，随之产生的折射率增大导致透镜的焦距变短，从而影响焊接质量的一种现象。

809. 如何消除或减少激光焊接锯片的气孔缺陷?

气孔是激光焊接过程中最常出现的缺陷，它是深熔焊接的一个直接结果。由于激光焊接焊缝深且窄，冷却速度又快，焊接过程中产生的气体不一定有足够的时间从熔化区中逸出。对于非穿透焊缝，这个问题就比较严重，较易在焊缝的根部出现分散的气孔。采取以下方法可以消除或减少气孔：①优化热压工艺，提高刀头过渡层的致密度；②合理的过渡层成分，过渡层应不含有低熔点组分。除此之外，光束偏移量对焊缝中的气孔有着重要的影响。

810. 如何克服或消除激光焊接锯片的裂纹缺陷?

裂纹是激光焊接过程中出现的最严重的缺陷之一。导致焊接接头开裂的主要因素有两种：冶金因素和力学因素。激光焊接的不平衡快速加热与快速冷却的特征，构成了接头开裂的力学因素；激光焊接在快速冶金凝固过程中，材料的性质相差较大，即它们的“冶金相容性差”，构成了接头开裂的冶金因素；另外，母材相差悬殊的热膨胀系数引起不可消除的应力，引起裂纹。这也是在刀头底部待焊处设置过渡层的主要原因。解决裂纹缺陷可以通过优化焊接的工艺参数。其次，还可以根据裂纹的性质合理地改善材料的合金系统，如添加一定的Mn，W，Cr都能有效地防止裂纹，限制有害杂质S，P的含量，尤其是在含Ni的合金中，因为Ni和S能形成更低熔点的硫化物，这些都能有效防止裂纹的产生。

811．何为热透镜效应，该效应对焊接效果的危害如何？

在大功率激光焊接时，透镜由于吸收一部分激光能量使温度升高，随之产生的折射率增大和热诱导光学变形导致透镜的焦距变短的现象就是热透镜效应，如图198所示。

热透镜效应是高功率CO_2激光焊接及其他激光加工中常见的问题，直接影响激光加工质量。研究表明，在1 kW的$CO_2$2激光加工系统中，透镜焦距由于热透镜效应将缩短1%。透镜焦距在激光作用开始时变化得很快，以后越来越慢，最终达到稳定状态，其最大焦距变化可达数毫米。达到稳态所需时间与边缘冷却有关，冷却条件越好，所需时间越短。激光焊接过程中，热透镜效应使透镜焦距缩短，导致焦点位置连续变化，激光作用于工件的功率密度也因此而不断变化。如果焊接规范起始工作点选择不当，当焦点位置的变化超出了某种稳定焊接过程的工艺参数范围时，焊接过程就可能偏离原来的模式而产生不稳定现象。

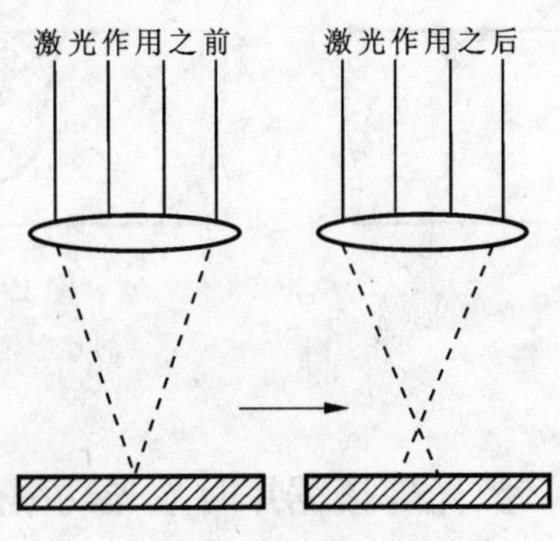

图198　热透镜效应

812．如何通过调整焊接工艺来减少热透镜效应对焊接效果的影响？

通过选择合理的焊接工艺，使整个焊接过程中激光功率、焊接速度和焦点位置所确定的焊接工作点始终处于稳定深熔焊区域，在即使有热透镜效应的条件下也能获得稳定的焊接效果。以下的方法可以有效地减小热透镜效应的影响，大大提高激光深熔焊过程的稳定性：①适当提高激光功率，以便获得较大的稳定深熔焊的焦点位置范围；②选择合适的起焊工作点，使整个焊接过程中焦点位置不会因热透镜效应而移出深熔焊范围；③焊接开始之前先用激光照射透镜一段时间，使透镜焦距变化不再明显时再进行焊接。此时工作点的选择就应考虑到热透镜效应使焦距缩短后焦点位置可以进入稳定深熔焊范围。

813．激光焊接模式有哪几种表现形式？

激光焊接的两种焊接模式：深熔焊（DPW）和热导焊（HCW）。表现为三种焊接过程，即稳定深熔焊（DPW）、模式不稳定焊（μMW）和稳定热导焊（HCW）。三者在焊接时的物理现象和焊缝成形方面都有根本的区别。当功率密度较低时（小于10^6 W/cm^2），材料表面熔化，焊缝很浅（<0.5 mm），焊接时不产生等离子体，这就是热导焊。功率密度大于（10^6 W/cm^2），则被焊金属急剧气化，形成匙状深孔，出现等离子体，从而实现激光深深熔焊接。

稳定热导焊过程：焊接时产生桔红色火焰并伴随轻微的“咴咴”声，熔深和熔宽均很小，焊缝横截面近似为半圆形，焊缝全长成形均匀，如图199(a)所示。

稳定深熔焊过程：焊接时产生均匀的蓝色火焰和强烈的尖锐的爆破声响，显示出焊接自始至终有激光等离子体产生，并有金属蒸气连续不断从小孔中喷出来。熔深和熔宽比热导焊有大幅度提高，焊缝全长成形均匀，如图199(b)所示。

模式不稳定焊过程：焊接时蓝色等离子体火焰时有时无，尖锐的金属蒸气喷出的声音相应断断续续。在蓝色火焰和尖锐声消失瞬间出现的是桔红色火焰和轻微的“哧哧”声，显示出整个焊接过程是深熔焊和热导焊的随机变化。焊缝成形极不均匀，熔深成大小两级跳变，处于深熔焊模式时，焊缝宽，熔深大，而变为热导焊时，焊缝突然变窄，熔深突然变小，如图199(c)所示。

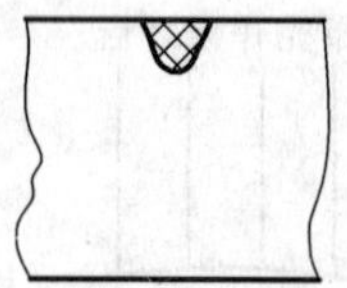
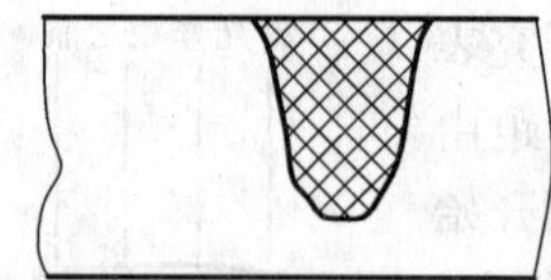
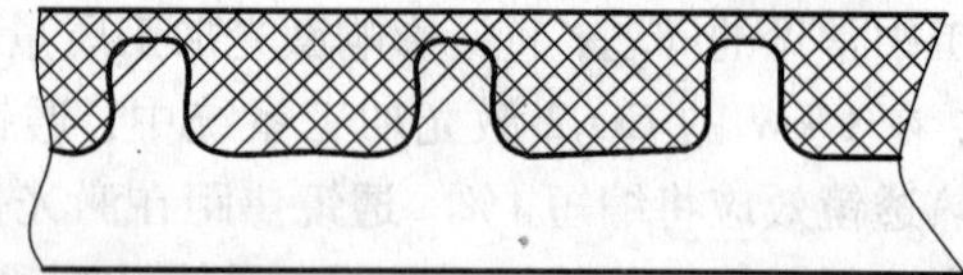

图199　激光焊接的三种表现过程

(a)稳定热导焊；(b)稳定熔深焊；(c)不稳定焊

814．激光焊接锯片时激光功率怎样设定？

激光功率是影响焊接的最重要的因素，是决定焊缝的穿透深度的主要参数，功率越高，允许焊接的厚度越大，速度越快，效率高。功率太小，熔深浅，不能焊透。功率太高，会造成熔池翻转，焊缝产生空洞，严重烧伤过渡层金属，热影响区的过热晶粒粗大，影响焊接强度。功率太低，焊速慢，效率低，且不易焊透。因此，对于不同的锯片厚度，宜采用不同的功率。一般激光功率设定为1 250 ~1 600 W。

815．激光焊接锯片时焊接速度一般怎样取值？

焊缝深度和焊接宽度随焊接速度放慢而增加，放慢焊接速度，有利于提高焊缝深度，但焊缝宽度也随着增加，热影响区常因过热晶粒粗大而脆断，工件变形大，对焊接产品质量反而不利，同时焊接速度太慢，会影响生产效率。焊接速度太快，气体来不及溢出，焊缝中易产生气体，且熔池浅，不能焊透。一般焊接速度设定在1 ~2 m/min之间。一般地，焊接基体为2 mm厚的锯片，采用1 500 W的激光功率，焊接速度1.7 m/min，可以得到比较好的效果。

816．激光刀头焊接技术包含哪些知识要点？

(1)激光发生器不断完善与更新换代。国外已由横流式、快速轴流式发展到第三代板块式。功率达2 ~2.5 kW，我国研制出气体横向流动、纵向约束放电激励、多折激光谐振腔、低吸收光学元件激光发生器。它们的特点是：功率大，耗气量少，运行成本低，维修工作量少，工作可靠，光束质量好，光斑小，焊接质量提高。

(2)锯片基体与刀头固定方式：由手动改为全自动，精度高，工作可靠。美国、意大利、德国、韩国与我国都有不同固定方式，其中有手动夹具、磁力夹具、气动夹具、滚压夹具等。

(3)不用焊料，但必须采用合理过渡层配方，使其性能与工作层及基体相匹配，提高焊接强度、焊透性，减少气孔与裂纹。

(4)研制合理的工作层配方。一般 Fe 基、Co 基、Ni 基胎体易焊接，对含 Cu，Sn，W，WC，Pb 过多的胎体难以焊接。

(5)重视激光锯片刀头烧结工艺的研究，选择合理的烧结温度、压力与时间，控制好烧结气氛与温度，是保证激光焊接质量的重要因素。

(6)选择合理的焊接工艺参数，控制好焊接功率、角度、速度、偏移量、深宽比，保证焊接质量与强度。

817. 什么叫光斑离焦量，焊接锯片时它的值一般取多大?

光斑离焦量是指激光光束焦点远离工件表面或深入工件表面距离。这里涉及透镜焦距的长短问题，焦距越短，可以获得较大的激光功率密度，对焊接深度有利。但焦距太短，不利于工人操作，故透镜焦距长短应该适中。在实际焊接时，激光光斑聚焦在金属表面效果并不最好，往往采取适当的负离焦，焊接深度最大。亦即离焦量太大，焊缝熔深不够，如偏移量为 0.1 ~ 0.25 mm 时，深度比较小；而当焦斑在工件表面下面 1 mm 的位置时，可以获得理想焊缝。

818. 什么叫光束偏移量，焊接锯片时它一般取多大?

激光焊接金刚石锯片时，由于刀头比基体厚，且刀头是粉末冶金材料，焊接时易产生气孔，并且考虑到焊接工件有各种各样的尺寸，所以，常采用激光适当偏向基体一侧，即所谓发射角射向焊接部位，以便在焊接边缘处实现良好的填角焊效果。激光的入射角一般在 4°~11°。图 200 为激光焊接时光线的入射位置。

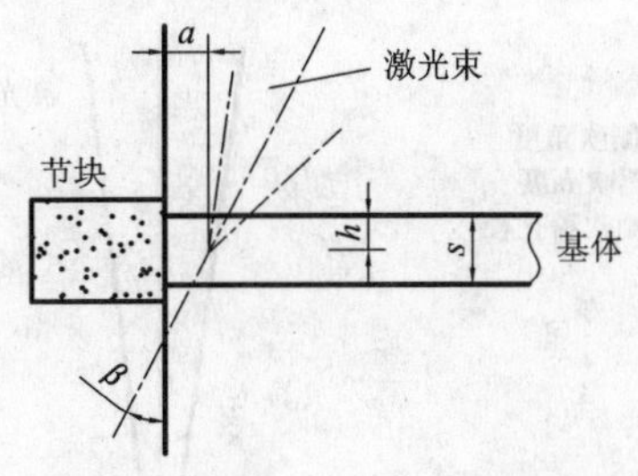

图 200　激光入射位置示意图

β – 入射角；α – 偏距；h – 焦点高度；s – 基体厚度

819. 激光自动焊接方法焊接锯片的工作过程是怎样的?

其工作过程为：首先用自动装置对锯片基体进行测量，再转送到固定装置上固定；同时节块也被固定在支撑体上并靠紧在基体边缘。然后数控装置沿两条轴线的方向操纵激光光束沿施焊线移动。待激光关闭后，基体与节块均被松开，新的节块又被夹具固定，基体则转动到新的焊接部位；直至该锯片焊接完成为止，又自动装上新的待焊锯片基体。

820. 影响激光焊接质量的因素有哪些?

材料性质对激光焊接效果有重要影响。由于焊缝非常狭窄，并在极短的时间内受热，所以熔化后瞬间即可冷却。温度梯度越高，冷却速度越快，其效果相当于淬火。当激光束通过某施焊点后，紧靠该点附近未受热的区域便将焊接点内的热量吸收掉。标准钢经淬火后脆性大，强度低，易断裂，解决这一问题的方法是采用特殊的低碳钢。节块胎体材料也影响焊接质量，若选择不当，不仅影响焊接强度，而且影响焊缝形状和表面性能。通常的选择是使用那些含特殊添加物、有特殊粒度、形状和特殊工作条件的钴基合金。进行激光焊接时，惰性气体的选择也十分重要。当激光束照射到液态金属上时，几乎被它全部反射掉，因而选择合适的焊接惰性气体，可减少金属蒸发量。激光束应以一定角度即所谓发射角射向焊接部位，以便在焊接边缘处实现良好的填角焊。另外的重要因素是焊接功率和焊接速度。如果焊接功率为1500 W，那么焊接件厚度一般不应超过2.5～3.0 mm，此时的焊接速度大约1 m/min。厚度越小焊速越快。但只有实施深熔焊，才能使焊接效果最佳。此外，如果减小焊缝截面及切口效应会明显降低焊接强度。因此要想提高焊接强度，就要实施深焊，同时提高焊接速度。

821. 激光焊接时为什么要使用保护气体?

保护气体在焊接过程中有三种作用：①保护焊接区不被氧化；②保护聚焦透镜不受损伤；③抑制等离子体。第三个作用至关重要，因为等离子体会对激光产生强烈的吸收和散射作用，使激光能量受到很大的损失，导致焊缝变浅，深宽比减小。所谓的等离子体产生过程如下：由于激光功率密度很高，使被焊金属表面发生汽化，汽化的金属蒸气进一步吸收激光能量而被电离，形成等离子体，这部分等离子体又强烈吸收激光能量，限制激光能量进入被焊金属，从而影响焊接深度，如果不采取任何措施来消除等离子体，就不能有效地焊接金刚石锯片。

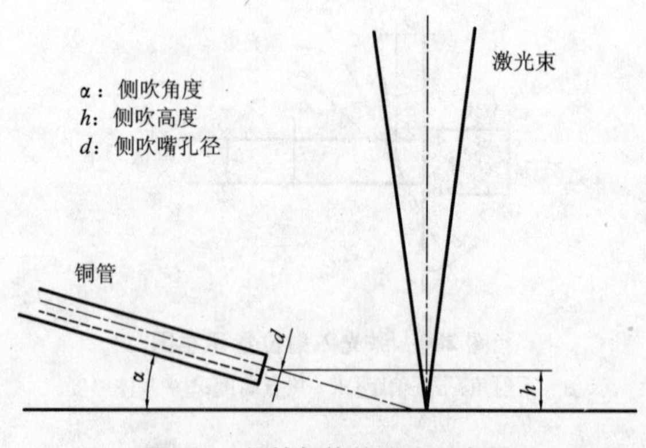

图201　保护气体的侧吹示意图

822. 激光焊接时一般使用什么作保护气体，气流量一般用多大?

由于激光功率密度很高，使被焊金属表面发生气化，气化的金属蒸气进一步吸收激光能量而被电离，形成等离子体，这部分等离子体又强烈吸收激光能量，限制激光能量进入被焊金属，从而影响焊接深度，如果不采取任何措施来消除等离子体，就不能有效地焊接金刚石锯片。消除等离子体最有效的方法是采取侧吹气体，侧吹气体可选用氦气和氩气，由于氦气价格昂贵，故选用氩气，侧吹气体的大小和方向对消除等离子体影响很大，只有选择适当的气压和角度时，消除等离子体效果最佳，焊接深度最大。气流量太小，起不到保护作用；气流量太大，吹翻熔池，易产生凹凸不平的焊缝。一般选择氩气作为保护气。气流量一般设定为 2 L/min。

823. 激光焊接工作台及工装夹具由哪些部分组成?

工作台由机架、拖板、手摇丝杆及回转工作台组成，见图 202。机架起支撑工作台面的作用，四个地脚螺钉能调节机架的水平；转动手轮，丝杆将带动拖板在水平方向移动，以调节焊接所需的偏移量；回转工作台底板与水平面的倾角由撑杆调节，调节范围为 4 ~ 15°。焊装夹具安放在工作台上，并以锥形轴定位，在步进电机的驱动下，回转工作台带动焊装夹具旋转，速度范围为：0.3 ~ 10 r/min。

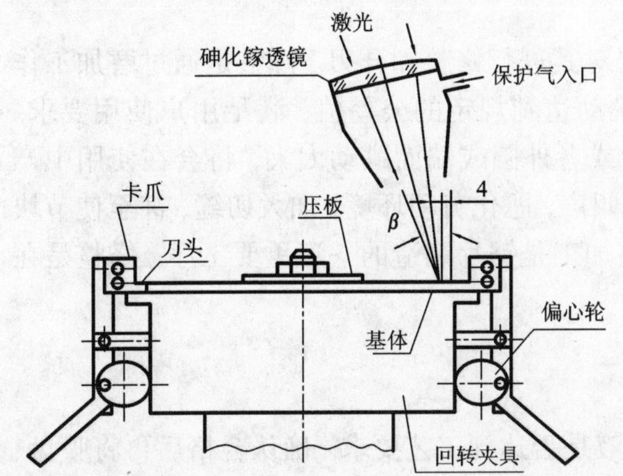

图 202　激光焊接工作台示意图

824. 焊接工序常产生的产品质量问题有哪些，产生原因及解决办法是什么?

焊接工序常产生的产品质量问题有：焊接强度不符合要求、焊接处存在焊缝、端面跳动太大、对称性不好、基体变形等。

(1) 焊接强度不够

焊接强度不够是多方面的原因导致而成的。对于高频焊接锯片，主要是因为焊温太高、加热时间过长，导致焊片流失太多或焊片熔化时收缩太多，而产生虚焊，使基体与刀头实际粘结面积不够，导致焊接强度不够。对于激光焊接锯片，焊接强度不够也是由于焊接工艺设定不正确而导致的。如焊接功率太低，焊接速度太快，导致刀头及基体结合处熔深太浅，结合面积太小，使粘结强度不够。因此，解决这一问题主要通过正确设定焊接工艺参数，发现问题及时调整，从而降低废品率。

(2) 端面跳动、对中性不符合要求

锯片端面跳动、对中性不符合要求会导致锯片使用时产生振动、偏摆，从而影响锯片的正常性能，因此，高频焊接时，不但要保证刀头对中性，同时，焊接一个刀头后，都要与前一刀头作对比，目测刀头是否对准前一刀头。对于激光焊接锯片，首先要保证基体夹具表面平整度符合要求，将刀头夹好后，可用游标卡尺测量每一个刀头侧面与基体表面之间的距离，看是否等于刀头厚减去基体厚的一半，若相差较大，则可在焊接之前就得到调整，防止刀头浪费。

(3)基体变形

基体变形对于高频焊接来说主要是因为电流太高，焊温太大，使基体软化而变形；对于激光焊接，则主要是因为激光偏向基体太多，使基体产生热应力集中而软化变形。解决这一问题，首先要尽可能选用好材质的基体，保证使用的基体热软化点较高；同时，也要控制焊接工艺，保证焊接温度不要太高；如果基体已软化变形，应让它自然冷却，一般可得到恢复，切忌用脚睬而欲使之变平，否则基体产生塑性变形而无法恢复。

825. 金刚石锯片后道处理包括哪些工序?

后道工序主要包括：开刃→抛光→校正→打字→喷漆→质检→入库。

826. 锯片修整的目的是什么?

金刚石圆锯片焊接完成后，为使用目的需要对其进行修整和开刃。修整是通过磨加工作业，使锯片的尺寸(厚度及直径)、外圆和端面跳动达到规定的公差值，满足用户使用要求。假如一张锯片，其节块厚薄不均或基体不对称，或者外圆或端面跳动太大，将会在使用中产生间断式切削，使锯切时加大振动、发出尖厉的叫声，恶化劳动环境，加大切缝，甚至使节块脱落，导致切割无法继续下去。因此，锯片修整加工是锯片制造的一道重要工序。修整是在锯片修整开刃机上完成的。

827. 锯片的修整操作规程是怎样的?

(1)修磨前必须检查电磁吸盘、垫圈、冷却液是否达到工艺要求。确认合格后再将吸盘、垫圈锯片基体孔和吸盘接触的面擦拭干净。

(2)先修磨基体与节块焊接处两侧面，再修磨节块两侧面，然后再修磨锯片外圆。要求节块侧面、外圆90%以上面积被磨到。

(3)修磨基体和节块两侧面时，调整两砂轮位置，使两砂轮的进刀量相等。修磨外圆时进刀量不宜太大，特别是宽水槽锯片，进刀量尽可能小些。

(4)外圆开刃是在修整作业后才进行的。使基体顺时针方向旋转，用外圆修整的同一砂轮对节块开刃。开刃后的锯片应在面向操作者这一面上用箭头指向顺时针方向，代表该锯片按此方向作为其切割石材时的旋转方向。

(5)锯片上节块倒梯形的修磨。在锯片较快速度旋转下，两侧面砂轮压力由小到大，然后由大到小(指修磨砂轮从锯片外向心部运动修整，再由心部向外缘运动修整)，重复4~5次上述动作后，使节块截面成一倒梯形(即外缘大于焊接处)，锥角为2°~30°。这种锯片侧面摩擦阻力较小，有利于高速切削。

828. 锯片为什么要做喷砂处理?

喷砂的目的是除去焊接处由于焊片熔化流失留下的污垢，同时通过污垢的清除，检查刀头焊接处有无焊缝。如果存在焊缝，应重新补焊。先通电使焊接处升温至熔融状态，然后在焊接处均匀涂抹一层银焊剂，并用银焊片塞住焊缝，使之熔化，从而达到修复焊缝，提高焊接强度的目的。

829. 锯片喷漆的目的是什么，喷漆方式有哪些？

喷漆的目的是防止锯片生锈、同时使锯片更加美观。油漆种类有无色光油、银色、黄色、绿色、蓝色、红色、黑色、古铜色、铁色等等，按照锯片用途分类，不同切割对象的锯片使用不同的油漆种类。根据客户要求还有全喷和半喷两种喷漆方式，半喷指只喷基体，不喷刀头；全喷即基体和刀头都喷上油漆。

830. 入库前要检验产品的检验指标包括哪些？

入库前产品检验除了要重复检验刚出炉时的检验内容外，还要检验以下内容：①产品尺寸、规格是否符合要求，以锯片为例，即要检验锯片端面跳动，径向跳动，刀头尺寸是否符合要求，以及基体有无变形，基体内孔尺寸是否符合要求等。②产品外观检验，观察所喷油漆是否符合要求，有无表面不良现象，如表面有无污点，油漆喷涂不均匀等情况。

831. 锯片在使用过程中变钝后怎样重新开刃？

锯片用户在使用过程中，因种种原因使锯片变钝，切割效率下降，切割功率明显上升，甚至产生剧烈振动，此时表明锯片需要进行重新开刃，以恢复金刚石良好的出刃。石材厂多采用水泥砌块、砂石或耐火砖等作为开刃工具。将开刃工具夹持在原来装载石材的小车上，用磨钝的锯片锯切这些摩擦性极强的材料，切割时因锯片节块胎体与被切物强烈摩擦而磨损，使金刚石重新出刃。

832. 排锯和带锯怎样修磨和开刃？

对于排锯和带锯的修磨和开刃还没有专用的设备，因此只能在用户的石材等的切机上用特制的水泥砌块、砂石或耐火砖等进行修磨和开刃。

833. 锯片的整形包括哪些方面？

锯片的整形分锯片制造厂对锯片出厂前的整形和石材加工厂使用中因锯片基体变形的校正。整形均包含两层意思：①由于各种加工作业而使锯片基体平面性变坏，因此需要通过校平恢复其平面度；②调整锯片的内应力(或者张力)。

834. 锯片基体产生内力的原因有哪些？

锯片产生内应力的原因大体上有下述几点：①钢材的热轧加工，制造基体的钢板是通过热轧而制得的；②水槽的冷加工(铣削或冲压)；③各种工作面的磨削加工；④金刚石节块的焊接加工；⑤滚压张紧及校平加工等。

835. 怎样判别锯片基体应力是否过大或过小？

进行应力校正首先要确定应力的情况，即应力是否过大或过小，应力的分布是否均匀等等，最常用的方法如图 201 所示，这种方法只适用于等厚基体。图 203(a)表示测定基体应力的方法，将基体下缘支承在一个平台上，将另一端吊起，然后用一平尺在基体表面上推移。

图203(b)表示基体应力不足，此时的基体中心部位向上鼓起。图203(c)为应力合适的基体，他的整个平面紧贴平尺。图203(d)为应力过高的基体，它正好和图203(b)相反，中间凹两缘翘。当然用这种方法来确定应力并不十分精确，因为有时应力是局部的。

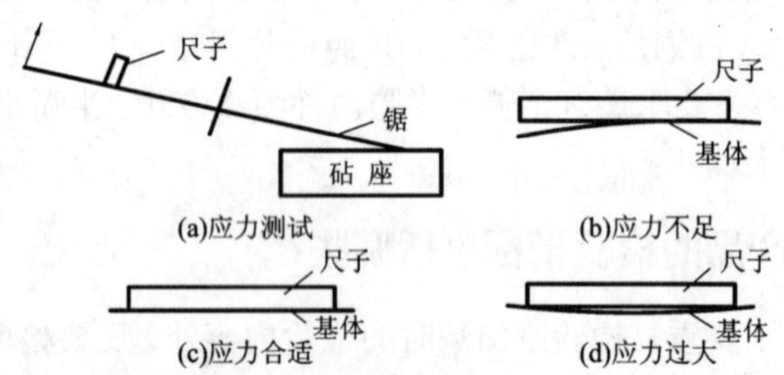

图203 基体应力检测及结果示意图

836. 锯片基体应力校正的方法是怎样的?

应力校正常用两种方法:

(1)锤击法

为增加应力，锤击时从基体的中心部位开始，结束于直径2/3处，见图204(a)。锤击的锤子是圆头的，在这一范围的所有各处，均施以相同的锤击力和落锤点。锤击时先锤定一个面，再翻转基体锤另一个面，方法同第一面。为减少应力，锤子和垂击方法同上，锤击部位从基体外缘直到离外缘1/3直径处的所有环面上，见图204(b)。

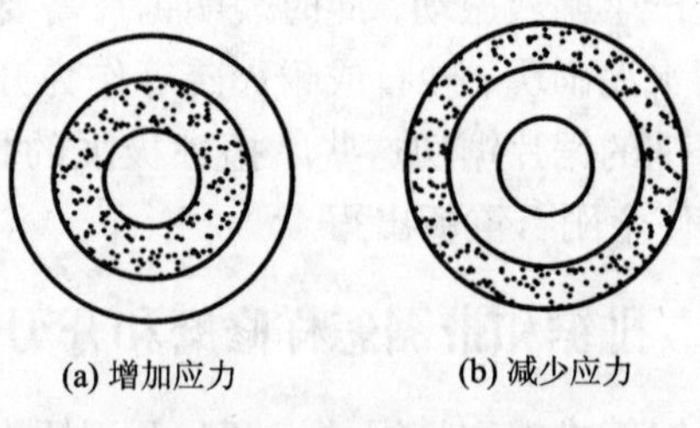

图204 锤击法校正应力

(2)辊压法

图203为辊压机校正基体的原理。这种设备是由两根平行的轴，轴上装有相同直径的辊轮。轴由同一马达带动，以使其转速绝对同步，但旋转方向相反。辊轮紧压在基体上，其压力值是可调的，压力可以是机械的或液压的。增加应力：如图205(a)，用辊轮在离基体1/3~2/3直径处这一区间表面辊压2~3次。减少应力：如图205(b)，用辊轮在接近基体外边缘部位辊压2~3次。

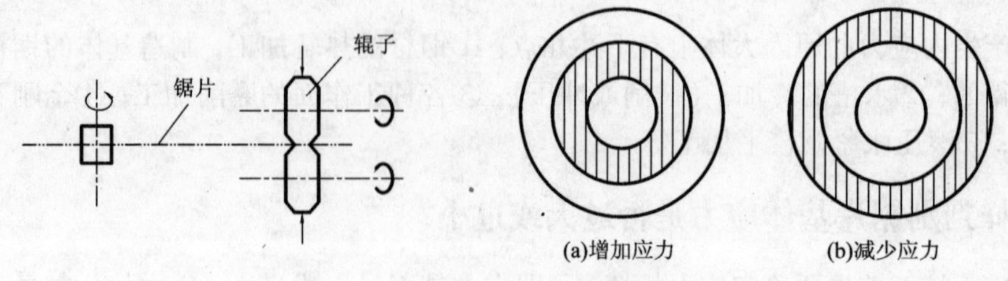

图205 辊压法校正应力原理图

837．锯片基体变形情况可分为几类？

锯片基体变形情况大体分为下列三类：

(1)径向变形

这种变形与基体局部组织不均匀有关。变形隆起由基体中心开始，辐射到边缘。校正方法是用十字锤锤击隆起处(如图 206a 所示)。

(2)横向变形

用十字锤在变形隆起锤击(如图 206b 所示)。

(3)局部变形

变形从外缘一边开始，但未达到另一边。用十字锤锤击变形隆起(如图 206c 所示)

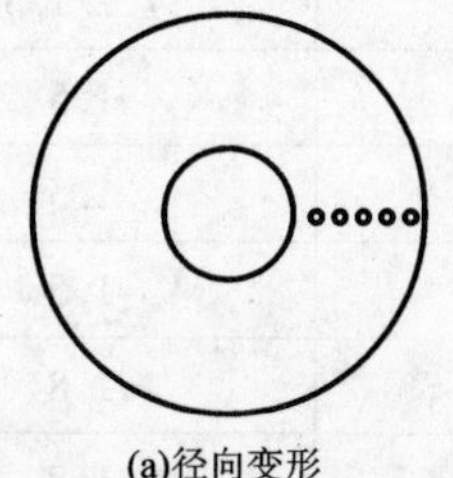

(a)径向变形

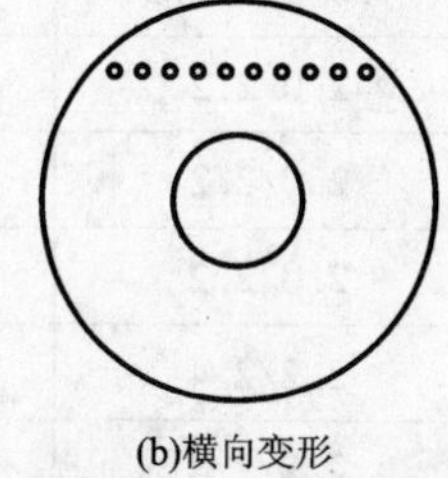

(b)横向变形

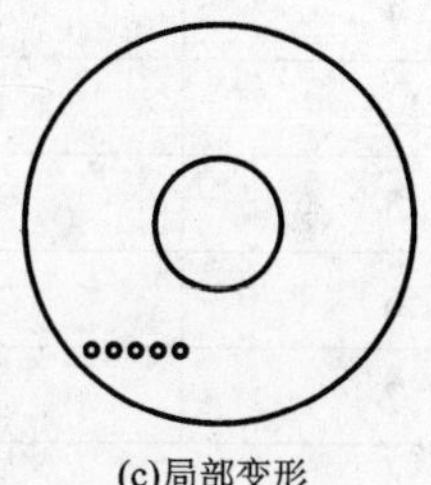

(c)局部变形

图 206　基体变形及校正

838．金刚石锯片应力校正机起何作用？

金刚石锯片(锯条)基体应力校正机，俗称“碾压机”，是石材加工用金刚石锯片(锯条)基体专用修整设备，它将锯片和锯条基体在生产和使用中产生的不规则应力集中点，经过合理的碾压，使基体内应力重新均匀分布，以调整因应力集中而产生的变形，增加基体的表面强度，重新达到基体所需的使用标准。经过碾压的基体既不会改变原有的基体形状，也不会造成新的变形，从而提高锯片的使用寿命和耐用度，经过调整后的锯片特别适合在组合锯机上使用。金刚石锯片应力校正机由液压系统通过油缸驱动一个碾轮进行加力，由电机通过减速机驱动另一个碾轮旋转，通过两个碾轮对锯片基体进行合理的碾压，使锯片基体的内应力进行重新分布，达到调整应力的目的。

839．锯片质量如何保障？

应该从原材料因素、制造因素和使用因素三个角度来分析：锯片基体、金刚石和结合剂并称为锯片的三大原材料。制造因素包括设备和工艺两个环节，“原料是前提、配方是基础，烧结是关键、检测是保障”，针对不同的石材，采用合适的锯片结构、金刚石和胎体材料，向系列化、锯片专业化方向发展。

840．岩石性能对锯片锯切有什么影响？

研究表明岩石的肖氏硬度与锯片的单位磨耗的相关性较接近，其他的岩石性能指标与锯片的单位磨耗没有建立什么相关性。试验结果表明，垂直切削力与锯片单位磨耗的相关性相当好。能综合地反映了岩石锯切的难易程度。应该重视对不同类岩石作可锯性研究，以便“依石选刀”。

841. 石材用锯片的一般规格有哪些?

见表 95。形状见图 207 和图 208。

表 95 大理石/花岗岩(Marble/Granite)锯片规格 (单位：mm)

外 径(D)		刀头厚度/T	刀头高度/X	基体厚度/E
英寸/Inch	毫米/mm			
4	105	1.8/2.0/2.2		1.2/1.5
4.5	115	2.0/2.2		1.5
5	125	2.0/2.2		1.5
6	150	2.0/2.2		1.5
7	180	2.2/2.4		1.8
8	205	2.2/2.4		1.8
910	230250	2.2/2.42.2/2.4		1.81.8
12	304	2.5/2.8/3.2		1.8/2.2
14	354	2.8/3.2		1.8/2.2
16	400	3.2/3.6		2.2/2.5
18	450	3.6/4.0/4.5		2.5/2.8/3.3
20	500	4.0/4.5		3.0/3.3
22	550	4.0/4.2/4.5		2.8/3.5
24	600	4.1/4.2/4.5		2.8/3.5
26	650	4.5/5.0		3.5/4.0
28	700	4.5/5.0		3.5/4.0
30	750	5.5/6.0		4.5
32	800	6.0/6.5		4.5
36	900	6.5/6.8		5.0
38	950	6.8		5.0
40	1000	6.8	高级或标准	5.0
42	1050	6.8	级/一般级	5.0
44	1100	6.8/7.5		5.5
46	1150	6.8/7.5		5.5

外 径(*D*)		刀头厚度/*T*	刀头高度/*X*	基体厚度/*E*
英寸/Inch	毫米/mm			
48	1200	6.8/7.5		5.5
50	1250	7.5		5.5
52	1300	7.5		6.0
64	1600	8.5		6.5
72	1800	9.0		7.0
80	2000	10.0		8.0
85	2150	10.0		8.0
87	2175	10.0		8.0
88	2200	10.0		8.0
100	2500	11.0		9.0

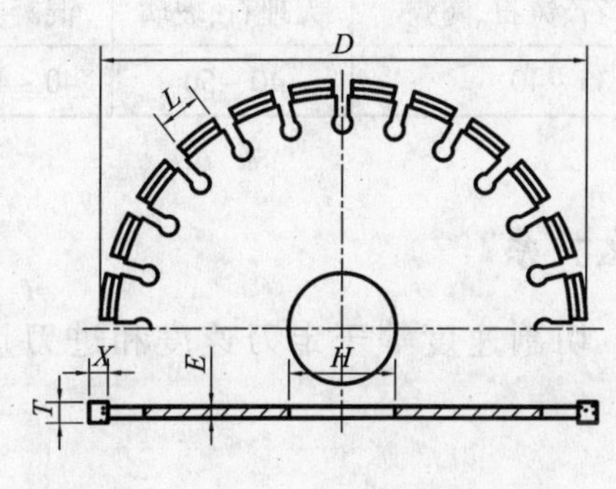

图 207 T 形孔口石材锯片结构形状

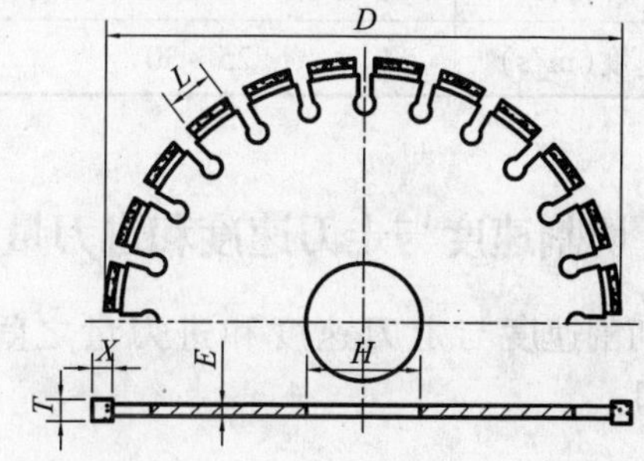

图 208 U 形孔口石材锯片结构形状

842. 锯片线速度对锯片锯切有什么影响?

如果进刀量和走刀速度不变，金刚石锯片的单位径向磨耗 q 取决于锯片的圆周速度 v(线速度)。对于大多数岩石，存在着一个最佳线速度，图 209 为采用 SDA85 型，40/50 美国目的金刚石切割黑色花岗岩时所获得的典型结果。当切割效率为 200 cm^2/min，最佳切割的线速度为 35 m/s。

843. 金刚石锯片的单位径向磨损的形式有几种?

金刚石锯片的单位径向磨损的形式有两种：①冲击磨损：由于金刚石与岩石的冲击而造成的磨损；②机械磨损：由于金刚石切削岩石的磨耗。当切割硬质岩石时，冲击磨损是主要因素。反之，当切割软质岩石时，冲击磨损就显得不突出了。

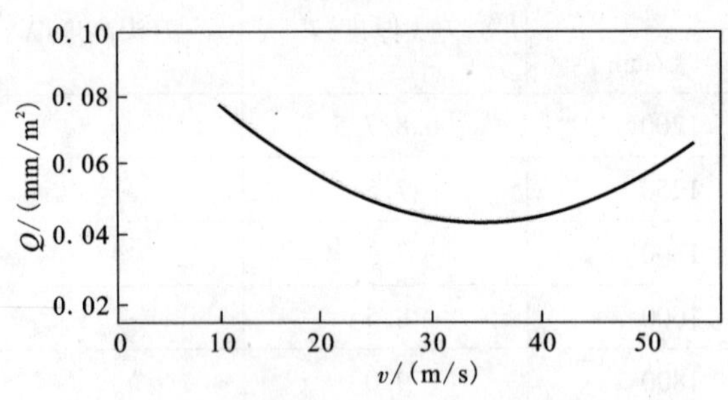

图 209 线速度与单位径向磨耗的关系

844. 金刚石锯片对于切割不同材料的线速度一般取多少?

金刚石锯片对于切割不同材料的线速度可参考表 96。

表 96 切割材料与线速度的关系

材料名称	电瓷、刚玉、石英、硬花岗石	软花岗石、铸石、陶瓷	大理石、玻璃	混凝土
线速度(m/s)	25 ~ 30	35 ~ 40	40 ~ 50	40 ~ 45

845. 切割速度与走刀速度和进刀量之间有什么关系?

切割速度与走刀速度和进刀量之间的关系是：切割速度等于走刀速度和进刀量之积，即：

$$F_s = v_t \cdot Z_t$$

式中：F_s——切割速度；

v_t——走刀速度；

Z_t——进刀量(切割深度)。

表 97 切割材料与进刀速度的关系

材料名称	硬花岗岩	大理石	混凝土	刚玉	玻璃钢,石棉水泥板
走刀速度/(m/min)	0.5 ~ 1.5	2.0 ~ 3.0	0.5 ~ 1.5	0.07 ~ 0.125	3.0 ~ 5.0

846. 金刚石锯片切割不同材料的走刀速度和进刀量一般取多少?

走刀速度或送料速度可参考表 97。进刀方式通常采用分层切的方式，进刀量一般为 3cm 左右。

847. 金刚石工具锯切石材有哪几种主要方式?

金刚石工具锯切石材主要有圆锯片锯切、框架锯切和串珠绳锯切割三种主要方式(见图

210)。其中圆锯片锯切加工是目前应用最为广泛和最为主要的金刚石工具切割方式。这三种切割方式的工具和运动形式虽然不同，实质上都是金刚石磨料在金属结合剂的把持下对岩石材料的磨削过程。

图 210　金刚石工具锯切石材方式

(a)圆锯片锯切；(b)框架锯切；(c)串珠绳锯切割

848. 金刚石锯片的磨损过程是怎样的?

金刚石锯片的磨损状况对其锯切能力和锯切过程的稳定性有着重要的影响。在锯切过程中应不断有金刚石磨粒的机械微破碎及相应的胎体磨损，以产生新的锋利的刀刃，保证一定的锯切效率。

金刚石磨粒从胎体中出刃到脱落而完全丧失切削能力要经历一定的磨损过程。典型的金刚石磨损过程为：金刚石出刃→达到工作高度→破碎→结合剂磨蚀→金刚石再出刃→磨粒破碎→磨粒完全脱落。由于金刚石磨粒在锯片工作面上分布不规则，所经历的磨损阶段有所差异。金刚石磨损整个过程可以分为初期磨损(出刃)、正常磨损、急剧磨损三个阶段，而正常磨损阶段又可能有以下三种不同的磨损路线：①初期磨损→局部磨损→大面积破碎(Ⅰ)；②初期磨损→抛光→局部破损→大面积破碎(Ⅱ)；③初期磨损→抛光→整体破碎(Ⅲ)。

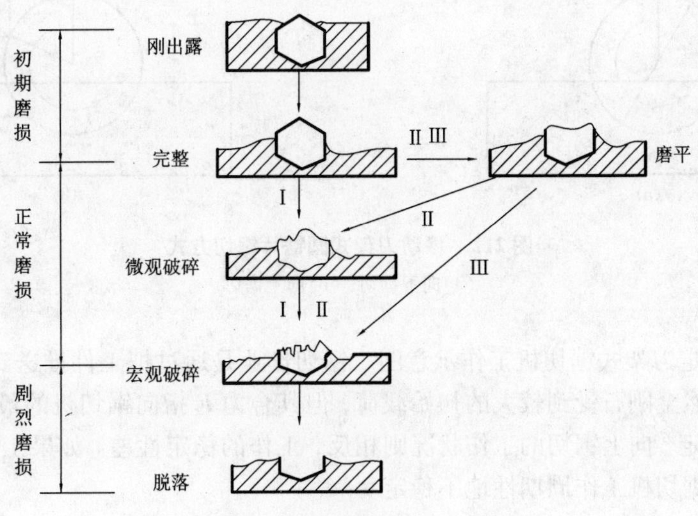

图 211　金刚石磨粒磨损过程

M. W, Bailey 等人通过显微观察锯切工具上金刚石磨粒的磨损过程和磨损形貌，将金刚石磨粒的磨损形态分为：出刃良好、磨平、破碎、脱落四种形式。有的研究者将金刚石磨粒的磨损形态分为五种主要形式，即初期出刃、抛光、局部破碎、大面积或整体破碎、脱落，并认为锯切过程中交变的机械载荷和热载荷及金刚石的内部缺陷决定着磨粒磨损形态。有的研究者提出了新的金刚石磨损形态分类法，即把金刚石磨粒的磨损形态分为：良好及微破碎、端部破碎、磨平、局部脱落、脱落凹坑、出刃六种形态。这种新的分类方法可更好的描述锯切过程中金刚石磨粒的磨损过程。金刚石的磨损形态决定着锯片的锯切性能。锯片工作面上微破碎、局部破碎的金刚石磨粒数越多，锯片越锋利，切削效率相应提高，但锯片使用寿命低；磨平、抛光的金刚石磨粒越多，切削力越大，切削效率随之降低，而锯片使用寿命有所提高，因此，许多研究者都认为，锯片工作面上各种金刚石磨损形态之间存在一个最佳比值，使得锯片的锯切性能最优，但比值大小取决于石材材质和对锯切加工工艺的要求。

849. 金刚石圆锯片的锯切方式有几种类型，受力状态如何？

金刚石圆锯片的锯切方式有向下和向上锯切两种方式。图212为移动刀架式圆锯片的锯切方式。向下锯切时，圆锯片顺时针旋转(线速度25～50 m/s)。并且向右移动，此时，金刚石所受的初始载荷相当大，垂直分力大于水平分力。向上锯切时圆锯片旋转方向保持不变。但锯片向左移动，此时金刚石所受的初始载荷较小，水平分力大于垂直分力。在生产实践中，移动刀架式锯切机通过改变锯片移动方向，实现向下和向上锯切交替作业。可见金刚石锯片在工作过程中其金刚石上所受的载荷是交替变化的，要采用质量较好的金刚石。

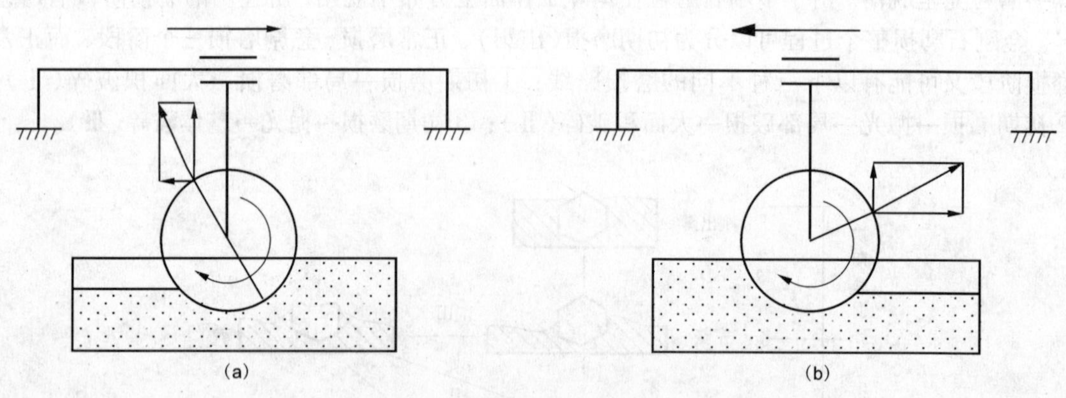

图212 移动刀架式圆锯片锯切方式

(a)向下锯切；(b)向上锯切

图213为固定刀架式锯切机工作示意图。锯切作业是通过把工件推送到锯片下进行的。向下锯切时，虽然金刚石受到较大的初始载荷，但其合力 R 指向锯切机的最大刚性处，所以锯切机工作较稳定。向上锯切的工作状况则相反，工作的稳定性差。如果工作台的送料方向周期性变化，则锯切机工作周期性地不稳定。

图214为手提式锯切机。一般采用向下锯切。通常用于锯切混凝土板，收缩缝和其他材料等。

图215为锯条锯切时的受力情况。锯条是用于框架锯切机。锯条根数视荒料大小而定，

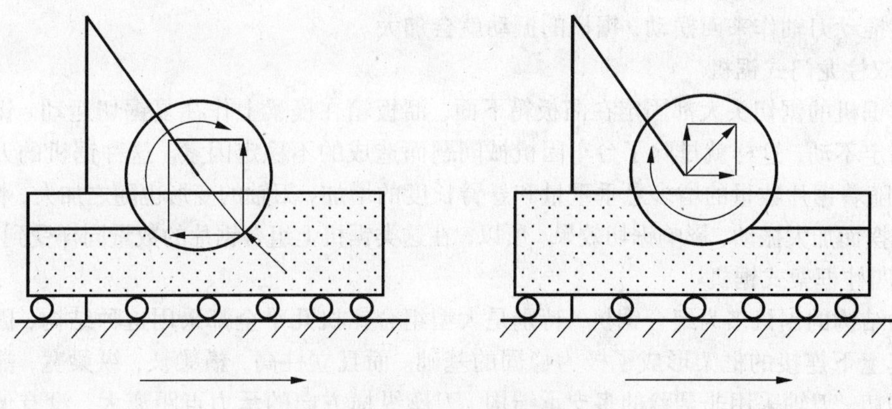

图 213 固定刀架式锯切方式

(a)向下锯切；(b)向上锯切

一般认为30根较为适宜。石材作用于锯条上的垂直力比水平力大得多，尤其是锯较硬的岩石更为显著。因此，框锯对于锯切花岗岩受到了一定限制：垂直力很大，易使锯条偏歪，寿命降低。但框锯对于锯切大理石之类的岩石能获得较好的经济效益。

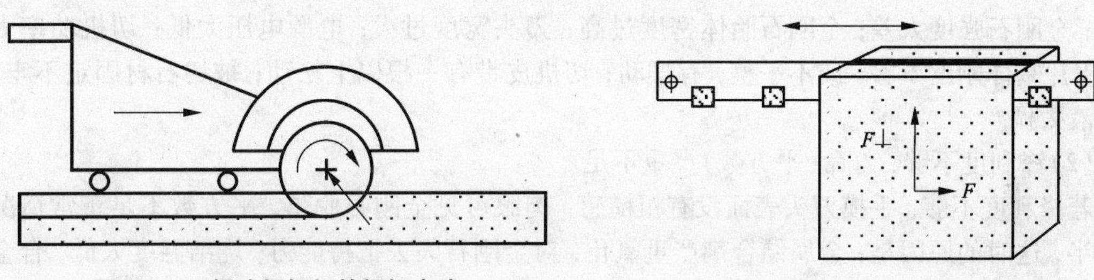

图 214 手提式锯切机的锯切方式

图 215 锯条框锯的锯切受力情况

850. 我国圆盘锯机有几种类型?

目前石材行业使用的圆盘锯机形式，大致可分为单柱悬臂式锯机，双柱龙门式锯机和四柱框架式锯机三种类型。

(1)单柱悬臂式锯机

结构简单，价格低廉，被广泛采用。因受结构形式的限制而存在如下问题：升降滑轨行程一般都在800 mm以内，只能使用高度低、宽度窄的荒料；悬臂的受力随着安装锯片的多少变化，锯片数量增多，悬垂重量增加，悬臂长度加大，悬臂受力件的变形量，尤其是刀轴的变形量也随之增加，这必将导致刀轴外端锯片较之里面锯片因刀轴变形而引起的偏摆幅度跟着加大，这也是单柱式锯机作为多片组合锯使用时外端锯片较易损坏的原因；锯切时荒料对锯片的阻力可分解为对刀轴头部向上的顶托力和水平推力。在这个力的作用下对锯切头和滑轨则形成向上的顶托力矩和水平扭矩。这两个力矩最后都传至滑座上由滑座承受。单柱锯的滑座一般都做得较高，上推力矩的受力支点距离较大，因此承受上顶力矩的能力也大。而滑座导轨的宽度相对较窄，所以承受水平扭力的能力就差。随着台车上荒料的往复运动，这个扭力的方向也跟着不断变化。又因升降运动需要滑轨与滑座的配合存有间隙，有扭转力矩的作用下势必推动刀轴作来回摆动，锯机的振动就会加大。

(2)双柱龙门式锯机

这类锯机的锯切头大都固定在溜板箱下面，溜板箱在横梁上作往复锯切运动。锯切过程中台车固定不动，这样就排除了台车因机械问题而造成的不稳定因素。这种锯机的刀轴也是悬臂的，随着锯片数量的增多悬垂重量和悬臂长度的增加，刀轴的变形也随之加大，将因此引起锯片偏摆而加大振动，影响锯切效果。所以，在这类锯机上组合锯片的数量同样受到限制。

(3)四柱框架式锯机

这种结构的锯机多为组合锯机，特别是大型组合锯机几乎全都采用这种结构，因为四条立柱及其上下连接的框架形成了极为稳固的基础。而且立柱高，横梁长，纵梁宽，能放入大型荒料锯切。刀轴采用非悬臂的多支承结构，刀座纵横方向的承力点距离大，没有偏转力矩的作用，受力均匀，因而能装较多的锯片。

851. 金刚石锯片刀头在使用过程中常出现哪些问题，如何解决？

(1)锋利度不够，寿命(平方数)还可以

刀头锋利度不够的表现为：主电机电流增加，切削进刀速度慢，甚至出现片体跳动，尖叫声等。锋利度不够有如下原因：胎体与石材不匹配；金刚石浓度太高；细粒度金刚石用量太多；金刚石强度太差；金刚石胎体密度过高；刀头宽度过大；电源电压太低；切机功率太小；锯片基体刚度不够，或不平整，有摆动；切机皮带有一根以上松动；被切石材固定不牢；冷却液太稠。

(2)锋利度不够，寿命(平方数)严重不足

若锋利度不够，手摸刀头表面没有粗糙感，肉眼可见金刚石脱落，平方数不足正常情况的一半，这时的原因是：金属结合剂严重氧化，对金刚石失去把持能力；烧结温度太低，合金化未完成；热压时间太短，刀头外层跑料太多，内部合金化又不好；模具太旧，刀头尺寸明显偏大，密度不够；金刚石质量太差，如金刚石后处理没有洗净，表面含有酸等杂质。

(3)锋利度好，寿命(平方数)不够

这是比较普遍的问题，其原因主要是：金刚石强度较低，特别是粗颗粒金刚石的强度太低；细粒度金刚石用量太少，但如果提高细粒度用量而影响了锋利度，可适当提高细粒度金刚石强度；金属结合剂用量太少，可适当增加用量；热压温度太高，跑料太多，刀头密度太小，金刚石容易脱落；石墨模具太旧，刀头尺寸过大，密度太小；切机功率大，或主轴转数过大，使金刚石磨损容易；结合剂太软，耐磨性不够，可换结合剂。

(4)刀头上半部分切割正常，下半部分不耐用，甚至很快磨完

使用不良焊片，刀头焊接时间过长，焊接温度过高，使下半部分刀头受热严重，结合剂和金刚石氧化严重。更换质量好的焊片可解决该问题。

(5)刀头开始使用时速度还可以，可几个小时就切不动了

这种情况实际上是刀头锋利度不好，开始还可以是由于焊接时刀头排列不整齐，切削时有点“冲击效果”，但当不整齐部分磨平后，刀头锋利度就明显下降，处理方法见上述第二条。

(6)刀头上半部分正常，下半部分就切不动了

这种情况是下述两种原因的综合：刀头本身就不锋利；基体使用次数过多，极容易出现疲劳、变软，这样下半部分就变得不锋利了。

(7)刀头开刃太慢

这种情况在组锯上很普遍，其原因有：刀头本身锋利度不好；金属胎体与石材不匹配，不容易开刃；刀头结构不合理，可采用"面包状"或"锯齿状"的刀头，以使开刃容易，提前进入工作状态。

(8)分层刀头的"沟"太深

原因有：非金刚石层的金属粉用量太多；非金刚石层金属粉末氧化严重。解决此问题除了改善非金刚石层金属粉质量外，为提高锋利度，非金刚石层金属粉可采用非均匀装料法。

(9)刀头切削一段时间后，出现偏斜，一边高一边低。

这种情况不是刀头本身的问题，而是切机的问题：基体太软；主轴轴承磨损；锯片安装不平整。

(10)夹锯：特别是锯片进入石材1/2深度以后最严重。

原因：刀头宽度太窄；边层金刚石质量太差；基体不平稳；切机主轴承磨损。采用梯形刀头是解决该类问题的较好方法。

(11)刀头消耗2～3 mm后出现上窄下宽的形状。

这种情况称为"侧面磨损"，其原因有：边层金刚石质量太差，强度太低；边层金刚石浓度太低，细粒度金刚石含量太少；基体不平整；金属胎体不匹配，耐磨性太差。

(12)刀头出现明显中间高、两边低，或两边太高，中间太凹。

这种情况是各层金刚石分布不均匀，里外金刚石浓度差别太大。调整一下各层金刚石配比可解决此问题。

(13)刀头切削时冒火花严重

金刚石强度太差，特别是粗颗粒金刚石强度太差；金属粉有部分氧化；烧结温度低，部分金属粉没有合金化。

(14)夹层脱落

原因：非层金属粉质量不好，或夹层铁片表面氧化。烧结温度低。

(15)掉刀头

焊接质量、工艺问题；焊接温度低；焊片质量问题；若是刀头上有一部分粘结剂粘在基体上说明结合剂有部分氧化。

852. 金刚石锯片切割石材时采用什么冷却系统，对该冷却系统有什么要求？

冷却液的作用：①冷却切削中高速摩擦所产生的热能，从而延长锯片使用寿命；②润滑被切割石材的表面，使之光滑平整，减少切削时的阻力；③通过切屑后的石屑和脱落的金刚石粉末的相互摩擦，从而使金刚石不断出刃，加快切削速度。金刚石锯片切割石材作业几乎全部采用U形冷却系统，这种两面的冷却系统由弯头和穿孔管道组成。对这种冷却液供给系统的要求：

(1)管道系统必须引入锯片中心部分，使从管道中流出的冷却液，从锯片的切向方向流到锯片上；

(2)管子上的孔眼必须被定位，使冷却液不是以直角而是以45°至60°的角度流向锯片中心部分；

(3)必须选择合适的眼数，以便冷却液不断地流过管子整个长度，并以0.01~0.05 MPa的压力喷到锯片中心部分；

(4)为了交替深切，使冷却液覆盖成130°的扇形面积，见图216，通过改变叉形接头长度、U形管的形状或孔眼的分布，可以使冷却液覆盖较小的扇形面积或成为单面扇形冷却面积。

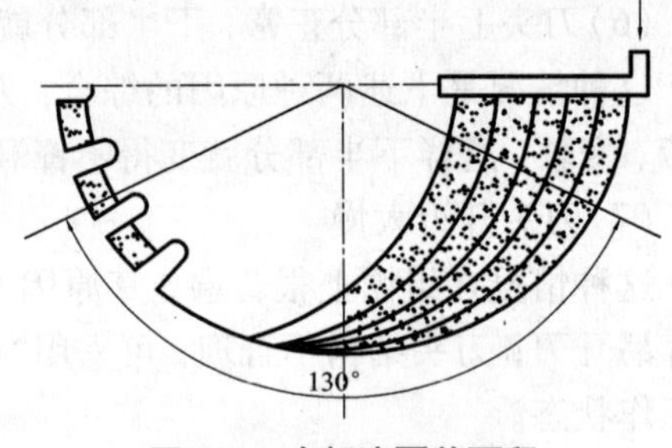

图216 冷却液覆盖面积

853. 金刚石锯片切割石材时冷却液量怎样计算?

冷却液量 V_k 可以按下式计算：

$$V_k = f \cdot \mu \cdot F \cdot \sqrt{\frac{2gP}{\rho}}$$

式中：f——液体的摩擦阻力系数，对于水为0.97；

μ——面积减小系数，一般为0.6；

F——管子横断面积，m^2；

g——重力加速度；

P——孔眼的出口压力；一般为0.1~0.5 bar；

ρ——冷却液密度。按上式计算结果见表98。

表98 金刚石锯片切割石材却液量

管径/inch	冷却流量/(L/min)	附 注
1/2	40	$P = 0.05$ MPa
3/4	100	
1	170	

冷却液量 V_k 也可按照经验公式计算：

$$V_k = D_s/2.5\,(\text{L/min})$$

式中：D——锯片直径，cm。

854. 金刚石锯片切割石材时使用的冷却液类型有哪几类?

在石材锯切作业中，相当长的时间内几乎全部使用自流或循环水冷却锯片及排出岩屑，到了20世纪60年代开始研究和使用冷却液。在我国目前使用的润滑冲洗液可以分为两类：①水溶性润滑剂——可溶于水的钠皂。如葵脂钠皂、松香钠皂等。②乳化型润滑剂——主要成分为表面活性剂和基础油。如目前工业上常用的皂化溶解油。乳化型润滑剂加入水中即成为水包油型乳状液，其润滑剂用量一般为冲洗液量的0.3%~0.5%。对于锯片切割花岗岩普遍采用阴离子型表面活性剂。

855. 乳化型润滑剂如何配制?

(1)乳化型润滑剂的组成:①基础油:基础油一般采用矿物油,如5#、10#、15#、20#机油外,各种重柴油、重油、燃料油等也可以作基础油。②乳化剂:即表面活性剂,通常为阴离子表面活性剂。使用广泛的有油酸钠、松香酸钠、十二烷基苯磺酸钠等。乳化剂的碳数与基础油碳数相接近,乳化效果才好。乳化剂用量为总量的25% ~30%。③稳定剂与防锈剂:稳定剂有醇类及醇胺类,如乙醇、三乙醇胺;常用防锈剂有石油磺酸钡(钠)、亚硝酸钠,它们的加量均为1%以下。④加水量:一般占总量的20% ~40%。

(2)乳化型润滑剂的配制:将乳化剂溶于油中,然后加热并将混合物直接加入水中,在保温条件下搅拌,即可得水包油乳化油。水溶性乳化剂皂化工艺:先将原料如油酸或松香加热使之熔解,然后把预热所需的氢氧化钠溶液以细流徐徐加入并充分搅拌,即可皂化。最后加稳定剂、防锈剂和水并搅拌使钠皂冲淡使之达到所需浓度。

856. 如何判断金刚石锯片切割效果的好坏?

影响金刚石圆锯片切割效果的因素有很多,从大的方面讲有制造因素和使用因素两方面。制造因素包括原材料因素和制造工艺因素。其中,原材料指金刚石、结合剂和基体。制造工艺因素指原材料的配方、烧结、焊接、整形等。使用因素是指锯片的选择、锯切参数的选择以及锯片的安装、操作等。

判断金刚石圆锯片切割效果的好坏,主要依据三项指标:即锯切效率、使用寿命、加工质量。

锯切效率是关于生产率的指标,通常以 cm^2/min、m^2/h,是锯片锋利性(自锐性)的标志。这是用户首先关注的一项重要指标。锋利性应能满足用户的要求,这是锯片作为商品能够进入市场的前提条件。对于不同的石材,国家已有标准的锯切效率。

使用寿命:是关于工作能力的指标,或者是关于耐用度的指标。它是指一副锯片总共能够加工板材的数量,以面积表示,有时也用延长米来衡量。例如切边锯片,在锯切一定规格的板材时,既可以用面积 m^2 来表示,也可用延长米数表示。使用寿命是用户关心的指标,更是锯片生产厂家关心的指标。尤其是以使用寿命计价的情况下,这项指标对生产厂家而言至关重要。

加工质量(板材质量):锯片锯切出来的板材质量主要是指表面平整度、平直度、两面平行度,以及边棱完整性等。

857. 为何铁基金刚石锯片逐渐受到人们的重视?

金刚石锯片广泛应用于石材等行业的加工领域,尤其石板材、墓碑、石雕工艺品加工等。在20世纪80年代末和90年代初,国内生产及进口金刚石锯片几乎均使用钴基金刚石锯片,节块的成分配方大致如下:Co 50% ~60%,Cu 40% ~30%,Sn 8% ~10%,金刚石浓度7% ~8%,金刚石粒度30/40目、40/50目,金刚石强度15 ~16 kg。上世纪90年代末,由于石材行业效益迅速下降,从而导致金刚石锯片刀头的价格大幅下跌。金刚石锯片节块的制造技术逐渐转为使用粒度较细,强度较低的金刚石和以铁粉为主体的铁基结合剂。目前厂家生产的 $\phi1600$ 金刚石锯片节块的各种成分大致如下:Fe 44% ~48%,Cu 30% ~34%,Ni 3% ~6%,Zn 3% ~4%,Sn

5% ~8%，WC 2% ~5%，金刚石浓度5% ~7%，金刚石粒度40/50目、50/60目。金刚石强度10 ~12 kg，从而取代价格昂贵，粗粒度，高强度金刚石和钴基结合剂，以求降低成本。

858. 铁基金刚石锯片特点有哪些?

其主要特点有：

(1) 还原铁粉生产工艺简单，价格低廉；

(2) 与Co，Ni，Cu相比，铁对金刚石具有较好的润湿性和较大的附着功；

(3) 有较好的可成形性和可烧结性；

(4) 有较适宜的力学性能，如抗弯强度、硬度；

(5) 对骨架材料W，WC，TiC，Cr_3C_2 等有较好的润湿性；

(6) 铁的热膨胀系数比Cu，Co，Ni都低，在加热冷却过程中有较小的体积效应，减小裂纹发生倾向；

(7) 铁和C，B，Si的相容性好，可以形成化合物，如 Fe_3C，Fe_3Si_3，Fe_3Si，Fe_2Si，FeSi Fe_2B，$Fe_3(CB)$，$Fe_23(CB)_6$ 等；这些化合物的生成，有力地降低金刚石和结合剂间的内界面张力，提高胎体对金刚石的粘结力；

(8) 铁可以降低金刚石和6-6-3青铜的内界面张力，产生化学结合，改善6-6-3青铜对金刚石的润湿。

总之，以铁为主要成分，一般与适当数量的铜、镍配合使用，还常常添加Sn，Zn，Co等成分。这类结合剂的机械性能，例如硬度、强度，与钴基结合剂类似，韧性和自锐性比钴稍差，对金刚石的化学作用比钴明显。铁基结合剂性能随着合金配方和烧结温度等工艺条件的变化而会发生较多的变化，性能不够稳定。但价格最低，不足钴的10%。而如果锯片配方或烧结工艺不当，则在加工软质石材时会表现出不够锋利的缺点。

859. 铁基锯片在使用过程中通常有哪些问题，如何解决?

铁基结合剂的主要缺点如下(成分设计不合理时)：

(1)铁基结合剂工具出刃不好，工具不锋利，切割效率低；

(2)铁基结合剂的广谱性不如钴基结合剂，比铜基结合剂也稍差；

(3)铁基结合剂烧结时对金刚石产生中度的刻蚀，比Ni，Cu，Co基结合剂稍许严重，但已证实表面刻蚀增加了金刚石和结合剂的粘结强度；

(4)铁基结合剂的烧结温度偏高；

(5)铁基结合剂中的低熔点金属和铜合金容易发生流失；

(6)铁粉在潮湿空气中，容易氧化和生锈；

铁基锯片在使用过程中通常存在的问题有：①铁粉活性很大，特别是细粒的铁粉更容易氧化。此时由于铁含量的减少，刀头的性能也发生改变；②铁在高温下能强烈熔蚀金刚石，形成Fe3C，降温时分解为石墨，从而降低了刀头的硬度；③铁基胎体抗冲击性差。

对于第一个问题，可以从两个方面来解决。从烧结气氛着手，烧结时利用保护气氛来防止铁粉的氧化；从粉末本身出发，采用铁的预合金粉末，这样可以有效地防止铁的氧化。对于第二个问题，可以采用以下方法来解决：在胎体材料中加入少量的低熔点元素Sn，Zn，降低烧结温度和保温时间，避免金刚石变为石墨；在金刚石表面镀膜(Ti，W，Cr)，这些强碳化物元素有利于在金刚石表面生成一层致密的碳化物，提高了胎体材料对金刚石的包镶力，也避免铁粉与金刚石结合，避免金刚石的石墨化。另外，在胎体材料中加入适量的磷粉。磷加入到铁基胎体中以后，形成的 Fe－P 合金(共晶温度点 940℃)，这大大低于纯铁的熔点，而磷对铁、铜及其合金润湿性好，扩散快，到 714℃时形成 Cu－P 共晶反应，大大降低了合金的烧结温度，阻止铁对金刚石的侵蚀。对于第三个问题，可以在胎体中加入适量的 Mn，从而提高抗冲击性。

860. 铁基胎体加磷对其性能有何影响，加量一般为多少?

含磷胎体的硬度随含磷量的增加而增加，而胎体的抗弯强度开始时随含磷量的增加而增加。其原因主要是由于磷和铁相互作用，使铁基得到强化，从而显著地提高胎体的硬度。当含磷量达到 2% 左右时，抗弯强度达到最大，但当含磷量继续增加时，抗弯强度下降。这是因为胎体的硬度急剧升高，使脆性增加，韧性下降，从而表现为抗弯强度下降。一般地，含磷量在 1～3% 左右时，胎体合金的综合性能最好。同时，铁基胎体中加入磷时，还可以使胎体与金刚石紧密结合起来，镶嵌牢固，增加了胎体对金刚石的把持力。不含磷粉的铁基胎体与金刚石的界面有裂纹，结合面粗糙，对金刚石的把持力有一定影响。

861. 球墨铸铁粉作为铁基原料与铁粉有何区别?

球墨铸铁是属于 Fe－C 合金，具有不易被氧化的良好性能。还含有一定量 Si、Mn 等化学元素，其中碳全部或大部分以球状石墨形式存在，从而使胎体强度、塑性、韧性得到很大改善。而 Fe 粉由氧化铁还原而成的单质金属，一旦外界条件如湿度、温度，极容易使铁粉被氧化成氧化铁，氧化铁几乎无什么强度。特别是梅雨季节，铁粉极容易氧化，很难保存，很难发觉辨别铁粉是否被氧化，一旦铁粉被氧化，造成结合剂强度大大下降，胎体失去对金刚石的把持力，从而影响了锯片切割石材性能，甚至无法切割，造成废品，使经济效益受到损失。

862. 镍、锡和锌含量在刀头烧结中如何控制?

镍对金刚石具有较好的把持力和一定耐磨性。因镍粉价格较贵，控制为 5%～6%，可以适应市场经济的需求，若镍含量大于 10%，正常烧结温度下节块难以压平。锡、锌是低熔点金属，在 730℃热压节块时，锡、锌完全熔化，将对铸铁、镍、铜、金刚石等起粘结作用，锡含量多，将使金属结合剂胎体变软，若锡含量大于 10%，将使金属粉，金刚石流出模具外，造成节块的密度偏低，胎体强度、硬度下降，锡含量控制在约 8% 或锡＋锌总含量约为 8% 较理想。金属结合剂强度应与金刚石磨损速率相一致，使金刚石颗粒不断地暴露在节块工作表面上，保证锯片使用效率的连续性。结合剂强度，耐磨性过高，使金刚石切刃磨损后新的金刚石不易露出结合剂表面，节块无切刃或切刃很低，节块表面钝化，将丧失切割作用降低切割效率。反之，结合剂耐磨低，金刚石磨损得更快，金刚石还未充分发挥作用就过早脱落，将加快缩短锯片的寿命。总之，结合剂耐磨性应与金刚石强度，被切割石材有一个合理的匹配关系。

863. 球墨铸铁烧结刀头的工艺流程是怎样的?

以 ϕ1600 球墨铸铁锯片为例说明锯片的制造过程。材料配方如下表 99，主要设备工具为：石墨模具，混料搅拌机、热压机、手提式高频焊机等。

表99 球墨铸铁烧结锯片配方

成分	Fe－C（球墨铸铁粉）C%：3.6－3.9	Cu	Ni	Sn	Zn	WC	辅剂	金刚石	
								40/50	50/60
含量	42	33	6	6	3	4	少量	5	1

工艺流程如下：配料→混料→投料→装模→热压→烧结→脱模→焊接→成品。

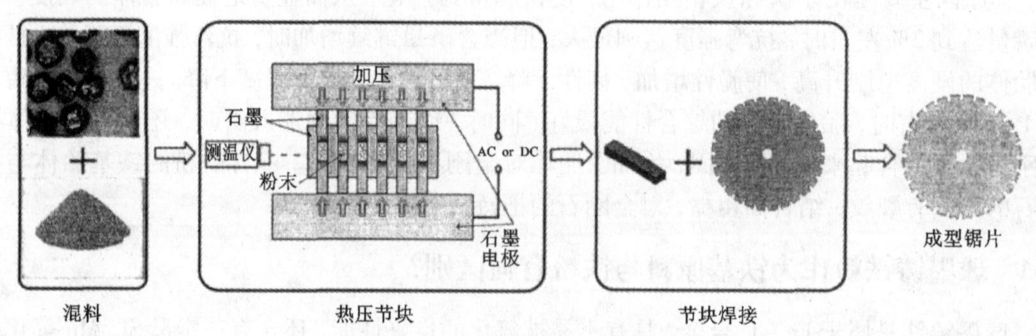

图217 球墨铸铁锯片制造过程

按以上配方，称取各金属粉的重量，于塑料盒中，搅拌摇匀，放入混料机筒中旋转搅拌，转速为50 r/min，运转3小时后取出，放入经金刚石润浸液泡过的金刚石，再运转半小时取出粉料，称取一定重量该粉料于石墨模具中，其中加铁片，边料→铁片→中料→铁片→边料，模具规格8.4/9.0 mm×13 mm×23 mm，装模完毕，将模具放到热压机上730℃加压成型，保温一定时间，取下模框放在空气中冷却至室温时节块脱模，将108个节块于高频机上用银焊片焊接在$\phi1600$的钢基体上，成为金刚石锯片。球墨铸铁锯片制造过程如图217所示。

864. 球墨铸铁粉与变质铁粉制备的金刚石锯片试验比较效果如何?

锋利性比较，见表100。切割效率比较，见表101。

表100 球墨铸铁粉与变质铁粉制备的金刚石锯片锋利性比较

石材名称	以球墨铸铁粉制备的金刚石锯片	以变质铁粉制备的金刚石锯片
山西黑 康美黑	锋利性好，能正常运转，无发现金刚石剥落，金刚石出刃正常	不够锋利，加大进刀量时，出现大量火花，发现金刚石剥落
枫叶红 四川红	能正常进行切割石材，锋利性正常，无发现金刚石剥落，胎体磨损正常，金刚石出刃正常	无法切割，出现大量火花，发现金刚石剥落，胎体磨损大

表 101　球墨铸铁粉与变质铁粉制备的金刚石锯片切割效率比较

石材名称	以球墨铸铁粉制备的金刚石锯片	以变质铁粉制备的金刚石锯片
山西黑,康美黑	正常进刀切割可以使用一个月左右	正常进刀切割只能使用半个月左右时间,胎体磨损加快
枫叶红,四川红	正常进刀切割可以使用 20 天左右	难以切割,刀具出现撞崩,造成废品

865. 影响金刚石锯片质量和锯切效率的因素有哪些?

影响金刚石锯片质量和锯切效率的因素列于图 218。

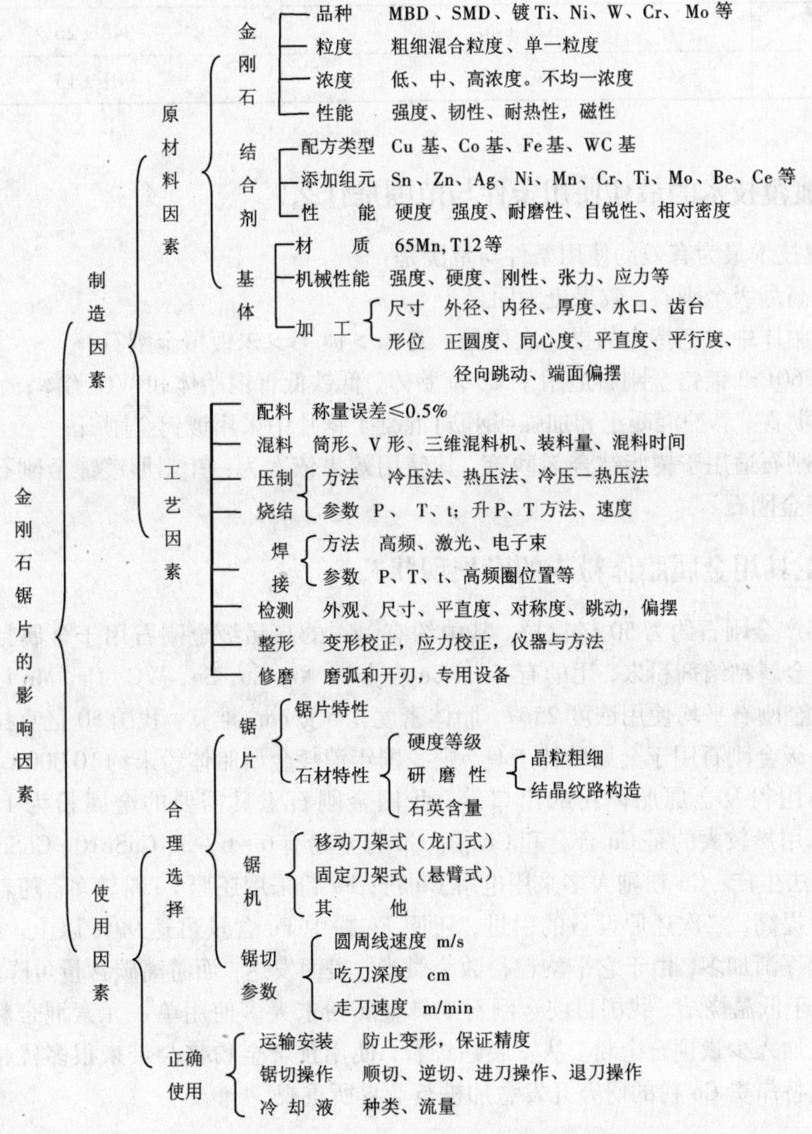

图 218　影响金刚石锯片质量和锯切效率的因素

866. 铁、钴、镍元素催化金刚石石墨化的温度为多少?

当金刚石晶体内部存在 Fe, Co, Ni 等元素时，会加速金刚石的石墨化过程，而且石墨化温度也降低。另外，在各类金刚石制品中 Fe, Co, Ni 作为粘结相成分一般总是存在的。因此金刚石的催化石墨化现象显得很突出，应充分降低烧结温度。对于 Fe, Co, Ni 三种金属，催化金刚石石墨化所需的阈值温度如表 102 所示。

表 102 催化金刚石成石墨态所需阈值温度及激活能

金属	平均激活能/(kJ/mol)	阈值温度/K
Fe	323 ±50	948 ±17
Co	325 ±80	948 ±26
Ni	480 ±63	901 ±13

867. 金刚石镀覆技术的最佳使用条件与范围是什么?

金刚石镀覆技术最为有效的使用条件与范围是:

(1)适用于高品级金刚石，效果更为明显;

(2)在纯钴胎体中对把持力的提高次序是: 镀 Cr > 镀 Ti > 未镀覆金刚石;

(3)MBS - 960Cr2 镀铬金刚石适用于 Co 基胎体、低铁低青铜胎体和 WC 胎体;

(4)在切割沥青、养护混凝土和加强(钢筋)混凝土锯片中采用镀钨金刚石;

(5)镀镍金刚石适用于树脂结合剂砂轮，其使用效果依次为: 针刺形镀镍金刚石 > 镀镍金刚石 > 未镀镍金刚石。

868. 金刚石工具用金属胎体粉末的发展现状?

目前我国年产金刚石约为 50 亿克拉。其中约有 1/4 的高品级金刚石用于金属粘结的金刚石工具。这些金属粘结剂粉末，用的有 Cu,(Cu 合金), Ni, Co, Sn, WC, Cr, Mn 以及预合金粉等。如果按金刚石平均使用浓度 25%，胎体密度 8.5 g/cm^3 推算: 我国 50 亿克拉金刚石中有 1/4 的高品级金刚石用于金属胎体工具，则我国年消耗金属胎体粉末约 10 000 t。实际加上工具过渡层的用粉及金属胎体粉的出口等，我国金刚石工具需要的金属粉为 12 000 ~ 15 000 t。其中，用量较大的是 Cu 合金和 Cu 粉。Cu 合金粉有 6 - 6 - 3、CuSn10、CuSn20 等青铜粉，采用雾化法生产; Cu 粉则大多采用电解 Cu 粉; Fe 粉采用还原 Fe 粉较多。随着我国隧道窑还原技术的提高，二次还原设备的引进，还原 Fe 粉中 Fe 含量可达 99% 以上。近年来，羰基铁粉的用量逐渐加多，由于它平均粒径数个微米，表面发达，而游离碳含量可降到0.1%以下，特别有利于低温烧结。我国目前金刚石工具金属粉末大多使用单一元素混合料，或者以单一元素为主加入少量预合金粉。从发展趋势看，使用预合金粉将会带来很多优越性，而且以预合金粉代替昂贵 Co 粉的研究开发愈加被行业界所重视。

869. 金刚石胎体粉末的熔点对胎体性能有何影响?

所用的金刚石工具大多是以烧结体的形式出现的，而这些烧结体都离不开金属粉末。随着烧结技术的发展，为了获得优良性能的金刚石制品，在胎体中加入的金属粉末的种类越来越多，成分越来越复杂。目前国内的金刚石制品中，大多是以单元素混合粉末形式加入，而机械混合粉末胎体的优点是便于调整成分的配比。但是，金刚石在高温下容易碳化，其制品的烧结温度都较低(大多数在1 000℃以下)，而大多数金属，特别是高强度金属，其熔点都在1 200℃以上，其合金的熔炼温度更高。例如同是钨-钴类材料，制作硬质合金时经过1 520℃的高温烧结，其抗弯强度达1 400～2 000 Pa，而950～1 000℃烧结的胎体其抗弯强度不到1 000 Pa。实际上，在低温烧结下形成的制品，其胎体多为假合金，即胎体中大多数高熔点金属元素，仍以原有的单金属元素形式存在，只有少数低熔点金属在烧结过程中熔化或熔融，并与少量其他元素形成部分合金，而且在烧结过程中很大一部分低熔点金属被烧损或挥发，达不到原胎体配方设计时要求的性能。

870. 常用金刚石胎体粉末基本性能是怎样的?

表103　常用金刚石胎体粉末的熔点和密度

金属名称	Sn	Cd	Pb	Zn	Sb	Al	Ag	Cu
密度/(g/cm^3)	7.298	8.65	11.3	7.14	6.68	2.7	10.5	8.93
熔点/℃	231.9	321.03	327.35	419.4	630.5	658	960.8	1083
金属名称	Mn	Ni	Co	Fe	Cr	W	663-Cu	
密度/(g/cm^3)	7.43	8.9	8.7	7.85	7.1	19.3	8.82	
熔点/℃	1244	1452	1492	1537	1903	3370	800	

注：663-Cu青铜含Sn6%，Zn6%，Pb3%，余铜。

871. 金属粉末是如何制取的?

粉末的制取方法很多，不同的方法决定了所制取粉末的颗粒大小、形状、松装密度、化学成分、压制性和烧结性等，同时，不同的制粉方法对所制取粉末的成本也有很大影响，因此，对其制备及处理方法进行一些了解是十分必要的。

(1)还原法

是用还原剂还原金属氧化物及盐类来生产金属粉末的一种方法，还原剂及被还原物可呈固态、气态及液态。简单的氧化物还原反应，可用下式表示：MeO + X = Me + XO。式中Me-生成氧化物(MeO)的金属；X-还原剂。许多金属的氧化物可以在一定温度下被碳还原，在一定条件下氢可以还原铜、铁、镍、钴、钨等金属的氧化物。还原法生产出来的初级产物一般为海绵状，然后经过破碎、筛分、退火等工艺制得金属粉末，还原法生产出来的金属粉末有相对较为发达的比表面，多为不规则多边形状，具有很好的压制性及烧结性。还原还是对某些粉末进行处理的一道重要工序。存放期较长的金属粉末被氧比后，可以通过还原处理提高金属粉末的纯度，降低氧含量，并改善其压制性。此种还原处理一般用氢气或分解氨(N_2 十

$3H_2$)气体。铜的还原温度一般为400~500℃；镍的还原温度为700~750℃；钴的还原温度约为800℃。

(2)雾化法

雾化法就是将液体破碎成为细小液滴，任何能形成液体的材料都可进行雾化。借助高压水流或气流冲击来破碎液流分别称为“水雾化”或“气雾化”，也常常称为“二流雾化”。当表面张力大和冷却速度低时，促使形成规则颗粒形状；当表面张力小和冷却速率高时，有利于形成不规则的颗粒形状。水雾化粉末的形状一般是十分不规则的并且表面的氧含量较高；气雾化粉末的形状一般较接近于球形或圆形。若是用惰性气体雾化，通常氧含量较低，由于气雾化法生产的粉末形状接近球形，其压制性较差(压坯强度较低)。雾化法可以用来制取铅、锡、铝、锌、铜、镍、铁等金属粉末，也可以制取黄铜、青铜、合金钢、高速钢、不锈钢以及高温合金等预合金粉末。除了二流雾化法之外，还有离心雾化、真空雾化、超声雾化等雾化法。

(3)机械粉碎法

机械粉碎是靠压碎、击碎和磨削等作用，将块状金属或合金机械地粉碎成粉末的。①机械研磨，机械研磨有四种力作用于颗粒材料上：冲击、摩擦、剪切以及压缩。②冷气流粉碎，利用高速高压的气流带着较粗的颗粒，通过喷嘴轰击在击碎室中的靶子上，压力从高压降到大气比，发生绝热膨胀冷却了的颗粒被粉碎。

(4)羟基法

是在一定条件下离解羟基物而制取粉末的方法。金属羟基物是在特定的温度和压力下，使一氧化碳通过海绵金属制得的，一般为易挥发液体或易升华的固体。制取的粉末化学纯度很高(≥99.5%)。

(5)电解法

电解制粉可以分为：水溶液电解、有机电解质电解、熔盐电解等。用得较多的是水溶液电解和熔盐电解，而熔盐电解主要用于制取一些稀有难熔金属粉末。水溶液电解可以生产铜、镍、铁、银、铅、铬、锰等金属粉末，在一定条件下，水溶液电解可以使几种元素同时沉积而制得Fe-Ni、Fe-Cr等合金粉末。从制得的粉末特性来看，电解法有提纯的过程。因而所制得的粉末较纯；同时，电解法制取的粉末一般为树枝状，压制性较好；电解法制取的粉末粒度也易于控制。用电解法制取金属粉末过程的基本原理在于：当在溶液或熔盐中通入直流电时，金属化合物的水溶液或熔盐发生分解。金属粉末沉积的实质是金属离子在阴极上放电，析出还原产物。

872. 添加稀土元素对金刚石制品有哪些作用？

金刚石制品主要是由粉末冶金的方法制成，其胎体成分多为硬质合金，稀土元素作为“工业味精”对金刚石工具的性能可发挥积极作用：

(1)稀土元素的加入能提高胎体金属对金刚石的浸润性，增强粘结能力；

(2)稀土元素的加入能提高胎体材料的抗弯强度、耐磨性、抗冲击韧性等，提高金刚石工具的质量；

(3)稀土元素能降低粘结金属的熔点，降低金刚石制品的烧结温度，从而减少热压法高温造成的金刚石质量下降。

873. 采用预合金胎体金属粉末有哪些优点?

胎体金属粉末的预合金化有如下优点:

(1)合金熔点比单元素熔点低,可使一些高强度金属通过合金化后降低熔点,以达到烧结金刚石制品的要求;

(2)合金和单元素金属相比,具有较高的物理机械性能,易于满足金刚石制品胎体性能要求;

(3)合金抗氧化性比单元素强,易于保存;

(4)预合金粉末比机械混合粉末均匀,对金刚石的浸润性好;

(5)合金粉末具有单一的熔点,从而避免了机械混合粉末胎体烧结中最常出现的成分偏析和低熔点金属先熔化并富集以及易氧化、挥发等缺陷,从而可保证金刚石制品的质量,制品的机械性能也大有提高;

(6)技术配方保密性好。

874. 预合金代钴粉末的主要生产方法有哪些?

目前,预合金代钴粉末主要有两种方法,即化学共沉淀还原法、雾化制粉法。这两种方法的主要流程如表104。两种方法制得粉末性能的比较列于表105。

表104 预合金代钴粉末的制备流程

化学法	金属盐溶液→草酸混合液→共沉淀→过滤、水洗→干燥→还原合金化→金属粉状物→气流粉碎→检测→包装
雾化法	金属或金属块→中频冶炼→合金液雾化→脱水、干燥→还原→分级→检测→包装

表105 两种方法制得的粉末性能比较

性 能	雾 化 法	化 学 法
粒度(D50)/μm	8~15	3~8
形状	(水)不规则、表面较致密	海绵状、表面疏松
比表面积/$m^2 \cdot g^{-1}$	0.2~0.6	~2.0
松装密度/$g \cdot cm^{-3}$	2.5~3.5	1.0~1.8
氧含量/%	0.24~0.38	0.8~1.2

875. 金属粉末还原条件是什么?

金属粉末的还原温度和金属种类有关,各种金属均有其最佳的还原温度。温度过低,不产生还原或还原速度很慢;温度过高,会产生金属自身的烧结。一般地,出炉温度应低于40℃,否则温度过高,刚被还原的粉末又将氧化。在还原钴粉时,出炉的温度越低越好,尤其是钴粉中含有铁杂质时,因为新还原的铁极易与空气中的氧发生氧化放热反应,使钴粉重新氧化,当钴中铁含量高时,出炉后甚至会引起钴粉的燃烧。常用金属粉末还原的条件见表

106，图219为金属粉末还原炉外貌图。

表106 常用金属粉末还原条件

金属粉末＼还原条件	还原温度/℃	保温时间/h
Cu	400	1－2
Ni	500	1－2
Co	500	1－2

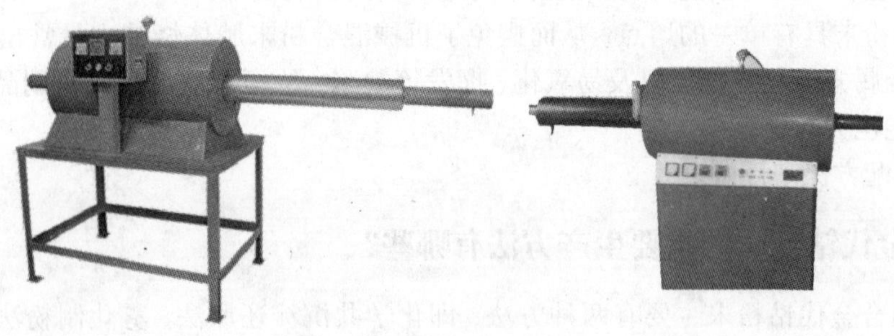

图219 金属粉末还原炉

876．金刚石烧结体性能测试的方法有哪些？

关于烧结体产品质量检验项目及方法，各国还没有统一方法，但是国外各大公司一直很重视，他们都有自己的质量检查标准。一般，国内外主要的衡量指标是耐磨性、热稳定性、抗冲击强度及显微组织等。

877．金刚石形貌量测系统的作用是什么，为什么形貌分析很重要？

通常人们都是在显微镜下通过肉眼观察对金刚石的形状进行评价，这样的评价带有很大的主观因素，会造成评价的偏差。先进的形貌量测系统，可以定量地评价金刚石晶形的好坏。基本方法：在扫描器中通过对金刚石样品的扫描取得金刚石颗粒的平面透视数字图像(2－D)再经过计算机形貌量测软件对该图像进行测量和分析，准确地测量出金刚石的形状、尺寸、颜色、透光度、纯净度、粗糙度等形貌参数，使参数定量化。目前此系统能够测量的指标有以下8项：Fe(椭圆度)、Fc(圆度)、R%(粗糙度)、PSD(粒度分布)、RGB(色度)、T(透明度)、C(纯净度)以及PPC(粒/ct)。只有使用金刚石形貌分析系统，对金刚石的以上各种指标以及形貌特征有了科学详细的了解，才能把不同类型的金刚石使用在合适的金刚石工具上，让金刚石更有针对性、更高效地使用。

878．什么是金刚石磁化率？

人造金刚石由于合成用触媒多为感磁元素，金刚石内部不可避免地含有该类杂质，使金刚石具有感磁特性，金刚石的磁性以其磁化率来表征，而磁化率的大小与其内部杂质含量相关，杂质含量与金刚石的理化性能、质量指标(TI、TTI、强度、密度、热稳定性、色泽、透明度等)密切相关，故对不同金刚石磁化率进行分选和分析具有重要的科学意义和实用价值。

879. 什么是超硬材料堆积密度?

堆积密度是指磨料在自然条件下，在空气中单位体积内所含磨粒的重量。它是最常用的表示粉状物体填充特性的物理量，它是超硬磨料密度、颗粒形状、颗粒表面状态和粒度群组成等物理性能的综合反映，是国际上用于该材料物理性能的一般方法，在控制超硬磨料产品品质、划分品种、牌号和在磨具制造等方面具有重要性。例如：由于金刚石的硬度和弹性模量极高，在制作工具过程中很难发生塑性变形，因此选择最佳的粒度配比，提高烧结前的堆积密度，对提高金刚石工具质量有重要作用。

880. 为什么要对金刚石冲击韧性进行检测?

金刚石颗粒，尤其是锯切和钻探用的高品级金刚石颗粒，在使用过程中，工作条件恶劣，运动冲击很大，金刚石往往由于受冲击而破坏，单纯的静压强度不能全面衡量金刚石的强度性能。所以对金刚石要求有一定的抗冲击韧性。冲击韧性测定仪就是专门测试金刚石冲击强度的专用仪器。在金刚石工具生产过程中，为了保障和提高产品质量，应对金刚石做冲击韧性试验，了解当批次金刚石适合做成什么类型的金刚石工具，做到量体裁衣。

881. 什么是金刚石热冲击韧性?

金刚石热冲击韧性(TTI)是衡量金刚石热冲击韧性的指标，它反映了金刚石在高温下工作条件下的热稳定性能。该性能的好坏对较高温度下的金刚石工具(如干切锯片或冷却不良)的工作性能和工作寿命影响极大。金刚石热冲击韧性测定仪是用于测定高温下金刚石颗粒的抗冲击韧性的专用仪器。

882. 金相显微镜的作用是什么，使用金相显微镜有什么重要性?

金相分析是金属材料试验研究的重要手段之一，采用定量金相学原理，由二维金相试样磨面或薄膜的金相显微组织的测量和计算来确定合金组织的三维空间形貌，从而建立合金成分、组织和性能间的定量关系。计算机定量金相分析正逐渐成为人们分析研究各种材料，建立材料的显微组织与各种性能间定量关系，研究材料组织转变动力学等的有力工具。它可以很方便地测出特征物的面积百分数、平均尺寸、平均间距、长宽比等各种参数，然后根据这

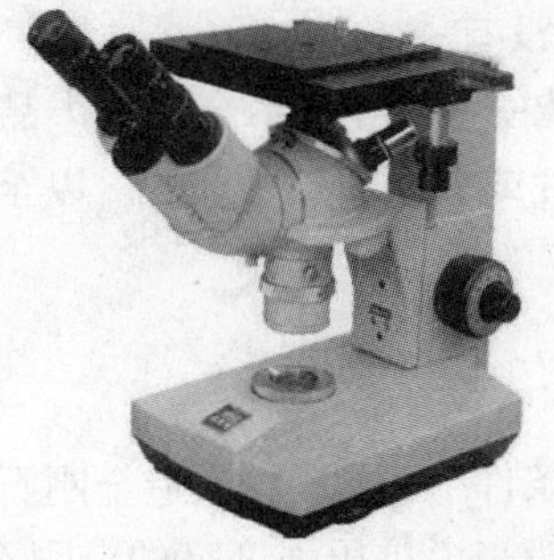

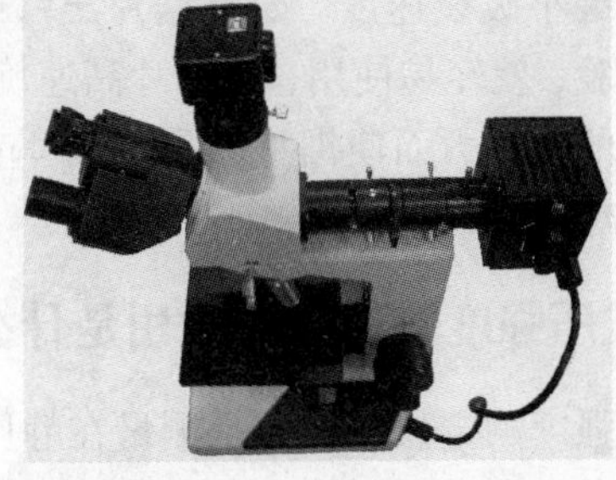

图 220　金相显微镜

些参数来确定特征物的三维空间形态、数量、大小及分布，并与材料的机械性能建立内在联系，为更科学地评价材料、合理地使用材料提供可靠的数据。

883. 金刚石锯片锯齿结合强度测定仪的作用是什么?

金刚石锯片锯齿结合强度测定仪的作用是检测金刚石圆锯片的锯齿与基体的结合强度，为客户使用提供安全可靠的金刚石圆锯片。锯片锯齿结合强度不足时，在使用过程中，由于高速旋转产生的离心力、摩擦阻力以及冲击力等作用使得锯齿断裂飞出，对人员和设备安全构成威胁。

884. 金刚石颗粒密度测定仪的作用及颗粒密度测定的意义是什么?

金刚石颗粒的实际理论密度在3.5152～3.5153 g/cm^{3}之间，但是，人工合成的金刚石由于生产过程中夹杂的石墨、金属触媒以及因使用需要而掺入Ce、Sb等微量元素的原因，导致不同用途的金刚石密度在3.48～3.54 g/cm^{3}之间。超硬磨料颗粒密度分析仪可以精确的检测各种超硬磨料的颗粒密度，也可以适用于其他颗粒状材料的颗粒密度测量。颗粒密度的测定可以知道金刚石内部的杂质含量，以及金刚石内部可能存在的杂质元素，对金刚石的使用可以起到引导作用。

885. 标准拍击式振筛机的作用以及金刚石粒度分级的必要性是什么?

振筛机的作用就是用来将颗粒状物料按其颗粒大小分成若干颗粒尺寸相近的粒群。这个粒群也就是所说的粒度。也就是说振筛机是用来将不同粒度的金刚石混料进行精密筛分成统一粒度标准的金刚石。不同的金刚石工具需要的金刚石粒度各有不同。使用振筛机可以将不同粒度的金刚石筛分成各个粒度段，从而选择自己需要粒度段的金刚石进行金刚石工具的生产。

图221 一种振筛机外貌图

886. 回转强度试验机的作用以及使用它的重要性是什么?

回转强度试验机的作用是通过回转强度试验机的高速旋转(速度可调)带动锯片旋转以用来检测锯片的安全试验速度和最小破裂速度。如果锯片出厂时没有进行回转强度试验，就轻易使用，在锯片高速旋转的工作中，不合格的产品很容易因锯片的高速旋转所产生的离心力而使锯片破裂，引起碎片或金刚石颗粒飞出，以至于导致工作人员负伤，甚至危机人身生命安全。

887. 单颗粒抗压强度测定仪的作用是什么?

单颗粒抗压强度测定仪的作用是测量在静压条件下，单颗粒人造金刚石发生破碎时的负载力值。抗压强度是衡量金刚石的重要指标，一般来说抗压强度高的金刚石，其韧性、热稳定性、以及其他性能也较好。使用单颗粒抗压强度测定仪可以知道自己使用的金刚石是处于一个什么样的强度范围，以便更有效地使用金刚石。

888. 在金刚石行业为什么要推广应用锯片实切效果试验机?

锯片实切效果试验机能对不同规格、不同类型的金刚石锯片的性能进行实际测试，通过专门的传感装置、电控系统、数据处理和显示系统对锯片实际锯切参数，如对主电机转数、切割线速度、给进速度、给进力的大小、切割噪声、振动等参数进行直接测试，科学地反应锯片的切割性能，反映锯片的锋利度、切割寿命、动平衡等。通过该试验机的试验，对锯片刀头配方设计提供科学指导，对金刚石和胎体粉末的性能、品质、烧结效果作一科学评判，同时石材厂家可以根据加工对象，对锯切工艺参数进行科学调整。专业锯片厂家可根据石材等加工对象的不同即时调整配方，提高产品的现场适应能力。

889. 烧结体的耐磨性有哪些检测方法?

相对耐磨性是非常重要的指标。美国 G. E. 公司用车削办法来检验金刚石烧结体的相对耐磨性。烧结体制成标准刀具后加工含硅硬橡胶，以其刃口磨钝为止的加工量(工件数)来评价相对耐磨性。De Beers 公司用超声波声速法测弹性模量来测定烧结体的耐磨性。下面简介耐磨性测定的几种方法:

(1)耐磨系数法

用金刚石刀刃切削充满砂的硬橡胶棒或均质花岗岩，根据刀刃磨损面宽为 0. 254 cm (0. 10 英寸)时所耗的时间来表示耐磨性。将该值与某种标准材料测定值相比较可计算出相对耐磨系数，测试周期一般为几十分钟至数小时。这种单切刃的测试方法有两种形式，一种为旋转式切削，另一种为直线式切削。旋转形式的试验可在车床上进行。

(2)钻机试验法

用待检烧结体制成小钻头，在台架上进行钻进岩石试验，然后用相同试验参数在研磨性极高的黄砂岩上(或高硬花岗岩上)钻孔，再用所测其轴向及径向磨损，以每米进尺磨损高度衡量烧结体的耐磨性(如图 222 所示)。该方法除进行耐磨性检测之外，还可同时采集钻压、扭矩、转速及钻速等参数，是一种综合试验手段。

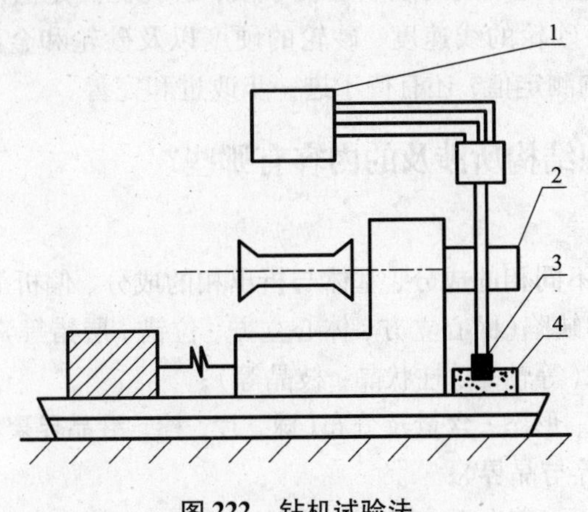

图 222 钻机试验法

1—数据采集系统; 2—钻机; 3—钻头; 4—岩石

(3)磨耗比法

按一定参数进行切削或磨削试验，计算磨削比，如JB3235－83中提出的磨耗比测定方法。该法是用金刚石烧结体切削80目的绿碳化硅砂轮，以砂轮失重与切刃失重之比来衡量耐磨性，磨耗比法是目前我国金刚石烧结体耐磨性标准测定方法。磨耗比越大，越耐磨。磨耗比测定仪工作原理示意图见图223所示。

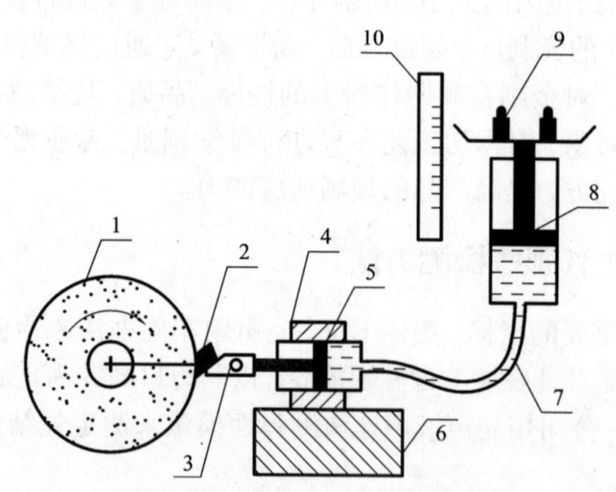

图223 磨耗比测定仪工作示意图

1—砂轮；2—烧结体试样；3—水冷卡具；4—固紧卡座；5—被动缸活塞；6—摆动工作台；7—油管；8—主动缸活塞；9—砝码与托盘；10—下降尺

(4)用超声声速(弹性模量)测定法

DeBeers公司应用超声脉冲透射法测定了金刚石烧结体的超声声速，烧结体的超声声速愈高，它的弹性模量也愈高。物体的弹性模量愈高，使物体发生单位应变所需要的应力也愈大，物体愈加难以破坏，也更加耐磨。

以上几种方法都是用相应的测试手段确定烧结体磨损的高(宽)度、体(面)积或重量，并以此来衡量其耐磨性能，但其着眼点各有不同。耐磨系数法和台架试验法偏重于综合性能的研究，试验周期长，不宜作为常规的质量检验手段；磨耗比测定法简便易行，但存在一定的不可靠性。它的缺点是，砂轮的线速度、砂轮的硬度以及砂轮和金刚石烧结体的接触方式，进刀大小，都会大大影响测定值，还有待于进一步改进和完善。

890. 材料的显微组织结构所涉及的内容有哪些?

其内容包括：

(1)显微化学成分(不同相的成分、基体与析出相的成分、偏析等)；

(2)晶体结构与晶体缺陷(面心立方、体心立方、位错、层错等)；

(3)晶粒大小与形态(等轴晶、柱状晶、枝晶等)；

(4)相的成分、结构、形态、含量及分布(球、片、棒、沿晶界聚集或均匀分布等)；

(5)界面(表面、相界与晶界)；

(6)位向关系(惯习面、孪生面、新相与母相)；

(7)夹杂物；

（8）内应力（喷丸表面，焊缝热影响区等）。

891．传统的显微组织结构与成分分析测试方法有哪些？

（1）光学显微镜：光学显微镜是最常用的也是最简单的观察材料显微组织的工具。它能直观地反映材料样品的组织形态（如晶粒大小、焊接热影响区的组织形态，铸造组织的晶粒形态等）。但由于其分辨本领低（约200 nm）和放大倍率低（约1000倍），因此只能观察到102 nm尺寸级别的组织结构，而对于更小的组织形态与单元（如位错、原子排列等）则无能为力。同时由于光学显微镜只能观察表面形态而不能观察材料内部的组织结构，更不能对所观察的显微组织进行同位微区成分分析，而目前材料研究中的微观组织结构分析已深入到原子的尺度，因此光学显微镜已远远满足不了当前材料研究的需要。

（2）化学分析：采用化学分析方法测定成分只能给出一块试样的平均成分（所含每种元素的平均含量），虽可以达到很高的精度，但不能给出所含元素分布情况，如偏析，同一元素在不同相中的含量不同等。光谱分析给出的结果也是样品的平均成分，而实际上元素的分布不是绝对均匀的，即在微观上是不均匀的。恰恰是这种微区成分的不均匀性造成了微观组织结构的不均匀性，以致带来微观区域性能的不均匀性，这种不均匀性对材料的宏观性能有重要的影响作用，往往是形成脆性裂纹源，并逐渐扩展而造成断裂。

892．X射线衍射仪适应哪些范围的检测分析？

近年来，材料显微分析技术（特别是x射线衍射分析与电子显微技术）在材料及其工艺研究中的应用日趋普遍。每一个结晶物质，都有其特定的结构参数。这些参数在x射线的衍射花样上均有所反映，尽管物质的种类有千千万万，但却难以找到两种衍射花样完全相同的物质。衍射图上衍射丝条的数目、位置及其强度代表了某种物质的特征，可以作为鉴别物相的标志。当几种物相混合时，衍射图上的衍射线条将是各个单独物相衍射线条的简单叠加。人们有可能从混合物的衍射花样中将各物相分别检索出来。X射线衍射（XRD，X－Ray Diffraction）是利用X射线在晶体中的衍射现象来分析材料的晶体结构、晶格参数、晶体缺陷（位错等）、不同结构相的含量及内应力的方法，可以达到很高的精度。然而由于它不像显微镜那样直观可见地观察，因此，也无法把形貌观察与晶体结构分析微观同位地结合起来。由于X射线聚焦的困难，所能分析样品的最小区域（光斑）在毫米数量级，因此，对微米及纳米级的微观区域进行单独选择性分析也是无能为力的。

893．电子显微镜有哪些类型？

电子显微镜（EM，Electron Microscope）是用高能电子束作光源，用磁场作透镜制造的具有高分辨率和高放大倍数的电子光学显微镜。有以下类型：

（1）透射电子显微镜（TEM，Transmission Electron Microscope）。TEM是采用透过薄膜样品的电子束成像来显示样品内部组织形态与结构的。因此，它可以在观察样品微观组织形态的同时，对所观察的区域进行晶体结构鉴定（同位分析），其分辨率可达10^{-1} nm，放大倍数可达10^{6}倍。

（2）扫描电子显微镜（SEM，Scanning Electron Microscope）。SEM是利用电子束在样品表面扫描激发出代表样品表面特征的信号来成像的。最常用来观察样品表面形貌（断口等）。分辨率可达到 1 nm，放大倍数可达 2×10^5 倍。还可以观察样品表面的成分分布情况。

(3)电子探针显微分析(EPMA, Electron Probe Micro-Analysis)。EPMA 是利用聚焦得很细的电子束打在样品的微观区域，激发出样品该区域的特征 X 射线，分析其 X 射线的波长和强度来确定样品微观区域的化学成分。将扫描电镜与电子探针结合起来，则可以在观察微观形貌的同时，对该微观区域进行化学成分同位分析。

(4)扫描透射电子显微镜(STEM, Scanning Transmission Electron Microscope)。STEM 同时具有 SEM 和 TEM 的双重功能，如配上电子探针附件(分析电镜)则可实现对微观区域的组织形貌观察，晶体结构鉴定及化学成分测试三位一体的同位分析。

894. 扫描电镜起什么作用?

扫描电子显微镜(SEM)简称扫描电镜。它的成像原理与透射电镜完全不同，它不用电磁透镜放大成像。而是利用类似的电视摄影显像的方式，以细聚焦电子束在试样表面扫描时，激发试样表面产生各种物理信号来调制成像的。新式扫描电子显微镜的二次电子像的分辨率已达到 3 ~4 nm，放大倍数可从数倍原位放大到 20 万倍左右。由于扫描电子显微镜的景深远比光学显微镜大，可以用它进行显微断口分析。用扫描电子显微镜观察断口时，样品不必复制，可直接进行观察，这给分析带来极大的方便。因此，目前显微断口的分析工作大都是用扫描电子显微镜来完成的。现代的扫描电镜，由于电子枪的效率不断提高，使扫描电子显微镜的样品室附近的空间增大，可以装入更多的探测器。因此，目前的扫描电子显微镜不只是分析形貌，它可以和其他分析仪器相组合，使人们能在同一台仪器上进行形貌、微区成分和晶体结构等多种微观组织结构信息的同位分析。

895. 电子显微镜中电子束作用于物体表面为什么能映射出组织结构?

电子是具有能量的粒子，同时具有波动性。当电子束打击物体表面时，将产生许多与物体组织结构有关的物理信息。如图 222 所示，入射电子作用固体样品表面产生了背散射电子、二次电子、俄歇电子、特征 X 射线、吸收电子和投射电子等。

(1)背散射电子

背散射电子是被固体样品中的原子核反弹回来的一部分入射电子。背散射电子来自样品表层几百纳米的深度范围。由于它的产额能随样品原子序数增大而增多，所以不仅能用作形貌分析，而且可以用来显示原子序数衬度，定性地用做成分分析。

(2)二次电子

在入射电子束作用下被轰击出来并离开样品表面的样品的核外电子叫做二次电子。这是一种真空中的自由电子。二次电子一般都是在表层 5 ~10 nm 深度范围内发射出来的，它对样品的表面形貌十分敏感。因此，能非常有效地显示样品的表面形貌。二次电子的产额和原子序数之间没有明显的依赖关系，所以不能用它来进行成分分析。

(3)吸收电子

入射电子进入样品后，经多次非弹性散射能量损失殆尽(假定样品有足够的厚度没有透射电子产生)，最后被样品吸收。若逸出表面的背散射电子和二次电子数量越少，则吸收电子信号强度越大。若把吸收电子信号调制成图像，则它的衬度恰好和二次电子或背散射电子信号调制图像衬度相反。因此，吸收电子能产生原子序数衬度，同样也可以用来进行定性的微区成分分析。

(4)透射电子

如果被分析的样品很薄，那么就会有一部分入射电子穿过薄样品而成为透射电子。透射电子信号是由微区的厚度、成分和晶体结构来决定。因此，可以利用特征能量损失电子配合电子能量分析器来进行微区成分分析。

(5)特征 X 射线

当样品原子的内层电子被入射电子激发或电离时。原子就会处于能量较高的激发状态，此时，外层电子将向内层跃迁以填补内层电子的空缺，从而使具有特征能量的 X 射线释放出来。如果探测器测到了样品微区中存在某一种特征波长，就可以判定这个微区中存在着相应的元素。

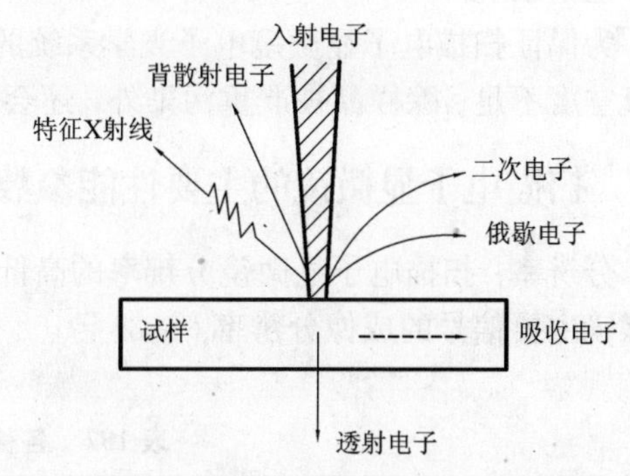

图 224　电子束与固体样品作用时产生的信号

(6)俄歇电子

在激发样品的特征 X 射线过程中，如果在原子内层电子能级跃迁过程中释放出来的能量并不以 X 射线的形式发射出来，而是用这部分能量把空位层内的另一个电子发射出去，这个被电离出来的电子称为俄歇电子。俄歇电子能量也能映射各元素的特征值。俄歇电子的平均自由程很小(1 nm 左右)，因此，只有在距离表面层 1 nm 左右范围内(即几个原子层厚度)选出的俄歇电子才具备特征能量，因此俄歇电子特别适用做表面层成分分析。

除了以上六种信号外，固体样品中还会产生例如阴极荧光、电子束感生效应等信号，经过调制后也可以用于专门的分析。

896. 扫描电子显微镜的构造和工作原理是怎样的?

扫描电子显微镜是由电子光学系统，信号收集处理、图像显示和记录系统，真空系统三个基本部分组成。图 225 为扫描电子显微镜构造原理的方框图。

电子光学系统包括电子枪、电磁透镜、扫描线圈和样品室。

二次电子、背散射电子和透射电子的信号都可采用闪烁计数器来进行检测。信号电子进入闪烁体后即引起电离，当离子和自由电子复合后就产生可见光。可见光信号通过光导管送入光电倍增器，光信号放大，即又转化成电流信号输出，电流信号经视频放大器放大后就成为调制信号，而荧光屏上每一点的亮度是根据样品上被激发出来的信号强度来调制的，因此样品上各点的状态各不相同，所以接收到的信号也不相同，于是就可以在显像管上看到一幅反映试样各点状态的扫描电子显微图像，这就是信号收集处理、图像显

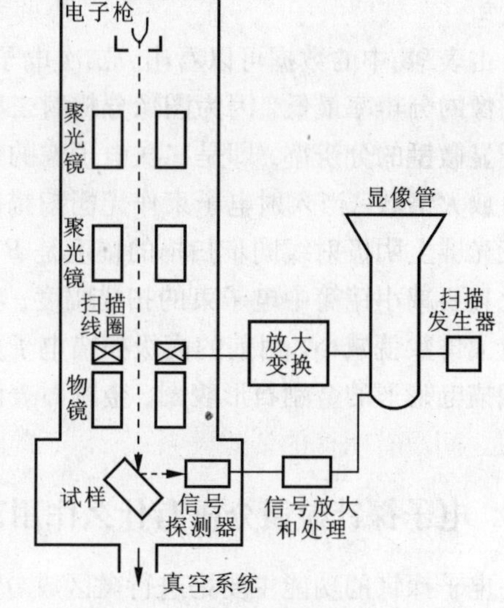

图 225　扫描电子显微镜构造原理

示和记录系统。

为保证扫描电子显微镜电子光学系统的正常工作，对镜筒内的真空度有一定的要求。如果真空度不足，除样品被严重污染外，还会出现灯丝寿命下降，极间放电等问题。

897. 扫描电子显微镜的主要性能参数是什么?

分辨率：扫描电子显微镜分辨率的高低和检测信号的种类有关。表 107 列出了扫描电子显微镜主要信号的成像分辨率。

表 107 各种信号成像的分辨率

信号	二次电子	背散射电子	吸收电子	特征 X 射线	俄歇电子
分辨率/nm	5 ~ 10	50 ~ 200	100 ~ 1 000	100 ~ 1 000	5 ~ 10

图 226 LS－780 型扫描电镜外观图

由表 98 中的数据可以看出，二次电子和俄歇电子的分辨率高，而特征 X 射线调制成显微图像的分辨率最低。因为图像分析时二次电子(或俄歇电子)信号的分辨率最高。所谓扫描电子显微镜的分辨率，即是二次电子像的分辨率。

放大倍数：当入射电子束作光栅扫描时，若电子束在样品表面扫描的幅度是 A，相应地在荧光屏上阴极射线同步扫描的幅度是 B，则 B/A 的比值就是扫描电子显微镜的放大倍数。因此只要减小镜筒中电子束的扫描幅度，就可以得到高的放大倍数，反之，若增加扫描幅度，则放大倍数就减小。目前的高级扫描电子显微镜放大倍数可从数倍到 80 万倍左右。如图 227 为扫描电镜下的金刚石形貌图，金刚石表面缺陷、局部破碎以及与胎体之间的裂隙情况非常直观。

898. 电子探针显微分析有什么作用?

电子探针的功能主要是进行微区成分分析。它是在电子光学和 X 射线光谱学原理的基础上发展起来的一种高效率分析仪器。其原理是用细聚焦电子束入射样品表面，激发出样品元素的特征 X 射线，分析特征 X 射线的波长(或特征能量)即可知道样品中所含元素的种类(定

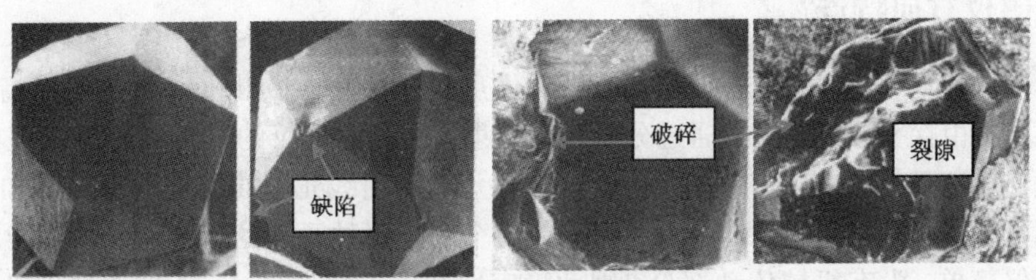

图 227　扫描电镜下的金刚石

性分析)，分析 X 射线的强度，则可知道样品中对应元素含量的多少(定量分析)。电子探针仪镜筒部分的构造大体上和扫描电子显微镜相同，只是在检测器部分使用的是 X 射线谱仪，专门用来检测 X 射线的特征波长或特征能量，以此来对微区的化学成分进行分析，因此，除专门的电子探针仪外，有相当一部分电子探针仪是作为附件安装在扫描电镜或透射电镜镜筒上，以满足微区组织形貌、晶体结构及化学成分三位一体同位分析的需要。

899. 电子探针仪的结构与工作原理是怎样的?

图 225 为电子探针仪的结构示意图。由图 225 可知，电子探针的镜筒及样品室和扫描电镜并无本质上的差别，因此要使一台仪器兼有形貌分析和成分分析两个方面的功能，往往把扫描电子显微镜和电子探针组合在一起。电子探针的信号检测系统是 X 射线谱仪，用来测定特征波长的谱仪叫波长分散谱仪(WDS)或波谱仪。用来测定 X 射线特征能量的谱仪叫能量分散谱仪(EDS)或能谱仪。基本原理：在电子探针中，X 射线是由样品表面以下一个微米乃至纳米数量级的作用体积内激发出来的，如果这个体积中含有多种元素，则可以激发出各个相应元素的特征波长和特征能量。

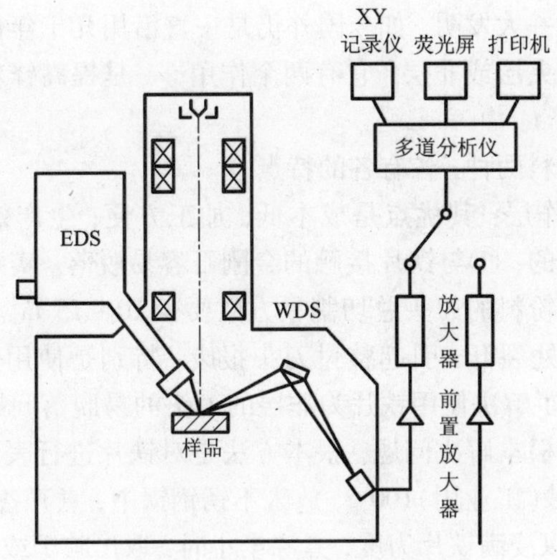

图 228　电子探针仪的结构示意图

900. 能谱仪有何特点?

和波谱仪相比，能谱仪具有下列几方面的优点：①能谱仪探测X射线的效率高。因为X射线信号直接由探头收集，不必通过分光晶体衍射。因此能谱仪的灵敏度比波谱仪高一个数量级。②能谱仪可在同一时间内对分析点内所有元素X射线光子的能量进行测定和计数，在几分钟内可得到定性分析结果，而波谱仪只能逐个测量每种元素的特征波长。③能谱仪的结构比波谱仪简单，没有机械传动部分，因此稳定性和重复性都很好。④能谱仪不必聚焦，因此对样品表面没有特殊要求，适合于粗糙表面的分析工作。

但是，能谱仪仍有它自己的不足之处：①能谱仪的分辨率比波谱仪低，由图229(b)和(a)比较可以看出：能谱仪给出的波峰比较宽，容易重叠。②能谱仪中因Si(Li)检测器的铍窗口限制了超轻元素X射线的测量，因此它只能分析原子序数大于11的元素，而波谱仪可测定原子序数从4到92之间的所有元素。③能谱仪的Si(Li)探头必须保持在低温状态，因此必须时时用液氮冷却。

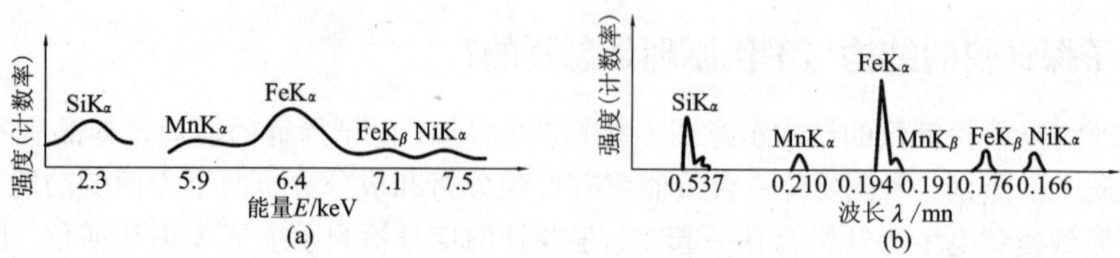

图229 能谱议和波谱仪的曲线比较

(a)能谱曲线；(b)波谱曲线

901. 金刚石多层刀头中非工作层的作用是什么?

分层刀头是中国人的一大发明，如今国外仍是一直沿用几十年前的实心刀头。分层刀头中的非金刚石层，也称为夹层或非层，它有两个作用，一是提高锋利度，二是减少金刚石用量，降低制造成本。

非工作层有铁片和粉料两种，各有各的特点。

(1)以铁片作为非工作层：其优点是成本低，加工方便；生产效率高，因而被广泛的采用。其缺点也是不可忽视的：①与铁片接触的金刚石容易脱落。实践证明，在体积一样的情况下，加铁片的刀头比加粉料的刀头总切割平方数要少10~15 m^2。②当铁片表面氧化或有杂质时，刀头容易从铁片处裂开，引起整付刀头报废。特别是使用烧结温度低的结合剂时，更容易出现这种情况。为了解决使用铁片为非层的刀头的易脱落问题，有人采用了在铁片上冲孔的办法，但这仍无法根本解决问题。根本方法是对铁片进行表面处理，其方法为：配料方法，即自来水1 kg，硼砂(工业用)100 g，放入不锈钢锅中，煮开备用。处理铁片：在上述溶液中放入3~5 kg铁片，以浸满铁片为度，煮沸半小时，取出晾干或晒干(不要洗去表面残留物)。注意要使铁片每片之间分开不要夹在一起。剩下的溶液还可以再用。用这种方法处理的铁片生产的刀头绝不会剥离。③夹层宽度受铁片限制，无法调节。目前市售铁片多为0.8 mm厚，少数为1.0 mm，再宽或再薄较难找到，所以夹层的宽度也受到了限制。

(2)以金属粉作为非工作层：其优点是平方数较铁片好，可比铁片提高 10～15 m^2 的切割方数，而且可以根据需要进行调整，容易达到理想的效果，刀头也不容易从夹层处剥离。其缺点是成本比较高，但这一点可以从提高刀头整体性能上得到补偿。

用金属粉做非工作层，在用料上是非常讲究的。很多厂家为了降低成本，用普通铁粉或铁粉加 663 铜粉作为非工作层，需知这样做很容易造成刀头质量的不稳定。因为当使用的铁粉和 663 氧化以后，体积变大，热压温度升高。导致整个刀头烧结温度升高，真正起作用的工作层粉料流失严重，不起作用的“夹层”粉料留在刀头中，造成整个刀头密度下降，把持金刚石能力也随之下降，金刚石脱落严重，刀头不锋利也没有平方数，刀头使用过程中出现“冒火花”现象，这些情况都是使用不良夹层粉造成的。

非工作层的耐磨能力也要重视，耐磨性能好的非工作层，刀头的“沟”比较浅，锋利度不够，特别是对采用 2 个夹层的五层刀头。耐磨性能差的非工作层，刀头的“沟”比较深，锋利度好。所以，对不同的石材，应选用不同耐磨性能的夹层粉，才能做出好刀头。

902. 多层刀头的夹层宽度和层数如何确定?

多层刀头的结构如图 230 所示。金刚石刀头的夹层宽度和层数必须视所切割的石材而定。硬而韧的石材，应采用较小的宽度和较多的层数，软而脆的石材，应采用较大宽度和较少的层数。一般来说：夹层较窄，锋利度较差；夹层较宽，锋利度较好；夹层层数较多，锋利度较好；夹层层数少，锋利度较差。因此多层宽夹层刀头，有非常好的锋利度。但多层宽夹层的刀头平方数较少，这就需要在工作层粉料质量和非工作层粉料的耐磨性方面考虑了。

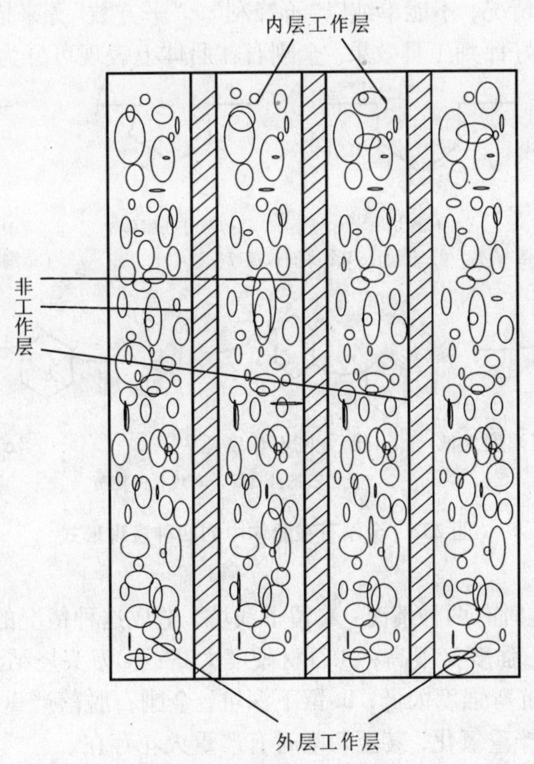

图 230　多层刀头结构

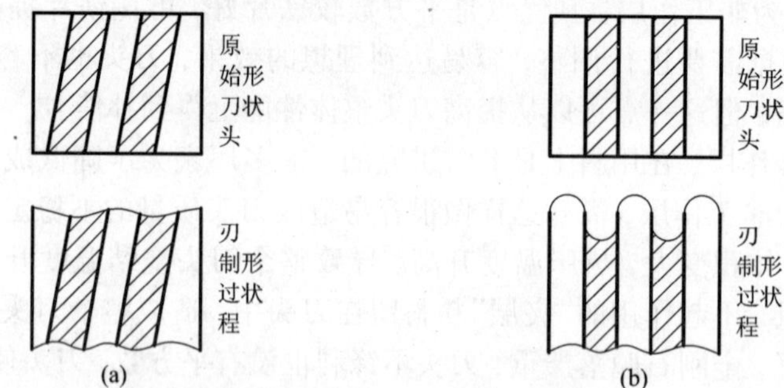

图231 不同几何位置的夹层对切割效果的影响

(a)夹层放置不整齐，刀头切割后，刀刃呈尖形，沟浅，适应韧性较大、硬度较高的石材

(b)夹层放置整齐，刀头切割后，刀刃呈凸形，沟深，适应脆性较大、结晶较大的花岗石

903. 非工作层的放置方式对刀头性能有何影响?

非工作层在刀头中的放置方式，也没有引起人们的注意，有人要求非工作层的放置应越整齐越好，其实不然。由图231可以看出，对不同的石材，应采用不同的放置方式，才能得到良好的效果。

904. 如何用显微观察方法评判锯片刀头使用情况?

要了解刀头的使用情况，不能单纯以"不锋利"、"平方数"等来描述，用显微镜观察金刚石在胎体上的表现能很好评判工具效果。金刚石在胎体上表现可分为四大类，如图232所示。

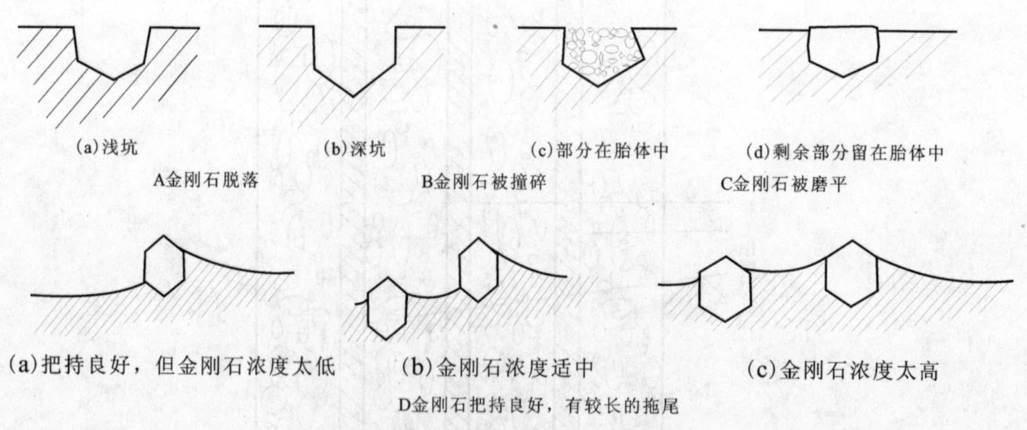

图232 金刚石在胎体中的四种表现形式

(1)金刚石脱落，这时有两种情况：a. 留下浅坑，造成这种情况的原因是：①胎体密度过低；②金刚石粒度太粗，强度又很高；③石材硬度太高；④刀头烧结温度过低，合金化不好；⑤切削速度过高，胎体抗弯强度太低；b. 留下深坑，金刚石脱落严重。这时，除上述原因外，主要还是由于胎体粉料严重氧化，甚至切削时有严重火花存在。

(2)金刚石被撞碎，留下一部分在胎体上，这是由于金刚石透明度不好，颗粒内部有裂纹或气泡，低品级、粗粒度金刚石容易出现这种情况。不过这种情况不影响锋利度，因为残留在胎体中的部分又会产生新的切削刃。有些厂家利用这一特点，用低品级高浓度金刚石制造刀头。

(3)金刚石被磨平，这是由于金刚石耐磨性和热稳定性不好所致，对于采用粉末触媒生产金刚石的厂家，合成工艺没有调整好，容易出这种金刚石，这种金刚石从外观、晶形还可以，但透明度特差，有“浑浊”感，颜色发白，这种金刚石容易被磨平，且严重影响到刀头的锋利度。这种金刚石，不论粒度大小，均不能采用。

(4)金刚石把持良好，有较长的“拖尾”。其中⑩①金刚石浓度太低，当某一刀头高度的金刚石完全暴露出来(达到最大的出刃高度)时，下一刀头高度的金刚石出刃还没有被磨出来，这时，金刚石很容易在冲击力的作用下自然脱落，也影响到锋利度。②金刚石浓度适中，当某刀头高度的金刚石完全暴露时，下一刀头高度的金刚石出刃已有部分被磨出来，起到了新、旧交替的作用，这时刀头的锋利度最好，平方数也最佳。③金刚石浓度太高，金刚石出刃太多。这就是“锋利度不好，平方数很多”的情况，这种情况很好调整，把金刚石浓度降下来就可以了。

905. 什么是金刚石有序分布?

有序分布指的是金刚石在胎体中完全按设计方式有序地分布。有序排布金刚石锯片能同时提高锯片的锋利性和寿命，增加金刚石利用率，提高锯片切割质量的稳定性。

906. 有序排布金刚石技术在单层金刚石工具上有哪些应用?

有序排布技术在国内外已经有一些应用成果，但是大多是在单层金刚石工具上。主要有：有序排列在精密磨削上的应用；金刚石有序排列在 CMP(化学机械抛光)修整器上的应用；有序排列金刚石在搪磨刀具上的应用；金刚石均匀分布在多层金刚石刀头中的应用；金刚石均匀分布/有序排列在钎焊绳锯、刀头与排锯上的应用；有序排列在钎焊砂盘中的应用。

图 233　钎焊金刚石磨轮上金刚石有序排列

907. 有序排列金刚石技术在精密磨削上的应用效果如何?

美国和日本的 Noritake 公司在研制单层钎焊金刚石磨轮用于精密磨削加工时，采用了金刚石均匀分布/有序排列技术(Diamond Grain Grit Alley)。试验表明：其工件表面粗糙度明显改善，其工件表面粗糙度小于 3Z。主轴转速越高，其磨削力越小。

908. 有序排列金刚石技术在化学机械抛光修整器上的应用情况是怎样的?

随着信息产业的快速发展，半导体器件高度集成化，电子线路多层化，标准晶圆已增大到 ϕ300 mm 直径，因此晶圆及集成块加工对 CMP(化学机械抛光或平坦化)修整器的加工精度、稳定性、恒定的磨抛率要求更高。日本 Asahi(旭日)金刚石工业公司在研发金刚石化学机械抛光垫修整器(Diamond CMP pad conditioner)过程中，为改善批量生产中修整器性能的一致性，并达到恒定的抛光率，采用规则均布金刚石技术(Regular diamond placemant with constant pitch)，新开发三种类型 CMP 修整器。

(1)CMP－CS 型修整器：金刚石用 Ni、Cr 胎体材料强力地化学结合把持，以防止金刚石脱落。金刚石在胎体材料上的分布具有重复性，故其性能非常稳定。

(2)CMP－NEO－UP 型修整器：该修整器的特点是金刚石规则均布(regular Pattern)。每颗金刚石由 Ni 基胎体单独专门把持与固定，使金刚石的脱落减少到最低程度。

(3)CMP－NEO－U 型修整器，该修整器具有下列特点：金刚石规则均布；金刚石凸露高度可控；金刚石刃端定向排列一致；每颗金刚石由 Ni 基胎体单独专门把持与固定。

CMP－NEO－U 型修整器在生产中与 CMP－M 型修整器对比使用表明：CMP－NEO－U 型修整器抛光性能更为恒定一致，其使用寿命为 CMP－M 修整器的两倍，使用中不产生任何划痕。一直到工具寿命终了，金刚石有效工作率达 80%，而 CMP－M 型修整器金刚石有效工作率仅为 10%。

909. 有序排列金刚石技术在搪磨刀具上的应用效果如何?

瑞士 ETH 机床与加工研究所 G. Burkhard 博士等在研制 ϕ11.65 mm × 50 mm 搪磨刀具加工 16MnCr5 材质的齿轮中心盲孔时采用有序排列金刚石技术。金刚石采用活性材料焊接在刀具上，金刚石有序排列采用专利技术(EP1208945A1)，并用静电上砂、使金刚石朝向得以控制。由于金刚石凸出高，颗粒间隙大，改善了金属磨屑的排除与冷却液的输送，因此提高了磨削能力与刀具寿命。初期试验阶段搪磨刀具寿命最多可加工 6 000 个钻孔，是电镀法制作刀具的 6 六倍，优化阶段，选择了大颗粒金刚石和较小颗粒间距，使刀具寿命达到电镀刀具的 10～20 倍。

910. 有序排列金刚石技术在多层金刚石刀头中的应用情况是怎样的?

从 2001 年开始韩国 shinhan 金刚石工业公司集中 10 个研究人员耗资 200 万元于 2004 年 12 月宣布完成了 ARIX 金刚石自动排布系统(automatic array system)的研制，可在金刚石刀头生产中自动以最优间距均匀排布金刚石，克服了常规刀头生产中金刚石随机无序排列导致锯片锯切效率低寿命短的难关。

ARIX 自动排列系统使用户寻求长寿命工具和快速锯切能力要求得以最优化，克服了金刚石寿命与其锯切速度相互矛盾的问题。因为常规金刚石刀头锯片，金刚石在刀头中是随机分布的。在锯切过程中每颗金刚石不承受相同的切割力。金刚石过于密集处，领头的金刚石将做过大的功，后继的金刚石则不完全参与做功，这导致领先的金刚石易于破碎与脱落，进而在金刚石之间留下大的间隙空间，胎体暴露并易于磨损，导致工具寿命较低，锯切速度降低。ARIX 工艺可使刀头生产时其内部金刚石的间距得到优化并 100% 得到控制。使金刚石锯切效率提高到最大限度。由于刀头中金刚石的均匀分布，结果使锯片寿命和锯切速度两者都明显得以提高，对比试切结果见表 108。

表 108 新韩公司金刚石有序排列锯片与普通锯片对比试切结果

锯片直径/mm	ϕ250	ϕ1 600	ϕ500
锯切对象	花岗岩(3 级)	花岗岩(3 级)	钢筋养护混凝土
锯切目的	裁板	锯板	切马路
锯机功率 HP	20	50	65
转速/rpm	2150	360	1750
线速度/(m/sec)	28	30	45
推进速度/(m/min)	2,3	6	4
切深/mm	30	2	140
寿命提高/%	20	100	40
效率提高/%	良好	良好	60 - 90

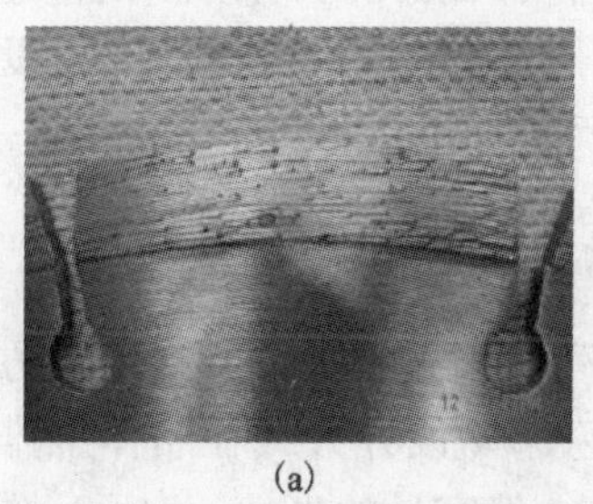
(a)

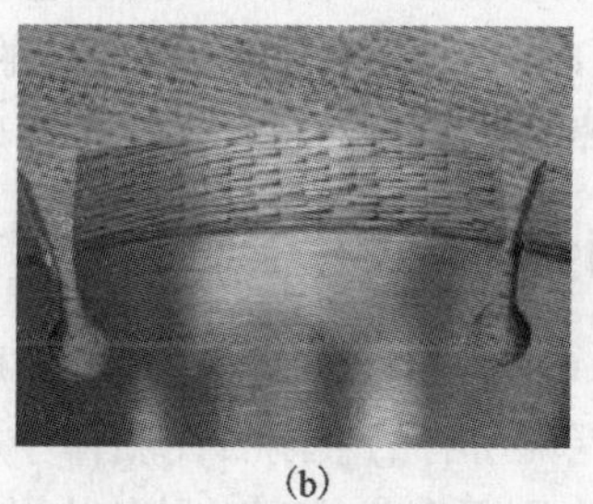
(b)

图 234 金刚石随机分布与有序排列刀头对比

(a) 金刚石随机分布刀头；(b) 金刚石有序排列刀头

911. 有序排列金刚石技术在钎焊绳锯、刀头与排锯上的应用情况是怎样的?

我国台湾，中国砂轮公司宋健民博士首先将金刚石均匀分布/有序排列应用于钎焊刀头、排锯与绳锯上。宋健民博士将有序排列称为钻石阵(Diamond Grid)。该公司根据宋健民博士的专利(U. S. Patent 6, 039, 641)研制出钻石阵锯齿。“这种锯齿内的钻石在三度空间内排列，因此可彻底解决钻石工具业长年挥之不去的钻石分布问题。”后将有序排列应用于排锯。“切割以前无法锯切的硬质花岗岩。结果显示这种新型锯齿可以每分钟一毫米的速度锯切，比传统的铁砂拉锯快 3 倍。每克拉钻石锯切的面积更高达 1 平方米，接近圆锯的寿命。中国砂轮公司将有序排列钻石阵技术用于研制钎焊绳锯，每颗串珠金刚石用量由 0.5 car，减少到 0.1 car，节约了金刚石。在世界各地锯切花岗岩，蛇纹岩与大理石表明，绳锯的下切速度比常规串珠快约两倍，而其功率消耗只有后者的 1/3。

912. 有序排列金刚石技术在钎焊砂盘中的应用情况是怎样的?

南京航天航空大学在钎焊工具有序分布方面做了大量的研究工作。谢国治在其博士论文中介绍了一种单层钎焊砂盘的制造。此种砂盘所用的磨粒为硬质合金，采用的是炉中钎焊的方法。当然，由于硬质合金和金刚石几何形状上大的差异，两者实现均匀分布的方法还是有很大的区别。该论文对于金刚石砂轮中的金刚石有序排布也做了一些尝试性试验，提出了两种有序分布的预想：

(1)借鉴激光快速成形技术，激光器以一定扫描速度对预先随机排布在砂轮表面结合剂上的磨粒按给定的地貌要求进行扫描，通过控制激光强度，脉冲周期和光斑直径，保证一定的钎焊温度和时间，这样被激光扫描到的磨粒就按照地貌要求有序地焊到砂轮基体上，把未被激光扫描到的磨粒去掉后，就得到了所希望的具有相对有序地貌的钎焊超硬磨料砂轮。

(2)有序阵列方法

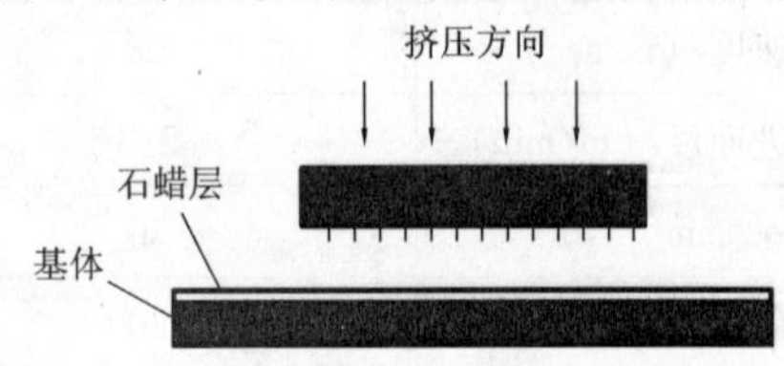

图 235　钎焊超硬磨料有序砂轮的制作

制造直径比超硬磨粒稍大，高度和超硬磨粒等高的一些整体钢圆柱。钎焊超硬磨料砂轮时，基体上先固定一层钎焊金刚石的钎料(焊或胶结)，然后在钎料上固定一层石蜡(如果考虑真空钎焊，可以采用软金属层)。石蜡的高度和超硬磨粒的高度相同，用机械力将钢柱压入石蜡，形成比超硬磨料稍大的孔洞，有规则地调整钢柱位置(钢柱或基体步进)，可以在基体上得到不同密度的孔洞，将超硬磨料刷过基体，没有掉入孔洞的磨料将被刷走，而掉入孔洞的磨料就形成了有序排列。如图 235 所示。

913. 有序排列金刚石锯片的制造工艺方法是怎样的?

张绍和教授、杨仙博士等研究成功的有序排列金刚石锯片的制造工艺方法是，制作有序排布锯片时，要保证所有的金刚石在胎体中按照 100% 设计方式在胎体中排列。要把直径为 0.2 ~0.6 mm 的金刚石有序排列在胎体中并不是一件容易的事情，为了达到目的，研究中使用有限的试验设备进行了多次试验，最终设计了一种合适的制作方法，并且使用该方法制作了多片有序排布金刚石锯片，取得了良好的试验效果。具体制作步骤如下：

(1)金刚石在粉末中是不能有序排布的，所以要先把胎体粉末冷压成片状的薄坯，然后再把金刚石布置在薄坯上。一个刀头中薄坯的层数根据设计的金刚石层数来计算(薄坯的层数 = 金刚石的层数 -1)。每层薄坯所用的粉料量 = 刀头总重量/薄坯层数。每层金刚石与薄坯的排列如图 236 所示。

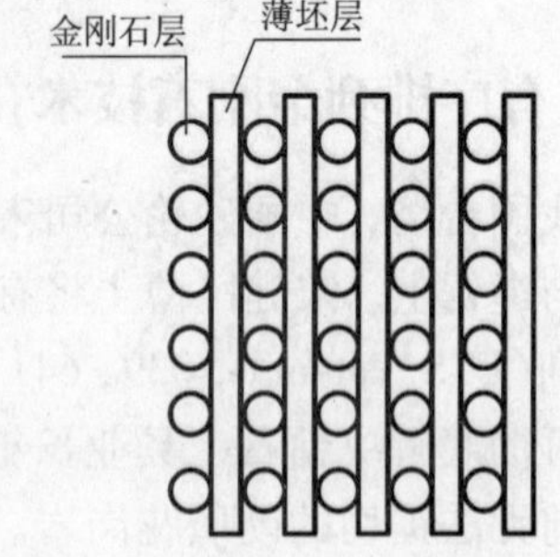

图 236　金刚石与薄坯的排列顺序

(2)按照设计的金刚石排布方式，用中小功率 YAG 固体激光器，在紫铜板上打孔。所选择的紫铜板的厚度要比金刚石的平均直径略大，大约为 0.5 mm，以保证金刚石能够完全掉进孔洞。打孔的大小应该大于金刚石平均直径的 1 倍，小于平均直径的 2 倍，以保证每个孔洞里都能进入一颗金刚石，而不能容纳两颗金刚石。

(3)在胎体薄坯上喷洒薄薄一层特殊的压敏胶，然后把打孔模板覆在薄坯上，把金刚石撒在铜板上，用一种特殊的软毛刷子扫金刚石，使每一个孔里面都有一颗金刚石。揭开打孔模板，金刚石即在胎体上形成了有序排布。

(4)把多层带金刚石的薄坯组合在一起，用四柱液压机手工冷压成刀头形状。为了尽量排除掉喷洒的压敏胶，把冷压成型的刀头放入还原炉，在400℃的温度下放置半个小时左右，使胶水充分挥发。

(5)还原炉出来的刀头和压制好的过渡层一起装模、烧结。烧结时要采用竖向装模横向加压，以保证烧结出来后，金刚石仍然成有序排列。

(6)拆模、磨弧、激光焊接、开刃、修整。

刀头制作的整个过程如图237所示，最后制作出来的有序排布金刚石刀头如图238所示。

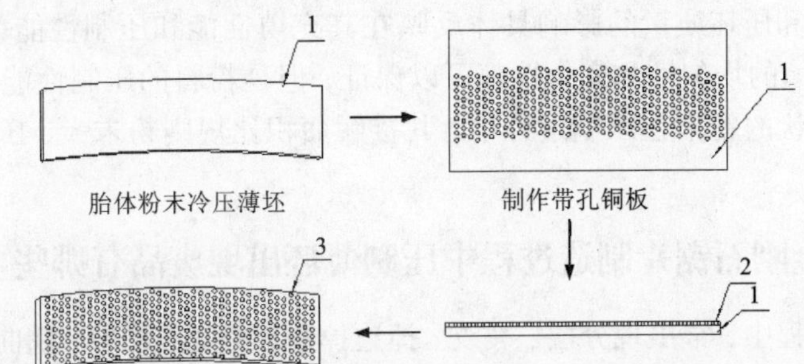

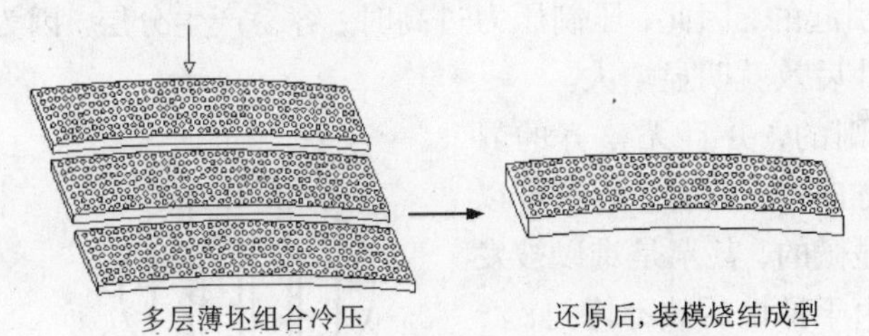

图237 有序刀头制作示意图

1—冷压薄坯；2—打孔铜板；3—金刚石

图238 有序排布金刚石刀头

914. 有序排列金刚石锯片制造过程中粉末性能对压制薄坯质量有什么影响?

因为冷压压制出来的薄坯厚度要求在1 mm左右，压制难度较大，容易产生压制废坯。所以，对于粉末纯度、粉末粒度及粒度组成、粉末颗粒形状等影响压制性能的因素都有一定的要求。一般来说，粉末的纯度越高，压制越容易进行。由于杂质大多数以氧化物形态存在，而金属氧化物粉末是硬而脆的，而且存在于金属粉末的表面，压制时使得粉末的压制阻力增加，压制性能变坏，并且使压坯的弹性后效增大。为了保证合格的压坯，一般要求粉末的氧含量在规定范围内。粉末的粒度及粒度组成不同时，在压制过程中的行为就不一致。制作有序排布锯片的胎体粉末都要求制粒。制粒之后的胎体粉末具有良好的流动性，成型性也能得到很大的改善。但是即便如此，某些粒度过大的粉末或是预合金粉末仍然很难成型。粉末颗粒形状对压制过程和压坯质量的影响具体反映在其充填性能和压制性能等方面。尽管制粒、筛分之后，粉末充填的均匀性和完全性都可以保证，但是粉料的压制性能还是会受颗粒形状的影响。不规则形状的粉末在压制过程中，其接触面积比规则粉末大，压坯强度高，所以成型性好。

915. 有序排列金刚石锯片制造过程中压制薄坯出现废品有哪些主要原因?

在薄坯压制过程中，常出现分层、裂纹、掉边掉角、密度不均匀、翘曲等质量问题。

分层指的是沿压坯的棱边向内部发展的裂纹，并且大约与受压面呈45°角的整齐界面。分层主要是弹性后效引起的，因此，压制压力过高时，容易产生分层。因为压制压力过高，压坯密度就过高，其弹性后效就明显增大。

裂纹一般是不规则的，并且无整齐的界面。裂纹没有严格的方向性，同时，裂纹可以是明显的，也可以是显微的，甚至是难以被发现的隐裂纹。裂纹是由于弹性后效不均匀，产生应力集中引起的。

掉边掉角的主要原因是压坯强度和密度不够。一切提高压坯强度和密度的措施都有利于防止掉边掉角。

薄坯压制使用的是容积法加料的机械。在压制薄坯前，把粉料先制粒，然后筛分成不同的粒度范围，分批次压制就可以有效解决密度不均匀的问题。

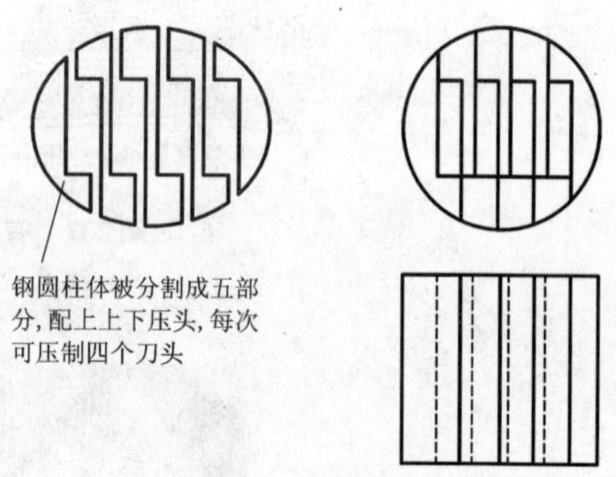

图239 冷压模具示意图

薄坯压制中，最容易产生的问题是整体变形翘曲。薄坯翘曲严重影响了后续金刚石铺排工艺。翘曲也是由弹性后效不均匀引起的。因为压坯压制得比较紧密，所以不会发生局部裂纹的现象，而是压坯整体变形。模具和压头的尺寸配合一定要合适，配合间隙过大或过小都容易引起翘曲变形。

916. 有序排列金刚石锯片制造过程中组合冷压时要注意些什么问题?

金刚石有序排列在薄坯上之后，要根据设计方式组合带有金刚石的薄坯，冷压成型。冷压使用的是四柱式液压机，冷压模具示意图如图236。设计加工冷压模具时，要充分考虑到模腔的间隙大小。过大或过小都是不适宜的，过小会在装模时损伤薄坯，过大的话，薄坯在模腔中有活动余地，容易造成多块薄坯不能整齐堆积，薄坯之间错开，从而使得边角或端部密度不够，从而影响下道工序或刀头质量。另外，在组合冷压过程中要注意轻拿轻放，以免碰伤薄坯或碰掉金刚石。

917. 有序排列金刚石锯片制造过程中烧结时要注意些什么问题?

薄坯组合冷压成刀头形状后，就要进入烧结工序。高频焊接的有序锯片刀头可以直接烧结，但是激光焊接的有序锯片刀头要和过渡层一起烧结。为了保证装模方便和烧结过程中金刚石的有序排列不被破坏，采取了竖向装模，横向加压烧结的方式。刀头烧结出来后，刀头厚度误差为0～+0.3 mm。刀头两端厚度差不大于0.15 mm，刀头硬度的误差为±HRB5。

918. 有序排列金刚石锯片制造过程中焊接和开刃时要注意些什么问题?

焊接前，对于有序排列刀头厚度的分类要比普通刀头更严格。因为有序排列刀头的表面是两层金刚石，如果同一片锯片的刀头厚度不一的话，在开刃过程中，砂轮稍微进尺，厚刀头表面的金刚石就被开出来了，而薄的刀头还没有被开到。如果要开到薄的刀头，砂轮就要继续进尺，与厚刀头上的金刚石层相互磨损，这样不仅浪费砂轮，还会使厚刀头上的金刚石层开得太过，影响美观，甚至影响使用效果。焊接过程中，对于刀头焊接的对称度、扭度、倾斜度的要求都比普通刀头要高。其原因和上述必须控制刀头厚度的原因是相同的，也是为了避免开刃时，部分位置开得太过，而其他地方未被开到。由于有序排列锯片对于焊接的要求很高，因此，必须增加焊接夹具的精确度，同时提高焊接操作人员的责任心和熟练度。

为了节省成本，提高工作效率，普通锯片一般都是用陶瓷基砂轮来开刃的。但是考虑到有序排列锯片的特殊性，为了避免陶瓷基砂轮在经过锯片水口后，与下一个刀头发生硬性碰撞，使紧挨水口的金刚石脱落或破碎，影响表面两层金刚石的完整和美观，有序排列锯片要求使用树脂砂轮进行开刃。同时在操作的过程中，要求小心谨慎，缓慢进尺。锯片开刃示意图如图240。

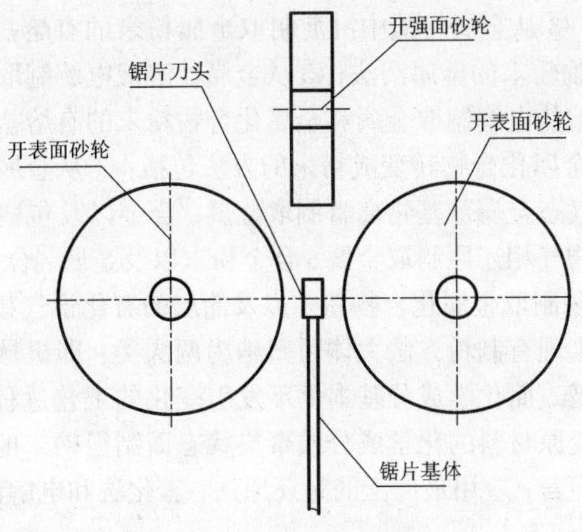

图240　锯片开刃示意图

第六章　粉末冶金基础知识

919. 粉末冶金的概念是什么？

粉末冶金是制取金属粉末或用金属粉末（或金属与非金属粉末的混合物）作为原料，经过成型和烧结工艺，制造金属材料、复合材料以及各种类型制品的工艺技术。由于粉末冶金的生产工艺在形式上与陶瓷的生产工艺类似，这种工艺方法又被称为金属陶瓷法。

920. 粉末冶金工艺包含什么内容？

粉末冶金工艺的第一步是制取金属粉末、合金粉末、金属化合物粉末以及包覆粉末；第二步是将原料粉末通过粉末成形、烧结以及烧结后的处理制得成品。

921. 粉末冶金工艺中生产粉末的方法有哪些？

为满足不同粉末冶金材料和制品的质量要求，对粉末的性能就有不同的要求，因而要有各种各样生产粉末的方法。这些方法主要是使金属、合金或者金属化合物呈固态、液态或气态转变成粉末状态。

呈固态使金属与合金或者金属化合物转变成粉末的方法包括：①从固态金属与合金制取金属与合金粉末时采用机械粉碎法和电化腐蚀法；②从固态金属氧化物及盐类制取金属与合金粉末时采用还原法；③从金属和非金属粉末、金属氧化物和非金属粉末制取金属化合物粉末的还原－化合法。

呈液态使金属与合金或者金属化合物转变成粉末的方法包括：①从液态金属与合金制取金属与合金粉末的有雾化法；②从金属盐溶液置换和还原制取金属、合金以及包覆粉末的有置换法、溶液氢还原法；③从金属熔盐中沉淀制取金属粉末的有熔盐沉淀法；④从辅助金属浴中析出制取金属化合物粉末的金属浴法；⑤从金属盐溶液电解制取金属与合金粉末的有水溶液电解法；⑥从金属熔盐电解制取金属和金属化合物粉末的有熔盐电解法。

呈气态使金属或者金属化合物转变成粉末的方法包括：①从金属蒸汽冷凝制取金属粉末的有蒸汽冷凝法；②从气态金属羰基物离解制取金属、合金以及包覆粉末的有羰基物热离解法；③从气态金属卤化物气相还原制取金属、合金粉末以及金属、合金涂层的有气相还原法；④从气态金属卤化物沉积制取金属化合物粉末以及涂层的有化学气相沉积法。

从过程的实质来看，现有制粉方法大体可归纳为两大类：即机械法和物理化学法。机械法是将原材料机械地粉碎，而化学成分基本上不发生变化的工艺过程；物理化学法是借助化学的或物理的作用，改变原材料的化学成分或聚集状态而制得粉末的工艺过程。粉末的生产方法很多，从工业规模而言，应用最广泛的是还原法、雾化法和电解法。

922. 粉末冶金工艺中成形前要进行的物料准备有哪些?

成形前要进行的物料准备包括：粉末的预先处理(如粉末加工，粉末退火)；粉末的分级；粉末的混合；粉末的干燥等。

923. 粉末冶金工艺中成形的目的是什么?

成形的目的是制得一定形状和尺寸的压坯，并使其具有一定的密度和强度。成形方法基本上分加压成形和无压成形两类。加压成形中用得最普遍的是模压成形，简称压制。其他加压方法有等静压成形、粉末轧制、粉末挤压等。粉浆浇注是一种无压成形。

924. 粉末冶金工艺中烧结工序是否重要?

烧结是粉末冶金工艺中的关键工序。成形后的压坯或坯块通过烧结可得到所要求的物理机械性能。烧结分单元系烧结和多元系烧结。不论单元系或多元系的固相烧结，其烧结温度都比所含金属与合金的熔点低；而多元系的液相烧结，其烧结温度比其中难熔成分的熔点低，但高于易熔成分的熔点。一般来说，烧结是在保护气氛下进行的。除了普通烧结方法外，还有松装烧结、将金属渗入烧结骨架始终的浸透法、压制和烧结结合一起进行的热压等。

925. 粉末冶金的特点有哪些?

粉末冶金在技术上和经济上具有一系列的特点。从制取材料方面来看，粉末冶金能生产具有特殊性能的机构材料、功能材料和复合材料。

(1)粉末冶金方法能生产用普通熔炼法无法生产的具有特殊性能的材料：①能控制制品的空隙度；②能利用金属和金属、金属和非金属的组合效果，生产各种特殊性能的材料；③能生产各种复合材料。

(2)粉末冶金方法生产的某些材料，与普通熔炼法相比，性能优越：①高合金粉末冶金材料的性能比熔铸法生产的好；②生产难熔金属材料或制品，一般要依靠粉末冶金法。

总之，粉末冶金法既是一种能生产具有特殊性能材料的技术，又是一种制造廉价优质机械零件的少切削、无切削的加工工艺。

926. 粉末冶金制造出的产品主要有哪些?

粉末冶金制造出的产品，就材料而言，既有多孔材料，又有致密材料；既有硬质材料又有很软的材料(如孔隙率60%以上的铁，其硬度相当于铝)；既有重合金，也有很轻的泡沫材料；既有磁性材料，也有其他材料(如原子能控制材料)。就材料类型而言，既有金属材料，又有复合材料。而复合材料包括金属和金属的复合材料、金属与非金属复合材料、金属与陶瓷复合材料、弥散强化复合材料、纤维强化复合材料等。

927. 金属粉末的制取方法有几类?

粉末冶金的生产工艺是从制取原材料——粉末开始的。这些粉末可以是纯金属，也可以是非金属，还可以是化合物。制取粉末的方法很多，它的选择主要取决于该材料的特殊性能及制取方法的成本。粉末的形成是依靠能量传递到材料而制造新表面的过程。

金属粉末的制取方法可以分成机械法和物理化学法两大类。有时，可把雾化法列为另外一类制取粉末的方法。机械法制取粉末是将原材料机械地粉碎而化学成分基本上不发生变化的工艺过程。物理化学法则是借助化学的或物理的作用，改变原材料的化学成分或聚集状态而获得粉末的工艺过程。

928. 什么是粉末制取的机械粉碎法？

固态金属的机械粉碎既是一种独立的制粉方法，又常常作为某些制粉方法的补充工序。机械粉碎是靠压碎、击碎和磨削等作用，将块状金属、合金或化合物机械地粉碎成粉末的。依据物料粉碎的最终程度，可以分为粗碎和细碎两类。以压碎为主要作用的有碾碎、辊轧以及颚式破碎等；以击碎为主的有锤磨；属于击碎和磨削等多方面作用的机械粉碎有球磨、棒磨等。

929. 什么是粉末制取的雾化法？

雾化法是将液体金属或合金直接破碎成为细小的液滴，其大小一般小于150 um，而成为粉末。雾化法可以用来制取多种金属粉末，也可制取各种预合金粉末。实际上，任何能形成液体的材料都可以进行雾化。

用于制造大颗粒粉末的工艺称为“制粒”，它是让熔融金属通过小孔或筛网自动地注入空气或水中，冷凝后便得到金属粉末。借助高压水流或气流的冲击破碎液流，称为水雾化或气雾化，也称二流雾化；用离心力破碎液流称为离心雾化；在真空中雾化叫做真空雾化；利用超声波能量来实现液流的破碎称作超声波雾化。

930. 粉末的定义是什么？

固态物质按分散程度不同分成致密体、粉末体和胶体三类，即大小在1 mm以上的称为致密体或说的固体，0.1 um以下的称为胶体，而介于两者之间的称为粉末体。粉末体简称粉末，是由于大量颗粒及颗粒之间的空隙所构成的集合体。致密体则是一种晶粒集合体。致密体内没有宏观的孔隙，靠原子间的键力联结；粉末体内颗粒之间有许多小孔隙，而且连结面很少，面上的原子间不能形成强的键力。因此粉末体不像致密体那样具有固定形状，而表现出与液体相似的流动性。但由于相对移动时有摩擦，故粉末的流动性是有限的。

931. 粉末的粒度是什么意思？

粒度是指粉末颗粒的大小规格。粉末中能分开并独立存在的最小实体称为单颗粒。单颗粒如果以某种方式聚集，就构成所谓的二次颗粒，其中的原始颗粒就称为一次颗粒。若干一次颗粒聚集成为二次颗粒。一次颗粒之间形成一定的粘结面，使二次颗粒内存在一些微细的空隙。一次颗粒或单颗粒可能是单晶颗粒，而更多的情形下是多晶颗粒，但晶粒间不存在空隙，如图241所示。

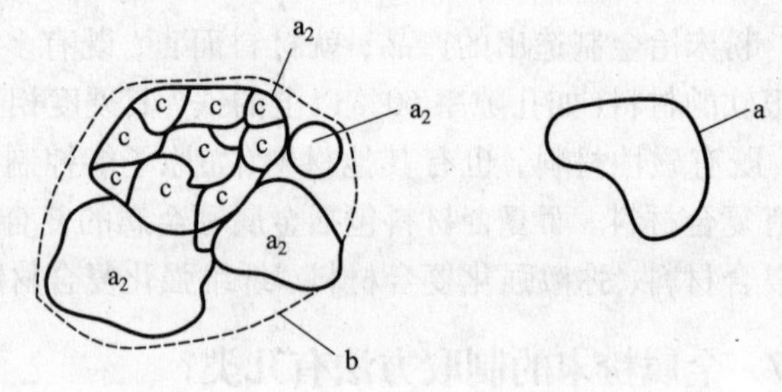

图241　聚集颗粒示意图

a－单颗粒；b—二次颗粒；a—一次颗粒；c—晶粒

二次颗粒是由单颗粒以某种方式聚集而成，通常由化合物的单晶体或多晶体经分解、焙烧、还原、置换或化合物等物理化学反应并通过相变或晶型转变而形成；也可以由极细的单颗粒通过高温处理(如煅烧，退火)烧结而成。通过上述方式得到二次颗粒又称为聚合体或凝集颗粒。实际上颗粒还可以团粒如絮凝体聚集。所谓团粒是由单颗粒或二次颗粒靠范德华引力粘结而成的，其结合强度不大，用研磨、擦碎等方法或在液体介质中就容易被分散成更细的团粒或单颗粒。

颗粒的聚集状态与聚集程度不同，颗粒的含义和测定方法也就不同。因为用一般的方法所测定的粒度均是反映单颗粒或二次颗粒的大小的，也就是在分散不良的情况下，只能反映聚集颗粒的粒度，但往往是二次颗粒中的一次颗粒的大小，才对烧结体晶粒的结构与大小起作用，因而需要测定一次颗粒的大小。

颗粒的聚集程度对粉末的工艺性能影响很大。从粉末的流动性和松装密度看，聚集颗粒相当于一个大的颗粒，其流动性与松装密度均比细的单颗粒高，而且压缩性也较好。但是，一次颗粒在压缩过程中同样经受变形，也影响压缩性和成形性，而烧结过程中一次颗粒所起的作用比二次颗粒更为重要。

932. 粉末颗粒结晶构造和表面状态是怎样的?

金属及大多数非金属颗粒都是结晶体。原始颗粒粉末经过破碎、研磨等加工后，晶体外形也会遭到破坏，造成颗粒外形与晶型不一致。制粉工艺对粉末颗粒的结晶构造起着主要作用。一般来说，粉末颗粒具有多晶结构，而晶粒大小取决于工艺特点和条件，对于极细粉末可能出现单晶颗粒。粉末颗粒实际构造的复杂性还表现为晶体的严重不完整性，即存在许多结晶缺陷，如空隙、畸变、夹杂等，因此粉末总是储存有较高的晶格畸变能，具有较高的活性。

粉末颗粒的表面状态是十分复杂的，一般粉末颗粒愈细，外表面愈发达。同时粉末颗粒的缺陷多，内表面也就相当大。外表面是可以看到的空腔、孔隙等，但不包括封闭在颗粒内的潜孔。多孔性颗粒的内表面常常比外表面大几个数量级。粉末发达的表面储藏着高的表面能，因而超细粉末容易自发地聚集成二次颗粒，并且在空气中极易氧化和自燃。

933. 粉末的性能包括哪些方面?

粉末是颗粒与颗粒间的空隙组成的集合体。因此研究粉末体时应分别研究单颗粒、粉末体和粉末体中孔隙等的一切性质。

单颗粒的性质：①由粉末材料决定的性质，如点阵结构、理论密度、熔点、塑性、弹性、电磁性质、化学成分等。②由粉末生产方法所决定的性质，如粒度、颗粒形状、密度、表面状态、晶粒结构、点阵缺陷、颗粒内气体含量、表面吸附的气体与氧化物、活性等。

粉末体的性质：除了单颗粒的性质以外，还有平均粒度、粒度组成、比表面、松装密度、振实密度、流动性、颗粒间的摩擦状态。

粉末的孔隙性质：总孔隙体积、颗粒间的孔隙体积、颗粒内孔隙体积、比表面、松装密度、振实密度、流动性、颗粒间的摩擦状态。

在实践中不可能对上述粉末性能逐一进行测定，通常按化学成分、物理性能和工艺性能来进行划分和测定。化学成分主要是指粉末中金属的含量和杂质含量。金属粉末的化学分析与常规的金属试样分析方法相同。物理性能包括颗粒形状与结构、粒度和粒度组成、比表面积、颗粒密度、显微硬度，以及光学、电学、磁学和热学等性质。工艺性能包括松装密度、振实密度、流动性、压缩性和成形性。

934. 粉末的化学成分包括哪些？

粉末的化学成分包括主要金属的含量和杂质的含量。杂质主要包括：①与主要金属结合，形成固溶体或化合物的金属或非金属成分，如还原铁粉中的硅、锰、碳、硫、磷、氧等；②从原料和从粉末生产过程中带入的机械夹杂，如二氧化硅、氧化铝、硅酸盐、难熔金属碳化物等酸不溶物；③粉末表面吸附的氧、水蒸气和其他气体（氮、二氧化碳）；④制粉工艺带进的杂质，如水溶液中电解粉末中的氢，气体还原粉末中溶解的碳、氮和氢，羰基粉末中溶解的碳等。

935. 常见粉末颗粒的形状有哪些？

颗粒的形状可以笼统地划分为规格形状和不规格形状两大类，前者是指颗粒的外形或结构，可用某种几何形状的名称近似地描述，一般有如图 242 所示的几种典型形状。颗粒形状主要由粉末的生产方法来决定（见表 109），同时也与物质的分子或原子排列的结晶几何学因素有关。

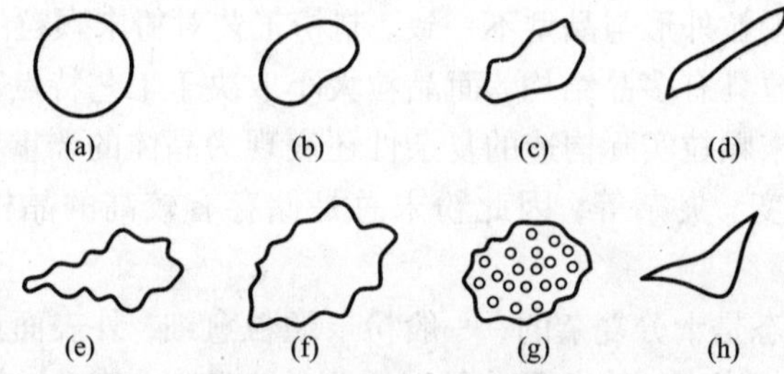

图 242 金属粉末的不同形状

(a)球形；(b)近球形；(c)角形；(d)针形；(e)树枝叶形；(f)不规则形；(g)多孔海绵形；(h)碎片形

936. 粉末颗粒形状与其生产方法有什么对应关系？

粉末颗粒形状与其生产方法之间的关系见表 109。

表 109 颗粒形状与粉末生产方法的关系

颗粒形状	粉末生产方法	颗粒形状	粉末生产方法
球形	气相沉积，液相沉积	树枝叶形	水溶液电解
近球形	气体雾化，置换（溶液）	多孔海绵形	金属氧化物还原
针形	塑性金属机械研磨	碎片形	金属旋涡研磨
角形	机械粉碎	不规则形	水雾化，机械粉碎，化学沉积

937. 什么是粉末的粒度和粒度组成?

用直径表示粉末颗粒大小称为粒径或粒度。由于组成粉末的无数颗粒不属于同一粒径，因此又用不同粒径的颗粒占全部粉末的百分含量来表征颗粒大小的状况，称为粒度组成，又称粒度分布。因此，粒度仅指单颗粒而言，粒度组成则指整个粉末体。但通常所说的粒度包含有粉末平均粒度的意思，也就是粉末的某中统计学平均粒径。

938. 常用金属粉末粒度的表示方法是怎样的?

粉末冶金所用的金属粉末，其颗粒大小通常以平均直径来表示。粒度测定的方法较多，目前最简单的、广泛应用的是筛分法，用所通过的筛网目数表示粒度。目数是指 1 英寸中的网眼数。金刚石工具制造中常用的粉末为 200 目以细小的。325 目相当于颗粒直径 44 u。常用金属粉末粒度的表示方法，如果能通过 100 目但不能通过 150 目的粉末，用 -100 +150 目表示，依此类推。

939. 可以采用哪四种粒径作为粉末粒径的基准?

规则球形颗粒用球的直径或投影圆的直径表示是一样的，也是最简单、最精确的一种情况。对于近球形、等轴状颗粒，用最大长度方向上的尺寸代表粒径，其误差也不大。但是多数粉末的颗粒由于形状不对称，仅用一维几何尺寸不能精确地表示颗粒的真实大小，所以最好用长、宽、高三维尺寸的某中平均值来度量，这称为几何学粒径。由于度量颗粒的集合尺寸非常麻烦，计算几何学平均粒径比较繁琐，因此又通过测定粉末的沉降速度、比表面、光波衍射和散射等性质，而用当量或名义直径表示粒度的方法。可以采用四种粒径作为基准。①几何学粒径；②当量粒径；③比表面粒径；④衍射粒径。

940. 粉末颗粒形状可以用什么方法表示?

粉末颗粒形状可以用细长比、松散度与表面因素三个因素表示，细长比因素：$X = a/b$；松散度因素：$Y = A/(ab)$；表面因素：$Z = C^2/(12.6A)$。见图 243 所示。

颗粒形状直接影响粉末的流动性、松装密度、气体透过性，对压制与烧结体强度均有显著的影响，是粉末的主要性能之一。

球形颗粒的流动性较好，松装密度较高透气性亦好。当无规律地填充这些粉末时，球形粉末的表面虽然较小，但都较易烧结。如果粒度相等并有规律地堆积填充时，则球形以外的粉末的比表面大，粒子间粘合得很好，孔隙小，烧结能良好地进行。

941. 粒度的统计分布可以选择哪四种不同的基准?

粉末粒度组成为不同粒径的颗粒在全体粉末总量中所占的百分数，可以用某中统计分布曲线或统计函数描述。粒度的统计分布可以选择四种不同的基准：①个数基准分布；②长度基准分布；③面积基准分布；④质量基准分布。

942. 粉末粒度的测定方法有哪些?

粉末粒度的测定是粉末冶金生产中检验粉末质量，以及调节和控制工艺过程的重要依

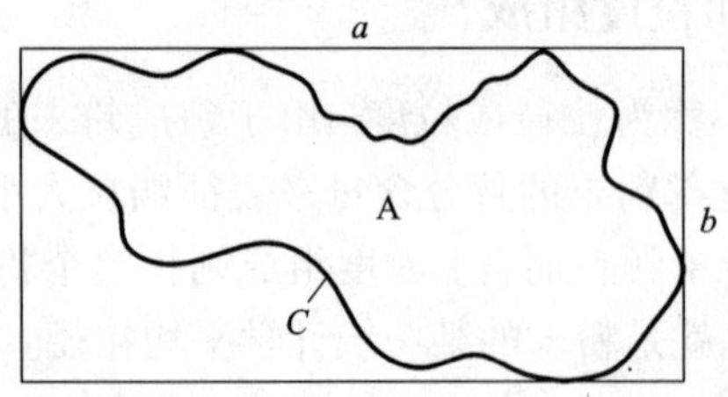

图243　颗粒投影的最小面积的外切矩形(粉末颗粒形状因素)

a、b—矩形的边长；A—颗粒投影面积；C—投影颗粒周长

据。测定粉末粒度的方法很多，表110为常用的一些测量粒度的方法机器应用的范围。

表110　常用的一些粉末粒度测定方法

测量原理	方法	使用的大致粒度范围/um
机械或超声振动	筛分	5～800
显微镜	光学	0.5～100
	电子	0.001～50
电阻率	库尔吐计数器	0.5～800
	点敏感区	0.1～2 000
沉降	沉降仪	0.1～100
	罗勒分析器	5～40
	空气粉尘粒度测定仪	2～300
光散射	光散射粒度测定仪	2～100
光遮蔽	光遮蔽粒度测定仪	1～9 000
透过性	费歇尔亚筛粒度分析仪	0.2～50
表面积	气体吸附(BET)	0.01～20

943. 粉末的比表面定义是什么，怎样测定粉末的比表面?

比表面属于粉末体的一种综合性质，是属于单颗粒性质和粉末体性质共同决定的。粉末比表面定义为1 g质量的粉末所具有的总表面积，用m^2/g或cm^2/g表示；致密固体的比表面用m^2/cm^3为单位，称容积比表面。粉末比表面是粉末的平均粒度、颗粒形状和颗粒密度的函数。测定粉末比表面通常采用吸附法和透过法。

944. 粉末的工艺性能包括哪些方面?

粉末的工艺性能包括松装密度、振实密度、流动性、压缩性和成形性。工艺性能主要取决于粉末的生产方法和粉末的处理工艺(球磨、退火、加润滑剂、制粒等)。

945. 什么是粉末的松装密度，松装密度如何测定?

粉末材料的理论密度，通常不能代表粉末的实际密度，因为颗粒几乎总是有孔的。所以计算颗粒密度时，颗粒的体积是否计入这些孔隙的体积而有不同的值。一般来说，有三种颗粒密度：真密度、似密度与有效密度。理论密度即真密度，是粉末冶金制品的基本依据，可依据理论密度计算出合金制品的密度以及金属粉末的用量。除了理论密度之外，粉末的工艺性能中还有松装密度和振实密度。松装密度是粉末试样自然地充满给定的容器时，单位容积的粉末质量。松装密度的倒数称松装比容。松装密度是重要的粉末特性，它对粉末填充操作、烧结以及模具设计有直接关系。松装密度可以用漏斗法、斯柯特容量计法或震动漏斗法来测定。

粉末的平均粒度对松装密度有明显的影响，细粉末易形成"拱桥"和互相粘附，妨碍颗粒相互移动，所以粉末的松装密度小。粒度的组成对松装密度也有影响，粒度分布范围窄的粗细粉末，松装密度均较低，当粗细粉末按一定比例混匀后，可提高松装密度，因为粗颗粒间的大孔隙可被一部分细颗粒所填充。

946. 什么是粉末的振实密度，振实密度是如何测定的?

金属粉末的振实密度是指将粉末装入振动容器中，在规定条件下经过振实后所测得的粉末密度。一般振实密度比松装密度高 20% ~50% 。

振实密度测定方法是可将定量的粉末装在振动容器中，在规定的条件下进行振动，直到粉末的体积不再减小，测得粉末的振实体积，计算粉末的振实密度。振实密度的测定是在图 244 所示的振实装置上进行的。

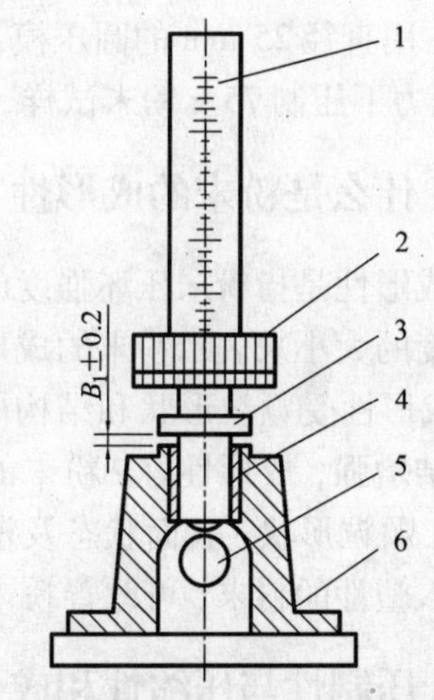

图 244　振实密度测定装置示意图

1—量筒；2—量筒支座；3—定向滑杆；4—轴套；5—凸轮；6—砧座

947. 影响松装密度和振实密度的因素有哪些?

松装密度是粉末自然堆积的密度，因而取决于颗粒间的粘附力、相对滑动的阻力以及粉末体孔隙被小颗粒填充的程度、粉末体的密度、颗粒形状、颗粒密度和表面状态、粉末的粒度和粒度组成等因素。①粉末颗粒形状愈规则，其松装密度就愈大；颗粒表面愈光滑，松装密度也愈大。②粉末颗粒愈粗大，其松装密度就愈大。细粉末形成拱桥和互相粘附妨碍了颗粒相互移动，故粉末的松装密度减小。③粉末颗粒越致密，松装密度就愈大。表面氧化物的生成提高了粉末的松装密度。④粉末粒度范围窄的粗细粉末，松装密度都较低。当粗细粉末按一定比例混合均匀后，可获得最大松装密度，此时粗颗粒之间的大孔隙可被一部分细颗粒所填充。

948. 什么是粉末的流动性?

粉末的流动性与液体的流动性不同，与塑性变形也不同。粉末流动时的阻力可以认为是由于粉末粒子间直接或间接接触而妨碍其他粒子的自由运动所引起的。这主要由粒子间的摩擦系数决定。由于粒子间暂时粘着或聚合在一起，从而妨碍相互运动。因此，这种流动时的阻力与粉末种类、粒度及其分布、形状、松装密度、所吸收的水分、气体及粒子的流动方法等有很大关系。粉末的流动性是指以50 g粉末从圆锥角为60°和出口孔径为2.54 mm的流速漏斗中流出的时间。流出的时间越短，说明粉末的流动性越好。粉末颗粒愈大，颗粒形状愈规则(对轴性好)，粒度组成中极细粉末所占比例小，流动性等候将变好。粉末氧化能提高流动性。如果颗粒密度不变，相对密度增大，会使流动性提高。颗粒表面吸附水分、气体或加入成形剂会降低粉末流动性。无论是为了压坯密度均匀，还是为了自动压制快速装粉，都需要粉末有良好的流动性，一般来说，细粉的流动性较差，为此，可适当地加入粘结剂，将细粉结成较大的球形颗粒，以改善粉末的流动性。

949. 什么是粉末的压缩性?

粉末的压缩性是指粉末在一定的单位压力下可压缩的程度，以压坯密度表示。相同的单位压力下，密度越高，表明粉末的压缩性越好。影响压缩性的因素有颗粒的塑性或显微硬度，塑性金属粉末比脆性金属粉末的压缩性好，球磨过的金属粉末，经退火后塑性改善，压缩性提高。颗粒形状和结构也明显影响压缩性，比如，雾化粉末比还原粉末的松装密度高，压缩性就较好。总之，凡是影响粉末密度的所有因素，都将对压缩性产生影响。我国部颁标准中规定，用直径25 mm的圆压模，以硬脂酸锌的三氯甲烷溶液润滑模壁，在4 t/cm^2(约4×10^8 Pa)压力下压制75 g粉末试样，测定压坯密度表示压缩性。

950. 什么是粉末的成形性?

成形性是指粉末压坯强度的高低。在相同单位压力下或在相同密度情况下，用压坯的抗弯强度的大小来表示粉末的成形性。同时，也可以用圆柱压坯的抗压强度来表示粉末的成形性。成形性受颗粒形状和结构的影响最为明显，颗粒松软、形状不规则的粉末，压紧后颗粒的粘结增强，成形性好。粉末的压缩性和成形性统称为压制性，压制性与粉末的粒度、粒度分布、颗粒形状、表面状态及塑性有关。粉末中添加少量的石蜡、硬脂酸锌以及其他润滑剂和掺入塑性的粉末，可改善粉末的成形性。

951. 压制性与压缩性和成形性的关系是怎样的?

在评价粉末的压制性时，必须综合比较压缩性和成形性。一般来说，成形性好的粉末，往往压缩性差；相反，压缩性好的粉末，成形性差。细粉末的成形性好，而压缩性却较差。

952. 金属粉末颗粒密度有哪几种?

粉末材料的理论密度通常不能代表粉末颗粒的实际密度。因为颗粒几乎总是有孔的。有的孔还与颗粒外表面相通，叫做开孔或半开孔(一端相通)；颗粒内不与外表面相通的潜孔叫闭孔。所以计算颗粒密度时，颗粒的体积由于是否计入这些孔隙的体积而会有不同的值，一般说来有下列三种颗粒密度：①真密度：颗粒质量与除去开孔和闭孔的颗粒体积相除的商值。真密度就是材料的理论密度。②似密度(有效密度)：颗粒质量用包括闭孔在内的颗粒体积除得的商值。用比重瓶法测定的密度接近这种密度值，因此又称比重瓶密度。③表观密度：颗粒质量用包括开孔和闭孔在内的颗粒体积得的商值。显然它比上述两种密度值都低。如松装密度、振实密度等。测量有效密度的方法有两种：比重瓶法和吊斗法。

953. 粉末冶金中热压法的工艺特点是什么？

热压烧结有时又称加压烧结，是把粉末装在模腔内，在加压的同时使粉末加热到正常烧结温度或更低一些温度，经过较短时间烧结成致密而均匀的制品。热压是粉末冶金中发展和应用较早的一种热成形技术，热压可将压制和烧结两个工序一并完成，可以在较低压力和较低温度下迅速获得冷压烧结所达不到的密度。热压法的最大特点除上述的可以大大降低成形压力、烧结温度和缩短烧结时间外，可以制得密度极高（接近理论密度）和晶粒极细的材料。制品的性能优良，质量稳定。

954. 什么是粉末的预处理？

为了去除表面的氧化物和吸附的气体，消除粉末颗粒的加工硬化，必须进行还原退火处理。还原退火后的粉末颗粒表面还原而呈现活化状态，将细颗粒变粗，从而改善粉末的压制性。在氢气中处理时，还有脱氧、脱磷、脱硫等反应，提高了粉末的纯度。这些都是粉末的预处理。

955. 粉末为什么要进行混合？

即使在同一条件制造的同一种粉末，其纯度和粒度分布也有差别。因此，在使用前必须将其混合均匀。同时，原料粉末在运输与储存中会生成大量锈块或凝结块状，一般要用筛子将这些块状物筛出。当对粒度分布有要求时，需将粉末过筛后，按所需要求的粒度分布来进行混合。

956. 什么是粉末的合批和混合？

将化学组成相同而粒度不同的粉末进行混合叫合批。混合是指两种或两种以上的不同成分的粉末混合均匀的过程，混合的目的是使性能不同的组元形成均匀的混合物，以利于压制和烧结时状态均匀一致。混合质量的优劣，不仅影响成形过程和压坯质量，而且会严重影响烧结过程的进行和最终制品的质量。混合基本上有两种方法：机械法和化学法，其中应用广泛的是机械法。常用的混料机有球磨机、V 型混合器、锥形混合器、酒桶式混合器、螺旋混合器等。

混合时除基本原料粉末外，其添加组元有以下三类：①合金组元：如铁基中加入 C，Cu，Mo，Mn，Si，P，V，Cr，Ni 及 B 等粉末。②游离组元：如摩擦材料中加入 SiO_2，Al_2O_3 以及石棉粉等粉末。③工艺性组元：如作为润滑剂的硬脂酸锌、石蜡、油酸等，作为粘结剂的汽油橡胶溶液、石蜡及树脂等，作为造孔用的氯化氨等。

混合一般可以在空气中进行，但为防止氧化，有的粉末需要在真空或液体中进行。混合时间根据不同的材料和设备，有的 10 分钟左右就够了，有的则需几十小时。一般来说，并非混料时间越长越好。因为时间长将使粉末产生加工硬化，或改变了粒度分布及颗粒形状，不利于压制性改善。对于 Fe、Cu 类的较软金属粉末，因其容易加工硬化，故不宜采用强度较大的混合，而应采用较慢转速和较短时间混合。混合好的粉末通常需要过筛，以除去较大的夹杂和润滑剂的块状凝聚物。混合好的粉末尽可能及时使用，否则应密封储存起来。运输时应减少振动，防止混合料发生偏析。

957. 粉末的混合常采用的方法是什么?

粉末的混合常采用的方法是球磨混料。由于金刚石制品的成分除了金刚石外，最重要的一点是合金的成分。常采用的合金成分中有WC，Ni，Co，Cu，Zn，Sn，Ti，Cr，Mn，Mo等多种金属元素，他们之间的密度相差甚远，熔点也相差甚远，由于生产方法不尽相同，颗粒形状也有差别。如果这些粉末不被混合均匀，那么，压制烧结出来的合金性能就不会均一，金刚石工具的性能也就达不到设计的要求。因此，球磨粉料的目的十分明确，即保证金刚石工具中合金成分混合均匀，保持工具性能稳定。

球磨混料时，球磨工艺规范对粉末的混料质量有直接的影响。球磨机由两大部分组成：即电动机和球磨筒。由电动机带动球磨筒旋转。球磨筒内装有硬质合金球和所需的粉末，湿混时还需加入酒精或者其他有机溶剂。球磨机混料的作用有：将粉末混匀；对粉末有一定破碎细化作用。球磨混料效果的好坏主要取决于球和粉末在筒内的运动状态，而球和粉末的运动状态又取决于球磨筒的规格和转速。球和粉末的运动有三种基本情况，见图245所示。

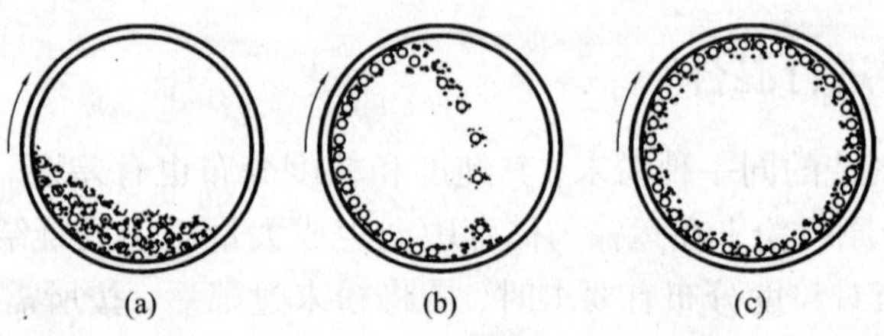

图245 球和粉末在筒内的运动状态

(1)如图245(a)所示。球磨机转速慢时，球和粉末沿筒壁上升到一定坡角，然后滚下(泻落而下)。这时，粉末的混合主要靠球的摩擦作用，而无粉碎与细化作用，球磨混料作用较差。

(2)如图245(b)所示。球磨机转速增加，球和粉末在离心力的作用下，随着筒体壁上升到比第一种情形较高的高度，然后在重力作用下和粉末一起掉下来。这时粉末不仅靠球与球之间的摩擦作用，而且主要对球落下时的冲击作用而被混合均匀，同时被粉碎细化，其效果好。

(3)如图245(c)所示。继续增加球磨机的转速，当球的离心力超过球的重力时，紧靠筒壁的球和粉末不能脱离筒壁而产生相对运动。此时，粉末的粉碎与混合作用基本停止，其效果差，这种转速称为临界转速。

958. 什么是粉末冶金成形?

粉末冶金成形是将松散的粉末体加工成具有一定尺寸、形状以及一定密度和强度的坯块。粉末可以用普通模压法或用特殊方法成形。前者是将金属粉末或混合粉末装在模内，通过压机将其成形。特殊成形是指各种非模压成形，这类成形按其工作原理和特点有等静压成形、连续成形、无压成形等。

959．粉末冶金成形前原料准备的目的是什么？

成形前原料准备的目的是要制备一定化学成分和一定粒度，以及适合的其他物理化学性能的混合料。由于产品最终性能的需要，或者物料在成形过程中的要求，同时，粉末极少数是以单一粉末来应用的，多数情况下都是应用金属与非金属粉末混合物，因而在粉末成形前需要进行一定的准备。其中包括粉末退火、混合、筛分、制粒、以及加润滑剂。

960．粉末预先退火的作用是什么？

粉末的预先退火可使氧化物还原、降低碳和其他杂志的含量，提高粉末的纯度。同时，还能消除粉末的加工硬化，稳定粉末的晶体结构。用还原法、机械研磨罚、电解法、雾化法以及羰基离解法所制得的粉末都要经退火处理。此外，为防止某些超细金属粉末的自燃，需要将其表面钝化，也要作退火处理。经过退火后的粉末压制性得到改善，压坯的弹性后效相应减少。

961．对粉末进行筛分的目的是什么？

筛分的目的在于把不同颗粒大小的原始粉末进行分级，而使粉末能够按照粒度分成大小范围更窄的若干等级。通常用标准筛网制成的筛子或振动筛来进行粉末的筛分。

962．粉末制粒的作用是什么？

粉末制粒是将小颗粒的粉末制成大颗粒或团粒的工序，常用来改善粉末的流动性。能承担制粒任务的设备有滚筒制粒机、圆盘制粒机和擦筛机，有时也用振动筛来制粒。

963．什么是粉末的压模压制？

压模压制是指松散的粉末在压模内经受一定的压制压力后，成为具有一定尺寸、形状和一定密度、强度的压坯。图246是压模示意图。当对压模中粉末施加压力后，粉末颗粒间将发生相对移动，粉末颗粒将填充孔隙，使粉末体的体积减小，粉末颗粒迅速达到最紧密的堆积。

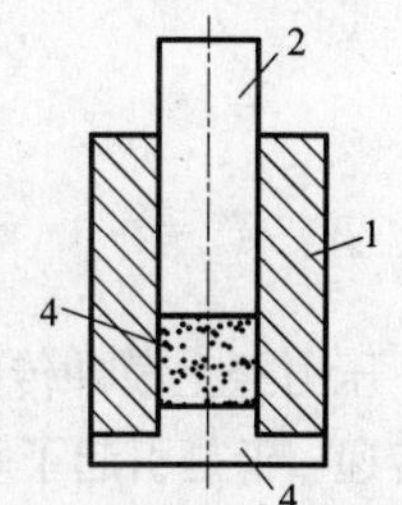

图246　压模示意图

1—阴模；2—上模冲；3—下模冲；4—粉末

粉末在压模内受力后力图向各个方向流动，于是引起了垂直于压模壁的压力——侧压力。由于侧压力的作用，压模内靠近模壁的外层粉末与模壁之间产生摩擦力，这种摩擦力的出现会使压坯在高度方向存在明显的压力降。在接近加压端面的部分，压力最大。随着远离加压端面，压力逐渐降低。由于这种压力分布的不均匀性，造成了压坯各个部位的密度分布也不均匀。

压制过程中，粉末颗粒要经受着不同程度的弹性变形和塑性变形，并在压坯内聚集了很大的内压力。当去除压力后，由于内应力作用，压坯会力图膨胀。这种压坯脱出压模后发生的膨胀现象称为弹性后效。压坯在压模内，当去除压力后，压坯仍会紧紧地固定在压模内。为了从压模中取出压坯，还需要施加一定的压力，此为脱模压力。

964. 粉末的压坯密度分布规律是怎样的?

压制过程的主要目的之一是要求得到一定的压坯密度,并力求密度均匀分布。但实践表明,压坯密度分布不均匀却是压制过程的主要特征之一。实践证明,在单向压制时,压坯沿其高度方向上密度分布是不均匀的。用一个圆柱形模具由一个方向加压,如图247所示。加压前将石墨粉以薄的平面层置于铜粉之间,加压后就变成了曲面。此时压坯内部各部分的密度不相同(见图248),最大密度部位在压坯圆柱上部模壁附近,同时,底面中心部位的密度也最大。但相比之下,底部最大密度比起上部最大密度较小一些。

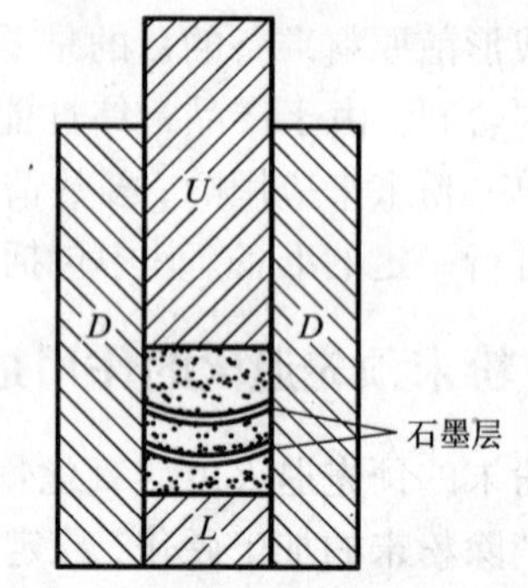

图247　压坯受力后内部变形状况

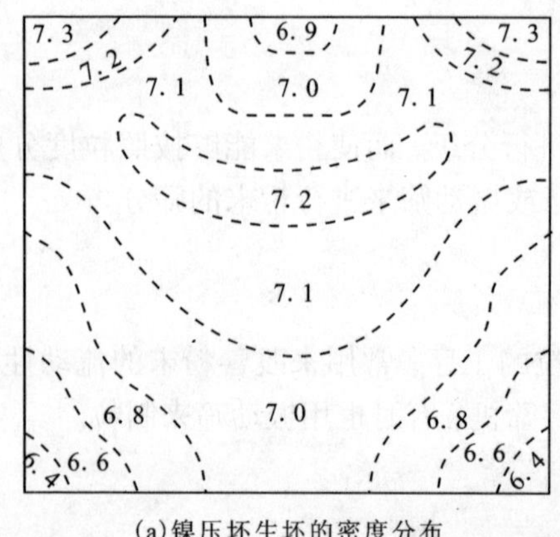

(a)镍压坯生坯的密度分布

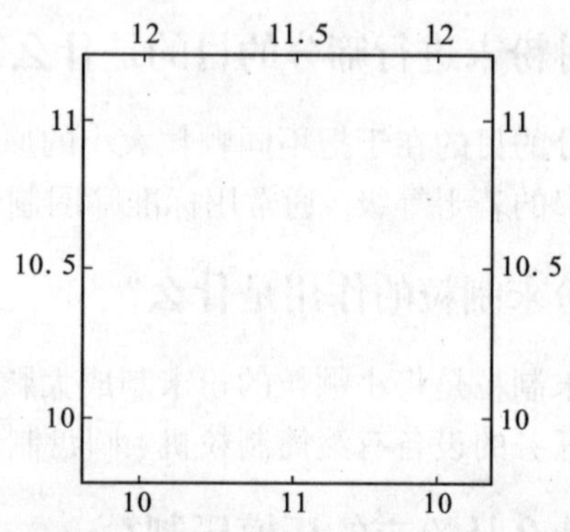

(b)单向压制压坯内肖氏硬度的分布

图248　压坯内部受力与密度、硬度分布示意图

压力 $p=700$ MPa,阴模直径 $D=20$ mm,高径比 $H/D=0.87$

(a)镍压坯生坯的密度分布;(b)单向压制压坯内肖氏硬度的分布

压力经上模冲传向粉末时,粉末在某种程度上表现出与液体相似的性质,即力向各个方向传递。于是引起了垂直于模壁的压力,即侧压力。由于粉末颗粒间的彼此摩擦、相互楔住,使得压力沿横向(即垂直于压模壁)的传递比垂直方向要小得多。并且粉末与模壁在压制过程中产生摩擦力,此力随压制压力而增减。因此,在压坯的高度方向上出现明显的压力降,接近上模冲端面的压力比远离他的部位要大得多,同时中心部位与边缘部位也存在着压力差,结果,压坯各部位的致密化程度也就有所不同。压坯密度大致与模冲接触面的距离按比例减小,该现象随着模具直径变小而愈显著。

965. 如何减小粉末压坯密度的差别?

为了减小密度差别,可以采用以下途径:①降低压坯的高度与直径之比。这是因为高度减少之后压力沿高度的差别相对减小了,使密度分布趋于均匀。②改单向加压为双向加压。单向加压时,压坯的整体密度分布如图249(a)所示;而改为双向加压后,压坯的整体密度如

图 249(b)所示。由此可知，采用双向加压有利于使压坯内密度趋于均匀，这对制品的性能提高有益。③采用模壁光洁度很高的压模，同时在模壁上涂上润滑剂，能减少摩擦系数，可改善压坯的密度分布，使压坯密度均匀性得到提高。④有时，在粉末内添加润滑剂，减少颗粒间摩擦系数，有利于改善压坯密度的不均性。

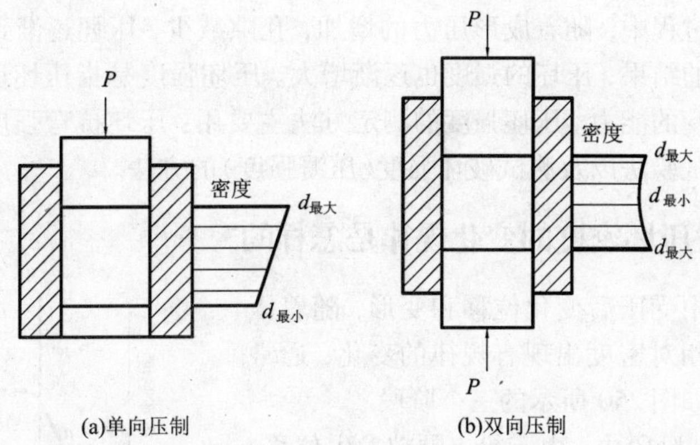

图 249　单向压制与双向压制下压坯密度沿高度方向的分布

966. 压制方式对压制过程的有什么影响?

在压制过程中，加压方式的不同，对压坯质量的影响是不同的。压制过程中由于有压力损失，压坯密度出现不均匀现象，为了减少这种现象，可以采用双向或多向压制。特别是在压坯的高度与直径之比较大的情况下，采用单向压制是不能保证产品的密度要求的。对于形状复杂的零件(制品)，压制时为了使各处的密度分布均匀，可采用组合模冲的方法解决。

加压速度不仅影响粉末颗粒间的摩擦状态和加工硬化的程度，而且影响空气从粉末颗粒间的孔隙中逸出。如果加压速度过快，空气逸出就困难，同时上层粉末瞬时飞溅，有可能造成密度分布不均匀。因此通常的压制过程均以缓慢加压方式进行(有时称静压)。

粉末在压制过程中，如果在某一特定的压力下保持一定时间，往往可以得到较满意的效果。保压的主要目的是：①使压力得到充分传递，以保持压坯中各部分密度均匀。②有利于使孔隙中的空气有足够时间通过模壁和模冲间的缝隙逸出。③给粉末间的机械啮合和变形以时间，有利于应变弛豫进行，有利于减小弹性后效。

保压时间长短应根据具体情况确定，形状较简单、体积较小的工具则保压时间可以缩短，反之则应增长。

967. 粉末压制过程中粉末颗粒变形与位移有几种形式?

粉末体的变形不仅依靠颗粒本身形状的变化，而主要依赖于粉末颗粒的位移和孔隙体积的变化。粉末体在自由堆积的情况下，其排列是杂乱无章的。当粉末体受到外力作用时，外力只能通过颗粒间的接触部分来传递。根据力的分解可知，不同连接处受到外力作用的大小和方向都不一样。所以颗粒的变形和位移也是多种多样的。①粉末的位移：当施加压力时，粉末体内的拱桥效应遭到破坏，粉末颗粒便彼此填充孔隙，重新排列位置，增加接触。②粉末的变形：粉末体在受压后体积明显减少，这是由于粉末体在压制时不但发生了位移，而且还发生了变形。变形有三种情况，即弹性变形、塑性变形和脆性断裂。外力卸除后粉末形状可以恢复原状是为弹性变形；压力超过弹性极限，形状不能恢复者为塑性变形。当压力超过强度极限后，粉末颗粒就发生粉碎性的破坏是为脆性断裂。

968. 什么是粉末的压坯强度?

在粉末体形成过程中，随着成形压力的增加，孔隙减少，压坯逐渐致密化。由于粉末颗粒之间联结力作用的结果，压坯的强度也逐渐增大。压坯强度是指压坯反抗外力作用，保持其几何形状尺寸不变的能力。压坯强度的测定方法主要用：压坯抗弯强度试验法，测定压坯边角稳定性的转鼓试验法以及测试破坏强度(压溃强度)的方法。

969. 粉末压制时压坯密度的变化规律是怎样的?

粉末体在压模中受压后变化位移和变形，随着压力的增加，压坯的相对密度出现有规律的变化，通常将这种变化假设为如图 250 所示的三个阶段。

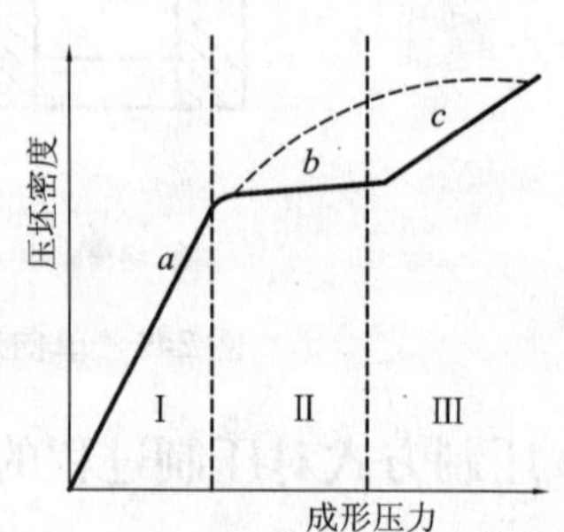

图 250　压坯密度与成形压力的关系

第Ⅰ阶段：在此阶段内，由于粉末颗粒发生位移，填充孔隙，因此当压力稍有增加时，压坯的密度增加很快，所以此阶段又称为滑动阶段(曲线 a 部分)。

第Ⅱ阶段：压坯经第Ⅰ阶段压缩后，密度已达一定值。这时粉末出现了一定的压缩阻力。在此阶段内压力虽然继续增加，但是压坯密度增加很少(曲线 b 部分)。这是因为此时粉末颗粒间的位移已大大减少，而其大量的变形尚未开始。

第Ⅲ阶段：当压力超过一定值后，压坯密度又随压力增加而继续增大(曲线 c 部分)，随后又逐渐平缓下来。这是因为压力超过粉末颗粒的临界应力时，粉末颗粒开始变形，而使压坯密度继续增大。但是当压力增加到一定程度，粉末颗粒剧烈变形造成的加工硬化，使粉末进一步变形发生困难。因而，在此之后随压力的增加，压坯密度的变化不大，逐渐平缓下来。

实际过程的情况往往是复杂的。在第Ⅰ阶段，粉末体的致密化虽然以粉末颗粒的位移为主，但同时也必然会有少量的变形；同样在第Ⅱ阶段，致密化是以粉末颗粒的变形为主，而同时伴随着少量的位移。另外，对于塑性材料，压制时，第Ⅱ阶段很不明显，往往是第Ⅰ、Ⅲ阶段互相连接；对于硬度很大的材料，则要使第Ⅲ阶段表现出来就要相当高的压力。

970. 粉末压制时为什么要使用成形剂，成形剂的选择原则是什么?

粉末体在压制过程中，外摩擦力的存在会引起压制压力沿压坯高度降低。减少摩擦的方法有两种：一是使用高光洁度和高硬度的模具；另一种就是在粉末混合料中加入成形剂(或称粘结剂、润滑剂)。使用成形剂除可以促进粉末颗粒变形，改善压制过程，降低单位压制压力外，还可以提高压坯强度，减少粉尘飞扬，改善劳动条件。同时，由于摩擦压力损失大幅度减少，故在一定的压力下，便可显著提高压坯的密度及其分布的均匀性，并且可以减少由此而产生的各种压制废品。摩擦力的减少，也将改善压坯表面只来年感。在粉末混合料中加入成形剂后，由于可以减少摩擦压力损失和粉末颗粒变形所需的净压力，因而还可以明显提高压模寿命。另一方面，加入成形剂后可以大大减少粉末与模壁之间的冷焊作用，也可使压模寿命提高。因为冷焊造成的粘模结果，将损坏压模表面的精度和光洁度，这将使摩擦现象更为严重，压模寿命明显缩短。

选择成形剂的原则有以下几方面：

(1)成形剂的加入不会改变混合料的化学成分。成形剂在随后的预烧或烧结过程中能全部排除，不残留有害物质。所放出的气体对人体无害。

(2)成形剂应就具有较好的分散性能，即少量的润滑剂就可达到较满意的效果，具有适当的粘性和良好的润滑性，并且易于和粉末料混合均匀。

(3)对混合后的粉末松装密度和流动性影响不大。除特殊情况外(如挤压)，其软化点应当高，以防止混合过程中的升温而熔化。

(4)烧结后对产品性能和外观等没有不良影响。

(5)成本低，来源广。

971. 粉末物理性能对压制过程有什么影响?

(1)金属粉末的硬度和可塑性对压制过程影响很大。软金属粉末比硬金属粉末易于压制，为了得到某一相对密度的压坯，软金属粉末比硬金属粉末所需要的压制压力要小得多。软金属粉末在压缩时变形大，粉末颗粒之间的接触面积增大，压坯密度易于提高。但是，塑性差的硬金属粉末在压制时必须利用成形剂，否则很容易产生裂纹等压制缺陷。

(2)金属粉末的摩擦性能对压模的磨损影响很大。一般说来，压制硬金属粉末压模的寿命短。

972. 粉末纯度对压制过程有什么影响?

粉末纯度愈高，压制愈易进行。由于杂质大多以氧化物的形态存在，而金属氧化物粉末硬而脆，而且存在于金属粉末的表面，压制时使得粉末的压制阻力增加，压制性能变坏，并且使压坯的弹性后效增大。粉末还原不完全，或还原后放置时间过长，粉末中氧含量就会增加。因此，为了保证获得合格的压坯，一般要求粉末的氧含量在规定的范围内，或者在压制前预先将粉末进行还原退火处理。有时进行真空退火可得到很好的效果。粉末的化学成分对压模的磨损程度有明显影响。例如，粉末中只要有少量的氧化铝或氧化硅，在压制时就会使压模的磨损显著增大。

973. 粉末粒度及粒度组成对压制过程有什么影响?

粉末的粒度及粒度组成不同时，在压制过程中的行为就不一致。一般来说，粉末愈细，流动性愈差，在填充狭窄而深长的模腔时就愈困难，愈容易形成拱桥效应。由于粉末细，其松装密度就低，在压模中的充填容积大，此时必须有较大的模腔尺寸。这样在压制过程中模冲的运动距离与粉末之间的内摩擦力都会增加，压力损失随之增大，影响了压坯密度的均匀分布。与颗粒形状相同的粗粉末相比，细颗粒粉末的压缩性较差，而成形性较好。这是由于颗粒细粉末颗粒间的接触点较多，接触面积增大之故。对于球形粉末，在中等或大压力范围内，粉末粒度对密度几乎没有什么影响。实践表明，非单一粒度组成的粉末压制性较好。因为这时小颗粒容易填充到大颗粒之间的孔隙中去，因此这种情况下压制的压坯密度和强度会增加，弹性后效会减小，易于得到高密度合格压坯。

974. 粉末颗粒形状对压制过程和压坯质量有什么影响?

粉末颗粒形状对压制过程和压坯质量的影响具体反映在其充填性能、压制性等方面。粉末颗粒形状对粉末装填模腔的影响很大，表面平滑规则的、接近球形粉末的流动性好，易于充填模腔，使压坯的密度分布均匀。而形状复杂的粉末充填模腔困难，容易产生拱桥现象，使得压坯会由于装填粉末不均匀而出现密度不均匀。这对于自动压制尤为重要。生产中所使用的粉末大多是不规则形状的，为了改善粉末混合料的流动性，往往需要进行制粒处理。粉末颗粒形状对压坯性能也有影响。不规则形状的粉末在压制过程中，其接触面积不规格形状粉末大，压坯强度高，所以成形性好。

975. 粉末松装密度对压制过程有什么影响?

粉末松装密度是设计模具尺寸时所必须要考虑的重要因素。粉末松装密度小时，模具的高度和模冲的长度必须增大。在压制高密度压坯时，如果压坯尺寸长，密度分布就容易不均匀。但是，当松装密度小时，压制过程中粉末接触面积增大，压坯的强度高却是其优点。松装密度大时，模具的高度及模冲的长度可以缩短。并且，对于制造高密度压坯，或长而大的制品有利。

976. 成形剂对压制过程及压坯质量有什么影响?

金属粉末在压制时，由于模壁和粉末之间、粉末与粉末之间产生摩擦，造成压力和密度分布不均，严重地影响压坯质量。在压制过程中减少摩擦的方法有两种：①采用高光洁度的模具或用硬质合金模具代替钢模；②使用成形剂或润滑剂。为了改善粉末的成形、塑性、增加压坯强度等，均需加入成形剂。润滑剂的加入是降低粉末颗粒与模壁和模冲间的摩擦，能有效地改变密度分布，降低脱模压力等。

977. 压制时的加压方式对压制过程及压坯质量有什么影响?

在压制过程中由于有压力损失，压坯密度出现不均匀现象。为了减少这种现象，可以采用双向压制及多向压制(等静压制)，或者改变压模结构等。特别是当压坯的高径比较大的情况下，采用单向压制是不能保证制品的密度要求的。此时，上下密度差往往达到0.1~0.5 g/cm，甚至更大，使制品出现严重的锥度。高而薄的圆筒压坯在成形时尤其要注意压坯密度的均匀问题。对于形状比较复杂的零件，压制时为了时各处的密度分布均匀，可采用组合模冲。实践中广泛采用的浮动阴模压制，实际上就是利用双向压制来改善密度分布均匀问题的方式之一。

978. 压制时的加压速度对压制过程及压坯质量有什么影响?

压制过程中的加压速度不仅影响到粉末颗粒间的摩擦状态和加工硬化程度，而且影响到空气从粉末颗粒孔隙中的逸出情况。如果加压速度过快，空气逸出就困难。因此，通常的压制过程均是以静压(缓慢加压)状态进行的。

979. 压制时加压保持时间对压制过程及压坯质量有什么影响?

粉末在压制过程中，如果在某一特定压力下保持一定的时间，往往可得到非常好的效果。这对于形状复杂或体积大的制品来说更为重要。保压时间过短，可能导致压坯出现裂纹等缺陷。

980. 振动压制有什么优点？

压制时，从外界对压坯施以一定的振动对致密化有良好的作用。振动压制是广泛引起人们注意的新工艺。振动源可以是机械的、电磁的、气动的或超声振动等。振动频率以采用低频为宜(1 000 ~ 14 000 次/ min)，振幅可采用0.03 mm。硬而脆的粉末当采用振动压制时，可以在很低的压力下获得在常规静压或等静压制下所无法达到的压坯密度。

981. 什么是等静压成形？

等静压制是借助高压泵的作用把流体介质(气体或液体)压入耐高压的钢体密封容器内(如图 251)，高压流体的静压力直接作用在弹性模套内的粉末上，使粉末体在同一时间内各个方向均衡受压而获得密度分布均匀和强度较高的压坯。

982. 什么是三轴压制？

三轴压制是从土壤力学、地质工程中移植过来的，是把测定土壤、岩石的剪切强度的三轴剪压实验应用到粉末冶金成形工艺中的方法。可以近似地认为三轴压制就是单轴压制(模压)和等静压制的结合。三轴压制的效果，无论从压坯密度还是从压坯抗弯强度上看都是较好的。只要在很低的周压条件下增大轴压，就可以生产比其他成形方法均好的压坯。三轴压制装置如图 252 所示。三轴压制是利用复合应力状态，除了对粉末体施加等静压外(周压)，还要增加一个轴向负荷(轴压)。也就是说，三轴压制 = 周压 + 轴压。由于轴压不等于周压(一般是轴压大于周压)，因此对粉末体产生了剪切应力，使粉末颗粒更易于重新排列，更利于小颗粒向大的间隙充填。因此，三轴压制的压坯中，一般不会残留大的孔隙。最终产品中往往只含有比较均匀的小孔隙，这就是三轴压制的产品具有高密度、高强度的主要原因。

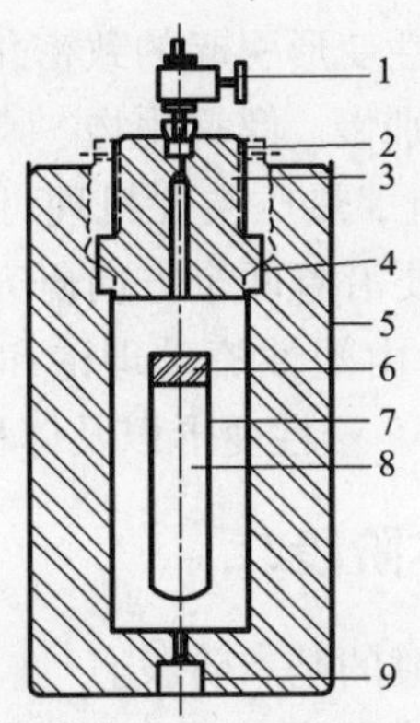

图 251 等静压原理图

1—排气阀；2—压紧螺母；3—顶盖；4—密封圈；5—高压容器；6—橡皮塞；7—模套；8—压制坯料；9—压力介质入口

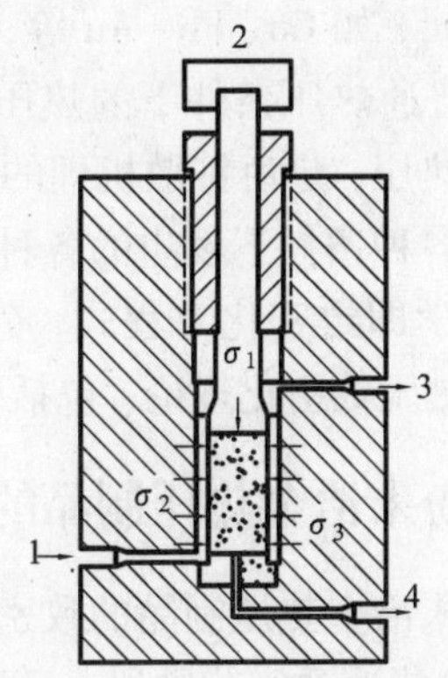

图 252 三轴压制装置简图

1—侧限压力；2—轴向承载活塞；3—放油孔；4—出油孔

983. 什么是粉浆浇注？

粉浆浇注是金属粉末在不施加外压力的情况下而实现成形的过程。其方法是将成形材料首先与水或其他液体调成悬浮液浆，并注入能够吸收液体的石膏模内；然后再从石膏模中取出干涸的坯块，并进行最后烘干。用粉浆浇注可以不使用压力机和钢制模具，对于制造较大而复杂的粉末冶金部件成本可以降低，而且所用设备简单。

984. 什么是粉末冶金制品的烧结？

压坯或松装粉末体的强度和密度都是很低的。为了提高压坯或松装粉末体的强度，需要在适当的条件下进行热处理。这就是把压坯或松装粉末体加热到其基本组元熔点以下的温度，并在此温度下保温，从而使粉末颗粒相互结合起来，改善其性能，这种热处理就叫烧结。即烧结是指粉末或压坯在一定的外界条件和低于主要组元熔点的烧结温度下，所发生粉末颗粒表面减少、孔隙体积降低的过程。烧结对粉末冶金材料和制品的性能有着决定性的作用。烧结的结果是粉末颗粒之间发生粘结，烧结体的强度增加，而且在大多数情况下，其密度也提高。在烧结过程中，压坯要经历一系列的物理化学变化。开始是水分或有机物的蒸发或挥发，吸附气体的排除，应力的消除，粉末颗粒表面氧化物的还原，继之是原子间扩散，粘性流动和塑性流动，颗粒间的接触面增大，发生再结晶，晶粒长大等等。出现液相时，还可以有固相的溶解和重结晶。这些过程彼此之间并无明显的界限，使整个烧结过程变得很复杂。

985. 粉末冶金制品的热压法致密化理论发展情况怎样？

热压理论的研究较工艺的应用要晚得多，较完整的理论直到20世纪50年代中期才形成，60年代才有较大的发展。热压理论的核心在于研究致密化的规律和机构。热压致密化理论是在粘性或塑性流动烧结理论的基础上建立起来的，因为热压与依存于温度变化的物质阻力和粘滞性系数等有密切的关系而不能引进普通烧结的体积扩散机理。像玻璃那样的非晶体物质可能用粘性流动来进行致密化。离子结晶和金属可能由塑性流动来进行致密化。像有些软质金属，如Cu、Pb、Au等，热压温度低压力大，由塑性变形引起的致密化占主要地位。另外，在普通热压条件下的热压后期阶段，致密化速度特别慢。像氧化物、碳化物那样的硬质粉末的热压，是由扩散机理的致密化占主要地位的。因此，热压主要机理可以说是关于各种物质在各种条件下发生的各种变化。热压致密化理论主要沿着两个方向研究与发展：①热压的动力学即致密化方程式，分为理论和经验两类，前者由塑性流动理论和扩散蠕变理论导出；②热压致密化理论，包括颗粒相互滑移，颗粒的破碎、塑性变形以及体积扩散等。

986. 粉末冶金热压制品的致密化过程有哪些基本阶段？

粉末冶金热压制品的致密化过程大致有三个连续过渡的基本阶段。

(1)快速致密化阶段，又称微流动阶段。即在热压初期，颗粒发生相对滑动、破碎和塑性变形，类似冷压的颗粒重排，致密化速度较大，主要取决粉末的颗粒度、形状及材料的断裂和屈服强度。这个阶段的线收缩，由费尔坦(Felten)表示为$\Delta L/L \propto t^n$(n为0.17～0.58)。

(2)致密化减速阶段，以塑性流动为主要机构。类似烧结后期的闭孔收缩阶段，可使用默瑞热压方程式，即孔隙率的对数与时间成线性关系。

(3)趋近终极密度阶段，受扩散控制的蠕变为主要机构。此时晶粒的长大使致密化速度大为降低，达到终极密度后，致密化过程完全停止。

987．粉末冶金热压制品的烧结过程分为哪几类？

(1)单元系固相烧结：纯金属粉末或化合物(Al_2O_3，B_4C 等)在其熔点以下温度进行的固相烧结过程。

(2)多元固相烧结：由两种或两种以上的组元构成的体系，在其中低熔点成分的熔点温度以下所进行的固相烧结过程，粉末烧结合金有许多属于这一类。根据系统的组元之间在烧结温度下有无固相溶解存在，又分为：

无限固溶系：在合金状态图中有无限固溶区的系统，如 Cu－C，Fe－Ni，W－Mo 等。

有限固溶系：在合金状态图中有有限固溶区的系统，如 Fe－C，Fe－Cu，W－Ni 等。

完全不互溶系：组元之间既不互相溶解又不形成化合物或其他中间相的系统，如 Ag－W，Cu－W，Cu－C 等所谓“假合金”。

(3)多元系液相烧结：以超过系统中低熔点成分熔点的温度进行的烧结过程。如 WC－Co，TiC－Ni，W－Cu－Ni 等。

988．什么是润湿性和润湿角？

液滴在固体表面分散的程度称为润湿性，如果液滴能够完全分散在固体表面上，被称为完全润湿。润湿角(或接触角)θ 的大小就是润湿性的标志(图 253)。完全润湿时，$\theta=0°$；而完全不润湿时，$\theta=180°$。当 $\theta<90°$时，可以说液体能够润湿固体表面；而在 $\theta>90°$时，就认为液体不能润湿固体表面。

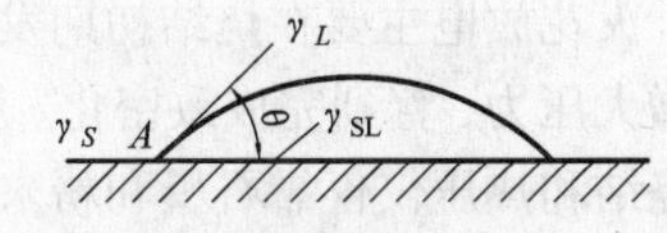

图 253　液相润湿固相平衡图

989．什么是活化烧结，活化烧结可以分为几种基本类型？

采用化学或物理的措施，使烧结温度降低，烧结过程加快，或使烧结体的密度和其他性能得到提高的方法称为活化烧结。活化烧结从方法上可以分为两种基本类型：

(1)依靠外界因素活化烧结过程，包括：气氛中添加活化剂，使烧结过程循环地发生氧化－还原反应或其他反应，在烧结填料中添加强还原剂(如氢化物)，循环改变烧结温度，施加外应力等。

(2)提高粉末的活性，使烧结过程活化。例如，粉末(压坯)的预氧化，使粉末颗粒产生较多晶体缺陷或不稳定结构，添加活化元素以及使烧结形成少量液相等。

活化烧结最早出现在 19 世纪末，用镍活化烧结钨制品。自 20 世纪 50 年代以来，有许多铁粉活化烧结的报道，以及铜基、钼、三氧化二铝等活化烧结实验研究。但总的看来，活化烧结工艺尚不成熟。

990．什么是电火花烧结？

电火花烧结可看成是一种物理活化烧结，也称为电活化压力烧结，它是利用粉末间火花放电所产生的高温，同时受外应力作用的一种特殊烧结方法。电火花烧结原理如图 254 所示。通过一对电极板和上下模冲向模腔内的粉末直接通入高频或中频交流和直流叠加电流。压模由石墨或其他导电材料制成。依靠放电火花产生的热加热粉末，和通过粉末与模具的电流产生的焦耳热升温。粉末在高温下处于塑性状态，通过模冲加压烧结，并且由于高频电流通过粉末形成的机械脉冲波作用，致密化过程在极短的时间内就完成。

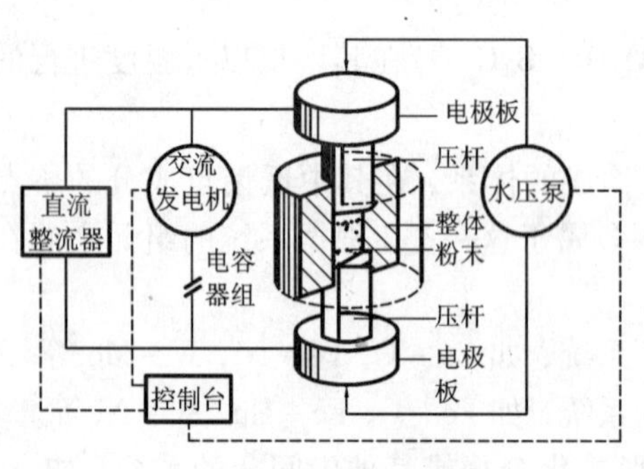

图 254 电火花烧结原理图

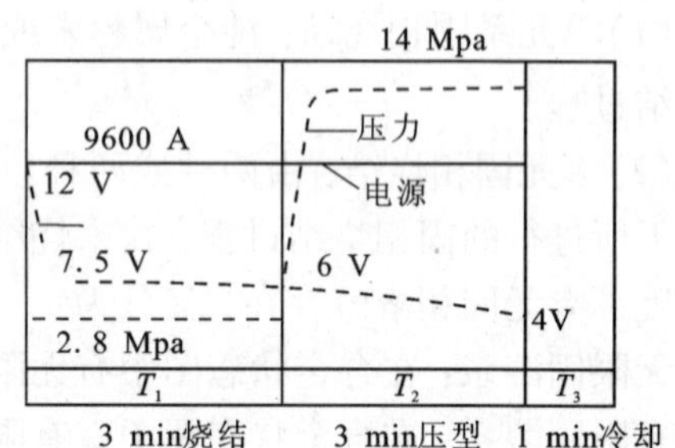

图 255 电火花烧结过程示意图

电火花烧结过程如图 255 所示。第一阶段(T_1)：交流与直流组合电火花放电，电压 2.8 MPa。第二阶段(T_2)：压力增加到 14 MPa，进一步提高制品密度。第三阶段(T_3)：切断电流在压力下冷却。全过程共 7 min。

火花放电主要在烧结初期发生，此时预加压力很小，达到一定温度后控制输入的电功率并增大压力，直到完成致密化。从操作看，这与一般电阻烧结或热压很相近，但有区别：①电阻烧结和热压仅仅靠石墨和粉末本身的电阻发热，通入的电流极大；②热压所用的压力高达 20 MPa，而电火花烧结所用的压力低得多(几个兆帕)。电火花烧结的制品可做成接近致密件(一般可达理论密度的 98% ~100%)，也可有效地控制孔隙度。

991. 什么是预合金粉末，采用预合金粉末作为金刚石工具的胎体具有什么优越性?

由一种金属跟另一种或几种金属或非金属所组成的具有金属特性的物质叫合金。合金一般由各组分熔合成均匀的液体，再经冷凝而制得。采用多种金属熔炼成低熔点合金后再喷制成的粉末，称为预合金粉末。

采用预合金粉末作为金刚石工具的胎体具有的主要优越性如下：

(1)提高胎体的机械性能

对于机械混合单元素金属粉末来说，各种加入金属都有着各自的熔点，而且熔点温度相差还比较大，如钴、镍、钛的熔点高于 1 400℃，锡、锌的熔点则只有 230 ~420℃。金刚石工具的烧结温度一般都在 700 ~1 000℃，温度过高则容易使金刚石碳化，从而降低金刚石工具的使用寿命。在 700 ~1 000℃的烧结温度下，低熔点金属早已熔化甚至有部分出现烧损现象，而对于高熔点金属来说，在低温度下烧结所得到的胎体多为假合金，即胎体中大多数高熔点金属仍以元素形式存在，不能充分发挥作用，从而达不到原设计胎体合金配方的要求。这种胎体金属未能完全合金化，各金属颗粒之间是通过固熔扩散、蠕变而结合的，其结合力不强，影响了金刚石工具的机械强度。如果把粘结金属做成预合金，该预合金粉末具有单一的熔点，其熔点可以通过调整成分配方比例来控制和选择。预合金化的粉末比机械混合粉末要均匀得多，由于已完全合金化，因此其性能亦有所提高。在金刚石工具烧结过程中，只要温度升到作为粘结成分的预合金粉末的液相线以上时，粉末即熔化，制品的烧结过程也就结束了，从而避免了机械混合粉末胎体烧结中最常出现的成分偏析和低熔点金属先熔化并富集以及易氧化、挥发等弊病，从而可以保证金刚石工具的质量，金刚石工具的性能亦大有提高。

(2)改善胎体合金对金刚石的把持力

国内的金刚石工具经常出现包镶不理想，导致金刚石脱落的现象，目前普遍采用的办法是在胎体中添加少量的铬或者钛等，因为铬、钛等都是强碳化物形成元素，当他们与金刚石接触时，在金刚石与铬粉、钛粉之间形成薄薄的一层 Cr_3C_2 或 TiC，使铬、钛粉既与金刚石有一定的结合力，又与合金胎体保持一定的结合力，从而提高胎体合金对金刚石的把持力。但是由于铬粉、钛粉在胎体合金中本身就是一种松散的结合，因而用添加铬粉、钛粉的方法来提高胎体对金刚石的把持力效果有限，没能从根本上解决胎体合金对金刚石的包镶问题。最根本的途径就是要解决好胎体合金与金刚石之间的润湿角问题。

众所周知，硬质合金之所以用钴作为粘结金属，就是因为高温下钴与碳化钨的润湿角为0°，因此合格的硬质合金产品很少出现碳化钨脱落现象，即钴已牢固地把持住了碳化钨颗粒。对于金刚石而言，没有任何单质金属对金刚石的润湿角为0°，钴对金刚石的润湿角为45°~55°，铜对金刚石的润湿角为145°，因此从润湿角也能解释为什么机械混合单金属粉末烧结的金刚石工具胎体对金刚石的把持力不大。但如果制成预合金粉末后，则预合金粉末与金刚石的润湿角可以通过调整合金粉末的成分来降低，如 Cu - Sn 合金中加铬粉、钛粉，可以使润湿角接近0°。由于预合金粉末具有单一熔点，因此在烧结温度下能够以液相形式完全浸湿金刚石，故使粘结金属对金刚石的把持力(包镶强度)大为提高。

(3)解决金属粉末的氧化、脏化问题

金刚石工具所选用的金属粉末粒度一般在200目以细，有些金属粉末极易氧化或脏化，如铜粉、钛粉、锰粉等，长时间保存有很多困难，如钛粉保存时就需要进行真空包装。被氧化的金属粉末，其烧结活性大为降低，严重影响了金刚石工具的质量性能。对于预合金粉末由于某些抗氧化元素(如铬粉)的引入，致使合金整体的抗氧化能力有所提高，可以解决粉末的长时间保存问题。

(4)易于满足胎体性能要求

预合金粉末抗氧化能力强，烧结性能好，合金化充分，组织均匀，大大提高了烧结制品的抗压、抗弯强度，易于满足金刚石制品胎体性能要求。

(5)有利于避免金刚石的高温损伤和节省能源

通过控制预合金粉末的生产工艺，可以得到超细和亚微米级预合金粉末，这有利于改善粉末的烧结活性，大大降低了烧结过程中金属原子扩散所需的激活能，降低金刚石工具制造过程中的烧结温度，缩短了烧结时间，有利于避免金刚石的高温损伤，节省能源，利于国家创导的节能型社会的建设。

(6)简化生产工艺减少差错

利用预合金粉末制造金刚石工具，配料简化为2~3种粉末的称量和混合，减少配料称料时出现差错的概率。同时使用预合金粉末制造金刚石工具对制造规程中的烧结温度、烧结压力等要求较宽，大大减少因制造规程不一致带来的金刚石工具性能质量不稳定问题。

(7)防止技术流失遏制机密泄露

通过使用自主设计、开发、制取或定点加工的预合金粉末来制造金刚石工具，便于技术保密，防止因配料员或技术人员的流动而导致的企业技术流失。

(8)提高金刚石工具的质量，降低成本

采用预合金粉末作为金刚石工具的胎体，可以提高胎体对金刚石的把持力，提高金刚石工具的锋利度，延长工具的使用寿命。在性能相同的情况下，使用预合金粉末胎体可降低金刚石使用浓度15%～20%，使生产成本更低廉。

992. 国外采用预合金粉末作为金刚石工具胎体的大致情况是怎样的？

20世纪90年代中期，比利时Umicore公司首先提出了金刚石工具中使用预合金粉末的新概念，并于1988年将预合金粉末作为钴粉及钴混合粉的替代品真正应用在金刚石工具中。随后法国Eurotungstene、德国Dr. Fritsch已研制出一系列代钴预合金粉，并以优异性能广泛应用于锯片、钻头生产中。

(1) Umicore公司Cobalite系列预合金粉末

Umicore公司是最早提出预合金粉末概念并应用于金刚石工具的公司之一。为了满足金刚石工具高性能在建筑工程方面的应用需求，该公司采用湿法冶金工艺，在Cobalite 601基础上研发出Cobalite HDR预合金粉末。Cobalite HDR（Co27%，Cu7%，Fe66%）是一种快速切割状态下对金刚石具有极好把持力的高硬度、高韧性、高耐磨性的铁基粘结剂，具有良好的激光焊接性。Cobalite HDR主要用于建筑工程行业方面高性能金刚石工具的应用，如地板锯切、墙锯和钢筋混凝土及沥青的取芯钻头，以代替传统的含WC的钴基粘结剂。用Cobalite HDR作胎体制造的高性能金刚石工具可在保证工具寿命前提下快速切割、磨削和钻切钢筋混凝土及沥青。Umicore在Cobalite 601（通用）和Cobalite HDR(高耐磨性）之后，又增补了Cobalite系列最新产品：无钴镍预合金粉Cobalite CNF。它由于不含Co，Ni，所以在675℃低温下烧结时，具有较高硬度和优异的无压烧结性能，这就克服了钴粉在烧结(尤其是无压烧结）时温度非常高的缺点(Cobalite CNF是当前预合金烧结温度最低的一种)。Cobalite CNF采用锡固溶强化，同时加入钨减少金属间化合物的形成并克服添加锡的负面影响，利用氧化物弥散强化提高强化效果，因此具有较高的硬度和足够的韧性。实际使用时，添加Co，Fe，Cu，WC易于调节Cobalite CNF硬度，尤其与超细钴粉混合使用时性能很好。

(2) Eurotungstene公司NEXT预合金粉末

自1997年Eurotungstene公司开发出NEXT预合金粉末以来，Eurotungstene公司不断拓宽预合金粉末范围，相继推出NEXT100、NEXT200、NEXT300、NEXT900。NEXT系列是金刚石工具用代钴亚微米级预合金粉末，不仅烧结温度和成本更低，而且通过增强金刚石把持力提高了工具寿命及性能。其中最近研制开发NEXT300（Co25%、Fe72%、Cu3%)粉末专用于满足激光焊接工具干切市场需求，具有低含铜量，高延展性和高冲击强度。NEXT300热压烧结温度较低(750℃)，激光焊接后具有更好的抗弯强度，既可以作为激光焊接金刚石干切工具的胎体材料，也可以作为过渡层材料，使用NEXT300可以提高工具的快速切割性能。其后研制开发的NEXT900主要成分为Fe、Cu，属低钴含量预合金粉末，具有高延展性和冲击强度，在干切割及石材抛光方面具有尤其优异的性能，非常适合与传统添加物混合使用。

(3) Dr. Fritsch公司预合金粉末

Dr. Fritsch在Diabase－V18(主要成分Fe、Cu）预合金粉末基础上研究开发了Diabase－

V21(主要成分 Fe, Cu, Co, Sn)，它具有更高的延展性，且冲击强度提高了近一倍。Diabase－V21 主要用作切割和钻切花岗岩及混凝土工具的胎体材料，实际使用过程中可单独使用也可添加一些适于特殊使用要求的元素混合使用。Diabase－V21 具有良好的激光焊接性，激光焊接金刚石工具中用 V20－503 做过渡层材料可获得更高强度的连接。

993. 国外预合金粉末发展趋势是将会是怎样的?

目前，国外主要致力于预合金粉末配比、烧结性能、物理机械性能、粒度细化、激光焊接性等方面的研究，以获得低成本、高性能的预合金粉末，提高金刚石工具综合性能。

自从 Umicore 首先提出预合金粉末概念以来，预合金粉末在金刚石工具制造业及粉末冶金业的应用越来越广泛。国外大多数金刚石锯片、取芯钻头及其他天然石材和建材加工工具的制造商在产品制造过程中，除了纯钴外，均使用相当比例的预合金粉末。不难预测，利用预合金粉末的低熔点和成分均匀性，调整和控制金刚石工具的胎体性能，具有巨大的应用前景。未来预合金粉末产品的研究趋势集中在以下几方面:

(1)进一步提高预合金粉末的物理性能

预合金粉末粒度超细化是进一步提高预合金粉末及其金刚石工具性能的有效途径。超细预合金粉末具有优良的烧结性能，是现在普遍采用的单元素混合粉末所不具备的，不仅可以降低烧结温度，且在更宽的温度范围内胎体的烧结硬度非常高，可以减少金刚石的热损伤，提高工具胎体对金刚石的把持力，最终提高金刚石工具的寿命和效率。

(2)将需要向标准化、元素多样化的预合金粉末发展

目前世界上许多公司均生产预合金粉末，如 Eurotungdtene、Dr. Fritsch、Umicore 等，他们生产的预合金粉末具有自己的体系，没有形成统一的标准，不便于用户选择和比较，因而只有形成标准化的产品后，才能更好地服务市场、满足市场。同时，金刚石工具的使用范围在扩大，加工对象越来越复杂，对金刚石工具特殊性能要求越来越高，这样只有预合金元素多样化及能与多种添加物混合使用才利于解决上述问题。

994. 什么是湿法冶金，湿法冶金制取预合金粉末的工艺过程是怎样的?

湿法冶金是指主要在水溶液中进行的提取冶金过程。利用湿法冶金制取预合金粉末是在水溶液中析出具有一定化学成分和物理形态的化合物或金属，然后经过还原得到。利用湿法冶金制取粉末可以控制粉末粒度，因而可以生产超细粉末。湿法冶金包括还原法、电解法、沉淀法和自蔓延高温合成等。湿法冶金包括四个步骤：①用溶剂将原料中有用成分转入溶液，即浸取；②浸取溶液与残渣分离，同时将夹带于残渣中的冶金溶剂和金属离子回收；③浸取溶液的净化和富集，常用离子交换和溶剂萃取技术或其他化学沉淀方法；④从净化液中提取金属或化合物。

湿法冶金工艺中用沉淀法制取各种合金粉末与提取冶金中的沉淀结晶过程在原理和工艺上大同小异。在《世界专利》中介绍了一种利用沉淀法制取适用于金刚石工具胎体的铁合金粉末。该发明是通过沉淀草酸盐混合液，并对沉淀物进行分解来制备预合金粉末的。

操作实例一：本例是通过沉淀草酸盐混合液，并对沉淀物进行分解来制备预合金粉末的。在室温条件下，将 2.47 L 含有 39 g/L 的钴、25 g/L 的镍、85 g/L 的铁、11 g/L 的锰的氯化物溶液搅拌加到 13.64 升含有 65 g/L 的 $C_2H_2O_4 \cdot 2H_2O$ 的草酸盐水溶液中，这样，草酸盐

混合物中94%的钴、85%的镍、81%的铁、48%的锰被沉淀出来，沉淀物被过滤出后，用水清洗，在100℃的温度下干燥，沉淀物中含有9.2%的钴、5.3%的镍、17.2%的铁、1.3%的锰。将沉淀物放在氢气中，在520℃的温度下加热6 h，这样就得到了粉状的金属产品，将其放在研钵中研磨，得到的预合金粉末在氢气中还原，失重率为2%，粉末中含有27.1%的钴、15.7%的镍、50.8%的铁、3.9%的锰。其颗粒的平均直径为2.1 μm(用费氏测定法测量)，用X射线衍射检测显示，粉料中的锰均处于氧化状态。

操作实例二：本例是通过对氢氧化物混合液进行沉淀，并对沉淀物进行还原制备预合金粉末的。将80℃的含有24.4 g/L钴、13.5 g/L的镍、85.6 g/L的铁、2.3 g/L的锰的氯化物溶液9.4 L，边搅拌边加到36.71含45 g/L的NaOH的烧碱中。这样，所有的元素以氢氧化物混合物的形式沉淀出来。滤出沉淀物，并用水清洗，在用80℃的含有45 g/L的NaOH的溶液浸泡，并立即将沉淀物滤出，用水洗净，在100℃温度下干燥，所得的沉淀物中含有14.8%钴、8.2%的镍、35.6%的铁、1.4%的锰。将沉淀物放在氢气中，在510℃的温度下加热7.5 h，这样就得到粉状的金属产品，将其放在研钵中研磨，得到的预合金粉末在氢气中还原，失重率为1.65%。成品粉末中含有24.2%的钴、13.4%的镍、58%的铁、2.3%的锰。其颗粒的平均直径为2.1 um，用X射线衍射检测显示，粉料中的锰均处于氧化状态。

995. 金刚石锯片胎体用预合金粉末配方设计基本原则是什么？

预合金粉末在锯片胎体中充当粘结剂的作用，在设计预合金粉末成分时，应考虑以下几点要求：

(1)锯片烧结温度的高低主要取决于粘结金属熔点的高低，为了避免高温对金刚石热损伤，预合金粉末成分应该选择以低熔点金属为主。

(2)把持磨料的金属要具有适当的磨耗效率，这对切削率是十分重要的，胎体必须和磨料实现“同步磨耗”，太硬和不太易磨损的金属会造成金刚石较难出刃，易产生磨平现象；相反，太软和过于容易受蚀的胎体则使金刚石过早脱落，没能发挥其正常的工作效率。故应该选择不太硬也不太软的预合金粉末作胎体。

(3)选择的预合金粉末胎体必须刚性地支持金刚石颗粒，使它不会被刮掉，不会深陷在胎体之内，不会在切削过程中游动。

(4)对硬度较高的石材来说，如硬质花岗岩，差不多在整个圆周速度范围内冲击磨耗是主要的，因此，应该选择具有一定耐磨性的预合金粉末作胎体，同时，并能与金刚石的类型、浓度、粒度、所切材料与使用条件相匹配。

(5)预合金粘结剂在一定烧结温度下应能刚好润湿胎体中的骨架成分和金刚石，而在外压力作用下又不能产生流失现象。

(6)在烧结过程中，预合金粘结剂与骨架成分若产生反应，则只能对胎体机械性能和降低烧结温度有利，而不允许形成性能低劣的合金，和使液相消失不能全面去润湿骨架成分和金刚石，同时也不能对金刚石造成损伤。

(7)在锯片正常工作的条件下，预合金粘结金属应保证粘结物质层能承受胎体中硬质颗粒(骨架成分和金刚石)传给它的应力而不产生变形或位移。

(8)根据不同硬度的石材，预合金粘结剂和骨架成分在品种和含量等方面应可适当调整，以适应不同种石材的切割。

996. Dr. Fritsch 公司预合金粉末的主要性能和成分是怎样的?

Dr. Fritsch 公司预合金粉末的主要性能和成分见表 111。

表 111 Dr. Fritsch 公司预合金粉末的主要性能和成分

型号	烧结温度/℃	硬度(HRB)	密度/(g/cm^3)	主要成分	冷压成形性
V13-502	860~920	92	8.90	Co, Cu, Fe	好
V8-881	780~820	94~95	8.71	Co, Cu	好
V9-1001	860~920	96	8.80	Co, Fe, W	好
V9-881	820~860	99~100	8.78	Co, Cu	好
V10-881	820~860	100	8.75	Co, Cu	好
DIABSE-V18	780~860	100	8.13	Fe, Co, Bz	一般
V23-801	860~920	100	8.85	Co, Cu	好
V11-881	860~900	100~101	8.77	Co, Cu	好
V22-799	780~860	101	8.82	Co, Bz	好
85-3	860~920	105~110	9.40	Co, W	好
V13-785	1080	33	9.50	Co, WC	困难
V4-700	900	41	10.07	Fe, WC, Bz	困难
V8-595	1020	46	11.17	HM, WC-Co, Ni	一般
V15-785	1140	49	10.60	Co, WC	困难
V16-785	1160~1200	49	11.30	WC, Co	困难
V23-300	980~1020	50~51	11.78	WC, Co, Bz	一般
V17-785	1160~1200	52	11.76	WC, Co	困难
V19-785	1180~1220	65	13.30	WC, Co	困难

997. Eurotungstene 公司 NEXT 预合金粉末主要有哪些系列, 其主要成分是什么?

NEXT 预合金粉末主要有四大系列，第一大系列为纯 NEXT 预合金粉末，包括 NEXT100，NEXT200，NEXT300，NEXT900 等型号；第二大系列为二元成分 NEXT 混合预合金粉末，在 NEXT 预合金粉末的基础上添加 WC 或 Fe 形成，包括 MX1180，MX1480，MX2180，MX2480，MX3480 等型号；第三大系列为三元成分 NEXT 混合预合金粉末，在 NEXT 预合金粉末的基础上添加 Fe 后再加入 BR(85% Cu + 15% Sn)或 WC 或 W 形成，包括 MX1560，MX1660，MX1760，MX1770 等型号；第四大系列为细颗粒 NEXT 混合预合金粉末，包括 NEXT101，NEXT201 NEXT301，MX1181，MX1481，MX3481 等型号。

NEXT100 预合金粉末主要成分为：25% Co + 25% Fe + 50% Cu；NEXT200 预合金粉末主要成分为：25% Co + 15% Fe + 60% Cu；NEXT300 预合金粉末主要成分为：25% Co + 72% Fe +

3% Cu；NEXT900 预合金粉末主要成分为：80% Fe + 20% Cu，含 Co <4%。

998. NEXT 预合金粉末的烧结温度是多少，硬度有多少？

NEXT 预合金粉末的烧结温度和硬度值列于表 112。

表 112 NEXT 预合金粉末的烧结温度和硬度值

型号	烧结温度/℃	硬度(HRB)	主要成分
NEXT100	825 ~ 850	103 ~ 109	Cu, Co, Fe
NEXT200	700 ~ 725	96 ~ 102	Cu, Co, Fe
NEXT300	775 ~ 825	90 ~ 100	Fe, Co, Cu
NEXT900	825 ~ 850	90 ~ 100	Fe, Cu, Co

999. 二元混合 NEXT 预合金粉末的主要成分是什么，烧结温度如何？

二元成分 NEXT 混合预合金粉末，是在 NEXT 预合金粉末的基础上添加 WC 或 Fe 形成，MX1180 粉末的主要成分为：80% NEXT100 + 20% WC；MX1480 粉末的主要成分为：80% NEXT100 + 20% Fe；MX2180 粉末的主要成分为：80% NEXT200 + 20% WC；MX2480 粉末的主要成分为：80% NEXT200 + 20% Fe；MX3480 粉末的主要成分为：80% NEXT200 + 20% Fe。

MX1180 粉末的烧结温度为 825 ~ 850℃，MX1480 粉末的烧结温度为 750 ~ 800℃，MX2180 粉末的烧结温度为 750 ~ 800℃，MX2480 粉末的烧结温度为 700 ~ 750℃，MX3480 粉末的烧结温度为 750 ~ 825℃。

1000. 三元混合 NEXT 预合金粉末的主要成分是什么，烧结温度如何？

三元成分 NEXT 混合预合金粉末，是在 NEXT 预合金粉末的基础上添加 Fe 后，再加入 BR 或 WC 或 W 形成，MX1560 粉末的主要成分为：60% NEXT100 + 20% Fe + 20% W；MX1660 粉末的主要成分为：60% NEXT100 + 20% Fe + 20% WC；MX1760 粉末的主要成分为：60% NEXT100 + 20% Fe + 20% BR；MX1770 粉末的主要成分为：70% NEXT100 + 20% Fe + 10% BR。

MX1560 粉末的烧结温度为 800 ~ 850℃，MX1660 粉末的烧结温度为 800 ~ 850℃，MX1760 粉末的烧结温度为 725 ~ 750℃，MX1770 粉末的烧结温度为 725 ~ 750℃。

参考文献

1. 张绍和. 金刚石与金刚石工具. 长沙: 中南大学出版社, 2005
2. 张绍和. 金刚石钻头设计与制造新理论新技术. 武汉: 中国地质大学出版社, 2001
3. 王秦生. 金刚石烧结制品. 北京: 中国标准出版社, 2000
4. 黄培云等. 粉末冶金基础理论和新技术. 长沙: 中南工业大学出版社, 1995
5. 王舟鑫. 粉末冶金学. 北京: 冶金工业出版社, 2000
6. 袁公昱等. 人造金刚石与金刚石工具制造. 长沙: 中南工业大学出版社, 1992
7. 方啸虎. 超硬材料科学与技术(上卷). 北京: 中国建材工业出版社, 1998
8. 方啸虎. 超硬材料科学与技术(下卷). 北京: 中国建材工业出版社, 1998
9. 杨凯华等. 新型金刚石工具研究. 武汉: 中国地质大学出版社, 2001
10. 汤凤林等. 岩心钻探学. 武汉: 中国地质大学出版社, 1997
11. 万新梁等. 金属粉末与金刚石工具实用手册. 北京有色金属研究总院, 2003
12. 孙毓超等. 金刚石工具与金属学基础. 北京: 中国建材工业出版社, 1999
13. 徐湘涛等. 金刚石钻探工具与锯切工具制造. 机电部机床工具工业局, 1990
14. 王光祖等. 超硬材料制造工艺学. 中国磨料模具工业公司, 1993
15. 谢有赞等. 金刚石理论与合成技术. 长沙: 湖南科技出版社, 1993
16. 李大佛. 电镀金刚石钻头研究. 武汉: 武汉地质学院出版社, 1987
17. 唐霞辉. 激光焊接金刚石工具. 武汉: 华中科技大学出版社, 2004
18. 李洪桂. 湿法冶金学. 长沙: 中南大学出版社, 2002
19. 陈光华等. 金刚石薄膜的制备与应用. 北京: 化学工业出版社, 2004
20. 王达等. 中国大陆科学钻探工程科钻一井钻探工程技术. 北京: 科学出版社, 2007
21. 磨料磨具与磨削. 1981 年 1 ~6 期, 1982 年 7 ~12 期
22. 金刚石与磨料磨具工程. 1997 年 97 ~114 期
23. 卫管一等. 岩石学简明教程. 北京: 地质出版社, 2004
24. 人造金刚石与砂轮. 1979 年 1 ~4 期, 1980 年 1 ~6 期

新书推荐

《有色金属进展(1996—2005)》

由中国有色金属工业协会康义会长任编委会主任委员，中国有色金属工业协会、中南大学、中国铝业公司联合组织编写，有色金属工业行业数百位院士、专家和工程技术人员共同撰写的《有色金属进展(1996—2005)》(以下简称《进展》)，已于2008年3月由中南大学出版社正式出版。

《进展》是一部全面记载和公开发布我国有色工业近十年发展和科技进步状况的大型、权威性专业书籍。涉及有色金属地质、采矿、选矿、冶炼、加工、新材料、分析检测、环境保护、资源循环利用、企业信息化等领域，共13卷，832万字，分别是《综合卷》、《有色金属矿业卷》、《轻金属卷》、《重有色金属卷》、《稀有金属和贵金属卷》、《有色金属材料加工卷》、《有色金属新型材料卷》、《分析检测卷》、《生产装备卷》、《信息自动化卷》、《有色金属资源循环利用卷》、《环境保护卷》、《企业卷》。全书定价1450元。

《进展》是有色金属工业发展里程碑阶段的百科全书，其内容全面、丰富、数据详实、可靠。

读者调查表

亲爱的读者：

您好！

感谢您购买《金刚石与金刚石工具知识问答1000例》一书。请您花几分钟填写该表，我们将定期给您寄来我社最新的图书目录。同时，我社每个季度将在读者来信中抽出幸运读者赠送新近出版的图书。

请您将调查表寄到：湖南省长沙市麓山南路　中南大学出版社编辑部　（410083）

联系人：胡业民　电话：0731－8876555　E－mail：csupress@126. com

姓名：　　性别：　　出生年月

联系电话：　　电子邮箱：

工作单位：　　职　　务：

通讯地址：　　邮　　编：

1. 您是怎样获得这本书的？你对本书有什么修改意见？

2. 对您影响最深的技术图书有哪些？（请填写书名、作者及出版社）

3. 在我社出版的科技图书中，给您印象最深的有哪些？

4. 您希望我社出版哪些科技图书？

5. 您是否愿意收到我社的书目？

6. 您对我社的发展有什么建设性的意见？